Docker
数据中心及其内核技术

马献章◎编著

清华大学出版社

北 京

内 容 简 介

数据中心是当今乃至今后一个时期信息化建设普遍关注的热点领域。近几年,云计算、大数据、人工智能等技术层出不穷,在这些新技术的背后,数据中心的基础设施和相关技术也在不断演进和创新,谁能够掌握最新的数据中心技术,谁就能在激烈的行业竞争中处于优势地位。本书介绍了 Docker 数据中心的概念和管理、容器技术、微服务技术、Docker 数据中心的核心组件、规模化使用 Docker 等基础知识,结合实例介绍了企业级数据建模、数据库性能调优、数据库重构等高级知识。

本书可作为数据科学、计算机、网络工程、信息管理专业本科生 / 研究生的高端教材,适合具有一定计算机基础知识的读者学习,也可作为数据分析师、系统架构师、企业 IT 主管、系统管理员学习数据中心的培训教材,以及各企(事)业组织实施信息化建设、流程再造、大数据的生态系统构建和信息化基础知识训练的参考用书。

图书在版编目(CIP)数据

Docker数据中心及其内核技术 / 马献章编著. — 北京:清华大学出版社,2019
ISBN 978-7-302-53782-3

Ⅰ. ①D… Ⅱ. ①马… Ⅲ. ①数据处理—高等学校—教材 Ⅳ. ①TP274

中国版本图书馆 CIP 数据核字(2019)第 200057 号

责任编辑:袁金敏
封面设计:刘新新
版式设计:方加青
责任校对:胡伟民
责任印制:刘海龙

出版发行:清华大学出版社
      网 址:http://www.tup.com.cn,http://www.wqbook.com
      地 址:北京清华大学学研大厦 A 座   邮 编:100084
      社 总 机:010-62770175   邮 购:010-62786544
      投稿与读者服务:010-62776969,c-service@tup.tsinghua.edu.cn
      质 量 反 馈:010-62772015,zhiliang@tup.tsinghua.edu.cn
印 装 者:三河市君旺印务有限公司
经 销:全国新华书店
开 本:185mm×260mm   印 张:30.5   字 数:745 千字
版 次:2019 年 11 月第 1 版   印 次:2019 年 11 月第 1 次印刷
定 价:99.00 元

产品编号:082439-01

序

随着通信、云计算、大数据、互联网等技术的快速发展，特别是国家倡导的中国信息化发展战略、智慧城市、平安城市等一系列促进信息化发展措施的实施，中国数据中心的建设应运而生，如雨后春笋，蓬勃发展。数据中心从科学研究机构逐步走向各个行业，更多的传统业务与信息技术紧密地结合在一起，爆发出巨大的能量，推动着人类社会跨越式的发展。

数据中心是电子信息技术所需的基础设施，从现有的互联网、电信网、广电网等到正在兴起的物联网，电子信息的传输、运算和存储都离不开数据中心的支持。综观全球电子信息技术的发展，可以深深地感到，我们正处于信息大爆炸的时代，各行各业将依赖于电子信息的发展而发展，世界在信息网络的互联下，成为一个地球村，在人们未来的工作和生活中，信息网络就像水和电一样，成为不可缺少的元素。人们处理的事情，越来越多地由处在世界各地的数据中心来完成。就像发电厂为电网提供源源不断的电力支持一样，数据中心为信息网络提供源源不断的信息支持。

数据中心行业是朝阳行业。从事数据中心规划、设计、施工和运行维护的工作者，肩负着保证数据中心安全运行的重任。随着电子信息技术的发展，数据中心的建设技术也在不断发展。我们希望此书能为大家提供一次学习和增长知识的机会。

现在，井喷式增长的数据吞吐量，以及快速的产品创新和迭代，让每个机构和企业都切实感受到全面 IT 转型的必要性和迫切性。在这场"数据革命"中，Docker 如同一剂数据中心转型的催化剂，加速了低能耗、低成本高可用性的发展。容器技术也是搭建企业 PaaS 平台以及新一代私有云最核心的技术，当前流行的 Kubernetes 和 Mesos，其底层都是以容器技术为基础搭建的，而且越来越多的组织（企业）正基于 Docker 和 Kubernetes 来改造或新建自己新一代的 PaaS 平台。

中国目前在建和已建成的各类电子信息系统机房或数据中心有几十万个，数据中心的规模也从几百平方米的单一机房，发展到几十万平方米的数据中心园区。近年来，随着新建和改建的数据中心项目逐步竣工，数据中心如何有效应对不断变化的新需求，已经成为各组织（企业）必须面对的重大现实课题。为推进数据中心新技术的应用，促进中国数据中心健康发展，作者结合数据中心在全面 IT 转型的实践经验，历时两年完成本书。

　　本书内容丰富、贴近实践，是云计算时代决策者、咨询者和技术研发者不可多得的一部工具书和普及读物。它紧跟信息时代的发展潮流，深入浅出、循序渐进地解读了数据中心的基础理论与高级技术，对提高企事业单位的信息化水平和核心竞争力具有较强的参考价值。我与作者相识多年，马献章高级工程师长期从事数据科学工作，曾主持过"珠峰"可信数据库的开发和多项信息系统建设，勤学敬业，思维敏捷，笔耕不辍，论著颇丰。本书就是他多年心血的结晶，我向本书的出版表示祝贺。同时感谢清华大学出版社的编辑独具慧眼，为我们提供了一部好教材。希望本书能成为广大读者的良师益友。

中国工程院院士　陈鲸

2019 年 9 月

人类活动的空间延伸到哪里，数据便从哪里产生。数据是人类活动的重要资源。数据管理技术的优劣会直接影响到数据处理的效率，影响决策的时效。数据中心是支持组织（或者互联网企业）业务的关键。近几年，云计算、大数据、人工智能等技术层出不穷，在这些新技术的背后，数据中心的基础设施和相关技术也在不断演进和创新，谁能够掌握最新的数据中心技术，谁就能在激烈的竞争中占领制高点，处于优势地位。

每一次新的工业革命，都会推动人类社会的巨大进步与变革。席卷而来的第四次工业革命不仅将突破人类社会在石化能源应用方面的限制，而且将继续促进与推动第三次工业革命信息革命的发展。其中的 IT 应用技术，特别是数据中心应用技术的成熟和发展，实际上才刚刚开始，以虚拟运算和云计算为核心概念的新一代数据中心应用技术也才刚刚登上殿堂，追求能效和 IT 资产使用效率的现代运营理念与云计算、虚拟化技术相结合将推动数据大集中处理的建设，新一代数据中心的规划建设已经不再是传统意义上的规划建设，而是基于新一代计算技术、容器技术和开发运维一体化技术的全新数据中心建设。

2013 年年初，dotCloud 公司将内部项目 Docker 开源，之后 Docker 很快风靡整个 IT 领域。容器并不是全新的概念，Docker 所采用的关键技术也早已存在，但正是 Docker 的创新，使得以容器技术来构建云计算平台更加方便、快捷。容器技术不仅改变了系统架构的设计方式，还改变了研发过程和系统运维的方式，使得人们长久以来所期盼的开发速度更快、系统质量更好、运行维护更容易变为现实。Docker 的出现是云计算发展的里程碑，成为云应用大规模推广的基石。

相比传统的虚拟化方案，Docker 虚拟化技术有着明显的优势：可以让应用瞬间具有可移植性，可以非常容易地使用容器部署应用，而且启动 Docker 实例的速度明显快于传统虚拟化技术。同时，创建一个 Docker 实例所占用的资源也要远远小于传统的虚拟机，相同的计算机硬件，运行容器实例的速度是虚拟机的 4 ～ 10 倍。这意味着在相同的数据中心负载下，使用 Docker 虚拟化技术可以运行更多的应用程序。

本书基于第四次工业革命前夜的变革背景，总结最新的数据中心设计、应用理论、方法和实践经验，为中国数据中心规划设计提供全新的理论架构、设计逻辑和方法、评估模型与实践，希望能为中国数据中心建设添砖加瓦。

　　本书由 3 部分组成：第 1 部分为 Docker 数据中心导论，由第 1～4 章组成。该部分内容是背景知识，专为 IT 部门主管、企（事）业单位的 CEO、CIO 以及本科生、研究生学习现代数据中心而准备，介绍 Docker 数据中心的概念、总体结构、技术框架建设规范与原则；从人员、流程、技术 3 个方面，分为运行管理任务和机构与基本制度、数据资源管理、运行日常管理、基础设施管理、运行管理的新理念与新技术 5 个部分，介绍如何做好数据中心的运行管理；针对随着信息化的深入推进，人们对于数据科学的新理念、新需要，介绍容器技术和微服务技术，并讨论这些技术对生产力的提升作用。

　　第 2 部分为 Docker 数据中心理论基础，由第 5～8 章组成。该部分内容包含 Docker 通用控制面板知识、较为深入的授信 Docker 镜像仓库、Docker 安全，以及规模化使用 Docker，读者可以由此掌握最前沿的知识。这一部分适合本科生、研究生和具有一定数据中心理论基础的读者学习。

　　第 3 部分为 Docker 数据中心高级技术，由第 9～12 章组成。主要内容是企业级数据建模，目的是帮助组织（或者企业）更好地运作。关系型数据库与 NoSQL 数据库的调优、应用设计和重构、可编程数据中心等知识，能够帮助组织（或者企业）更好地应对变化。设置这部分内容主要是考虑大部分学生在未来要实现或重构数据库及其应用程序，只有很少一部分学生会去构建数据库管理系统，因此，这部分内容篇幅很大，分量很重，是本书的重点。数据库重构技术也是数据库领域专家必备的知识。此外，本书包含大量的案例介绍数据库的语言和 API，比如嵌入式 SQL、动态 SQL、ODBC、JDBC 和 ADO. NET 接口等，这一部分适合具有一定数据库理论基础的读者学习。

　　在编写过程中，许多友人从最初策划到框架结构的确定和具体内容的撰写都倾注了大量心血，并提出了非常宝贵的意见，在此谨表示衷心的感谢。特别是戴浩院士对书稿进行了专业指导，陈鲸院士亲自撰写了序言；孔辉博士、柳虔林博士、侯富博士对本书的内容给出了大量宝贵的反馈意见；马宁工程师、李金衿工程师、侯富博士、韩政博士对书中例子进行了详细验证。他们为本书的编写、审定和出版付出了辛勤的劳动，贡献了卓越的智慧，在本书付梓之际，谨表示最诚挚的感谢和崇高的敬意。感谢我的妻子王丽平，在我撰写这本书的过程中对我一如既往的支持。

　　在本书撰写过程中，汲取、借鉴了国内外一些学者和同行的最新研究成果，在此向他们表示衷心的感谢！正是有了他们的劳动成果才使得我能够站在"巨人肩上"看得更远，也才能使本书得以问世。

　　由于数据中心尚处在快速发展之中，许多学术问题有待进一步研究，因此尽管为此做了很大努力，但由于能力、水平和时间有限，仍会有不尽人意之处，恳请读者批评指正。

作者

2019 年 7 月

目录

第 1 部分　Docker 数据中心导论

第 2 部分　Docker 数据中心理论基础

第 3 部分　Docker 数据中心高级技术

附录 备份与容灾

第 1 部分

Docker 数据中心导论

第1章
数据中心概述

数据是信息的基础，是决策的依据。随着数据理念、网络与计算技术的发展，数据中心（Data Center）的重要性和基础性地位日益凸显，其所蕴含的新技术也随之快速发展。数据中心是指在一个物理空间内实现对数据信息的集中处理、存储、传输、交换、管理的物理和逻辑场所，一般含有计算机、服务器、网络、通信、存储等关键设备。数据中心是各级信息系统的中枢，它既是信息交换体系的中心节点，又是各级信息数据的交汇节点。该系统集现代信息技术、电子技术、通信技术、机电技术、数据管理技术、行政管理技术于一体。许多机构和单位为进一步提高系统的数据保障能力，在各级系统中都在建设或者筹划建设数据中心。本章主要介绍数据中心的概念与发展历程、数据中心的建设规范与原则，以及数据中心规划等内容。

1.1 数据中心的概念与发展历程

1.1.1 数据中心的概念

数据中心是在大规模服务系统的基础上发展起来的一种服务器集群系统，用于容纳计算机、服务器和网络系统以及组织 IT 需求的组件的物理或虚拟基础架构。它通过高速网络互联、分布式文件系统、云存储等现有技术，将大规模的服务器通过硬件/软件的方式集合起来，并对外提供标准服务的应用接口，以供组织以及个人使用。

数据中心通常需要大量冗余或备用电源系统、冷却系统、冗余网络连接和基于策略的安全系统，以运行企业的核心应用程序。

因为数据中心集中管理大规模服务器，且服务器的性价比可控，因此，相较于大型服务器（如 IBM z 系列大型机），数据中心具备资源集成管理、成本低廉可控、高速内部互联等服务优势。在此基础上发展起来的云计算，就是一种充分利用数据中心优势的计算服务。云计算通过数据中心虚拟化的资源来提供动态可扩展的资源、软件或应用服务等。随着云计算的深入发展，越来越多的企业开始搭建属于自己的数据中心，并通过一些特定的接口为企业或个人提供公有云或私有云服务。近年来，越来越多的核心业务被部署到数据中心上，并且基于数据中心的服务编程框架也得到了极为广泛的应用，如

Hadoop、Spark 等。

数据中心主要应用的特点如下：

- 单线程服务器：优点是无竞争，缺点是服务器资源利用率低。
- 多线程模型：优点是资源利用率高，缺点是竞争引起并行可扩展性问题。
- 多进程模型：相较于多线程模型的隔离性更好，但是仍然要面对高负载时 I/O 瓶颈的问题。
- 动态负载模型：在运行时，应用程序的负载状况和运行特征，甚至是节点的应用部署情况会发生改变。

这就需要操作系统能充分利用硬件资源并合理调度程序。因此，如何保证和提升数据中心服务器上操作系统的性能已成为一个不可忽视的问题。

与传统计算环境相比，当前数据中心在云计算场景中，其应用的操作系统要求不仅包括保证应用的性能和安全，而且还包括在多核处理器上的可扩展性，在多应用部署环境中（或虚拟机多租户）的隔离性，以及在虚拟环境下的易迁移性等。除此之外，数据中心还面临大数据处理的需求，以及众核处理器、异构计算部件等发展所带来的新的问题和挑战。

数据中心操作系统主要有单体内核Linux、微内核、外内核和多内核4种，如图1-1所示。

图 1-1　数据中心操作系统架构示意图

其中，图 1-1（b）所示是微内核系统架构，它是基于减小内核栈的设计原则构建的，通过减少内核代码栈，来提升内核的安全性和灵活性。区别于传统单体内核，微内核将系统内核最大程度地削减，将内核服务子系统构建为用户态的"系统服务器"在用户空间实现。理想情况下，微内核只需实现地址空间管理、进程间通信（Inter-Process Communication，IPC）和基本的进程调度。应用进程调用 IPC 接口，通过内核寻址找到系统服务器并获得服务响应。此外，微内核通过 Capability 机制实现了应用和系统服务器面向对象的访问控制。相较于单体内核，微内核带来了显著的技术优势：①由于不同系统服务器和应用运行在不同CPU 核上，应用或系统服务器运行时都不被其他进程抢占，不存在单体内核造成的上下文切换开销；②微内核可以在线替换指定的服务器代码而不需要重启或重新编译内核；③微内核相较于单体内核其代码量更小，服务驱动代码基本实现于用户态，因此其可信计算基（Trusted Computing Base，TCB）更小，且用户态系统服务器的崩溃不会造成整个系统宕机。

图 1-1（c）所示是外内核（Exokernel）系统架构。外内核是 1994 年由 MIT 设计实现的一种类似微内核的操作系统架构。Exokernel 的基本设计原则是"机制与策略分离"，即内核提供通用的服务机制，而不同应用针对机制在用户态实现具体的服务策略。外内核的设计初衷是为了针对不同应用类型，提供定制的系统服务策略优化，减少内核对应用性能的影响。在如图 1-1（c）所示的外内核架构中，内核通过将物理资源安全地暴露给用户态库 LibOS，由用户空间的静态库实现各种系统服务策略。应用通过调用 LibOS 中的服务函数来获取系统服务，因此外内核中的过程调用取代了单体内核中的系统调用。因为每个应用独占自己的 LibOS 库，因此每个 LibOS 对于相同服务子系统的服务策略（如内存管理、进程调度、I/O 策略等）可以有不同的实现，从而提供灵活的定制优化。外内核架构中最重要的一项技术就是在内核中提供物理资源的"安全绑定"（Secure Binding），即为不可信的应用分配可并行争用的物理资源。安全绑定技术提供了一组简单的原语操作来实现快速的保护验证，并且只在资源被初始分配到不同应用时进行验证，从而"解耦"资源的管理和资源的保护。一般的外内核实现采用硬件验证、软件缓存和内核机制这三种安全绑定验证方式。其中，硬件验证可以利用物理硬件特性（例如页框属性等）在底层完成安全验证和资源划分，而不需要上层软件的配合，执行效率最高。

图 1-1（d）所示是多内核（Multikernel）系统架构。近年来，随着多核 CPU、众核 CPU 以及异构硬件的出现，数据中心 OS 在多核、众核架构下的可扩展性问题，以及异构硬件的管理都成了研究热点。集中资源管理的单体内核对于物理资源和内核数据结构通过锁实现的资源状态共享，成了可扩展性问题的主要原因。大量研究开始倾向于将 OS 内核解耦合或时空划分来降低资源争用，多内核系统架构是其中代表性的解决方案。Barrelfish 是由 ETH 与 Microsoft 公司联合研发的一种多内核、单一系统镜像的操作系统。其设计理念来源于分布式系统，并以支持多核、异构硬件为设计目标。Barrelfish 可以看作是共享部分系统服务的多 OS 分布式系统，其核间通信采用消息传递机制，复制而非共享核状态。Barrelfish 所面向的异构不仅包括异构的处理器，还包括 FPGA、可编程芯片等类型的异构硬件资源。Barrelfish 在每个 CPU 核上部署一个单独的微内核，微内核底层提供 CPU Driver 来处理异构 CPU 的硬件差异。借助这种多内核架构，OS 的多个异构 CPU 可以提供统一的向上接口，从而将异构硬件向应用透明，在内核层进行资源调度。Popcorn Linux 和 Barrelfish 类似，是面向多核异构硬件的多内核操作系统，但与 Barrelfish 不同的是，其每个内核不是一个重新构建的微内核，而是通过修改 Linux 内核启动模块，在一个服务器节点上启动多个 Linux 内核。HeliOS 是 Microsoft 研发的一个针对异构平台的操作系统架构，目的是在异构硬件上提供统一的向上抽象，高效利用底层硬件，兼容不同架构的 CPU 或可编程硬件，并提供机制将程序调度到合适的硬件上

执行。Tessellation 是针对 CPU 的众核趋势设计的一种新的操作系统结构，在挖掘众核并行性的同时，满足数据中心应用的多样化需求（如实时、高通量等）。FOS（Factored Operating System）主要面向众核架构下的高可扩展性，设计的一种三层架构的系统，该架构与微内核架构相似，将操作系统的各个功能分解为多个系统服务，并引入了消息传递机制将服务提供给上层应用程序使用。

1.1.2 数据中心总体结构

数据中心的总体结构由基础设施层、信息资源层、应用支撑层、应用层和支撑体系 5 大部分构成，如图 1-2 所示。数据中心从顶层上规划总体技术架构、设计技术路线和方法，保证网络、数据资源、应用系统、安全系统等各要素构成一个有机的整体，实现数据资源管理的联动和信息的及时监测、汇总与分析。

图 1-2 数据中心的总体结构示意图

1. 基础设施层

基础设施层是指支持整个系统的底层支撑，包括机房、主机、存储介质、网络通信环境、其他硬件和系统软件。

2. 信息资源层

信息资源层包括数据中心的各类数据、数据库、数据仓库，负责整个数据中心数据信息的存储和规划，涵盖了信息资源层的规划和数据流程的定义，为数据中心提供统一的数据交换平台。

3. 应用支撑层

应用支撑层构建应用层所需要的各种组件，是基于组件化设计思想和重用的要求提出并设计的，也包括采购的第三方组件。

4. 应用层

应用层是指基于数据中心定制开发的应用系统，服务于担负不同任务需求（包括共性需求和修改化需求）的部门单位。

5. 支撑体系

支撑体系包含标准规范体系、运维管理体系、安全保障体系和容灾备份体系。

1.1.3 数据中心技术框架

数据中心技术框架采用面向服务的设计思想，对建立的业务应用系统进行横向和纵向集成，总体技术框架如图 1-3 所示。

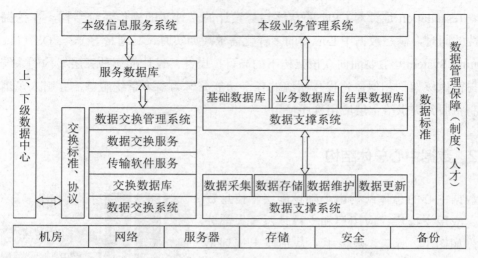

图 1-3　数据中心的技术框架示意图

在业务基础平台中，以面向服务的思想建立统一的业务模型，利用系统服务、系统组件和业务组件搭建业务应用系统。各业务应用系统内部和业务应用系统之间在平台组件框架的支持下，通过统一接口标准，利用服务交互和消息传递等功能组件，实现业务应用系统的横向集成。

在数据交换系统建设中，利用面向服务的标准，通过事务驱动、数据驱动、消息驱动等方式对服务进行集成。在统一的数据传输协议、数据内容标准等的支持下，利用服务交互、消息处理、安全性等功能组件提供数据交换服务，实现数据中心级间纵向业务应用系统的联动、信息的传输和数据交换，并实现与企业（机构）相关部门之间的数据交换与共享。

1.1.4　数据中心发展历程

数据中心起源于早期计算机设备的巨大计算机房。早期计算机系统体积非常大，本身就需要占用很大的空间，同时运行和维护也都很复杂，需要在一个特殊的环境中运行，因此需要许多电缆连接所有的组件，如标准机架安装设备、高架地板和电缆盘（安装在屋顶或架空在地板下）。此外，计算机也需要大量的电力，会产生大量的热量，通过专用的计算机房和冷却系统可以对散热效果进行较好的控制。安全也很重要，当时计算机是很昂贵的设备，主要用于军事目的或重要的经济研究领域，因此，对计算机的访问受到了严格的控制。这就是数据中心雏形状况时的状况。

从计算机诞生到目前网络渗透到各个领域的发展过程来看，人类社会的计算方式经历了从集中主机到分散运算再到数据大集中的过程，这个过程看似往复，其实是个螺旋式上升的过程。

第一阶段：1945—1971 年，计算机器件的组成主要以电子管、晶体管为主，体积大、耗电高，主要运用于国防、科学研究等军事或者准军事机构。同时，也诞生了与之配套的第一代的数据中心机房。UPS、精密机房和专业空调就是在这个阶段诞生的。

第二阶段：1971—1995 年，随着大规模和超大规模集成电路的迅速发展，计算机一方面向巨型机方向发展，另一方面朝着小型机和微型机方向快速演进。在这个阶段，计算的形态总的来说是以分散为主，分散与集中并存，因此，数据中心的形态也就必然是各种小型、中型、大型机房并存的态势，特别是中、小型机房得到了爆炸式的发展。

第三阶段：1995—2009 年，互联网的兴起被视为 IT 行业自发明计算机之后的第二个里程碑。在这个阶段，计算资源再次集中，典型的特点有两个：一是分散的个体计算资源本身的计算能力急速发展；二是个体计算资源被互联网整合，而这种整合现在也成了一个关键环节，并不断演进。

第四阶段：2010 年以来，数据中心建设的理念在发展中更加趋于成熟和理性，不断地超越原来"机房"的范畴，计算机房在这个阶段呈现出了一种更为独立的新形态——数据中心。数据中心按规模划分为部门级数据中心、企业级数据中心、互联网数据中心以及云计算数据中心等。

与上述发展相对应，数据中心的业务经营发展可以粗略划分为三个阶段，每一阶段服务形态有所不同，但都体现出基础设施的特性。

第一阶段，是数据中心的外包业务时期。在这一阶段，数据中心刚刚诞生，业务范围比较狭窄，不能做分布式运算，提供的服务大部分属于场地、电源、带宽等资源的出租服务和维护服务等，服务面向的客户群体主要是一些大型的企业和特殊行业。这一阶段一直持续到 2007 年。在 2007—2008 年，数据中心市场发生了剧烈的变化，数据中心的服务商数量骤减，从一千多家减少到三百多家。大量的中小型企业为了生存下去，自发地进行整合，合并为大型企业继续经营发展。也有少数几家数据中心的服务商经历过市场动荡的考验之后，开始将眼光放长远，积极准备海外上市。从此，各个数据中心企业开始摆脱服务上的同质性，积极打造自身独特的品牌，为不同的行业提供不同类型的服务，数据中心市场的划分越来越精细，数据中心的发展进入了第二阶段。这个阶段，被广泛称为主机托管（Hosting Service）时期。

第二阶段，数据中心的业务范围得到了拓展，除了基础资源的出租服务和维护服务外，还产生了一些增值业务，数据中心的服务模式也变成了"基础资源出租业务＋增值业务"的服务模式。在这一时期，由于用户对各种互联网设备的安装、维护要求大大提高，增值业务所占据的收入比例也大大增加。增值业务的种类包括网站托管、服务器托管、应用托管、网络加速、网络安全方案、负载均衡、虚拟专用网等。这个阶段，互联网数据中心（IDC）被广泛认可。

第三阶段，数据中心的概念被扩展，功能更加多样化。这一阶段的数据中心以虚拟化、综合化、大型化为主要特征。云计算服务的产生，导致数据中心存储处理数据的能力大大增强，计算能力更加突出，设备维护管理更加全面。受到云计算服务模式的影响，数据中心的服务理念也随之发生变化,采用高性能的基础架构,按照客户的需求来提供基础业务和增值业务,提高数据资源的使用效率。这种服务模式对数据中心的组网模式、运营管理和产品开发能力都提出了更高的要求。

当前,数据中心正处于从第二阶段向第三阶段的转型期,传统电信企业和数据中心企业基于数据中心进行升级,如 AT&T、NTT、中国电信、中国联通、世纪互联等,一方面满足自身业务发展的需要,另一方面也为第三方和最终用户提供 IaaS、PaaS、SaaS 等新型云产品服务(图 1-4 所示为一个大型数据中心机房)。Docker 发布的 Docker 数据中心(DDC)为大型和小型企业创建、管理和分发容器提供了一个集成管理控制台。DDC 包括 Docker Universal Control Plane、Docker Trusted Registry 等商业组件,以及 Docker Engine 开源组件。这个产品让企业在一个中心管理界面中就可以管理整个 Docker 化程序的生命周期,同时也带来了敏捷性。目前,多国政府已经将网络数据与信息资源看成影响国家科技创新和产业发展的战略性资源和核心竞争力,支持海量数据存储和处理的数据中心以及相关技术被提升到国家战略层面进行部署。

图 1-4　大型数据中心机房

据世界数据中心调查统计显示,从 2010 年起,全球数据中心的市场规模一年比一年庞大,已经从 2010 年的 20 亿美元提高到 2017 年的 54.6 亿美元,平均每年增长幅度达到了 14.7%。各类数据中心的规模、设置、投资与业务有很大的差异,一些大型数据中心面积达几千平方米,投资上亿元;一些小型的数据中心面积通常只有几百平方米甚至仅数十平方米,投资多在百万元左右。然而,不管这些数据中心的规模、设置、投资与业务如何,数据中心的所有业务操作都是围绕着数据进行的,数据中心的数据永远处于三种状态,即计算、传输及存储。数据在应用系统中被创建、增加、修改、删除、查询时,处于"计算"状态;数据在网络上传送时,处于"传输"状态;数据在存储设备中时,处于"存储"状态。

数据中心保存着一个组织的重要数据,这些数据是组织数字化运营的结晶,是核心资产。数据的利用率越高,表明该数据越有价值;数据交换越频繁,表明组织的运营越高效。可以说,数据是现代化组织数字化运营的核心,数据中心建设只有以"数据服务"为核心,才能更好地为组织的运营服务。

　　在充分理解数据中心本质的基础上，数据中心的结构设计必然会跳出重硬件、轻软件，重环境、轻数据的传统思维，体现出以"数据服务"为核心的架构。

　　早期的数据中心，主要靠规模制胜，通过不断增加数据中心里服务器的数量，来提升数据处理的性能，通过将更多的服务器加入到一个计算集群中，并同时工作来提升数据处理效率。曾经有相当长一段时间，各家数据中心比拼的都是谁的规模更大，以便吸引到更多的客户使用数据中心的业务。这种状况持续一段时间后，出现了新的问题，即增加服务器的数量与处理数据的效率并不成正比，相反，当服务器增加到一定程度后，服务器之间交互的中间数据逐渐增多，大大增加了计算的复杂性，同时也带来了运维管理上的困难，尤其当出现故障时，分析和排除起来变得极为困难。此后，数据中心规划者就不再刻意去强调规模，而是强调数据中心要与自己业务相匹配，要靠优质取胜，而不是靠规模取胜。

　　传统上，数据中心一直是靠硬件设备打天下的市场，直到"软件定义"概念的出现。"软件定义"包括以下内容："软件定义网络（SDN）""软件定义数据中心（SDDC）""软件定义存储（SDS）""软件定义基础架构（SDI）"，Gartner 2014 年度十大战略技术报告中将"软件定义一切"列入其中。软件定义的本质是将数据中心推向虚拟化的世界，不是简单地将硬件转变为软件，而是通过软件技术来充分发挥硬件资源的能力。软件定义数据中心，其数据中心的一切都成了虚拟资源，可以按需分配，自动调配。这些资源与硬件设备早已松耦合，没有传统的一对一关系，虚拟资源可以是来自数据中心任意一个角落的资源，如此缥缈但却是真实地存在着。数据中心只要管好这些虚拟资源，然后按照业务要求去分配资源即可，极大地减少了运维成本。一个大的数据中心，甚至在全球拥有数十个基地的大型数据中心，做运维的管理人员也许只要十几个，人力成本得到降低。同时，业务的部署变得轻松且简单，只要点点鼠标就可以完成；设备的版本不用人工升级，由控制器定期推送最新的版本，在选定指定时间，将设备上的业务切换到其他设备上，再自动完成设备的版本升级，一切都变得简单易行。当然，云数据中心就符合这样的实现，只不过现在的云数据中心只能部分地实现，还没有完全达到"软件定义"的理想目标。

　　据 IDC 统计，整个互联网活动每分钟都会创造出超过 1820 TB 的新数据，这些新的数据信息都需要被存储、处理，并在世界各地的数据中心之间进行共享。如果没有数据中心，也就根本不会有云服务了。

　　在过去的 10 年里，互联网的规模已经增长了 100 倍。为了适应这一增长，人们不得不大幅增加数据中心的计算能力，使得其计算能力增长了 1000 倍。而为了在未来 10 年内继续满足互联网进一步发展的需求，人们还将需要在数据中心增加同样容量的计算能力。目前，没有人真正知道我们要如何才能真正实现对未来数据处理需求的充分满足。

　　如今，运营商们都从大局考虑，期望通过大型数据中心来满足客户所需要的数据计算和处理能力。大型数据中心将更多地使用软件定义的基础设施，并充分利用开放式软件和硬件架构的优势。

1.1.5　数据中心的发展

为了打造未来的数据中心，需要显著简化网络。幸运的是，整个数据中心行业已经在向更简单、更高效的网络架构转移了。人们需要在网络的关键领域部署创新的、颠覆性的技术。

1. 数据中心当前面临的变革

1）微服务和容器所引发的数据中心变革

软件定义基础架构、微服务和容器是当前 IT 领域最热门的话题，这些技术对数据中心的构建和运行方式产生了颠覆性影响，并且能够提升系统性能、弹性以及易用性。数据中心正在从传统的死板架构转变为更加灵活和快速响应的全新架构，甚至成为快速资源分配的发起者。以 Docker 数据中心为代表的新型数据中心能够作为敏捷性问题的解决方案，容器中的微服务可以在几微秒内完成启动过程，由此引发的数据中心变革是促进 IT 环境更加易于使用，并且由租户运行，而不是由 IT 部门精心配置，在资源使用上将会更加高效、灵活和易于使用。

2）运维导向的数据中心时代

数据中心是个相对广义的概念，负责数据中心运维的人员主要由每天与"0"和"1"打交道的 IT 团队以及每天与"风、火、水、电"打交道的基础设施部门构成。这两个部门的人有着极不相同的工作背景和风格，但他们都不约而同地在 2016 年首次选择了 7 月 24 日作为自己的节日，即"运维日"。选择"7 月 24 日"，是因为他们的生活时钟就是 7×24 小时不间断运行的，这既是生活写照，又是工作追求的目标。"运维日"的出现，反映了运维人员自我意识的提升，这也是数据中心进入运维思维导向时代的钟声。

数据中心的使命是通过优良的运维来支持业务系统的稳定运行。所以，运维是数据中心的最终状态。规划、设计、建设都应该以终为始，充分考虑到运维的方便性。因此，由"数据中心设施论坛理事会"推出的 OM Ready 计划，将催生数据中心运维的设备及其操作流程（SOP）、维护流程（MOP）及应急响应流程（EOP），这些流程可以大幅减少运维团队在日常操作中犯错误的机会，确保数据中心对业务的持续支持能力。

2. 数据中心的发展趋势

1）高速以太网

随着信息技术的发展，10Gb/s 以太网已经基本发展成熟，并且已经广泛应用到数据中心当中。10Gb/s 以太网的发展和应用，为 40Gb/s 以太网和 100Gb/s 以太网打下了良好的基础，以太网正在向着高速化的趋势发展。目前，10Gb/s 以太网的性能尚能满足服务器虚拟化、云计算、光纤整合的要求，但是，随着社会的发展，网络数据的传输速率要求也会越来越高，以太网的传输速率也必将随之增加。

根据科学研究人员的调查统计结果，全球网络服务器的数据输出量每两年就会增加一倍，而通信行业的通信量每一年半就会增加一倍。这种形式迫使以太网的传输速率必须尽快提高，而这是困扰着全球各家数据中心企业的主要问题。

2）绿色数据中心

由于信息时代的数据量出现了爆炸性的增长，数据中心的规模也随之扩大，从而引发了一系列的后果，例如服务器数量大大增加，服务器的运行负担加重，消耗的电力能源增加，对供电行业的要求更苛刻等。据我国用电管理部门调查统计，在过去的 10 年中，提供给数据中心服务器的电量增长了 10 倍，数据中心的运营成本有一半都是由能源消耗带来的。

所以，新时代的数据中心必须向着绿色、节能、环保的方向发展，努力降低数据中心的能源消耗水平。只有能源消耗水平下降了，数据中心的运营成本降低了，才能具备更强的竞争力，占据更大的市场份额，实现社会效益与经济效益的全面增长。

3）虚拟化

虚拟化是建立在云计算技术应用基础之上的。在传统的数据中心中，数据的搜集、整合、处理和展示等工作是由服务器来进行的，而虚拟化就是让这一过程脱离空间位置的束缚，从具体的服务器转移到虚拟的系统环境中。换言之，数据中心的虚拟化，就是要将底层的计算资源、存储资源和网络资源抽调出来，方便上层进行调用。虚拟化的发展趋势主要是为了改善目前电信业、互联网行业和信息行业中服务器规模越来越大，数量越来越多，硬件成本越来越高，管理工作越来越烦琐的现象。通过数据中心的虚拟化，服务器的数量将会大大减少，硬件的成本大大减低，管理工作的难度也会变小，有利于企业增加资金周转的效率，节省工作人员的精力。

事物都有两面性，在具有这些优点的同时，虚拟化的发展趋势也会对数据中心的性能造成一定的负面影响，例如访问虚拟化软件时延迟会变长，存储和接入的速度也会变慢，对用户体验会造成一定的负面影响。这些负面影响有多大，该如何消除这些影响，则是数据中心企业在发展过程中必须考虑的问题。

4）信息安全

数据量的爆炸性增长和数据中心的规模扩大，既提高了数据中心在网络中占据的地位，也凸显了信息安全的问题。在未来的信息时代，数据中心面临着一系列的网络安全威胁，除了传统的互联网安全风险，例如计算机病毒、网络攻击、木马程序，还有一些云计算技术应用所带来的风险，例如 IaaS 服务系统的延迟、PaaS 服务系统存在的漏洞等。数据中心的信息安全维护是一项系统性的工程，需要从物理区域的划分、网络隔离与信息过滤、服务监测、设备加固、用户身份的认证和审核多个角度入手。

1.2　Docker 数据中心介绍

Docker 数据中心（Docker Datacenter，DDC）是 Docker 发布的企业级容器管理和服务部署的整体解决方案平台，也是开发人员和 IT 运维团队的一个端到端集成平台，可用于任何规模的敏捷应用开发和管理。Docker 数据中心建立在 Docker Engine 的基础上，能够提供集成的编排、管理和安全性保证，可以跨集群管理访问、镜像、应用程序和网络等资源。Docker 公司把 Docker 数据中心称为容器，即服务（Container—as—a—Service，CaaS）平台，如图 1-5 所示。通过该平台预编译的云模板，开发者和 IT 运维人员可以无缝地把容器化的应用迁移到亚马逊 EC2 或者微软的 Azure 等环境中，无须修改任何代码。Docker 数据中心在 Docker 官网的地址为 https://www.docker.com/products/docker-datacenter。

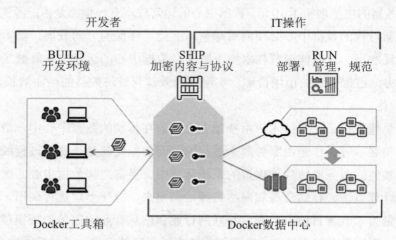

图 1-5　Docker 公司的服务平台

1.2.1　Docker数据中心概述

Docker 数据中心的组成如图 1-6 所示。其中 Docker 统一控制面板（Docker Universal Control Plane，UCP）是一套图形化的管理界面，一种企业级的集群管理方案，帮助客户通过单个管理面板管理整个集群；授信 Docker 镜像仓库（Docker Trusted Registry，DTR）是一种镜像存储管理方案，帮助客户安全存储和管理 Docker 镜像；Docker Engine 是提供技术支持的嵌入式 Docker 引擎。

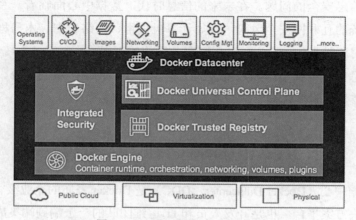

图 1-6　Docker 数据中心的组成

Docker 数据中心主要针对企业用户在企业内部部署。用户注册自己的 Docker 镜像至授信 Docker 镜像仓库，Docker 统一控制面板管理整个 Docker 集群，并且这两个组件都提供了 Web 界面。与 Docker 数据中心相对应，Docker 公司为个人用户提供了一个 Docker Cloud 的在线产品，其功能与 Docker 数据中心类似，个人无须搭建云环境即可使用数据中心的功能。

使用 Docker 数据中心需要购买，不过 Docker 公司提供为期一个月的免费试用，可以在 Docker 官网注册后直接下载。

Docker 数据中心的部署架构如图 1-7 所示。其中，Controller 主要运行 Docker 统一控制面板组件，授信 Docker 镜像仓库运行其组件，Worker 主要运行客户自己的 Docker 服务。整个 Docker 数据中心环境都部署在 VPC 网络下，所有的 ECS 加入同一个安全组。每个组件都提供了一个负载均衡，供外网访问，而运维操作则通过跳板机实现。为了提升可用性，整个 Docker 数据中心环境都是高可用部署，也就是说 Controller 至少需要两台，而授信 Docker 镜像的仓库也至少需要两台。

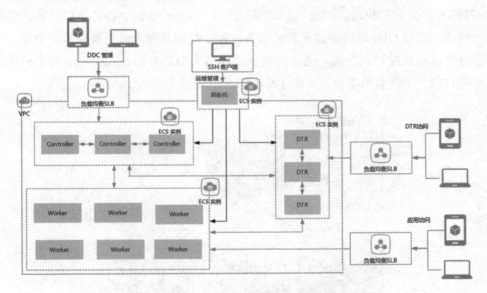

图 1-7　Docker 数据中心部署架构示意图

1.2.2　Docker数据中心的功能

最新版本的 Docker 数据中心包含许多新功能和对原有功能的改进，主要集中在以下领域：

- 企业编排和操作多容器应用程序变得简单、安全和可扩展；
- 集成的端到端安全性，涵盖与应用程序管道交互的所有组件和人员；
- 用户体验和性能的改进可确保即使是最复杂的操作也能得到有效处理。

其具体如下。

1. 具有向后兼容性的企业业务流程

Docker 数据中心不仅使用 swarm 模式和服务集成了 Docker Engine 1.12 的内置编排功能，而且还可以使用 docker run 命令为独立容器提供向后兼容性。为了帮助企业应用程序团队迁移，Docker 数据中心为应用程序提供了连续性支持，包含新 Docker 服务和单个 Docker 容器的环境。这项功能是通过同时启用 swarm 模式并在同一个节点集群中运行热容器来实现目的，对用户完全透明；swarm 和 Docker Engine 1.12 可视为 Docker 数据中心的一部分来处理，管理员无须额外配置即可使用。使用 Docker Engine 1.10 和 1.11 上的 Docker Compose（版本2）文件构建的应用程序，在部署到运行 Docker 数据中心的 1.12 集群时仍然可以继续运行。

2. Docker 服务、负载平衡和服务发现

每个 Docker 服务都可以通过声明一个理想的启动来进行轻松扩展，以便添加其他实例。这样可以在群组上创建复制的、分布式的负载平衡过程，其中包括虚拟 IP（VIP）和使用 IPVS 的内部负载均衡。这一切都可以通过 Docker 数据中心以及 CLI 和新刷新的 GUI 来解决。这些 GUI 遍历创建和管理服务过程，特别是在人员更替频繁的单位，即便是新手也可以轻松应对。当然，还可以选择使用名为 HTTP Routing Mesh 的实验性功能添加基于 HTTP 主机名的路由，如图 1-8 所示。

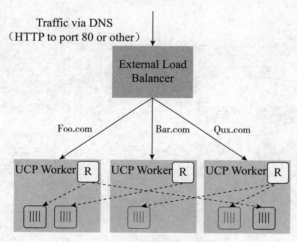

图 1-8   Docker 负载均衡示意图

3. 综合图像签名和政策执行

Docker 数据中心通过与 Docker Content Trust 的集成来提升内容安全性，既可以实现无缝安装体验，也可以基于镜像签名在集群中实施部署策略。要启用安全的软件供应链，需要直接在平台中构建其安全性，并使其成为任何管理任务的自然组成部分。

4. 清新的用户界面和新功能

Docker 数据中心借助清新的 GUI 可以为管理和配置屏幕添加更多的有用资源。这个功能对于大规模操作应用程序至关重要，尤其是在数十个甚至数百个快速变化的不同容器自由组成的应用程序环境中，如图 1-9 所示。

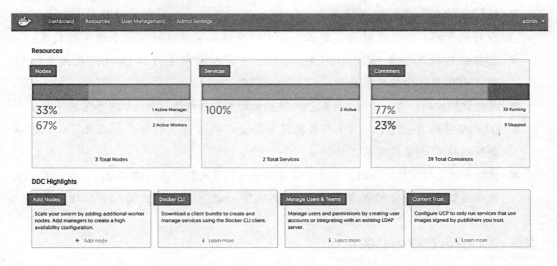

图 1-9 Docker 数据中心的 GUI 界面

将业务流程集成到 Docker 数据中心，意味着可以直接在 GUI 中公开这些新功能。例如：直接从 Docker 数据中心 UI 部署服务，只需输入服务名称、镜像名称、副本数量和此服务的权限等参数，即可完成，如图 1-10 所示。

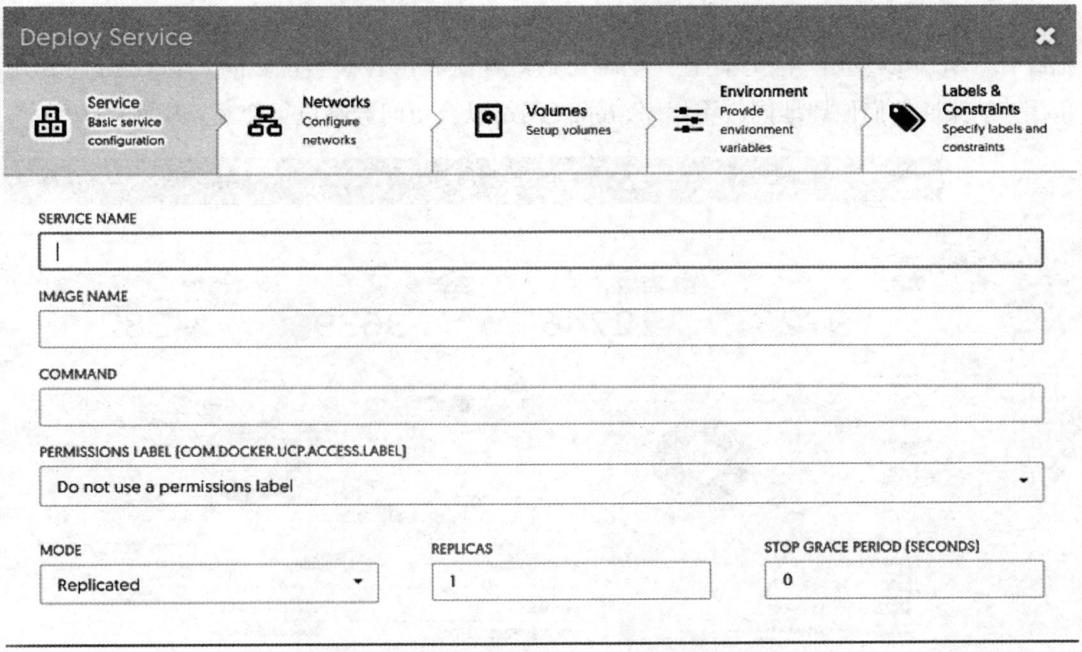

图 1-10 Docker 的 GUI 界面

除了部署服务之外，Web UI 还添加了如下新功能。

- **节点管理**：能够从节点添加、删除、暂停节点和排空容器，还可以管理分配给每个节点的证书的标签和 SAN（主题备用名称）。
- **标记元数据**：在镜像存储库中，Docker 数据中心为推送到存储库的每个标记显示其元数据，以便更好地了解正在发生的事情以及谁在推动每个镜像的更改。
- **容器运行状况检查**：Docker Engine 1.12 中引入的命令行在 Docker 数据中心 UI 中作为容器详细信息页面的一部分予以提供。
- **网络访问控制**：可以为网络分配粒度级别的访问控制标签，就像服务和容器一样。
- **DTR 安装程序**：可以从 UI 内部获得部署受信任注册表的命令，因此可以比以往更轻松地尽快完成安装工作。
- **扩展存储支持镜像**：Docker 数据中心增加并增强了对镜像存储的支持，包括对 Google 云端存储、S3 兼容对象存储（例如 IBM Cleversafe）的支持以及 NFS 的增强配置。

1.2.3　Docker数据中心的特点

1. 易于设置及使用

Docker 数据中心能够完成各类实际性任务，传统上需要投入大量时间以确保安装、配置与升级等流程，而现在能够快速简便地完成。Docker 统一控制面板与授信 Docker 镜像仓库本身就属于 Docker 化应用程序，因此能够在 Docker 数据中心快速启动。而一旦投入运行，适用于 UCP 与 DTR 的 Web 管理员 UI 则开始负责后续配置工作，具体包括存储、凭证以及用户管理，且一切都可通过几次单击轻松实现。同一套 UI 还可作用于用户，保证他们便捷地同应用程序、repo、网络以及访问分卷进行交互，如图 1-11 所示。

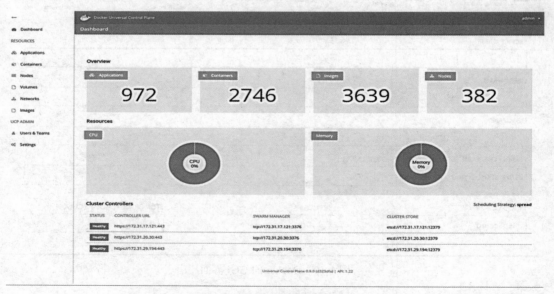

图 1-11　商业智能仪表盘截图

2. Docker 原生配备 Engine、Networking 与 Swarm

Docker 数据中心支持 Docker API，并可在平台中直接嵌入多种高人气 Docker 开源项目，默认包括 Docker Engine 以及 Swarm 等。这意味着应用程序开发人员能够利用一条简单的 docker-compose up 命令直接定义 Docker Compose 与 UCP 之间的协作，整个过程不涉及任何重写与调整，只需立足开发成果将其敏捷部署至 Swarm 即可。这个特点，不仅能够实现对整个 Swarm 集群内的各应用、网络及分卷的可视能力与管理能力，而且在本质上还能够保证应用程序的可移植能力，包括由开发向生产的流程乃至跨越各网络与存储供应程序（插件）以及任意云环境（私有云与公有云）。

在图 1-12 中可以看到 Networks 是 UCP UI 中的第一个类对象。我们可以直接在 UI 中创建网络，或者使用 docker-compose up 命令定义一个文件并在其中做出网络定义。在此之后，UCP 将创建对应网络并将其显示在 Networking 界面中。

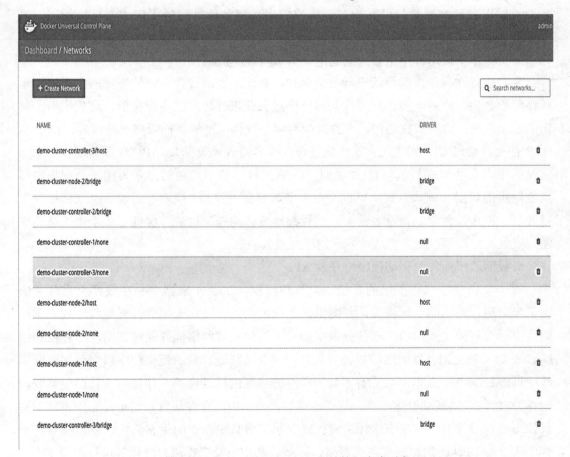

图 1-12　Networks 是 UCP UI 中的第一个类对象

3. 内置高可用性与安全性

为了确保应用程序流水线的顺畅推进，Docker 数据中心还内置有面向应用程序环境的高可用性与安全性机制。UCP 能够利用多台主机上的控制器，轻松设置以实现高可用性。一旦其中某台主机发生宕机或者故障，整体系统将继续保持Swarm集群同UCP设置、账户乃至权限状态的一致性。TLS亦会在加入该集群的同时在各Docker主机上实现自动化设置，这样大家就能够在无须额外调整的前提下在自己的Docker环境内确保安全通信。需要访问UCP中的客户端时，通过用户指定客户端绑定各自所需的凭证与认证密钥，进而确保对UCP上运行的应用程序的正确管理权限。

4. 从开发到生产全程配合集成化内容安全保护

多层级的安全才是真正的安全。Docker数据中心将Docker Content Trust与DTR相结合，提供了一整套贯穿应用程序生命周期的集成化内容安全保障机制。Content Trust通过数字化密钥进行镜像标记，进而对这些镜像签名加以验证。例如，中央IT团队能够创建基础镜像、对其进行标记并将它们上传至授信Docker镜像仓库当中。Content Trust与DTR相集成，能够将签名状态显示在UI中，供开发人员及IT人员查阅。开发者们可以提取这些镜像，以其为基础构建应用程序并通过部署实现生产环境测试。当Content Trust被激活，环境中的Docker Engine将无法访问或运行那些未被标记的镜像。

5. 贯穿整个应用程序生命周期的用户与访问管理机制

要对运行在容器内的负载进行安全保护，首先需要通过命令来控制哪些负载能够运行在环境之内。更进一步，需要控制有资格对负载进行访问的用户身份，这代表着一种新的控制层级：谁有资格访问，允许其执行哪些操作，能够访问哪些具体内容。UCP与DTR都允许通过GUI实现用户及团队管理，或者集成至现有LDAP/AD服务器以继承已定义的用户及群组成员。与DTR类似，UCP允许以基于角色的方式为团队分配指向特定容器组的权限（例如设置"只读"以实现对容器的罗列/检查，而设置"全部控制"以开启、停止、删除、查看容器）。这种细粒度访问控制机制，保证了每个团队都能够随时根据实际需要以适当方式访问应用程序及其资源。

6. 灵活选择插件、驱动程序与开放API

每一家企业都拥有不同的系统、工具与流程。Docker数据中心在设计上充分考虑到了当前运行环境的实际需要，并提供出色的灵活性，以在无须进行应用程序代码重构的前提下对基础设施内的任意部分做出调整。例如，其网络插件能够帮助用户轻松利用Docker定义各应用容器网络的对接方式，同时选出特定数量的提供程序以交付底层网络基础设施。Docker数据中心亦有多种面向存储体系的插件选项。存储驱动程序能够轻松地将DTR与存储基础设施结合，从而存储镜像及API，允许从日志记录及监控系统中提取状态及日志等数据。基于这种模式已建立起了极具生命力的生态系统，目前有数百家合作伙伴为Docker用户提供各类网络、存储、监控以及工作流自动化等可行选项。

1.2.4　关于Docker.Inc

Docker.Inc是Docker开源平台的幕后推手，也是Docker生态系统的主要赞助商。

Docker 是一个开放平台，供开发人员和系统管理员构建、发布和运行分布式应用程序。借助 Docker，IT 组织可以将应用程序交付时间从几个月缩短到几分钟，不仅在数据中心和云之间可以轻松移动工作负载，并且可以将计算资源的使用效率提高 20 倍。受活跃社区和透明开源创新的启发，Docker 容器的下载量已超过 20 亿次，Docker 被全球数千个最具创新性的组织中的数百万开发人员所使用，包括 eBay、百度、BBC、Goldman Sachs、Groupon、ING、Yelp 和 Spotify。Docker 的迅速普及催生了一个活跃的生态系统，产生了超过 28 万个 "Dockerized" 应用程序，超过 100 个与 Docker 相关的初创公司以及与 AWS、Cloud Foundry、Google、IBM、Microsoft、OpenStack、Rackspace、Red Hat 和 VMware 的集成合作伙伴关系。

1.3　数据中心的建设规范与规划

数据中心不仅仅是一个存放数据的地方，数据和计算能力的高度集中对现有数据中心提出了新的要求。在实现数据集中和计算能力集中的过程中，要想建立与任务以及现实情况相匹配的数据中心，需要我们真正体现以数据为中心的建设思想，从技术上保障数据中心的稳定、安全、经济运行，既要符合国家相关政策规定，又必须满足单位实际要求，精心规划，精心设计。

1.3.1　数据中心的建设目标

数据中心的建设目标是：构建满足当前和今后一个时期需求的数据中心，为信息化建设的各项应用服务提供高性能、高可用性、高扩展性和高安全性的硬件架构、软件平台及技术支持，满足各单位间的数据共享要求，确保各单位数据中心间的互联互通。

1.3.2　数据中心的建设任务

（1）建设完善的机房环境，为数据中心构筑可靠、高效、易用的网络系统平台，数据库系统平台和公共服务基础平台，构建良好的主机（服务器）系统、存储系统、安全体系和数据备份与容灾系统。

（2）运用现代信息技术手段，将各单位不同时期开发的独立系统有机地联系起来，实现信息的高度共享，彻底解决"信息孤岛"问题。同时将不同单位部门的数据资源进行整合、挖掘，转换成可靠、实用的信息。

（3）通过统一的数据标准规范与各部门应用系统间建立联系，实现各级单位相互独立的信息系统数据资源的整合。把分布在各级单位网络信息孤岛上的数据集成到一起，实现数据的统一存储、分析、处理和传递，最终实现信息的高度共享。

（4）提供统一的数据存储服务。数据中心集中存储各系统所有共享数据，能够为上级应用系统提供数据，为决策提供数据依据，也能为各级单位提供共享、交换数据。

（5）基于已有的各部门应用系统，建立面向使命任务的数据仓库，应用联机在线分析处理（OLAP）从现有的数据中抽取、转换、挖掘出有用的决策信息，为指挥决策工作提供可靠、科学的决策依据。

1.3.3　基础设施规划

基础设施包括两个部分：机房和网络系统。

1. 机房

机房是数据中心重要的基础设施，机房规划的宗旨是确保各类设备与计算机系统稳定、可靠地运行，保障机房工作人员有良好的工作环境，而且应该尽可能地采用最先进的技术，使数据中心高效、节能、安全地运行。

1）机房位置与布局

选择机房位置时应远离强噪声源、粉尘、油烟、有害气体，避开强电磁场干扰。

数据中心机房平面布局设计应考虑以下三方面的因素。

■ 机房布局需考虑工艺需求、功能间的分配，按照计算机设备和机柜数量规划布置机房面积与设备间距。

■ 机房的功能必须考虑各个系统的设置。

■ 机房布局要符合相关国家标准和规范，并满足电气、通风、消防、环境标准工程的要求。

2）机房的组成

数据中心机房的设置应根据计算机系统运行特点及各类设备的具体要求确定，一般由主机房、基本工作间、第一类辅助房间、第二类辅助房间、第三类辅助房间等部分组成。

■ **主机房**：包括网络交换机、服务器群、存储器、数据输入 / 输出设备、配线、通信区和网络监控终端等。

■ **基本工作间**：包括办公室、缓冲间、走廊、更衣室等。

■ **第一类辅助房间**：包括维修室、仪器室、备件间、磁媒体存放间、资料室。

■ **第二类辅助房间**：包括低压配电、UPS 电源室、蓄电池室、精密空调系统用房、气体灭火器材间等。

■ **第三类辅助房间**：包括储藏室、一般休息室、洗手间等。

3）机房的设置

数据中心的主机房内放置大量网络交换机、服务器群，是信息系统的数据汇聚中心，其特点是网络设备 24 小时不间断运行，电源和空调不允许中断，对机房的洁净度、温湿度要求也较高。

机房安装有 UPS、精密空调、机房电源等配套设备时，需要配置辅助机房。此外，机房布局时还应设独立的出入口；当与其他部门共用出入口时，应避免人流、物流交叉；人员出入主机房和基本工作间时应更衣换鞋。机房与其他建筑物合建时，应单独设置防火分区。机房安全出口不应少于两个，并应尽可能地设置于机房两端。

数据中心机房的各个系统是按功能需求设置的，主要功能包括机房区、办公区、辅助区的装修与环境工程；可靠的供电系统工程（UPS、供配电、防雷接地、机房照明、备用电源等）；专用空调及通风；消防报警及自动灭火工程；智能化弱电工程（视频监控、门禁管理、环境和漏水检测、综合布线系统等）。

2. 网络系统

网络是数据中心运行的神经系统，是支撑数据中心的高速公路。各类数据中心由于地位、作用与业务的不同，其网络系统规模与配置也会有不少差异，国内尚未有完整的建设标准和规范。一般而言，一个典型的数据中心主要包括网络系统、主机系统、存储系统、容灾系统、安全系统、应用系统和管理系统等部分，其中网络系统的作用是将其他各系统的设备连接为一个有机整体，实现资源的全面共享和有机协作，使人们能够有效地利用资源并按需获取信息。

1）网络总体规划

网络总体规划应通过区域化、层次化、模块化的设计理念，使网络层次更加清楚、功能更加明确。此外，网络总体规划应体现高性能、高可用性、高扩展性、高安全性和先进性的设计原则。以此为基础，建设一个高安全性、高性能、高可用性的灵活的网络平台，为各类应用的运行提供可靠稳定的支撑环境。

依照设计理念和设计原则，数据中心网络应根据业务性质或网络设备的作用进行区域划分，然后再设计网络总体框架。通常需要考虑 3 方面的内容。

（1）按照传送数据业务性质及面向用户的不同，数据交换网络可以划分为内部核心网、远程业务专网以及公众服务网等区域。

（2）按照网络结构中设备作用的不同，数据交换网络可以划分为核心层、汇聚层、接入层。层次化结构也有利于网络的扩展和维护。

（3）综合考虑网络服务中数据应用业务的独立性、各业务的互访关系，以及业务的安全隔离需求，数据交换网络在逻辑上还可以划分为存储区、应用业务区、前置区、系统管理区、托管区、外联网络接入区、内部网络接入区等。

2）网络负载平衡

网络系统要采用负载均衡和备份的方法，采用核心交换机与服务器群连接，避免单点故障，使网络系统能够提供不间断的服务。

负载均衡交换机放置于服务器群的前端，所有服务器间均进行负载均衡。设置服务器和数据库，作为整体服务器群的备份，网络中任何服务器出现问题时，备份服务器启动接管提供服务。中心服务器群通过网络负载均衡的设置，保证服务器出故障时网络应用服务不中断。

在最坏的情况下，当所有正常的服务器全部中断时，备份服务器在性能允许的范围内能提供所有的服务，以保证服务不中断。

与此同时，负载均衡服务器能够抵御外界对服务器群的 DDOS 攻击，为服务器群的健康运行提供安全保障。为达到以上要求，负载均衡交换机要采用先进的多处理器技术，基本配置应带有专用处理器的管理模块，以实现可靠的设备管理和控制。网络管理包括设备管理、VLAN 管理、用户管理、ACL 管理、事件管理、流量管理和安全管理等内容。在数据中心配置网络管理软件，让网络管理人员可以有效地跟踪及进行配置更改、软件更新，确定和解决网络故障，使网络可以高效运行。实施和监控覆盖全网的复杂功能更改，包括访问控制列表和虚拟局域网、软件和配置更新，以及处理网络告警和事件等。

网络管理软件基于客户端 / 服务器模式，中心网管服务器运行网管软件后，各客户端无须安装任何客户端软件即可通过 Web 方式访问该服务器，根据其权限对相应的设备进行管理。

1.3.4 主机系统规划

主机系统是在网络环境下提供网上客户机共享资源（包括查询、存储、计算等）的设备，具有高可靠性、高性能、高吞吐能力、大内存容量等特点。主机（Host）可以根据 CPU 总线架构、操作系统、运算能力以及可靠性等因素分为三种类型，即大型机、小型机和 PC 服务器（Server）。

1. 主机服务器的基本要求

根据数据中心的业务需要，主机系统服务器应满足如下要求。

- 采用先进、成熟的技术和开放体系结构。
- 系统具有高可靠性、可用性、可管理性和可扩展性。
- 性能优良、配置合理，具备良好的性价比和扩充能力。
- 选择技术领先，市场和技术前景良好的产品。
- 满足数据中心系统的业务要求，保证数据的准确性，不出现数据丢失的情况，系统能 7×24 小时不间断地运行；系统故障频率较低，具有良好的可恢复性，对于问题的出现有良好的可预测性等。
- 支持多处理器，采用 64 位处理器；主机的处理能力要求满足所有业务应用和一定用户规模的需求，而且需考虑全部系统的开销及应用切换时的性能余量。系统设计时应考虑 30% 的性能冗余。选择基于 64 位的 UNIX 操作系统，满足数据仓库、联机事务处理（OLTP）、科学计算和决策支持等应用需要。
- 内存容量的配置要考虑到主机正常运行状态下的内存利用率不应大于 70%，保证系统在业务高峰时仍具有较强的抗冲击能力。

- 主机的硬盘、网络接口、网络连接及电源均考虑足够的冗余；能支持电源、I/O 设备、存储设备的热插拔；主机系统平均无故障时间大于 1 万小时。
- 主机系统设备具有适当的扩充能力，包括 CPU 的扩充、内存容量的扩充及 I/O 能力的扩充等；并可支持 CPU 模块的升级和集群内节点数的平滑扩充。
- 核心数据库服务器采用标准的双机热备方式。

2. 不同级别服务器的应用

数据中心的服务器群是在网络环境中为客户机提供各种服务的、特殊的专用计算机。在数据中心，服务器承担着数据的存储、转发和发布等关键任务。按应用档次划分是服务器最为普遍的一种划分方法，它主要根据服务器在数据中心应用的层次，依据服务器的综合性能，特别是所采用的一些服务器专用技术来衡量的。按这种划分方法，服务器可分为入门级服务器、工作组级服务器、部门级服务器和企业级服务器。

1）入门级服务器

这类服务器是最低档的服务器，随着计算机技术的日益提高，现在许多入门级服务器与个人计算机（PC 机）的配置差不多。

入门级服务器所连的终端比较有限（通常为 20 台左右），其稳定性、可扩展性以及容错冗余性能较差，仅适用于没有大型数据交换、日常工作网络流量不大、无须长期不间断开机的小型数据中心。这类服务器主要采用 Windows 网络操作系统，可以充分满足办公室型的小型网络用户的文件共享、数据处理、因特网接入及简单数据库应用的需求。

2）工作组级服务器

工作组级服务器是比入门级高一个层次的服务器，但仍属于低档服务器。它只能连接两个工作组（50 台左右）的用户，网络规模较小，服务器的稳定性和其他性能方面的要求也相对要低一些。

工作组级服务器较入门级服务器来说性能有所提高，功能有所增强，有一定的可扩展性，能满足中小型数据中心用户的数据处理、文件共享、因特网接入及简单数据库应用的需求。但容错和冗余性能仍不完善，也不能满足大型数据库系统的应用要求。

3）部门级服务器

这类服务器属于中档服务器，一般采用 RISC 结构的 CPU，支持双 CPU 以上的对称处理器结构，所采用的操作系统一般是 UNIX 系列或 Linux 操作系统，具备比较全面的硬件配置，如磁盘阵列、存储托架等。部门级服务器的最大特点是除了具有工作组级服务器的全部特点外，还集成了大量监测及管理电路，具有全面的服务器管理能力，可监测如温度、电压、风扇、机箱等状态参数，结合标准服务器管理软件，使管理人员及时了解服务器的工作状况。大多数部门级服务器具有优良的系统扩展性，使得用户在业务量迅速增大时能够及时在线升级系统，充分保护了用户的投资。它是数据中心网络中分散的各基层数据采集单位与最高层的数据中心保持顺利连通的必要环节，一般为中型数据中心的首选。

部门级服务器可连接100个左右的计算机用户，适用于对处理速度和系统可靠性要求高一些的中小型数据中心网络，其硬件配置相对较高，可靠性也比工作组级服务器高一些。

4）企业级服务器

企业级服务器属于高档服务器。企业级服务器最起码要采用4个以上CPU的对称处理器结构，有的高达几十个；一般还具有独立的双PCI通道和内存扩展板设计，具备高内存、高速网卡、大容量热插拔硬盘和热插拔电源、超强的数据处理能力和集群性能等。企业级服务器的机箱一般为机柜式，有的还由几个机柜组成，像大型机一样。

企业级服务器产品除了具有部门级服务器的全部特点外，其最大的特点是具有高度的容错能力、优良的扩展性能、故障预报警功能、在线诊断功能等，RAM、PCI、CPU可以进行热插拔。有的企业级服务器还引入了大型计算机的诸多优良特性，所采用的操作系统一般是UNIX或Linux。企业级服务器用于联网计算机在数百台以上、对处理速度和数据安全要求非常高的大型数据中心。企业级服务器的硬件配置最高，系统可靠性也最强。企业级服务器适合运行在需要处理大量数据、高处理速度和对可靠性要求极高的金融、证券、交通、邮电、通信等大型数据中心。

需要注意的是，这4种类型服务器之间的界限不是绝对的，大多数情况下是针对不同生产厂家的整个服务器产品线来说的。随着服务器技术的发展，各种层次的服务器技术也在不断地发展变化，业界也没有一个硬性标准来严格划分这几类服务器。由于服务器的型号非常多，硬件配置也有较大差别，因此，不必拘泥于某级服务器，而应当根据网络的实际规模和服务的实际需要来选择服务器，并适当考虑相对的冗余和系统的扩展能力。因为随着数据中心网络规模的扩大，对服务器的要求也会随之增长，如果服务器具有较强的扩展能力，则只需购买一些扩展部件即可完成对服务器性能的升级。

3. 服务器的配置

数据中心的网络系统通常选配多台服务器以完成不同的任务。在整个网络系统中占主导地位的服务器常称为主服务器，根据系统建设的规模和经费，主服务器可选择企业级或部门级服务器。

1）数据库应用

数据库应用服务器专门提供在线事务处理（OLTP）、企业资源规划（ERP）和数据存储。

这种应用需要相当可观的CPU处理能力；在数据存储上，需要适合数据高速缓存的巨大内存容量。此外，因为要对大量数据进行目录编写、析取和分析，所以要额外增加CPU和内存，并提高输入/输出能力。

2）基本应用

文件和打印服务器需要的CPU处理能力比数据库服务器弱，但是要处理往来于网络客户端的数据，因此有很高的 I/O 需求。这类服务器的内存和 I/O 插槽的扩展性是具备最高优先权的。

域控制器需要对域名查找请求做出快速响应。

信息 / 电子邮件服务器需要高速的磁盘 I/O。磁盘 I/O 在这些类型的系统中是常见的瓶颈。为了实现更为有效的存储和恢复信息数据，根据信息服务器的文件类型选择不同种类的 RAID 存储方案是非常必要的。

3）Web 和 Internet 服务

Web 服务器为客户提供动态 Web 页。与静态 Web 页相比，动态网页（例如微软公司的 Active Server Pages，ASP）要求较高的 CPU 处理能力。Web 服务器的主要部件包括高速磁盘 I/O 和多网卡。

大、中型数据中心的核心存储服务器的数据计算与交换量很大，需要强大的 CPU 处理能力，并且需要选择支持可扩展性的多路 CPU，要有较大的内存容量和很好的扩展性。

因特网服务提供商（ISP）经常为有需求的公司提供专用服务器来实现电子邮件或Web 服务。对于这类需要为每个数据中心机房提供较多服务器的 ISP 来说，服务器密度是首要因素。因此，应考虑服务器的物理尺寸、I/O 速度和内存容量等因素。单路或多路处理器通常都可接受。

由于服务器本身硬件配置复杂，不同硬件对系统的作用和影响也各有不同，因此必须总体考虑。在选择不同硬件的配置时，用户应当根据数据中心自身网络的特点和要求来做决定。

1.3.5　存储系统

各级业务活动的大量数据都集中存储在数据中心，因此，对数据的保护就显得极为重要。需要对各类数据进行统一存储、集中备份，这就要求数据的存储平台具备强大的可扩展性、可靠性、优良的性能以及异构环境下的连通性。

1. 存储系统的基本要求

1）存储系统必须具有良好的可扩展性

存储系统必须能够满足数据中心应用系统日益增长的存储容量需求，能够灵活地扩展存储空间，能够从存储设备与存储结构两个方面来提高存储系统的可扩展性。应充分考虑数据中心各业务在未来若干年内的发展趋势，具有一定的前瞻性，并充分考虑系统升级、扩容、扩充和维护的可行性。

2）存储系统能够提供良好的性能

存储系统不仅负责数据的存放，更重要的是还要负责数据的传输，所以存储系统必须能够提供高性能。其性能体现在两个方面：一方面是海量的存储能力，能够适应数据中心系统快速的数据增长需要；另一方面是 I/O 读写性能，能够从 I/O 性能方面保证应用系统的整体运行性能。

3）存储系统需具备高可靠性、安全性和可管理性

存储系统必须能够满足高可靠性、安全性和可管理性的要求。可靠性是系统在一定时间内无故障运行的能力，能担当和适应7×24小时不间断运行的任务。它能够通过冗余结构来加强存储系统的高可靠性；能够通过如RAID等多种安全手段来加强数据存储的安全性；能够为核心业务数据提供一个安全可靠的存储环境；能够为用户、维护人员提供方便的管理工具与管理界面。

4）存储系统能够支持异构环境

随着数据中心的应用不断提高，需要存储系统能够为异构环境提供支持：在操作系统方面，能够支持包括UNIX、Linux、Windows以及Solaris在内的多种操作系统；在服务器方面，能够支持包括PC Server和UNIX Server在内的所有服务器；在数据库方面，能够支持虚谷、Oracle、SQL Server、DB2等多种企业数据库产品；在存储设备方面，能够支持多个厂商的产品。

2. 存储系统的规划

对于存储系统的规划，总体来讲包括以下两个方面：

（1）数据中心，尤其是大、中型数据中心宜选用SAN（存储区域网络）方式。SAN实际上是一个单独的计算机网络，它基于光纤通道技术的电缆、交换机和集线器，将很多的存储设备连接起来，再与由很多不同的服务器组成的网络相连接，以多点对多点的方式进行管理。

（2）光纤通道架构具备的双工交换能力，可以显著改善存储和恢复性能。此外，光纤通道是针对大量数据高效可靠传输这一目标而设计的，与基于网际协议（IP）的网络相比，它具有更高的效率和更好的可靠性。服务器到共享存储设备的大量数据传输是通过SAN网络进行的，局域网只承担各服务器之间的通信（而不是数据传输）任务，这种分工使得存储设备、服务器和局域网资源得到更有效的利用，使SAN网络速度更快，扩展性和可靠性更好。

3. 存储结构的扩容

随着数据中心数据量的不断增长，项目建设初期设计的磁盘存储容量可能会无法满足数据量的需求，这时就需要为原有的磁盘存储系统增加容量。添加新的磁盘阵列到原有的存储SAN网络，即购买新的磁盘阵列，将新的磁盘阵列通过光纤连接至原有的光纤交换机。

1.3.6 数据中心应用规划

1. 信息资源规划

数据规划以"信息资源规划的理论与方法"为指导，在现代通信和计算机网络基础

上重建数据环境，基于数据中心基础平台，构造新型的、集成化、网络化的信息。信息资源规划（IRP）是指对生产经营活动所需要的信息，从产生、获取，到处理、存储、传输及利用进行全面规划。

信息资源规划是由信息工程（IE）、信息资源管理（IRM）等理论发展而来的。可以通过信息资源规划梳理业务流程，明确信息需求，建立信息标准和信息系统模型，再用这些标准和模型来衡量企业现有的信息系统及各种应用，符合的就继承并加以整合，不符合的就进行改造优化或重新开发，从而稳步推进信息化建设。

2. 应用支撑平台规划

应用支撑平台是支撑数据中心应用建设的基础平台环境，构建在应用服务器之上，提供针对应用的体系结构和服务模块，从而实现各个系统之间的互联、互通和互操作性，以及数据的安全、共享与集成。

应用支撑平台一般应由运行支撑系统和应用支撑系统两部分组成。图 1-13 为应用支撑平台的一个示例。

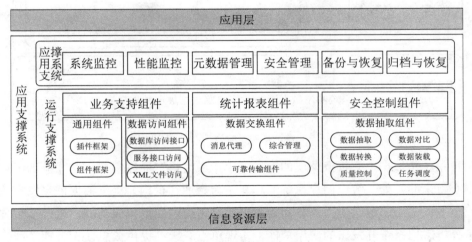

图 1-13　应用支撑平台示例

运行支撑系统主要由数据访问组件、数据抽取组件、数据交换组件、业务支持组件、安全控制组件、统计报表组件、通用组件等构成。应用支撑系统的建设需要选用相应组件二次开发和重组，以便应用功能运行时所需的资源能够有效地分配和调度。

应用支撑系统主要由系统监控、性能监控、元数据管理、备份与恢复、归档与恢复等部分组成。数据中心应用层的系统基于应用支撑系统建设，来保证数据中心应用资源的可管理和可维护。

3. 应用系统规划

一个典型的数据中心应用功能架构示例如图 1-14 所示。

数据交换平台是数据中心数据与其他应用系统沟通的桥梁，是进行数据交换的基站。数据交换平台负责从各个业务系统采集数据，对数据进行清洗与整合，按照数据中心建设标准规范数据，形成核心数据库，并提供给其他应用系统使用。

数据交换平台的功能由支撑功能与应用功能两部分组成。支撑功能是数据交换平台的基础，包括数据采集、元数据管理、数据交换服务总线、平台监控以及安全管理；应用功能是指与具体业务系统相关的功能，利用数据交换平台的数据交换服务总线，以数据交换服务的形式为各业务系统提供数据共享服务。

数据应用分析系统是挖掘数据中心数据价值的利器。只有挖掘出的数据才能为用户提供有效的决策支持。系统基于 SOA 的架构，在能够满足业务性能要求的前提下，应用层优先考虑将决策分析功能封装为服务，以提供给其他使用者。

图 1-14　典型数据中心应用功能架构示例

门户系统是数据中心价值体现的窗口，用户最终只有通过门户应用才能真正体会到数据中心带来的好处。统一门户系统的功能是为企业（机构）提供数据信息发布的统一平台，是数据中心的统一访问入口和管理平台。它提供应用集成功能，通过多种方式整合决策分析应用系统开发出的应用功能，实现单点登录；提供信息发布管理功能、内容管理功能以及个性化平台；提供数据集成功能。

门户系统以支持业务管理为首要目的，能够解决业务管理中的主要业务问题，加快企业（机构）内部信息流通，提高工作效率。因此，设计的定位不仅仅是一个门户系统，同时还要与业务管理相关的系统集成在一起，进一步满足当前业务的需要，适应新的业务要求。目标是建设集成现有业务系统的、协同工作的安全信息门户。

1.3.7　安全保障体系规划

数据中心的安全是一项复杂的系统工程，需要从物理环境、链路与网络、计算机系统、应用系统等构成要素和人为因素的各个方面来综合考虑数据中心安全防范问题。

根据 OSI 信息安全体系框架和国家信息安全保障体系，数据中心安全防范体系框架结构设计如表 1-1 所示。

表 1-1 数据中心安全防范体系一览表

技术体系	组织体系	管理体系
物理安全 链路和网络安全 计算机系统安全 应用安全	机构 人员	技术标准 管理制度

其中，数据中心安全防范组织体系负责操控数据中心安全防范技术；数据中心安全防范技术体系是一切信息安全行为的基础；数据中心安全防范安全管理体系负责管制数据中心安全防范技术体系和组织体系。

（1）机构设置。数据中心安全防范组织结构包括数据中心安全领导机构和数据中心安全工作机构，如图 1-15 所示。

（2）人员设置。数据中心安全防范工作机构应包括图 1-16 所示的人员配置。

图 1-15 数据中心安全防范组织结构　　图 1-16 数据中心安全防范工作机构人员配置

数据中心安全防范技术体系分为物理环境安全、链路和网络安全、计算机系统安全和应用安全等部分，如图 1-17 所示。

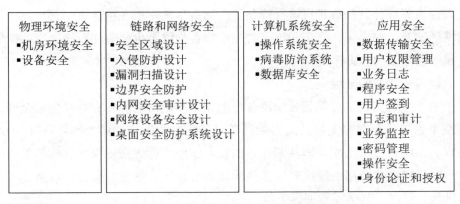

图 1-17 数据中心安全防范技术体系

其中，物理环境安全包括机房环境安全和设备安全等内容；链路和网络安全包括安全区域设计、边界安全防护、入侵防护设计、内网安全审计设计、漏洞扫描设计、网络设备安全设计和桌面安全防护系统设计等内容；计算机系统安全包括操作系统安全、病毒防治系统和数据库安全等内容；应用安全包括数据传输安全、用户签到、用户权限管理、日志和审计、业务日志、业务监控、程序安全、密码管理、操作安全、身份认证和授权等内容。

1.3.8　数据备份与容灾规划

数据备份与数据恢复是保护数据的最后一种手段，也是防止主动型信息攻击的最后一道防线。容灾系统的建设涉及数据中心组织架构、业务流程、规章制度、外部协作关系、资金投入等各个方面。必须经过演练改进其不足，使容灾系统在需要时真正起到容灾的作用。

备份与容灾是存储领域两个极其重要的部分，二者有着紧密的联系。首先，在备份与容灾中都包括数据保护工作，备份大多采用磁带方式，性能低、成本也低；容灾采用磁盘方式实时进行数据保护，性能高、成本也高。其次，备份是存储领域的基础，在一个完整的容灾方案中必须包括各个必须的部分；同时，备份还是容灾方案的有效补充，因为容灾方案中的数据可能丢失，存储也有完全被破坏的可能，而备份提供了额外的一道防线，即使数据丢失也可以从备份数据中恢复。

保护数据需要搭建数据备份和容灾系统。很多用户在搭建了数据备份系统之后就认为可以高枕无忧了，其实还需要搭建容灾系统。数据容灾与数据备份的联系主要体现在以下两个方面。

1. 数据备份是数据容灾的基础

数据备份是数据高可用性的最后一道防线，其目的是在系统数据崩溃时能够快速地恢复数据。虽然它也算一种容灾方案，但它的容灾能力非常有限，因为传统的备份主要是采用数据内置或外置的磁带机进行冷备份，而备份磁带也在机房统一管理，一旦整个机房出现了灾难，如火灾、盗窃和地震时，这些备份磁带也会随之毁坏，所存储的磁带备份便起不到真正的容灾作用。

2. 数据容灾能力的分级

真正的数据容灾就是要避免传统冷备份的先天不足，它能在灾难发生时全面、及时地恢复整个系统。数据容灾按其能力的高低可分为多个层次，例如国际标准 SHARE78 定义的容灾系统有 7 个级别，即从最简单的仅在本地进行磁带备份，到将备份的磁带存储在异地，再到建立应用系统实时切换的异地备份系统，恢复时间也可以从几天到小时级、分钟级、秒级，甚至零数据丢失等。

无论采用哪种容灾方案，数据备份都是最基础的，没有备份的数据，任何容灾方案都没有现实意义。但光有备份是不够的，容灾也必不可少。容灾对于数据中心而言，就是一个能防止各种灾难的计算机信息系统。

第2章
数据中心管理

随着数据中心建设与应用在国内的蓬勃发展，数据中心运维管理问题越来越得到业内的广泛重视。数据显示，2015 年中国数据中心运维市场规模达 83 亿元，2016 年中国数据中心运维市场规模达到 95 亿元，年增长率为 14.46%；2017 年中国数据中心运维市场规模达到 127 亿元，年增长率为 33.68%；预计后续几年，数据中心运维服务的年增长率持续在 14% 以上。由于用户对数据中心运维管理服务于业务价值的进一步解析，运维管理服务在企业发展生命周期中得到了前所未有的高度重视。为做好数据中心的运维管理工作，应探索并奠定科学先进的运维管理理论和技术基础，逐步建立完善高效、规范的数据中心运维管理制度体系，确保数据中心安全、可靠、持续与高效运行，为业务信息系统稳定运行和信息资源综合利用提供坚实的基础支持。本章主要介绍数据中心的管理及制度、数据中心运行的日常管理和数据中心网络性能指标融合等内容。

2.1　　数据中心管理及其制度

要确保数据中心安全、可靠、持续、经济、低耗与高效的运行，必须做好运行管理工作。要做好运行管理工作，必须尽快建立高效、规范的运维体系。只有将规范和流程引入到复杂且易混乱的运行环境中，让每个运维技术人员一丝不苟地按规范做，让经常做的事情制度化，让制度化的事情标准化，让标准化的事情规范化，才能构建完善、规范的运维体系，提升运维管理水平。在建立健全运维体系的过程中，要不断引入运行管理的新理念、新技术与新方法，实现节能、高效、简化管理的目的，改善系统的运维质量，保证数据中心安全、稳定运行。

数据中心的运行管理，实际上指的是对数据中心各系统及运行设备的管理，它包括为业务和分析系统提供数据安全存储、可靠运行支撑的IT基础设施（包括运行环境、网络、存储、服务器）和通用软件（操作系统、数据库、中间件）等软、硬件系统的组合平台，还包括与使用该设备的人员进行沟通和交流的过程。它的一个基石就是对用户、软件和系统设备的支持。这里从人员、流程、技术 3 个方面，分运行管理任务和机构与基本制度、数据资源管理、运行日常管理、基础设施管理、运行管理的新理念与新技术 5 个部分来介绍如何做好数据中心的运行管理工作。

2.1.1 数据中心管理概述

1. 管理的目标

运行管理的目标是通过强化与规范运行管理工作,确保数据中心安全稳定地运行,为数据中心的 IT 关键设备运营管理和数据信息安全提供可持续的有力保障;为实现信息资源的存储、保护和应用,以及核心运营提供高可用性的、持续可靠的服务支撑。

2. 管理的任务

数据中心进入使用阶段后,主要任务是对数据中心进行管理和维护,包括对基础设施、业务系统、数据库及业务系统运行状态的监视监测,及时发现与处理问题;对应用系统的运行进行实时控制,记录其运行状态,进行必要的修改与功能扩充,以便使应用系统更符合管理决策的需要,为管理决策者服务,使数据中心真正发挥作用。

3. 管理的内容

高效的数据中心,如果缺乏科学的组织与管理,数据中心就不能充分发挥作用,且本身也会陷入混乱。管理是多方面的,既包括数据中心日常的规章制度及规章制度的执行程度,又包括对数据中心各系统运行的可靠性管理。运行管理主要关注以下 8 方面内容:

(1) 运维管理队伍的建设。在数据中心运维过程中,人员应该是首要考虑的因素。无论多么先进的设备和技术,如果没有人进行管理都是不能很好地发挥作用的。因此,企业(机构)必须注意培塑生态体系,数据中心在建设过程中就必须考虑人才队伍的建设问题,如果等数据中心从"建设期"转到"维护期"才考虑人才队伍建设,那就太迟了,不利于提高运行管理效率。

(2) 数据中心应配备专职运维人员,划分合理的角色,明确职责。

(3) 建立相应的管理维护制度,对管理权限、维护记录、运行日志等方面做规定。

(4) 建立通畅的反馈机制,使研发、服务、运行形成良性循环。

(5) 梳理管理流程,提高运维效率和管理水平,改善服务质量。

(6) 通过自动化、资源整合与管理、虚拟化、安全以及能源管理等新技术,对数据中心进行 7×24 小时的监控和运行维护。

(7) 建设运维管理信息系统,实行数据中心集中化管理。将数据中心监控和管理维护纳入整体集中监控和运维,使数据中心高效、安全、稳定地运行。

(8) 加强应急管理,提高系统可用率。建立完善的运行管理专项应急预案,明确运维人员在技术、管理、业务、安全等方面的职责,把责任落实到岗、落实到人;定期进行预案演练,并根据演练结果及时更新预案。配备核心应用和关键设备的备品备件,以备出现突发事件时尽快更换,及时修复,减少影响,缩短停运时间,提高可用率。

4. 管理制度的组成

完善的管理制度是运行管理的保障。数据中心的基本规章制度包括 3 方面:管理规范、技术规范和操作指南(或作业指导书)。

（1）管理规范是从规范管理人员及用户行为出发的各种制度、规定、办法与奖惩措施。

（2）技术规范用来规范运维人员在运行维护过程中的各种行为与工作流程，例如《应用服务管理规定》《机房管理规定》《信息系统运行管理规程》《数据备份策略》等。

（3）操作指南是指导运行管理人员及用户管理使用各种网络与信息系统的操作指南与用户手册，例如《网站简易维护指南》《信息门户使用指南》《OA 系统安装使用手册》《生产 MIS 作业指导书》《服务器安装手册》等。

可以看出，数据中心的建设重点应从系统实施转向应用运维提升，运维的质量保障、安全机制变得重要起来，这时除了技术保障以外，制度保障也越发显得重要。

2.1.2 数据中心管理制度的建立

作为数据中心主管人员，首先应是一位管理专家，其次才是技术专家。由此，建立完善的运维制度是最主要的工作内容，是企业（机构）信息化有效执行和监督的立足点。数据中心本身管理不好，就不可能为业务部门提供满意的信息服务，业务部门对信息部门的满意度就会降低，使信息部门陷入困境。所以，建立高效规范的运维机制是数据中心主管走向战略管理的第一步。对于数据中心来说，可从以下 3 个方面使运行管理制度化。

（1）转变运维观念，树立规范化意识。只有树立制度化的运维意识，才能在日常烦琐的工作中有效地区分任务的优先级，将有限的资源投入到最能满足需要的工作中。

细节决定成败。在管理上，存在"100-1 ≠ 99、100-1=0"的风险，1% 的错误会导致 100% 的失败。数据中心能否稳定可靠地运行，关键是能否把运维工作和制度化紧紧地捆绑到一起。没有规矩，不成方圆。运维工作很琐碎，核心在于规范而不是创新。只有各类运维人员一丝不苟、老老实实按规范做，才能把事情做好。

同时，建立运维制度非常重要，但是有了制度还要有人去执行，要强化执行制度比建立制度更重要的观念和意识。对于数据中心来说，尽管由于人力、财力非常有限，难以系统地建设管理流程，但制度化的运维思想的引入仍然是必要的。

（2）建立事件处理流程，强化规范执行力度。流程是最重要的，因为流程是 IT 管理的基础。在 IT 管理的过程中，针对同一问题的具体实施步骤可能不同，但流程是不会改变的。

首先需要建立故障和事件处理流程，利用运维管理系统或表格工具等记录故障及其处理情况，以建立运维日志，并定期回顾从中辨识和发现问题的线索和根源，提取经典"案例"形成知识库。建立每种事件的规范化处理指南，减少运维操作的随意性，最大程度上降低故障发生的概率。

其次采用基于工作流技术实现的流程管理，它具有以下优点：

■ 每个员工的工作在流程中有明确定义，方便进行量化管理。

- 管理者可以监控所有工作流程的执行状态，实现闭环管理和精确管理。
- 增强业务各环节的协作能力，使业务运作更加顺畅。
- 及时发现业务瓶颈，以便改善业务流程。
- 设立 ITIL 服务台，引入优先处理原则。设立服务台以确定服务要求和 IT 运维目标，ITIL 指南要求数据中心管理者定义服务台的关键流程，不仅定义流程是什么，还包括它们是如何运作的，并指出每个流程的影响和意义。

（3）引入运维服务评价管理。数据中心要建立并完善运维绩效评价标准，给各类人员负责管理的系统或者客户服务建立一个能够量化的运维目标。这样不仅能够务实地提高服务质量和管理水平，还能够在目标达成后作为团队工作改进的成绩得到肯定，提高 IT 人员的工作成就感。

对于一个良好运营的数据中心，其生命周期经历了咨询规划、布局建设、使用维护、升级优化等多个阶段。在这漫长的过程中，"运维"是其中最重要，也是最长久的环节。在运维工程中，安全、架构、自动化、预警、虚拟化、流程、工具、培训等无不贯穿其中。因此，做好数据中心运行管理工作，对提高数据中心效率、节能降耗、安全稳定地运行具有重要意义。

2.2　数据中心运行的日常管理

数据中心运行的日常管理主要包括软件资源管理、硬件资源管理、运行安全管理、运行日志记录、运行故障管理和运行文档管理等内容。

2.2.1　软件资源管理

数据中心的软件资源是指数据中心各系统所涉及的包括系统软件（如操作系统、数据库系统等）、通用软件（如流程管理软件、文字处理软件、电子表格处理软件等）和专用软件（如数据可视化软件、信息系统的业务处理软件和管理软件、中间件软件、存储软件、备份软件、监控系统软件、计算机病毒防治软件、系统工具软件等）在内的各类软件的总和。这些软件是整个数据中心各系统正常运行和工作的重要工具，系统操作人员通过运行这些软件完成相应的业务操作，执行各种功能处理，提供各类信息服务。因此，必须对软件资源进行科学管理，以保证软件系统始终处于正常工作状态。

对于大型数据中心，由于涉及的软件种类可能非常多，因此可以配置专门的部门和人员进行软件资源管理。对于小型数据中心，可以不必安排专职人员来完成这些工作，但也要指定能够切实负责的人员来兼职管理这些事情。

软件资源管理的内容主要包括软件的采购、软件的保存、相关文档资料的保管、软件的分发与安装配置、软件运行的技术支持、软件的评价与性能检测、软件使用的培训等。

对于使用商品化软件的单位，软件的维护工作由销售厂家负责，使用者负责操作维护，组织中可以不配备专职的软件管理员，而由指定的系统操作员兼任。

对于自行开发的软件，组织中一般应该配备专职的系统维护员，系统维护员负责系统的硬件设备和软件的维护，及时排除故障，确保系统的正常运行，负责日常的各类代码、标准摘要、数据及源程序的纠错性维护、适应性维护工作，有时还负责系统的完善性维护。

所有软件存储介质未经同意一律不准外借，不准流出企业（机构）；软件介质需定期（通常为每半年）进行检查，一旦发现介质损坏，应立即更换备份；磁盘、磁带等介质使用有效期为3年，3年后需更换新介质进行备份。

（1）对于移动存储介质的管理。存储介质的软件使用应符合企业（机构）的软件管理规定。

存储介质的管理实行"自管"制度，资产挂个人账；对于个人用存储介质，使用者要对其安全负责；对于部门公用、调试测试用的便携计算机及存储介质，由相应的部门资产管理员妥善保管，认真交接，并对资产的安全负责。

（2）存储介质借用管理。借用人对借用期间的资产安全负责。因使用人岗位调换不再需要的存储介质应及时进行资产转移和清退。

外来人员携带的存储介质、演示用存储介质均须由接待人在安全岗登记后方可进入企业（机构），并凭安全岗的登记记录出门。接待人员有义务提醒来访人员遵守企业（机构）的存储介质管理规定，并承担安全保密责任。

因工作岗位变动不再需要使用存储介质时，应及时办理资产转移或清退手续。存储介质在进行资产转移或清退时，应删除保密数据。

归还部门公用、调试测试用的存储介质时，应向管理员移交使用密码，并删除存储介质内的全部调测软件和数据。

2.2.2 硬件资源管理

数据中心的硬件资源是指数据中心各系统所涉及的计算机主机、外围设备、网络通信设备、基础设施、备品配件及各种消耗性材料在内的所有有形物质的总和。为了完成如前所述的数据分类、数据存储、数据更新、数据备份及例行信息服务工作，为数据中心的IT关键设备运营管理和数据信息安全，要求各种硬件设备始终处于正常运行状态。为此，需要配备一定的硬件工作人员和管理人员，负责所有硬件设备的运行、管理与维护工作。

对于大型数据中心，这一工作需要有较多的专职人员来完成。对于小型数据中心，则不要求有那么多的人员及专门设备，这也是小型数据中心的一个主要优点。然而，这并不是说，小型数据中心不需要进行硬件运行及维护，相反，如果没有人对硬件设备的运行维护负责，设备就很容易损坏，从而使整个数据中心的正常运行失去物质基础，这种情况已经在许多企业（机构）多次发生。

这里所说的运行、管理和维护工作，包括数据中心各系统硬件设备、机房环境监控设备以及网络通信设备的使用管理，定期设备检修，备品配件的采购、配发及使用，各种消耗性材料的使用及管理，电源系统及工作环境的管理等。对于数据中心来说，须指定能够切实负责的人员来主管或兼管这些事情，绝对不能无人负责。

硬件维护的目的是尽量减少硬件的故障率，当故障发生时能在尽可能短的时间内恢复工作，提高硬件的可用率。为此，在配置硬件时要选购高质量的硬件设备，配备技术过硬的维护人员，同时还要建立完善的应急管理制度和关键故障的应急预案。

系统硬件维护是硬件资源管理的主要任务之一，其主要内容包括：

（1）实施对系统硬件设备的日常检查和维护，做好检查记录，以保证系统的正常运行。

（2）在系统发生故障时，及时进行故障分析，排除故障，恢复系统运行。硬件维护工作中，小故障一般由本单位的硬件维护人员负责，较大的故障应及时与硬件供应商或服务商联系解决。

（3）在设备更新、扩充、修复后，由系统管理员与硬件维护员共同研究决定，并由系统硬件维护人员负责安装和调试，直至系统运行正常。

（4）在系统环境发生变化时，随时做好适应性维护工作。

在硬件维护工作中，关键设备、较大的维护工作一般是外包由销售或集成厂家进行的，使用单位一般只进行一些小的维护工作。硬件维护员有时可以由机房管理员或设备管理员兼任。系统运行维护日志登记表见表 2-1。

表 2-1　系统运行维护日志登记表

单　　位		日　　期		维护人员	
所属系统		开始时间		结束时间	
维护性质		维护类型			
具体维护内容					
完成情况		相关票单		票单编号	
备　　注					
说　　明					
维护性质选项	对应的维护类型选项			说　　明	
计划维护	广域网设备巡检及其他			对应于年运行方式检修计划	
日常维护	操作系统补丁更新重启、程序更新、程序安装、文件整理、配置修改等			对应日常操作、预防性操作或用户需求等	
紧急维护	网络故障、硬件故障、系统软件问题、应用程序问题、电源故障、数据库问题、使用问题、病毒或恶意软件问题等			对应故障处理	
备　　注	1. 维护性质分为计划维护、日常维护、紧急维护 2. 相关票单选项有工作票、服务单、用户需求单 3. 可以通过上述内容如实统计月报数据				

2.2.3　运行安全管理

运行安全管理是指为了防止外部对数据中心各系统资源不合法的使用和访问，保证信息系统的硬件、软件和数据不被破坏、泄露、修改或复制，维护正当的信息活动，保证信息系统安全运行所采取的措施。信息系统的安全性体现在可用性、完整性、保密性、可控制性、可靠性 5 个方面。安全管理也是数据中心运行管理过程中的一项非常重要的日常工作。

1. 安全管理机构

1）安全管理机构的组织构架与职能

安全管理机构是实施数据中心安全、进行安全管理的必要保证。通常，国家重要的数据中心的安全问题由国家专门机构控制和管理，由健全的安全管理机构保障和实施应用系统的安全措施。

（1）安全审查机构。它是负责国家安全的权威机构，负责重要部门所应用的保密部件的密码编码审查。

（2）安全决策机构。该机构根据安全审查机构对安全措施的审查意见，确定安全措施实施的方针和政策。

（3）最高主管机构。最高主管机构的领导负责制定安全策略和安全原则，它必须经常地、实实在在地过问计算机的安全问题，这是安全的基点。没有这种领导，就没有安全的数据中心。同时该机构还要组织一支强有力的数据中心安全队伍，并拨出必要的经费使安全措施得以落实。

（4）信息主管领导。信息主管领导的任务是制定保密策略、协调安全管理、监督检查安全措施的执行情况，以防止机密信息泄露，确保机密信息的安全。

（5）安全管理机构。安全管理机构的设置由数据中心的大小而定。若一个数据中心的地理覆盖面很大，则在每个区域内应设立一个安全管理机构。

（6）安全审计机构。安全审计机构也可归入安全管理机构，同样担负保护系统安全的责任，但工作重点偏向于监视系统的运行情况，收集对系统资源的各种非法访问事件，并对非法事件进行记录，然后进行分析处理。

（7）安全管理人员。数据中心安全管理是一个复杂的过程，需要多方面的人才。数据中心安全管理机构由安全、审计、系统分析、软硬件、通信、保安等有关方面的人员组成。这些人员的具体职能划分如下：

①安全管理机构负责人。负责整个数据中心的安全，可有经理、主任、处长等称谓，重点负责对系统修改的授权、特权和口令的授权；对每日违章报告、控制台记录、系统报警记录等的审阅；制订对安全人员的培训计划；对所遇重大问题及时向系统主管领导报告等。

②安全管理员。具体负责本区域内安全策略的实现，保证安全策略的长期有效性，

负责可信硬件、软件的安装和维护，日常操作的监视，应急条件下安全措施的恢复和风险分析等。

③安全审计员。负责监视系统的运行情况，收集对系统资源的各种非法访问事件，并对非法事件进行记录，然后进行分析处理。如有必要，还要将审计的事件及时上报主管领导。

④保安员。主要负责非技术性的、常规的安全工作，如信息处理场地的保卫、办公室安全、验证出入信息中心的手续和多项规章制度的落实。

⑤系统管理员。系统管理员是系统安全运行的重要组成部分，其主要任务是安装和升级系统，控制系统的操作、维护和管理，使系统时刻处于最佳状态。

以上是针对大型重要数据中心的情形，对于诸如企事业单位等普通数据中心的安全要求则与此有较大差别。在普通数据中心，高层领导一般不直接参与安全管理工作，而往往由秘书或专职安全人员负责安全管理工作。但是，普通数据中心的高级管理机构、数据中心主管、专职的系统安全管理人员，以及所有数据中心的工作人员，在安全工作中都起着举足轻重的作用。为了保护这些应用部门的利益，需要做许多安全工作，相应的部门需制定相应的安全策略，如数据中心的系统管理、磁介质的安全管理、威胁评估、安全教育和安全检查等。

2）安全管理机构的作用

安全管理机构的作用有以下 5 个方面：

（1）制订安全计划、应急救灾措施，防止越权存取数据和非法使用系统资源的方法。

（2）规定数据中心使用人员及其安全标志，对进入机房的人员进行识别，实行进出管理，防止非法冒充。

（3）对数据中心进行安全分析、设计、测试、监测和控制，保证信息系统安全目标的实现。

（4）随时记录和掌握数据中心的安全运行情况，防止信息泄露与破坏，随时应对不安全的情况。

（5）定期巡回检查系统设施的安全防范措施，及时发现不正常情况，防患于未然。

2. 安全管理的原则与内容

1）安全管理的基本原则

数据中心的安全管理主要有多人负责、职责分离、工作分立、任期有限 4 项基本原则。

（1）多人负责原则。在数据中心主管认为无法保证安全以及数据中心人员足够的情况下，必须由两人或多人一起从事每项与安全有关的工作。工作人员必须由数据中心主管领导指派，忠诚可靠、胜任工作，并认真记录签署工作的情况，以证明安全工作已得到保障。

所谓与安全有关的活动包括硬件和软件的维护：系统软件的设计、实现和维护；处理保密信息；系统用媒介的发放与回收；访问控制用证件的发放与回收；重要程序和数据的删除及销毁等。

（2）职责分离原则。未经数据中心主管领导批准，任何数据中心的工作人员都不得打听、了解或参与其职责以外的任何与系统安全有关的事情。

（3）工作分立原则。对计算机操作与计算机编程、计算机操作与系统用媒介的保管等信息处理工作、机密资料的接收和传送、安全管理和系统管理、应用程序和系统程序的编制、访问证件的管理和其他工作必须分开，不得由相同人员或小组执行。

（4）任期有限原则。绝不能由一人长期担任安全管理职务。工作人员应不定期循环任职，强制实行休假制度，并规定对工作人员进行轮流培训，以使任期有限制度切实可行。

　2）安全管理的主要内容

安全管理的内容包括用户同一性检查、用户使用权限检查和建立运行日志等。

（1）用户同一性检查。同一性检查是指用户在使用系统资源时，事先检查是否规定用户有访问数据资源的权力。通常先检查用户代码是否正确，接着检验用户的密码是否正确，当两者完全与机器中设置的代码相同时，才能使用系统的数据资源。

在设计用户同一性检查时，为防止非法修改，必须注意设置更改用户访问表的权限。同一性检查需要一定的花费，应结合多方面因素进行综合考虑，合理设计，达到最佳效果。

（2）用户使用权限检查。在同一性检查之后，还要进一步检查用户的处理要求是否合法，即检查用户是否有权访问想访问的数据。系统管理人员根据系统运行的要求、组织权限、业务权限等给用户设置具体处理权限。设置权限控制清单时，绝不能有模糊不清的权限，要给用户规定实际需要的最小权限。

处理的资源和对象包括：数据文件、记录、数据库等数据对象；命令、程序等可运行的资源；终端、打印机等设备；磁带、磁盘等存储媒体；业务处理程序；应用中的控制码等。

（3）建立运行日志。系统运行日志是记录系统运行时产生的特定文件，它是确认、追踪与系统的数据处理和资源利用有关的事件的基础，它提供发现权限检查中的问题、系统故障的恢复、系统监察等信息，也为用户提供检查自己使用系统情况的记录。

在系统设计时，要从系统的安全控制和费用两方面来考虑定义运行日志中记录的项目和记载的程度。另外，还要考虑监察的水平，数据的型和量、时间、处理的复杂性、安全控制的效果以及系统对硬件设备的要求和影响等。例如，关注机房环境的安全运行情况，可以采用表2-2所示的格式记录。

表 2-2　机房环境安全运行情况登记表

上午巡查时间			下午巡查时间			值班管理员		
所属系统			开始时间			结束时间		
一、机房环境巡查（注：正常项留空白，异常项打"×"符号）								
机房环境总体是否正常（注：未填写为"正常"）								
机房位置	电源设备		机房温度/湿度		空调运行		机房整洁		备注
A区机房	上午	下午	上午	下午	上午	下午	上午	下午	
B区机房									
一号机房									
二号机房									
三号机房									
……									

把运维工作前移是确保数据中心安全稳定运行的关键。在新系统集成过程必须启用安全策略，关闭不必要的系统服务及端口，消除漏洞和脆弱口令。新设备投入使用和新系统上线运行前，必须进行安全测试。

3. 安全管理制度规范

安全管理机构要根据安全管理原则和信息系统处理数据的保密性，制定相应的管理制度或采取相应的规范，具体应做好以下工作。

1）确定系统的安全等级和安全管理范围

信息系统安全等级的划分十分重要，关系到后续工作的展开和进行。安全的可靠性可分为 A、B、C、D 四个等级，一般根据系统的实际情况确定其安全等级，并由此确定安全管理范围。

2）限制数据的提供

绝不向用户提供受限的信息数据，而应从数据的数量、结合、解释和时效性等方面入手，对数据进行有效限制。

3）建立科学的机房管理制度

为了保证工作质量和良好的机房秩序，机房应建立科学的管理制度。主要包括以下6方面：

（1）制定相应的出入管理制度。对于安全等级要求较高的数据中心，设计者应依据特定的标准，如计划项目、产品、人员等，确定整个数据中心环境中的各个控制区域，并实行分区控制，限制工作人员出入与己无关的区域。进出口由专人负责管理，对进入机房的人员进行识别，防止非授权人员非法使用计算机系统。出入管理可以采用身份证件进行识别或安装自动识别登记系统，采用面部识别、虹膜识别、身份卡等手段对人员进行识别和登记管理。

（2）制定严格的操作规程。操作规程根据安全管理中职责分离、多人负责的原则，各自负责各自的工作，不能超越自己的管辖范围；备好操作说明书，使计算机系统的操作完全标准化，以便能正确、迅速地完成业务处理，及早发现不正常的故障部位或灾害，并迅速、妥善地采取应急措施。

（3）制定完备的系统维护制度。要定期进行系统维护，以便在需要时恢复系统丢失的数据，保证系统的安全可靠。系统维护时要采取以下保护措施：维护前要经主管部门的批准；维护时重要数据要备份，系统上的数据要删除；对拆卸的磁盘和磁带等应从设备上卸下；维护过程中要有安全管理人员在场，并将维护的部位、故障的原因、维护内容和维护前后的详细情况记录在案。

（4）制定应急预案，定期检查。要制定系统在紧急情况下尽快修复系统的应急措施，使损失减至最小。同时，要定期巡查机房及其他有关的防灾防范措施，用监控系统监视异常情况，及早发现不正常状态，及时报告给相应的系统管理员，以便采取相应行动。巡检是了解情况的过程，为日常维护保养提供依据，以便随时发现亟待解决的问题，防患于未然。例如，震动转动部件、机电结合部件或光电结合部件，常会由于机械运动而产生故障，因此，巡检时要特别注意电源、电机、电风扇等设备管理及防火、防水、防雷、防盗等技术措施的实施状况。

（5）编制系统的维护记录。维护记录是维护计算机、进行故障诊断和安全监护的重要依据和基本原始材料。它主要记录系统的使用时间、使用人员、使用情况、机房环境条件、作业运行及操作情况、软件使用情况（名称、使用次数）、出错信息（显示、打印等资料）、故障分析及诊断处理、试用效果等。

（6）机房环境的监测与维护。随着计算机技术的迅速发展，计算机的质量和可靠性不断提高，环境条件要求逐步降低，推动了计算机的普及应用。而信息系统由大量易受环境条件影响的电子设备、机械设备和机电设备组成，机房环境对计算机系统的元器件、计算机的性能和寿命、机器的稳定性及可靠性影响极大，是信息系统安全运行的重要因素之一，是系统维护与管理的首要步骤。

4）安全人员管理

安全人员管理主要包括人员审查和录用、定岗定责、基础培训、工作绩效评价、人事档案管理等。

（1）人员审查和录用。凡接触到机密信息的人员，必须坚持先审查后录用的原则。审查一般包括政治审查、历史污点审查、与被录用人员签署入职和保密协议、对在职人员进行定期或不定期的审查等。

（2）定岗定责。数据中心一般需要以下几方面的人员：安全管理、安全审计、系统管理、系统分析、系统工程、系统维护、系统操作、信息录入等。在这些人员的岗位确定之后，责任分工就是安全管理的基础，所以要制定出每一类人员的职责范围。绝不允许工作人员的行为超出自己的责任范围，必须各负其责，相互制约，确保安全。

（3）基础培训。对刚被录用的人员要进行培训，培训内容包括职业道德、工作岗位上可能遇到的新技术或新工作方法、各种操作规程等，以防止泄露机密信息。对已录用的人员也要定期进行培训，以提高其工作水平。

（4）工作绩效评价。要定期对工作人员进行工作成绩的评价，以检查其思想状况、业务素质，一方面可激发工作人员的工作热情，另一方面也为人事部门对职员的晋升提供依据。

（5）人事档案管理。建立制度，限制无关人员接触人事档案。一旦工作人员的岗位和职责发生变化，要及时在档案内补充材料，以确保档案反映工作人员的工作、生活实情。

2.2.4　运行日志记录

在完成上述各项日常管理工作的同时，应该对数据中心的系统运行情况进行详细记录。这个问题很容易被忽视，因此这里要做进一步的强调和说明。

系统的运行情况是对数据中心管理、评价十分重要且十分宝贵的资料。人们对于数据中心运行管理的专门研究，还只是刚刚开始，许多问题都处于探讨阶段。即使对某一单位某一部门来说，也需要从实践中摸索和总结经验，进一步提高运行管理水平。而不少单位却缺乏各种系统运行情况的基本数据，只停留在一般的印象上，无法对系统运行情况进行科学分析和合理判断，难以进一步提高运行管理水平，这是十分可惜的。数据中心的主管人员应该从系统运行的开始就注意积累系统运行情况的详细材料，因此，要安排专人值班，做好系统的日常巡检监视工作，按要求填写运行日志。运行日志的示例见表2-3。

表2-3　×××分公司值班日志

项目类别	项目名称				
数据网络 □ 正常 □ 异常	广域网 ATM 设备 □正常 □异常	广域网接入交换机 □正常 □异常	局域网中心交换机 □正常 □异常	局域网接入交换机 □正常 □异常	……
	宽带网防火墙 □正常 □异常	外网 VPN □正常 □异常	2M 协议转换 □正常 □异常		……
应用系统 □ 正常 □ 异常	OA 系统 □正常 □异常	档案系统 □正常 □异常	生产系统 □正常 □异常	财务系统 □正常 □异常	……
	线损系统 □正常 □异常	银联系统 □正常 □异常	营销系统 □正常 □异常	营销监控系统 □正常 □异常	……
	输电线路系统 □正常 □异常	移动广告系统 □正常 □异常	瑞星防病毒系统 □正常 □异常	审计系统 □正常 □异常	……
各类网站 □ 正常 □ 异常	商务网站 □正常 □异常	内部办公网站 □正常 □异常	廉政建设网站 □正常 □异常	党建网站 □正常 □异常	……
防病毒系统 □ 正常 □ 异常	系统中心更新版本 □是 □否	系统通信代理连接 □正常 □异常			……

续表

项目类别	项目名称				
机房环境 □ 正常 □ 异常	UPS 设备 □正常 □异常	消防设备 □正常 □异常	机房温度 □正常 □异常	机房湿度 □正常 □异常	……
	空调运行 □正常 □异常	设备运行 □正常 □异常	设备异常声音 □是 □否	机房清洁 □是 □否	……

在系统运行过程中，需要收集和积累的资料包括以下 5 个方面。

（1）有关工作数量的信息。例如开机的时间，每天、每周、每月提供的报表数量，每天、每周、每月录入数据的数量，系统中积累的数据量，修改程序的数量，数据使用的频率，满足用户临时要求的数量等。这些数据反映了系统的工作负担及提供的信息服务的规模。这是反映计算机应用系统功能的最基本数据。

（2）工作的效率。工作的效率是指系统为了完成规定的工作，占用了多少人力、物力及时间。例如完成一次年度报表的编制，用了多长时间、多少人力；又如使用者提出一个临时的查询要求，系统花费了多长时间才给出所要的数据。此外，系统在日常运行中，例行的操作所花费的人力是多少，消耗性材料的使用情况如何等。随着经济体制的改革，各级领导越来越多地注意经营管理。任何新技术如果不注意经济效益便不可能得到广泛应用。

注意

　①值班日志包括定期检查工页、值班主要记事。

　②定期检查项按照数据网络、应用系统、机房环境等列出每工作日必须检查的内容。

　③值班主要记事要记录当天系统整体运行情况、当天重要工作或系统重大变更、交代下一班人员要注意的事宜、领导交办的工作等。如未填写注意事宜，则当天系统整体运行情况为必填工页。

（3）系统提供的信息服务质量。信息服务和其他服务一样，不能只看数量、不看质量。如果一个信息系统生成的报表并不是管理工作所需要的，管理人员使用起来并不方便，那么这样的报表生成得再多再快也是没有意义的。同样，使用者对于提供的方式是否满意，所提供信息的精确程度是否符合要求，信息提供得是否及时，临时提出的信息需求能否得到满足等，也都属于信息服务的质量范围。

（4）系统的维护修改情况。系统的数据、软件和硬件都有一定的更新、维护和检修工作规程，这些工作都要有详细、及时的记载，包括维护工作的内容、情况、时间、执行人员等。这不仅保障了系统的安全和正常运行，还有利于系统的评价及进一步扩充。

（5）系统的故障情况。无论故障大小，都应该及时地记录以下情况：故障的发生时间、故障的现象、故障发生时的工作环境、处理的方法、处理的结果、处理人员、善后措施以及原因分析。要注意的是，所说的故障不只是指计算机本身的故障，还包括整个信息系统。例如：由于数据收集不及时，年度报表未能按期完成，这是整个信息系统的故障，而不是计算机的故障；同样，收集来的原始数据存在缺失或错误，这也不是计算机的故障，然而这些错误类型、数量等的统计数据是非常有用的资料，因为其中包含了许多有益的信息，对于整个系统的扩充与发展具有重要的意义。

在以上提到的 5 个方面中，那些正常情况下的运行数据是比较容易被忽视的，因为发生故障时，人们往往比较重视对有关情况的记载，而在系统正常运行时，则不那么注意。事实上，要全面掌握系统的情况，必须十分重视正常运行时的情况记录。

例如：服务器发生了故障，就需要考察它是在累计工作了多长时间之后发生的故障，如果这时没有平时的工作记录，就无从了解这一情况。在可靠性方面，人们常常需要平均无故障时间这一重要指标，如果没有日常的工作记录，这一指标也就无法计算。

对于自动化程度较低的数据中心来说，这些信息主要靠人工方式记录。大型计算机一般都有自动记载自身运行情况的功能。不过，即使是大型计算机也需要有人工记录作为补充手段，因为某些情况是无法只用计算机记录的，如用户的满意程度、所生成的报表的使用频率就只能用人工方式收集和记录。而且，当计算机本身发生故障时，它当然就无法详细记录自身的故障情况了。因此，不论在哪种信息系统中，都必须有严格的运行记录制度，并要求有关人员严格遵守、认真执行。

为了使信息记录得完整准确，一方面要强调在事情发生的当时当地、由当事人记录，绝不能代填或倒填（这是许多地方信息收集不准确的原因之一），避免时过境迁，使信息记录失真；另一方面，尽量采用固定的表格或本册进行登记，而不要使用自然语言含糊地表达。这些表格或登记簿的编制应该使填写者容易填写、节省时间。同时，需要填写的内容应该含义明确、用词确切，并且尽量给予定量的描述。对于不易定量化的内容，则可以采取分类、分级的办法，让填写者进行选择。总之，要努力通过各种手段，尽量详尽、准确地记录系统运行的情况。

在数据中心，各种运维人员都应该担负起记载运行信息的责任。硬件操作人员应该记录硬件的运行及维护情况；软件操作人员应该记录各种程序的运行及维护情况；机房管理员负责机房环境设施的日常巡检，应记录温湿度、电源负荷、空调运行参数等；负责数据校验的人员应该记录数据收集的情况，包括各类错误的数量及分类；录入人员应该记录录入的速度、数量、出错率等。要通过严格的制度及经常的教育，使各类人员明白日常巡检的重要性，使所有工作人员都把记录运行情况作为自己的重要任务。

对自动化程度较高的数据中心来说，应尽可能开发利用各种基础设施监控系统记录的信息数据，自动定义生成运行报表。因此，在建立数据中心运维管理系统时，必须考虑与监控系统间的接口问题，否则，系统建成后仍是依靠人工处理。

有些情况不是在系统运行过程中记录下来的，如用户满意度、生成表格的使用率、使用者对例行报表的意见等。对于这些信息应该通过网站、用户回访或发调查表等方式向使用者征集，这是由应用系统的服务性质决定的。这种工作可以定期进行，例如结合季度、半年或一年的工作总结进行，也可以根据系统运行的情况不定期地进行。不论采用哪种方式，数据中心的主管人员都必须亲自动手，满足企业（机构）或组织的需求是数据中心的出发点和内容，是对整个数据中心工作最根本的检验。企业（机构）或组织的领导也应该以此作为对数据中心及信息管理部门工作情况评价的标准。

2.2.5　运行故障管理

1. 数据中心故障概述

现代基于计算机的数据中心各系统在运行过程中都不可避免地会遇到因故障而失效的情况。硬件故障、软件错误、人工操作失误甚至对系统的恶意破坏，这些都可能导致系统运行的非正常中断，影响系统中数据的正确性，或者破坏系统的数据库，使部分甚至全部数据丢失。

通过系统的可靠性（或可用率）指标可以衡量和预测系统故障的发生。系统的可靠性是指在满足一定条件的应用环境中系统能够正常工作的能力。由于数据中心各系统在逻辑上是由各个子系统和功能模块构成的，因此，可以按照一般工程系统的可靠性研究方法进行单元可靠性和系统可靠性的评价，也可以通过系统平均无故障运行时间、系统可用率和系统平均维修时间等指标来定量衡量。

系统可靠性实际上还包含了对数据安全性的要求，因为不完整的业务数据必然会导致用户在具体业务应用上的障碍，所以组织必须在保障业务数据安全性的前提下考虑信息系统的可靠性。运用适当的策略和手段，可以保证发生故障时业务数据的完整性，并且在一定程度上保证系统在较短时间内恢复正常运行。尽管如此，对某些要求业务系统不间断运行的组织而言，即使是极短时间的运行中断也是无法接受的，这时就需要具有极高的系统可靠性。

实施故障恢复可能会非常困难，仅仅简单地找出问题并在中断处恢复执行常常是不可能的，系统需要对大量附加的冗余数据进行操作处理。因此系统所采用的恢复技术对系统的可靠性起着决定性的作用，对系统的运行效率也有很大影响，它是衡量信息系统性能优劣的一项重要指标。

2. 故障的种类

影响数据中心各系统安全、稳定运行的故障主要有以下 6 类。

1）硬件故障

计算机硬件系统是支持信息系统运行的物质基础。硬件故障是指信息系统所涉及的各种硬件设备发生的故障，例如 CPU、内存、磁盘、主板、各种板卡插件、显示器、KVM 等出现的故障。

硬件故障发生的原因有多种，如系统各种配件之间的兼容性差、某些硬件产品的质量不过关等。

2）软件故障

计算机软件系统是指实现信息系统运行的支持平台和应用工具。软件故障是指信息系统所涉及的各种程序发生的故障，例如操作系统崩溃、应用程序运行过程中发生的重大错误等。

软件故障发生的原因也有多种，例如软件参数配置错误、软件使用人员操作错误、系统程序安全漏洞、应用程序中的设计缺陷、计算机病毒破坏等。

3）网络故障

现代信息系统一般都是基于计算机网络环境的系统。网络通信的畅通往往是整个信息系统正常工作的前提。网络故障是指由于各种原因导致的无法连接到网络或网络通信非正常中断，如用户端网络、网络连接线路等问题。根据网络故障发生的原因，一般可以把网络故障细分为两大类。

（1）网络硬件故障。例如：网线、网卡、集线器、交换机和路由器等网络设备本身的故障；网络设备在占用系统资源（如中断请求、I/O 地址）时发生冲突；驱动程序之间、驱动程序与操作系统之间、驱动程序与主板 BIOS 之间不兼容的问题。

（2）网络软件设置故障。例如：网络协议配置问题，网络通信服务的安装问题，网络标示的设置问题，网络通信阻塞、广播风暴以及网络密集型应用程序造成的网络阻塞等故障。

4）外围保障设施故障

外围保障设施故障包括电源、制冷、安防控制、布线、环境、加密系统、水印系统等设施故障直接或间接造成的信息系统运行故障。

5）人为故障

信息系统中人员的因素尤其重要。人为故障是指由于系统管理人员或操作人员的误操作或故意破坏（如删除信息系统的重要数据）而导致的信息系统运行不正常甚至中断失效。

6）不可抗力和自然灾害

这类故障主要是指因不可抗拒的自然力以及不可抗拒的社会暴力活动造成的信息系统运行故障，如地震、火灾、水灾、风暴、雷击、强电磁辐射干扰、战争等。这些因素一般直接危害信息系统中硬件实体的安全，进而导致信息系统软件资源和数据资源发生重大损失。

3. 故障的预防策略

在新系统上线投入正式运行前的系统测试，是检测系统可靠性、预防系统故障的一种主要手段。但是，系统测试不可能发现信息系统中的所有错误，特别是软件系统中的错误。所以，在系统投入正常使用后，还有可能在运行中暴露出隐藏的错误。另一方面，用户、管理体制、信息处理方式等系统应用环境也在发生变化，也可能由于系统不适应环境等因素的变化而发生故障。系统可靠性要求在发生上述问题时能够使系统尽量不受错误的影响，或者把故障的影响降至最低，并能够迅速地修正错误或修复故障，从而使系统恢复正常运行和功能实现。

要提高系统可靠性，预防系统故障的发生就必须制定适当的故障预防策略。这些策略主要有下列 4 种：

（1）故障约束。故障约束就是在信息系统中通过预防性约束措施，防止错误发生或在错误被检测出来之前防止其影响范围继续扩大。例如采取故障点自动隔离、强制中断错误的信息处理活动等约束方式。

（2）故障检测。故障检测就是对系统的信息处理过程和运行状态进行监控和检测，使已经发生的错误在一定范围或步骤内能够被检测出来。例如采取基础设施集中监控、数据校验、设备运行状态自动监控与报警等技术手段来实现故障检测。

（3）故障恢复。故障恢复就是将系统从错误的状态恢复到某一个已知的正确状态，且为了减小数据损失而尽可能恢复到接近发生系统崩溃的时刻。例如，通过更换或修复故障设备、软件系统重新配置、利用备份数据进行数据恢复等技术，将发生故障的系统迅速从故障中恢复，继续正常运行。

（4）针对数据中心的设备、环境等运行情况，要充分做好应急事件预想，制定相应的应急预案，通过安全应急预案的落实，保证在发生各种信息安全事件的情况下，能够从容处理事件，缩小影响，减少停运时间，降低损失，确保网络与信息系统运行的安全，确保网络与信息系统内信息的安全，确保网络与信息系统管理控制的安全。

4. 预防性维护策略

预防性维护策略即在问题发生前纠正错误，周期性的维护可以降低运营费用并且保持数据中心高效运行。

预防性维护虽然常被忽视，但对于降低运营成本并且保证数据中心高效运行起着至关重要的作用。一辆汽车如果定期进行保养，那么相对于只是时不时地进行维护或干脆只是在有部件损坏的情况下才维修，其运行一定更高效，维修次数一定更少，正常运行时间一定更长。对于数据中心来说，也是同样的道理。

预防性维护策略可以让数据中心保持在最佳状态下高效地运行、降低因意外情况发生造成的修复成本，并且提高数据中心总体层面的可用性。

1）预防性维护可有效避免问题变成灾难

在系统组件故障发生前主动确认潜在岩机事件，那么数据中心管理者就不会在半夜接到有关小问题演变成灾难的电话了。这要归功于他们在数据中心应用了预防性维护策略。

预防性维护策略要求对供电和制冷系统进行系统性的定期巡检。它包括组件更换、断路器面板的热量检测、组件／系统调整、清洗过滤、润滑相关设备以及升级固件等一系列服务。预先安排的定期巡检能有效排除常见的隐患，有效避免了问题出现或意外发生所致的紧急情况。等到紧急情况出现再进行的维护是无计划的，成本昂贵且存在很大的潜在破坏性。

预防性维护传统的方法是关注单个组件的正常状态，但是思想超前的数据中心管理人员正在转向一种整体性策略，那就是将数据中心看成一个整体，不管是发生在 UPS 断路器、开关，还是电路中的错误，都看作是电力事件。

2）预防性维护由谁来完成

经过培训并认证过的技术人员知识与经验都非常丰富，与系统设计工程师易于沟通。同时他们在影响数据中心的供电和制冷问题上知识丰富。

生产厂商和授权的第三方服务供应商在全球拥有着充足的保修原厂备件，同时可充分利用其成千上万工时的现场经验来提高现场服务工程师的专业水平。

而未经授权的第三方服务商一方面多余的备件数量很有限（而且可能是从"黑市"购买的备件），另一方面由于本身的安装量就非常少，因此会经常碰到以前未碰到过的问题。他们对于数据中心的了解也仅限于如何修复单个组件。

宕机会带来巨大的损失，因此如何有效提高系统可用性最关键的一环就是将定期的预防性维护提上日程。对此可提供最高服务水平的最强有力团队就是全球的生产厂商及授权的第三方技术人员。

5. 故障的记录与报告

1）故障信息搜集与记录

当信息系统运行发生故障或异常情况时，运行管理人员必须对故障或异常进行相关的信息搜集与记录。因为对系统故障进行统计分析，必须依赖大量可靠的故障资料。故障记录的主要内容包括故障时间、故障现象、故障部位、故障原因、故障性质、记录人、故障处理人、处理过程、处理结果、待解决问题和结算费用等。

（1）故障时间信息。收集故障停机开始时间、故障处理开始时间、故障处理完成时间。停机开始时间的到故障处理开始时间属于等待时间。从故障处理开始到故障处理完成，这段时间的长短反映了故障特点和故障维护人员的业务能力与技术水平，它既是研究系统可维修性的有用数据，也是对维护人员考核的依据。

（2）故障现象信息。故障现象是判断故障原因的主要依据。在运行过程中，信息系统一旦出现异常应该立即停止相关操作，要仔细观察，记录故障现象，为故障分析打下基础。

（3）故障部位信息。故障部位的记录也是一项重要的内容。确切掌握系统的故障部位，不仅为分析和处理故障提供依据，而且可以直接了解系统各部分的可靠性，为改善系统、提高系统可靠性提供依据。造成系统故障的原因很多，也可能比较复杂，有些故障是单一因素造成的，而大多情况下却是多种因素综合影响的结果。因而只有从故障现象入手，研究工作机理，确定故障部位，才能找出真正的原因并加以解决。

（4）故障性质信息。由故障原因可归纳为 6 类故障：硬件故障、软件故障、网络故障、外围保障设施故障、人为故障、自然灾害。将故障性质的记录进行分类，分清故障责任，划归有关部门，使之制定行之有效的措施，可防止类似故障的发生。

（5）故障处理信息。有些硬件故障可以通过调整、换件、维修等彻底排除，但有些时候因为硬件设计缺陷，设备老化、磨损加剧所形成的精度降低、重复性故障、多发性故障则很难排除，所以需要安排计划检修或设备改造、更新，以彻底排除故障。大部分软件故障可以通过重新调整参数，安装补丁程序，升级软件版本，甚至重装系统软件等方式排除。通过加强操作人员的技术技能培训，提高人员业务素质来避免人员因素造成的故障。对于自然灾害，一般通过建立系统整体的容灾容错方案予以预防和应急处理。对故障处理信息的收集，可以为今后处理新故障提供方法和依据，大大提高故障处理的工作效率。

尽管一些大型数据中心都有故障自动记录与报警功能，但是，这些信息通常仅对故障现象进行简单记录，不够精确或者不够完整。因此，必须安排专门的人员对故障信息进行搜集、整理与详细记录。

2）故障分析

故障分析是指对故障记录资料进行统计分析，从中发现某些规律，获得有价值的信息，用以指导对系统的合理使用和维护保养，并从故障原因入手，采取积极措施，尽可能从根本上把握故障机理，最大限度地减少故障，降低故障损失。

故障的数理统计分析是一项专业技术性较强的工作，要求相关人员既要有一定的专业理论知识，又要有丰富的实际工作经验。故障统计的目的在于发现各种设备故障的分布，找出多发故障设备，掌握各类设备的多发故障点。

故障分析的主要内容如下：

（1）根据故障的表征，分清故障的类型和性质，找出故障的根源。

（2）通过对统计资料的分析，获取有价值的信息。

故障的统计分析作为故障管理的重要一环，是制定故障对策的依据。可对故障记录文档中的各个记录项逐月分别进行统计。

3）故障报告

（1）当系统运行过程中发生故障后，应该按规定程序报告给相关的主管部门，以便派人及时进行故障排除处理。对于硬件故障应该及时报告故障信息给设备责任人或设备制造厂商；对于软件故障，如果是软件本身的问题，应该及时报告故障信息给软件开发部门或软件厂商；对于网络故障，如果租用的是商业网络通信线路，应该及时报告故障信息给相应的网络服务商，以协助解决或获取技术支持。

（2）建立数据中心信息安全突发事件信息通报制度。当发生网络与信息安全突发事件时，按要求应立即电话通知信息主管部门和分管领导，并填写《网络与信息安全突发事件报告单》，按照突发事件不同等级的要求，及时上报信息安全信息，不得迟报、漏报或瞒报。

2.2.6 运行文档管理

1. 运行文档管理的意义

数据中心运行文档主要包括系统维护操作手册、记录、图纸，售后服务保证文件，数据证书，存储数据和程序的磁盘及其他存储介质，系统开发过程中产生的各种文档及其他资料。运行文档管理在整个数据中心的运行管理工作中起着重要的作用。

1）良好的文档管理是系统工作连续进行的保障

运行管理文档也是一种重要的数据资源。文档是各项信息活动的历史记录，也是检查各类人员责任事故的依据。只有系统运行文档保存良好，才能了解组织在经营管理过程中的各种差错和不足，才能保证这些信息在前后期的相互利用，才能保证信息系统操作的正确性、可继续培训性和系统的可维护性。

2）良好的文档管理是系统维护的保证

各种开发文档是信息系统的重要组成部分。对信息系统来说，其维护工作有以下特点：

（1）理解别人精心设计的程序通常非常困难，而且软件文档越不全，越不符合要求，理解起来越困难。

（2）当要求对系统进行维护时，不能依赖系统开发人员。另外，由于维护阶段持续的时间很长，当需要解释系统时，往往原来写程序的人已经不在该单位了。

（3）数据中心是一个非常庞大的在线系统工程，即使是其中的一个子系统也是非常复杂的，而且还兼容了具体业务与计算机两方面的专业知识，了解与维护系统非常困难。

以上这些关于信息系统维护的特点决定了在没有完整保存的系统开发文档时，系统维护将非常困难，甚至不可能。如果出现这样的情况，很可能带来信息系统的长期停止运转，严重影响信息系统工作的连续性。

3）良好的文档管理是保证系统内数据信息安全的关键环节

当系统程序、数据出现故障时，往往需要利用备份的程序与数据进行恢复；当系统需要处理以前年度或计算机内没有的数据时，也需要将备份的数据复制到计算机内；系统的维护需要各种开发文档。因此，良好的文档管理是保证系统内数据信息安全完整的关键环节。

4）良好的文档管理是系统各种信息得以充分利用，更好地为管理服务的保证

让管理人员从繁杂的事务性工作中解脱出来，充分利用计算机的优势，及时为管理人员提供各种管理决策信息，是信息化的主要目标。俗话说"巧妇难为无米之炊"，要实现运行管理的根本目标，必须有保存完好的历史数据。只有良好的文档管理，才可能在出现各种系统故障时，及时恢复被毁坏的数据；只有保存完整的数据，才能利用各个时期的数据，进行对比分析、趋势分析、决策分析等。所以说良好的文档管理是信息得以充分利用，更好地为管理服务的保证。

2. 运行文档管理的任务

运行文档管理的任务主要包括以下内容。

（1）监督、保证按要求生成各种文档。按要求生成各种文档是文档管理的基本任务。一般说来，各种开发文档应由开发人员编写，开发人员应该提供完整、符合要求的开发文档；各种报表与凭证应按预先的要求打印输出；各种系统数据应定期备份。重要的数据应强制备份；软件的源代码应有多个备份。

（2）保证各种文档的安全与保密。信息系统中有些数据信息是进行各种信息活动的重要依据，绝不允许随意泄露、破坏和遗失。各种信息资料的丢失与破坏自然会影响到信息系统的安全与保密；各种开发文档及程序的丢失与破坏都会危及系统的运行，从而危及系统中数据的安全与完整。所以，各种文档的安全与保密和信息系统的安全密切相关，应加强文档管理，保证各种文档的安全与保密。

（3）保证各种文档得到合理、有效的利用。文档中的信息资料是了解组织运营情况、进行分析决策的依据。各种开发文档是系统维护的保障，各种信息资料及系统程序是系统出现故障时恢复系统、保证系统连续运行的保障。

2.3　数据中心网络性能指标融合

随着数据中心建设的不断深入，对数据中心网络性能评估的要求也越来越高。通过对大量工程实践的总结，在分析数据中心网络结构的基础上，给出了数据中心网络性能的指标体系、数据中心管理数据的融合模型和融合算法，实现全网的综合评估。

2.3.1　数据中心网络结构

数据中心是各类信息系统的核心，为保证系统稳定可靠，宜采用双链路方式接入广域网；为保证数据高效存储和可靠备份，可采用 FC SAN 架构构建数据存储系统。根据业务系统规模和类型，配置较多数量的服务器，并从物理上将数据中心分为应用服务区、数据库服务区、数据存储与备份区和技术保障区等。

数据中心的设备主要由服务器、存储设备、网络设备、安全保密设备等构成。

1. 服务器

根据功能和任务的不同，服务器分为数据库服务器、应用服务器、备份服务器和管理服务器。

2. 存储设备

信息中心采取基于光纤通道技术的存储区域网络，以满足在线存储的要求。SAN 是位于服务器后端，为连接服务器、磁盘阵列、磁带库等存储设备而建立的高性能网络。SAN 将各种存储设备集中起来形成一个存储网络，以便数据的集中管理。

3. 网络设备

网络设备主要包括核心交换机和接入交换机。核心交换机多采用多层万兆交换机作为中心交换机，具备高端口密度、高性能的交换能力，支持多种类型的网络接口，具有第三层和第四层的交换和控制功能，配置冗余交换机互为备份。接入交换机多采用两层千兆交换机，具备高端口密度、高性能的交换能力，支持多种类型的网络接口，配置冗余交换机互为备份。

传统数据中心网络一般采用三层结构，如图2-1所示。机架A内的服务器使用架顶式交换机互联，通过二层交换机组成局域网，再通过接入路由器和核心路由器向外网提供服务。传统数据中心支持两种流量：①内部服务器之间的流量，如业务系统之间的互相访问；②内部服务器与外部终端用户之间的交互流量。负载均衡设备提供交互流量的负载均衡，终端用户通过广域网，经过接入路由器访问内部服务器。内部服务器之间的流量主要通过二层交换机来支撑。

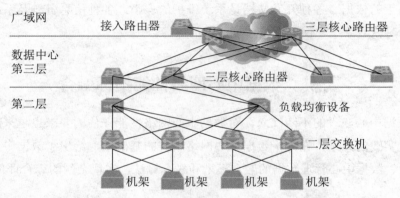

图2-1　传统数据中心网络层次结构示意图

4. 安全保密设备

安全保密设备通常由统一威胁管理（UTM）、抗DDOS产品、虚拟专用网络（VPN）、终端加密设备等组成，为数据中心提供全面的保护。

其中UTM用于提供网络防护墙、入侵检测、入侵预防、防病毒网关等多种安全功能。抗DDOS产品用来对堵塞带宽的流量进行过滤，保证正常的流量通过。VPN是一种用于连接大型企业或团体与团体间的私有网络的通信方法。终端加密设备对外部交换的重要信息实施信源加密和完整性认证保护；提供基于证书的数字签名，防止事后否认；提供基于证书的身份验证，防止非授权开机、非授权访问等。

数据中心网络的虚拟化方式包括“多虚一”“一虚多”和“M虚N”等形式。其中，“多虚一”是将多台物理服务器虚拟化成一台功能更加强大的超级服务器，用于大型计算，典型应用是网格计算；“一虚多”是在一台物理服务器上虚拟多个独立的虚拟服务器，提供给不同用户使用，包含操作系统虚拟化、主机虚拟化等形式；“M虚N”是上述两种虚拟化方式的结合。

2.3.2　管理指标体系

管理指标体系构建是指数据中心网络性能和故障管理数据指标构成，及其相互关系开展相关研究，将复杂的数据中心管理数据指标和相互关系简化为有序的递阶层次结构，使这些指标归并为不同的层次，形成一个多层次的指标结构，最终将对数据中心管理数据指标的分析归结为最底层相对于最高层的相对重要性权值。

从物理结构看，由于数据中心节点多，在组网时一般采用分区域分级组网，将两个或多个机架上的节点接入到同一个接入交换机，形成一个交换网络；不同交换网络的节点再逐级通过上层交换机进行通信，适合建立层次化的指标体系。从通信协议看，监测指标可分为链路层、网络层、传输层和应用层指标，也是一个多层次指标体系。

对于单节点指标而言，它主要是根据通信协议层次，建立反映网络性能和故障特征的指标体系。单节点网络管理指标体系如图 2-2 所示。

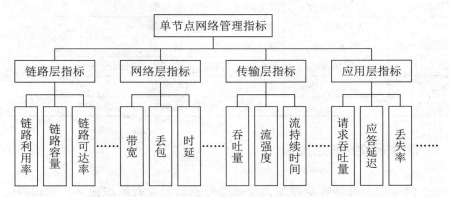

图 2-2　单节点网络管理指标体系示意图

在单节点网络管理指标体系中，网络管理指标集合可根据所反映的性能在协议体系结构中划分为链路层、网络层、传输层和应用层性能指标。

（1）链路层性能指标主要包括链路利用率、链路容量、可达性、突发性、单个流或汇聚流的强度、持续时间等指标。这些指标描述了通信链路、网络设备等的运行状态。

（2）网络层指标是利用对 IP 数据包的分析或在 IP 层利用某种测量技术实现的测量指标，它主要反映了网络层对特定数据包的支持能力和承载水平。典型的网络层性能指标包括带宽、时延、丢包率、利用率、可达性、延迟、延迟抖动等，这些指标实际上反映了网络能给应用提供的服务性能的基线。

（3）传输层性能指标。传输层协议主要包括有连接的 TCP 协议和无连接的 UDP 协议。由于网络中承载的应用主要是基于 TCP 协议的，因此传输层的性能指标主要包括 TCP 连接的吞吐量、流强度、流持续时间等。传输层性能指标反映端到端的连接特性。

（4）应用层性能指标。不同的应用系统其相关协议类型的差别在于应用层协议的不同。应用层有多种协议类型，如 HTTP、RTP、FTP 等，不同的协议类型有其特定的性能指标。以基于 HTTP 协议的 Web 系统为例，采用请求 / 应答方式进行工作，它的基本通信单位是 HTTP 请求和响应。因此基于这种请求 / 应答方式提出了几个性能评价指标：请求吞吐量、应答延迟、丢失率、系统请求容量、连接数等。

数据中心网络的综合运行分析与评估是在各层性能指标的综合分析基础上，对数据中心运行数据以及网络流量数据的采集、汇总与计算。围绕网络质量、服务质量，数据中心网络管理指标体系如表 2-4 所示。

表 2-4　数据中心网络管理指标体系

一级指标	二级指标	可测量的性能指标
可用性	网络连通性	网络拓扑、链路状态
	路径性能	时延、丢包率、时延抖动
	请求成功率	用户完成服务请求的比例
	服务性	服务相关数据流量不中断的可能性、网络可用性、丢包率
	功能满足性	服务满足用户所要求功能的程度
利用率	带宽利用率	网络流量、可用带宽、瓶颈带宽
	服务强度	单位时间内访问的用户量
	空闲率	服务相关的数据流量消失的时间段
服务速度		数据传输速率、网络带宽
用户满意度		信息服务界面度、达到用户需求的程度（用户体验反馈）

2.3.3　性能指标数据融合模型

对于 IP 网络综合性能评估模型，主要涉及路由器综合性能评估、端到端综合性能评估和网络综合性能评估等方面。结合现有数据融合和网络综合评估技术基础，应当对指标融合、节点融合、链路融合、时间融合、感知层融合 5 种数据中心网络性能指标数据融合模型给予确定，具体内容如下。

1. 指标融合

指标融合的目标在于将已有的、从不同视角描述网络特征的多种性能指标综合化，使其能够表示网络整体的综合性能特征。各个指标的确定，即元指标集的确定，是与网络承载业务或网络主要承载业务紧密相关的。根据网络承载业务或主要承载业务的业务特性，确定对其影响较大的分项指标集合，其中每一个元素都作为维度综合化的一维。

分项指标，即维度综合化的元指标，其指标本身特性是不同的。根据其本身特性划分，可分为正指标和反指标。正指标是指，指标值越大表示这一对应网络质量分量越好；反指标是指，指标值越小表示这一对应网络质量分量越好。要进行维度综合化（指标综合化），必须先进行指标规格化，即将不同量纲、不同性质（正指标、反指标）的指标转化为无量纲的、性质相同的规格化指标。

指标融合，即将选取出的一个原始指标集合中的元素值（元指标）按每个元素在由该网络承载业务或主要承载业务所决定的评估参数中的权值加权处理的过程。通过这一过程，完成面向网络承载业务或网络主要承载业务的运行质量评估多指标融合处理。

2. 节点融合

节点融合的目的在于将已有的某一区域内表示网络局部特征的指标进行加权计算，使其能够表示该区域网络的整体特征。

网络可以按照区域和层次分别进行划分。对于较大规模的数据中心网络，一般难以通过一次计算直接得到网络的整体性能评价，因此需要按照不同区域、不同层次分别进行综合化，然后再进行整个网络的综合化。

在一个节点内，不同的网络设备的同一类性能指标存在差异，很难用某一台设备的指标来表征该网络节点的性能，因此通过对节点内各个设备的指标按照重要性进行处理计算，生成代表该网络节点的综合指标。

3. 链路融合

链路融合的目的在于将一个业务链路不同段的网络局部特征指标进行综合处理，得出全路径的综合指标，使其能够表示该链路的整体特征。

在数据中心网络中，很多业务都是端到端的。基于测量的传统网络运行质量研究中，经常测量的网络指标是端到端的。在传统网络管理监控系统中，大量能够检测到的指标是孤立点的或者逐段监控的。因此，当研究整个网络链路运行质量的时候，不但需要对若干端到端指标进行融合，还要融合逐段或各个点的监测指标，生成代表整个链路的综合指标。

4. 时间融合

如果只进行指标融合、节点融合和链路融合，得到的将是网络在某一时间点上的综合性能值，这并不能反应网络在某一段时间内的平均性能、性能稳定状况等网络特征。因此，需要对局部网络或整个网络在某一时段或某一时间周期内的综合性能特征进行考核，以得到网络平均性能状况、网络性能稳定度等特征信息，以便为网络管理者、决策者的管理、决策过程提供有力支持。

网络在某一时间段内的运行状况可以从两方面衡量：平均运行质量和运行质量稳定度。平均运行质量指网络在某一时间段内的运行质量状况的平均值；运行质量稳定度指网络在某一段时间内运行稳定情况的衡量。如果需要定量分析网络在一个时间段内的平均运行质量，需要由平均运行质量指标给出。此外，虽然网络运行质量走势基本相同，但稳定状况相差很大，如果需要定量分析网络在一段时间内运行的稳定状况，需要由网络运行稳定性指标提供。

5. 感知层融合

在大规模数据中心网络中，通过部署分布式感知点形成网络性能感知层，负责对各类网络设备、链路、端口进行性能监测，存在不同感知点同时感知同一被感目标的情况。感知层融合主要解决多个感知点同时采集、上报设备性能指标带来的数据冗余问题，保证数据的准确性和唯一性。

2.3.4　性能指标数据融合算法

针对前面提出的数据中心网络管理指标体系和管理数据融合模型，研究人员给出了数据中心网络性能指标数据融合算法，包括元指标选取、数据预处理、局部网络特征选取、时间特征选取、综合指标计算 5 个步骤。

1. 元指标选取

元指标是指前面提出的数据中心网络管理指标体系中的底层指标，主要包括连通性、吞吐量、带宽、包转发率、信道利用率、信道容量、带宽利用率、包损失率、传输延时、延时抖动等。元指标选取就是从现有指标集中选取一系列典型指标，作为综合指标计算的基础，通常由用户或专家指定。

2. 数据预处理

数据预处理是指对不同来源、不同量纲的性能指标数据进行归一化处理，形成规范的指标数据。数据预处理指进行融合计算的前期数据准备工作。

3. 局部网络特征选取

网络局部特征选取，即完成节点融合和链路融合。首先，对研究目标网络进行分析，根据其拓扑特征，将目标网络划分成若干个规模较小的区域性子网络和将这些区域性网络连接起来的骨干子网络，根据网络的拓扑特征及业务分布特征，将划分出的子网络运行质量指数按不同权值综合化，得到整个网络的运行质量指数。对得到的若干个子网络，再次按近似划分、综合，直到当前网络本身就是最小子网络，不能够再次划分。然后将最小子网络分解成若干条路径，根据网络本身特征及业务特征，将不同路径进行综合化。

在数据中心网络中，由于网络拓扑相对固定，因此局部网络特征的选取可以采用预先设置选择策略或者用户指定方式来完成。

4. 时间特征选取

时间特征选取的目标是为了研究两种网络运行质量指标：网络运行平均质量和网络质量稳定性。网络运行平均质量研究的是网络在某一段时间内的平均质量表现，网络质量稳定性研究的是网络在某一段时间内的运行稳定性表现。时间特征选取一般通过预先设置选择策略或者用户根据需要动态指定方式来完成。

5. 综合指标计算

计算综合指标时，首先根据选择的元指标、预先或现场设定的权重得出综合指标具体的计算模型，然后进行计算。在具体计算时，需要根据指标的特征，选取合适的算法，如加权平均法、极大似然估计、最小二乘法、贝叶斯估计法、聚类分析法等。

容器技术了引入的集装箱化思维方式正在彻底影响和改变着 IT 产业，软件的设计理念、生命周期及运维管理都因容器技术的引入而发生了革命性的变化。可以毫不夸张地说，容器技术正在改变着世界。本章将简要介绍容器的基本概念、类型、组成和创建原理。

3.1　容器的概念

3.1.1　容器的定义

容器是独立运行的一个或一组应用，以及它们的运行态环境，它是轻量级的操作系统级虚拟化，可以让用户在一个资源隔离的进程中运行应用及其依赖项。运行应用程序所必需的组件都将打包成一个镜像并可以复用。执行镜像时，它运行在一个隔离环境中，并且不会共享宿主机的内存、CPU 以及磁盘，这就保证了容器内的进程不能监控容器外的任何进程，其架构如图 3-1 所示。

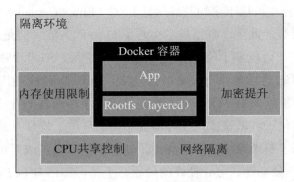

图 3-1　容器架构示意图

对于容器可以这样理解：
- 容器是从镜像创建的运行实例，在启动时创建可写层作为最上层（因为镜像是只读的）。
- 容器可以被启动、开始、停止、删除。每个容器都是相互隔离、保证安全的平台。

- 可以把容器看作是一个简易版的 Linux 环境（包括 root 用户权限、进程空间、用户空间和网络空间等）和运行在其中的应用程序。
- 容器是一种构建、发布、部署、具象化应用程序的全新方法，是隔离、资源控制且可移植的操作环境。
- 容器是一个隔离的装置，应用程序可在其中运行，而不会影响系统的其他部分，并且系统也不会影响该应用程序。
- 容器是虚拟化的一种进化。

就使用体验而言，如果用户在容器内，看起来会像是在一个新安装的物理计算机或虚拟机内一样。

3.1.2　容器技术的历史

X86 上的虚拟机技术与容器技术基本上是并行且独立发展的，初期虚拟机技术占上风，到了 2005 年，容器技术开始被广泛接受。容器技术的发展离不开谷歌的推动，从表面上来看容器技术的领头羊是 Docker 公司，实际上真正的幕后推手是谷歌公司。

谷歌的整个产生系统中一直没有使用虚拟机技术，而是全部采用容器技术。在 2015 年的 EuroSys 会议上，谷歌公司公开了多年以来的容器集群方面的秘密：谷歌早些年构建了一个管理系统，用于管理其集群、容器、网络以及命名系统。第一个版本取名为 Borg，后续版本称为 Omega，目前每秒钟会启动大约 7500 个容器，每周可能会启动超过 20 亿个容器。利用多年在大规模容器技术上的实践经验和技术积累，谷歌构建了一个基于 Docker 容器的开源项目 Kubernates，借此奠定了自己在容器界的霸主地位。

2006 年 KVM 开始发展，谷歌也开源了其容器的底层核心技术 cgroups，cgroups 随后被纳入到 Linux 内核中，接下来的开源项目 LXC（Linux Container）提供了创建 Linux 容器的一站式 API 封装，此后，容器技术引起了 IT 界的关注。但是由于 LXC 技术对环境的依赖性很强，在一台机器上用 LXC 打包出来的镜像，如果迁移到别的机器上运行就会出现问题，所以容器技术一直没有流行开来。直到 Docker 的出现，才彻底改变了容器技术面对的这种尴尬局面。Docker 对容器技术做了革命性的升级，创建了一整套的分层文件系统，标准化了容器镜像，使容器在不同的环境、操作系统间迁移时，完全不受外界的影响，提高了整个系统的可迁移性，使容器技术真正成为可实用的技术，彻底解决了 LXC 迁移性、独立性、可管控性的问题。于是，2013 年以 Docker 为代表的容器技术开始爆发，Docker 成了容器技术的代言人。

2015 年是容器化发展历程上的一个重要里程碑，全球容器化标准组织云原生计算基金会（Cloud Native Computing Foundation，CNCF）正式成立，这是一个由谷歌公司策划、Linux 基金会支持的新组织，旨在推动容器技术的标准化发展。2016 年，微软公司在其操作系统 Windows Server 2016 里首次支持 Docker，解决了基于 Windows 系统使用容器的难题。这样一来，Docker 不仅可以运行在 Linux 上，还可以运行在 Windows 上。可以看到，容器正在改变整个世界，不管是什么样的操作系统，都对容器技术提供了支持。

3.1.3 容器的功能特点

容器在处理应用的依赖项、操作系统、灵活性和安全性上有许多显著的特点，如图 3-2 所示。

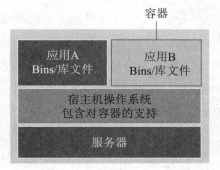

图 3-2 容器的功能特点示意图

我们知道，每个应用程序都有自己的依赖项，包括软件（服务、库文件）和硬件（CPU、内存、存储），其中的任何一个依赖项在测试、生产环境中如与开发环境不一致，都会导致失败。实际上，测试和生产环境通常是由多个应用共存的复杂环境，应用依赖项之间的冲突难以避免，容器可以有效解决这一难题。容器引擎是一种轻量级虚拟化机制，通过把应用封装到虚拟容器中，可将每个应用程序的依赖项相互隔离，这样就有效地解决了依赖项之间的冲突问题。

在所需的操作系统方面，容器内的进程可与用户空间的其他容器相互隔离，但需要与宿主机和其他容器共享一个内核。换句话说，同一用户空间的容器共享宿主机操作系统。

在灵活性方面，通过抽象消除了底层操作系统和基础架构之间的差异，简化"随处部署"的程序和方法。

在快速方面，容器几乎可随时创建，通过快速伸缩满足需要的变化。

容器与虚拟机的真正区别如图 3-3 所示。容器是共享同一个宿主机的操作系统，而虚拟机则需要有一个完整的操作系统，因此容器是轻量级的，仅包括了相关的用户代码和所需的类库，因此也被称为进程级的虚拟化。在一个操作系统上建立一个容器，实际上就相当于在一个操作系统上建立一个应用，因此它的启动速度和响应与虚拟机完全不在一个层面上。

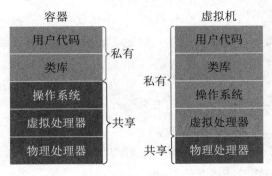

图 3-3 容器与虚拟机的区别示意图

容器与虚拟机在打包的镜像尺寸上区别很大。虚拟机要包含一个完整的操作系统和各种类库，所以其镜像也非常大，通常可达数 GB；而容器化镜像通常只有几十到几百兆字节。

此外，镜像大小会大大影响整个系统弹性伸缩和快速部署的速度。例如：容器可以实现秒级的快速弹性伸缩，最主要的原因就是它的镜像尺寸比虚拟机小很多，能很快通过网络下载到目标机器并启动起来，而虚拟机可能仅下载镜像就需要数分钟，甚至更长时间。

容器 + 虚拟机则适合不同场景的部署。如图 3-4 所示，虚拟机内部包含容器，通过将容器与虚拟机结合在一起，用户可以部署多个使用不同操作系统的虚拟机，并在虚拟机内部的来宾操作系统部署多个容器。将容器与虚拟机结合在一起，使用数量更少的虚拟机即可为大量应用提供支持。当然，虚拟机数量减少，意味着对存储的占用也随之降低。每个虚拟机可支持多个隔离的应用，进而增大应用的密度。

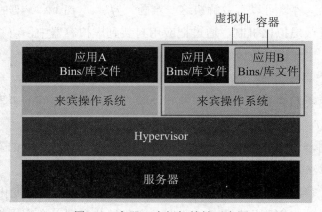

图 3-4　容器 + 虚拟机特性示意图

灵活性方面，在虚拟机内部运行容器，可通过实时迁移等功能优化资源使用率并简化宿主机的维护工作。

不过，将容器部署在虚拟机上，目前还存在不少争议。不少人认为，将容器部署在虚拟机上需要经过两层虚拟化，其网络 I/O 和存储 I/O 都会受到很大影响，因此，建议容器尤其是关键类的应用最好部署在裸机上，这样在管理、扩展时就完全没有障碍。例如，电信行业、军用的容器都部署在裸机上。但是，如果组织内部已经有基于虚拟机的私有云平台，在上面部署容器也没有太大问题，需要注意的是应将性能损耗考虑在内。

3.1.4　容器技术引发的变革

容器技术带来的变革主要有以下两个方面。

1. 推动了微服务架构设计理念的落地

以 Docker 为代表的容器推动了微服务架构设计理念的落地。它把一个原来很庞大的复杂的单位（单进程）应用拆分成一个个基于业务功能的完全独立的小程序，并且分布式部署在一个集群中，以增加系统的稳定性和水平扩展能力，这就是微服务架构的核心思想。

微服务架构相对于传统单位应用来说，有两个明显的优势。

- 在开发上，一个很大的团队完全可以拆成一个个小的专业团队，各自关注不同的业务功能的开发，使系统的开发迭代、更新和升级变得非常敏捷。
- 由于微服务架构本身就是分布式架构，所以很容易实现系统的高可用以及快速弹性扩容。当某个业务随着访问量的增大而出现性能瓶颈时，可以快速地对其进行弹性伸缩，增加服务实例数量，以改善整个系统的性能。

微服务的理念早就被提出。它要求用户把一个完整的应用拆成一个个独立部署的微服务进程，并且部署在多个机器组成的一个集群中，每个机器上会部署很多微服务进程，不仅增加了系统发布、测试和部署的工作量，而且后续系统升级和运维管理的难度和复杂度也会大大提升。因此，在缺乏自动化工具和相关平台支撑的情况下，微服务架构很难落地，长期以来只在一些大型互联网公司中推行。

Docker 的出现，打破了这一切。Docker 作为新瓶装旧酒的一门技术，用简单便捷的操作极大地改变了软件开发的流程与生态环境。在 Docker 的帮助下，可以把每个微服务进程打包成独立的镜像，存储在统一的镜像仓库中。升级后的版本打包成新的镜像，采用新的标签来区别于旧版本。只要写一个简单的脚本，以容器方式启动各个微服务程序，就能很快地在集群中完成整个系统的部署。还可以借助 Docker 引擎提供的 API，以编程方式来实现图形化的管理系统，一键发布系统、一键升级系统、自动修复系统等高级功能也都容易实现了。实际上，谷歌开源的 Kubernetes 平台首次将微服务架构的思想贯穿到底，在 Kubernetes 的世界里，任何一个应用都是由一个个独立的服务（Service）组成的，一个具体业务流程实际上是由一个个服务串在一起完成的，部署应用的时候也按照服务部署，无须关注服务到底会分布到哪些机器上，因为 Kubernetes 会自动调度 Service 对应的容器实例到可用的节点上，并提高高可用和弹性伸缩功能。实际上，Kubernetes 目前实现的功能特性早已超过微服务架构本身的要求，因此越来越多的组织开始使用 Kubernetes 平台打造自己的微服务架构系统。

2. Docker 大大提升了软件开发和系统运维的效率

Docker 不仅大大提升了软件开发和系统运维的效率，而且促进了 DevOps 体系的成熟与发展。Docker 最大的特点是对应用的发布版做了一个标准化的封装，解决了应用的环境依赖难题，并且不再需要安装部署过程。开发人员打包应用镜像之后就可以将镜像原封不动地转给测试人员，只要执行一个简单的启动命令，测试人员就可以在任意支持 Docker 的机器上成功地运行应用程序，并进入测试阶段。如果测试通过了就可以把这个镜像上传到镜像库中，随后运维人员可以直接从镜像库里把镜像拿出来并部署在生产集群中。这个过程完全可以建立一整套标准化流程，因为每个环节传递的都是经过认证的标准化镜像，所以可在后台通过一系列工具来控制整个流程的实现和度量。

通过一个流水线串联并驱动整个应用的开发生命周期过程，包括源码编译、镜像打包、自动部署或升级（测试环境）、自动化测试，以及运维阶段的监控告警、自动扩容等环节，这就是 DevOps 的实践思路。由于在这个过程中引入了 Docker 技术，因而很大程度上提升了系统运维的可管控性、可度量性、可监控性等重要指标，这就是 Docker 带来的第二个重要变革，即促进了 DevOps 的落地和发展。因此，在容器化平台履行建设完成之后，下一个重点目标就是建设 DevOps 平台，以促进整个软件的开发运维流程进一步向自动化、可管控的目标迈进。

容器技术虽然是由 Docker 公司开源并发扬光大的，但背后是以谷歌为首的 IT 巨头在推进并使之成为规范，类似当年的 J2EE 组织，所以容器技术的影响力和影响范围会进一步扩大。

容器技术也是搭建企业 PaaS 平台以及新一代私有云最核心的技术，当前流行的 Kubernetes 和 Mesos，其底层都是以容器技术为基础搭建的，而且越来越多的组织（企业）正基于 Docker 和 Kubernetes 来改造已有或新建新一代的 PaaS 平台。

3.1.5　容器的重要概念

容器本质上是宿主机上的进程。容器通过 namespace 实现了资源隔离，通过 cgroups 实现了资源限制，通过写时复制机制（Copy On Write）实现了高效的文件操作。

1. namespace

容器要实现资源隔离，需使用 chroot 命令，它可实现根目录挂载点的切换，即隔离文件系统。为了在分布式的环境下进行通信和定位，容器必然要有独立的 IP、端口、路由等，因此，需要与网络隔离。同时，容器还需要一个独立的主机名，以便在网络中标识自己。有了网络，其进程间的通信自然也需要隔离。相应地，用户和用户组也必须隔离，实现用户权限的隔离。最后，运行在容器中的应用需要有进程号（PIO），自然也需要与宿主机中的 PIO 进行隔离。由此，基本上完成了一个容器所需的 6 项隔离。Linux 内核提供了对这 6 种 namespace 隔离的系统调用，如表 3-1 所示。当然，真正的容器还需要处理许多其他工作。

表 3-1　namespace 的 6 项隔离

namespace	系统调用参数	隔离内容
UTS	CLONE __ NEWUTS	主机名与域名
IPC	CLONE __ NEWIPC	信号量、消息队列和共享内存
PID	CLONE __ NEWPID	进程编号
Network	CLONE __ NEWNET	网络设备、网络栈、端口等
Mount	CLONE __ NEWNS	挂载点（文件系统）
User	CLONE __ NEWUSER	用户和用户组

实际上，Linux 内核实现 namespace 的主要目的之一就是实现轻量级虚拟化（容器）服务。在同一个 namespace 下的进程可以感知彼此的变化，而对外界的进程一无所知。这样就可以让容器中的进程产生错觉，仿佛自己置身于一个独立的系统环境中以达到独立和隔离的目的。

2. cgroups 资源限制

cgroups 最初名为 process container，由 Google 工程师 Paul Menage 和 Rohit Seth 于 2006 年提出，后来由于 container 有多重含义容易引起误解，在 2007 年被更名为 controlgroups，并整合进 Linux 内核。顾名思义 cgroups 就是把任务[①]放到一个组里面统一加以控制。

cgroups 的官方定义

cgroups 是 Linux 内核提供的一种机制，这种机制可以根据需求把一系列系统任务及其子任务整合（或分隔）到按资源划分等级的不同组内，从而为系统资源管理提供一个统一的框架。

换句话说，cgroups 可以限制、记录任务组所使用的物理资源（包括 CPU、Memory、I/O 等），为容器虚拟化提供一个基本保证，是构建 Docker 等一系列虚拟化管理工具的基石。

从开发者角度看，cgroups 有如下 4 个特点。

（1）cgroups 的 API 以一个伪文件系统的方式实现，用户态的程序可以通过文件操作实现 cgroups 的组织管理。

（2）cgroups 的组织管理操作单元可以细粒度到线程级别，另外用户可以创建和销毁 cgroup，从而实现资源再分配和管理。

（3）所有资源管理的功能都以子系统的方式实现，接口统一。

（4）子任务创建之初与其父任务处于同一个 cgroups 控制组。

本质上说，cgroups 是内核附加在程序上的一系列钩子（hook），通过程序运行时对资源的调度触发相应的钩子以达到资源追踪和限制的目的。

3. cgroups 的作用

实现 cgroups 的主要目的是为不同用户层面的资源管理提供一个统一的接口。从单个任务的资源控制到操作系统层面的虚拟化，cgroups 提供了以下 4 大功能。

（1）资源限制：cgroups 可以对任务使用的资源总额进行限制，如设定应用运行时使用内存的上限，一旦超过这个配额就发出 OOM（Out of Memory）提示。

（2）优先级分配：通过分配的 CPU 时间片数量及磁盘 I/O 带宽大小，实际上就相当于控制了任务运行的优先级。

（3）资源统计：cgroups 可以统计系统的资源使用量，如 CPU 使用时长、内存用量等，

---

① 在 Linux 系统中，内核本身的调度和管理并不对进程和线程加以区分，只是根据 clone 创建时传入参数的不同，从概念上区别进程和线程，所以本章统一称之为任务。

这个功能非常适用于计费。

（4）任务控制：cgroups 可以对任务执行挂起、恢复等操作。

cgroups、任务、子系统①、层级②四者间的关系及基本规则如下。

规则 1：同一个层级可以附加一个或多个子系统。如图 3-5 所示，CPU 和 Memory 的子系统附加到了一个层级。

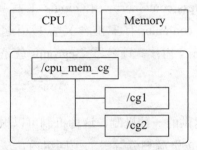

图 3-5　同一个层级可以附加一个或多个子系统示意图

规则 2：当且仅当目标层级有唯一一个子系统时，一个子系统可以附加到多个层级。图 3-6 中小圈中的数字表示子系统附加的时间顺序，CPU 子系统附加到层级 A 的同时不能再附加到层级 B，因为层级 B 已经附加了内存子系统。如果层级 B 没有附加过内存子系统，那么 CPU 子系统允许同时附加到两个层级。

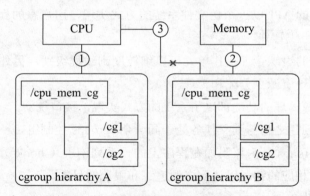

图 3-6　一个已经附加层级的子系统不能附加到其他含有别的子系统的层级上

规则 3：系统每次新建一个层级时，该系统上的所有任务默认加入这个新建层级的初始化 cgroup，这个 cgroup 也被称为 root cgroup。对于创建的每个层级，任务只能存在于其中一个 cgroup 中，即一个任务不能存在于同一个层级的不同 cgroup 中，但一个任务可以存在于不同层级的多个 cgroup 中。如果操作时把一个任务添加到同一个层级的另一个 cgroup 中，则会将它从第一个 cgroup 中移除。在图 3-7 中可以看到，httpd 任务

---

① cgroups 中的子系统就是一个资源调度控制器。例如 CPU 子系统可以控制 CPU 时间分配，内存子系统可以限制 cgroup 内存使用量。

② 层级由一系列 cgroup 以一个树状结构排列而成，每个层级通过绑定对应的子系统进行资源控制。层级中的 cgroup 节点可以包含零或多个子节点，子节点继承父节点挂载的子系统。整个操作系统可以有多个层级。

已经加入到层级 A 的 /cg1，而不能加入同一个层级的 /cg2 中，但是可以加入层级 B 的 /cg3 中。

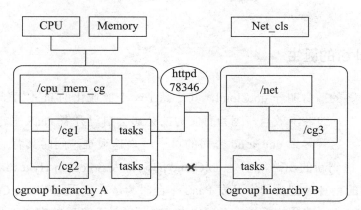

图 3-7　一个任务不能属于同一个层级的不同 cgroup

规则 4：任务在 fork/clone 自身时创建的子任务，默认与原任务在同一个 cgroup 中，但是子任务允许被移动到不同的 cgroup 中，即 fork/clone 完成后，父子任务间在 cgroup 方面是互不影响的。图 3-8 小圈中的数字表示任务出现的时间顺序，当 httpd 刚 fork 出另一个 httpd 时，两者在同一个层级的同一个 cgroup 中。但是随后如果 ID 为 3416 的 httpd 需要移动到其他 cgroup，也是可以的，因为父子任务间已经独立。简言之，初始化时子任务与父任务在同一个 cgroup 中，但是这种关系在其后是可以改变的。

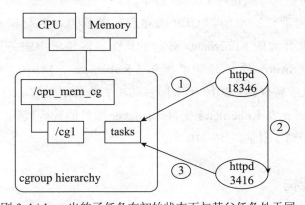

图 3-8　刚 fork/clone 出的子任务在初始状态下与其父任务处于同一个 cgroup

4. 仓库

仓库（Regostry）是集中存放镜像文件的场所，可以是公有仓库，也可以是私有仓库。

最大的公有仓库是 Docker Hub。国内的公有仓库包括 Docker Pool 等。当用户创建了自己的镜像之后就可以使用 push 命令将它上传到公有或私有仓库，这样下次在另外一台机器上使用这个镜像时，只需从仓库中 pull（下拉）即可。

Docker 仓库的概念与 Git 类似，注册服务器可以理解为 GitHub 这样的托管服务器。

3.2   Docker 容器

3.2.1   Docker的诞生

Docker 公司的前身叫作 dotCloud，其产品是一个商业化的 PaaS 平台。不过，这个平台并没有产生好的经济效益，因为有实力的公司会自己开发 PaaS 平台，很少有公司愿意花钱购买。这就导致 dotCloud 公司的日子越来越艰难，同时其背后的投资公司急着要 dotCloud 找到新的出路，于是 dotCloud 的创办人 Solomon Hykes 决定放手一搏，效法开源运动的精神，把公司在开发 PaaS 平台时为了方便采用 Linux Container 研发的一整套工具（Docker 的原始版本）开源出来。此后，这套新颖的容器工具受到了很多软件工程师的青睐，开发人员开发完成后只要用 Docker 打包成镜像交给测试人员，测试人员在本机就能使用这个镜像启动容器并进行快速测试。不同的版本可以被固化为不同的镜像，所以很容易进行回归测试，且几个不同的镜像版本可以同时测试。由此开始，Docker 在业界赢得了很好的口碑并迅速流行开来。后来，dotCloud 公司改名为 Docker。2014 年 6 月对于 Docker 来说是非常重要的一个发展节点，谷歌公司宣布支持 Docker，并且投资了 Docker 公司。互联网巨头谷歌的这一举动，被其他公司认为是风向标，纷纷跟风，越来越多的企业开始使用 Docker 技术。

2015 年 6 月，容器化标准组织 OCP 成立后，更多的大企业和创业公司开始拥抱 Docker。同年，谷歌开源的 Kubernetes 奠定了其在容器领域微服务架构之王的地位，随后 Docker 公司的 Swarm 项目开始"模仿"Kubernetes，Mesos 则第一时间拥抱了 Kubernetes 这个重量级新事物。2016 年中国移动通信公司率先成功地在电信领域尝试大规模部署和应用 Docker & Kubernetes 平台。Docker 项目的社区代码贡献者也由 2016 年年初的 900 多个增加到了目前的 12 710 个。

3.2.2   Docker架构

Docker 使用了传统的客户端 / 服务器架构模式，总架构如图 3-9 所示。用户通过 Docker Client 与 Docker Daemon 建立通信，并将请求发送给后者。而 Docker 的后端是松耦合结构，不同模块各司其职并有机组合，完成用户的请求。

从图 3-9 中可以看出，Docker Daemon 是 Docker 架构中的主要用户接口。首先，它提供了 API Server 用于接收来自 Docker Client 的请求，其后根据不同的请求分发给 Docker Daemon 的不同模块执行相应的工作。

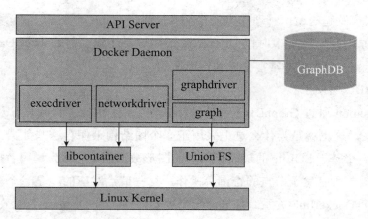

图 3-9 Docker 总架构示意图

Docker 通过 driver 模块实现对 Docker 容器执行环境的定制。当需要创建 Docker 容器时，可从 Docker Registry 中下载镜像，并通过镜像管理驱动 graphdriver 将下载的镜像以 graph 的形式存储在本地；当需要为 Docker 容器创建网络环境时，则通过网络管理驱动 networkdriver 创建并配置 Docker 容器的网络环境；当需要限制 Docker 容器运行资源或执行用户指令等操作时，则通过 execdriver 来完成。libcontainer 是一个独立的容器管理包，networkdriver 和 execdriver 都通过 libcontainer 来实现对容器的具体操作，包括利用 UTS、IPC、PID、Network、Mount、User 等 namespace 实现容器间的资源隔离和利用 cgroup 实现对容器的资源限制。当运行容器的命令执行完毕后，一个实际的容器就处于运行状态，该容器拥有独立的文件系统、安全且相互隔离的运行环境。

Docker 总架构中各个模块的功能如下。

1. Docker Daemon

Docker Daemon 是 Docker 最核心的后台进程，它负责响应来自 Docker Client 的请求，然后将这些请求翻译成系统调用完成容器管理操作。该进程会在后台启动一个 API Server，负责接收由 Docker Client 发送的请求；接收到的请求将通过 Docker Daemon 内部的一个路由分发调度，再由具体的函数来执行请求。

2. Docker Client

Docker Client 是一个泛称，用来向指定的 Docker Daemon 发起请求，执行相应的容器管理操作。它既可以是 Docker 命令行工具，也可以是任何遵循了 Docker API 的客户端。目前，社区中维护着的 Docker Client 种类非常丰富，涵盖了 C#（支持 Windows）、Java、Go、Ruby、JavaScript 等常用编程语言，甚至还有使用 Angular 库编写的 WebUI 格式的客户端，足以满足大多数用户的需求。

3. graph

graph 组件负责维护已下载的镜像信息及它们之间的关系，所以大部分 Docker 镜像相关的操作都会由 graph 组件来完成。graph 通过镜像"层"和每层的元数据来记录这些镜像的信息，用户发起的镜像管理操作最终都转换成了 graph 对这些层和元数据的操作。正是由于这个原因，以及很多时候 Docker 操作都需要加载当前 Docker Daemon 维护着的所有镜像信息，graph 组件常常会成为性能瓶颈。

4. GraphDB

Docker Daemon 通过 GraphDB 记录它所维护的所有容器（节点）以及它们之间的 link 关系（边），这也就是为什么这里采用了一个图结构来保存这些数据。具体来说，GraphDB 就是一个基于 SQLite 的最简单版本的图形数据库，能够为调用者提供节点增、删、遍历、连接、所有父子节点的查询等操作。这些节点对应的就是一个容器，而节点间的边就是一个 Dockerlink 关系。每创建一个容器，Docker Daemon 都会在 GraphDB 里添加一个节点，而当为某个容器设置了 link 操作后，在 GraphDB 中就会为它创建一个父子关系，即一条边。显然，虽然名字容易混淆，但是 GraphDB 与前面提到的负责镜像操作的 graph 组件没有多大关系。

5. driver

前面提到，Docker Daemon 负责将用户请求翻译成系统调用，进而创建和管理容器的核心进程。而在具体实现过程中，为了将这些系统调用抽象成为统一的操作接口方便调用者使用，Docker 把这些操作分成容器管理驱动、网络管理驱动、文件存储驱动 3 种，分别对应 execdriver、networkdriver 和 graphdriver。

execdriver 是对 Linux 操作系统的 namespaces、cgroups、apparmor、SELinux 等容器运行所需的系统操作进行的一层二次封装，其本质作用类似于 LXC，但是功能要更全面。这也就是为什么 LXC 会作为 execdriver 的一种实现而存在。当然，execdriver 最主要的实现也是现在的默认实现，即 Docker 官方编写的 libcontainer 库。

networkdriver 是对容器网络环境操作所进行的封装。对于容器来说，网络设备的配置相对比较独立，并且应该允许用户进行更多的配置，所以在 Docker 中，这一部分是单独作为一个 driver 来设计和实现的。这些操作具体包括创建容器通信所需的网络，容器的 network namespace，这个网络所需的虚拟网卡，分配通信所需的 IP，服务访问的端口和容器与宿主机之间的端口映射，设置 hosts、resolv.conf、iptables 等。

graphdriver 是所有与容器镜像相关操作的最终执行者。graphdriver 会在 Docker 工作目录下维护一组与镜像层对应的目录，并记下容器和镜像之间关系等元数据。这样，用户对镜像的操作最终会被映射成对这些目录文件以及元数据的增删改查，从而屏蔽掉不同文件存储实现对于上层调用者的影响。目前 Docker 已经支持的文件存储实现包括 aufs、btrfs、devicemapper、overlay 和 vfs。

3.2.3 Docker工作原理

Docker 是一个 Client-Server 模式的架构，后端是一组松耦合的模块，模块各司其职。

其中，用户使用 Docker Client 与 Docker Daemon 建立通信，并发送请求给后者。Docker Daemon 作为 Docker 架构的主体部分，首先提供 Docker Server 的功能使其可以接受 Docker Client 的请求。Docker Engine 执行 Docker 内部的一系列工作，每一项工作以一个 Job 的形式存在。在 Job 运行过程中，当需要容器镜像时，则从 Docker Registry 中下载镜像，并通过镜像管理驱动 Graphdriver 将下载的镜像以 Graph 的形式存储。当需要为 Docker 创建网络环境时，通过网络管理驱动 Networkdriver 创建并配置 Docker 容器网络环境。当需要限制 Docker 容器运行资源或执行用户指令等操作时，则通过 Execdriver 来完成。Libcontainer 是一个独立的容器管理包，Networkdriver 以及 Execdriver 都是通过 Libcontainer 来实现具体对容器的操作的。

1. 发起请求

发起请求由 Docker Client 模块负责完成。

（1）Docker Client 是和 Docker Daemon 建立通信的客户端。用户使用的可执行文件为 docker 类型文件，docker 命令通过使用后接参数的形式来实现一个完整的请求命令。例如：docker images 命令，其中 docker 为命令关键字；images 为参数（可变的参数）。

（2）Docker Client 可以通过 tcp：//host：port、unix：//path_to_socket 和 fd：//socketfd 三种方式与 Docker Daemon 建立通信。

（3）Docker Client 发送容器管理请求后，由 Docker Daemon 接收并处理请求，当 Docker Client 接收到返回的请求响应并简单处理后，Docker Client 一次完整的生命周期就结束了。这个过程（包括从发送请求到处理请求再到返回结果三个环节）与传统的 C/S 架构请求流程完全一致。

2. 后台守护进程

后台守护进程由 Docker Daemon 模块负责完成。Docker Daemon 的拓扑结构如图 3-10 所示。当 Docker Daemon 收到 Docker Client 的请求后，调度分发请求就由 Docker Server 模块完成，Docker Server 的拓扑结构如图 3-11 所示。

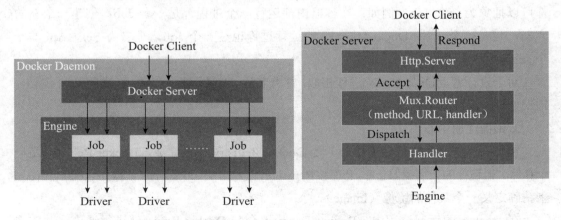

图 3-10　Docker Daemon 拓扑结构图　　　　图 3-11　Docker Server 拓扑结构图

1）Docker Server

Docker Server 的功能与 C/S 架构的服务器一样，功能为接收并调度分发 Docker Client 发送的请求。接收请求后，Docker Server 通过路由与分发调度，找到相应的 Handler 来执行请求。

在 Docker 的启动过程中，通过包 gorilla/mux 创建了一个 mux.Router 来提供请求的路由功能。在 Golang 中 gorilla/mux 是一个强大的 URL 路由器以及调度分发器。该 mux. Router 中添加了众多的路由项，每一个路由项由 HTTP 请求方法（PUT、POST、GET 或 DELETE）、URL、Handler 三部分组成。

创建完 mux.Router 之后，Docker 将 Server 的监听地址以及 mux.Router 作为参数来创建一个 httpSrv=http.Server{ }，最终执行 httpSrv.Serve( ) 为请求服务。

在 Docker Server 的服务过程中，Docker Server 在 listener 上接收 Docker Client 的访问请求，并创建一个全新的 goroutine 来服务该请求。在 goroutine 中，首先读取请求内容并进行解析，根据相应的路由项调用相应的 Handler 来处理该请求，最后 Handler 处理完请求之后回复该请求。

2）Docker Engine

Docker Engine 是 Docker 运行的核心模块，是 Docker 架构中的运行引擎。Docker Engine 扮演着 Docker Container 存储仓库管理员的角色，通过执行 Job 的方式来操纵管理容器。

需要特别说明的是 Docker Engine 中的 Handler 对象。这个 Handler 对象存储的是关于众多特定 Job 的 Handler 处理访问句柄。例如： Docker Engine 的 Handler 对象中有一项为 {"create"：daemon.ContainerCreate，}，说明当名为"create"的 Job 在运行时，执行的是 daemon.ContainerCreate 的 Handler 对象。

3）Job

Job 是 Docker Engine 内部最基本的工作执行单元。Docker 可以做的每一项工作，都可以抽象为一个 Job。例如：在容器内部运行一个进程，是一个 Job；创建一个新的容器，也是一个 Job。Docker Server 的运行过程也是一个 Job，是名为 ServeApi 的一个 Job。

对于设计者，Job 与 UNIX 进程相似，都有名称、参数、环境变量、标准的输入 / 输出、错误处理、返回状态等。

3. 镜像注册中心

镜像仓库（又称镜像注册中心）由 Docker Registry 模块完成。Docker Registry 是一个存储容器镜像的云端镜像仓库。仓库按 Repository 进行分类，docker pull 依据 [repository]：[tag] 来精确定义一个具体的镜像（Image）。

在 Docker 的运行过程中，Docker Daemon 会与 Docker Registry 进行通信，并实现搜索镜像、下载镜像、上传镜像 3 种功能。这 3 种功能对应的 Job 名称分别为"search""pull"

与"push"。

Docker Registry 可分为公有仓库（Docker Hub）和私有仓库。

4. Docker 内部数据库

Docker 内部数据库由 Graph 模块完成，如图 3-12 所示。

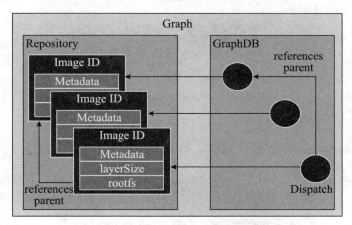

图 3-12　Docker Graph 拓扑结构图

1）Repository

Repository 是已下载镜像的保管员（包括下载的镜像和通过 Dockerfile 构建的镜像）。一个 Repository 表示某类镜像的仓库（例如 Ubuntu），同一个 Repository 内的镜像用 Tag 来区分（表示同一类镜像的不同标签或版本）。一个 Registry 包含多个 Repository，一个 Repository 包含同类型的多个 Image。

镜像的存储类型有 aufs、devmapper、btrfs、vfs 等，其中 devmapper 为 CentOS 7.x 以下版本使用。同时在 Graph 的本地目录中存储有关于每一个的容器镜像具体信息，包括该容器镜像的元数据、容器镜像的大小信息以及该容器镜像所代表的具体 rootfs 等内容。

2）GraphDB

GraphDB 是已下载容器镜像之间关系的记录器。GraphDB 是一个构建在 SQLite 之上的小型数据库，实现了节点的命名以及节点之间关联关系的记录。

5. 驱动模块

驱动模块的执行部分由 Driver 模块完成。通过 Driver 驱动，Docker 可以实现对 Docker 容器执行环境的定制，即 Graph 负责镜像的存储，Driver 负责容器的执行。

1）管理驱动

管理驱动由 Graphdriver 模块完成，如图 3-13 所示。

Graphdriver 主要用于完成容器镜像的管理，包括存储与获取。存储时，通过 docker pull 命令下载的镜像由 Graphdriver 存储到本地的指定目录（Graph）中。获取时，通过 docker run（create）命令用镜像创建容器，需由 Graphdriver 到本地 Graph 目录下获取。

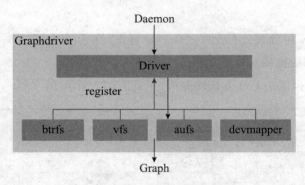

图 3-13　Graphdriver 拓扑结构图

2）网络驱动

网络驱动由 Networkdriver 模块完成，如图 3-14 所示。

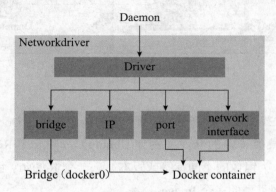

图 3-14　Networkdriver 拓扑结构图

Networkdriver 用于完成 Docker 容器网络环境的配置，功能包括：Docker 启动时为 Docker 环境创建网桥；Docker 容器创建时为其创建专属虚拟网卡设备；Docker 容器分配 IP、端口并与宿主机进行端口映射时，设置容器防火墙策略等。

3）执行驱动

执行驱动由 Execdriver 模块完成，如图 3-15 所示。

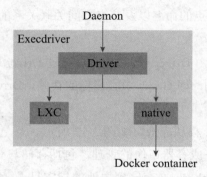

图 3-15　Execdriver 拓扑结构图

Execdriver 作为 Docker 容器的执行驱动，负责创建容器运行命名空间、容器资源使用的统计与限制、容器内部进程的真正运行等工作。

目前，Execdriver 默认使用 native 驱动，不依赖于 LXC。

3.2.4 Client 和 Daemon

Docker 指令有 Client 模式和 Daemon 模式两种。

1. Client 模式

Docker 指令对应的源文件是 docker/docker.go（如果不做说明，根路径是项目的根目录 docker/），它的格式如下：

```
docker [OPTIONS] COMMAND [arg…]
```

其中 OPTIONS 参数称为 flag，任何时候执行一个 Docker 指令，Docker 都需要先解析这些 flag。如果在解析 flag 中途发现用户声明了 -d，Docker 就会创建一个运行在宿主机的 Daemon 进程（docker/daemon.go#mainDaemon），然后声明 docker -d xxx 指令执行成功。否则，Docker 继续解析剩余的 flag，按照用户声明的 COMMAND 向指定的 Docker Daemon 发送对应的请求，这便是 Client 模式。

1）解析重要的 flag 信息

在上述 flag 中，有一些比较重要的信息需要特别注意。

■ flDebug，对应 -D、--debug 和 -l/--log-level=debug 参数，它将系统中添加的 DEBUG 环境变量赋值为 1，并把日志显示等级调为 DEBUG 级。默认情况下系统不会加入 DEBUG 环境变量。不过 flDebug 极有可能会在后续版本移除，使用新的 flLogLevel 替代。

■ flHosts，对应 -H 参数，对于 Client 模式，就是指本次操作需要连接的 Docker Daemon 位置，而对于 Daemon 模式则提供所要监听的地址。若 flHosts 变量或者系统环境变量 DOCKER_HOST 不为空，说明用户指定了 host 对象；否则使用默认设定。默认情况下 Linux 系统设置为 unix:///var/run/ docker.sock。

■ flDaemon，对应 -d 参数，表示将 Docker 作为 Daemon 启动。默认情况下 Docker 不作为 Daemon 启动。

■ protoAddrParts，这个信息来自于 -H 参数中"://"前后两部分的组合，即与 Docker Daemon 建立通信的协议方式与 Socket 地址。

2）创建 Client 实例

Client 的创建就是在已有配置参数信息的基础上，调用 api/client/cli.go# NewDockerCli，需要设置好 proto（传输协议）、addr（host 的目标地址）和 tlsConfig（安全传输层协议的配置），另外还会配置标准输入 / 输出及错误输出。

3）执行具体的命令

Docker Client 对象创建成功后，执行具体指令的过程就交给 api/client/cli.go 来处理了。

（1）从命令映射到对应的方法。cli 主要通过反射机制从用户输入的命令（例如 run）得到匹配的执行方法（例如 CmdRun），这也是所谓"约定大于配置"的方法命名规范。同时，cli 会根据参数列表的长度判断是否用于多级 Docker 命令支持，然后根据找到的执行方法，传入剩余参数并执行。若传入的方法不合法或参数不正确，则返回 Docker 指令的 Help 信息并退出。

（2）执行对应的方法，发起请求。找到具体的执行方法后，即可予以执行。虽然请求内容会有所不同，但执行流程大致相同。最终得到的请求方法都在 Docker 的 api/client/commnds.go 中，基本的执行流程如下：①解析传入的参数，并针对参数进行配置处理。②获取与 Docker Daemon 通信所需的认证配置信息。③根据命令业务类型，给 Docker Daemon 发送 POST、GET 等请求。④读取来自 Docker Daemon 的返回结果。可见，在请求执行过程中，大多都是将命令行中关于请求的参数进行初步处理，并添加相应的辅助信息，最终通过指定的协议给 Docker Daemon 发送 Docker Client API 请求，主要的任务执行均由 Docker Daemon 完成。

2. Daemon 模式

一旦 Docker 进入 Daemon 模式，剩下的初始化和启动工作就都由 Docker 的 docker/daemon.go#mainDaemon 来完成。

Docker Daemon 通过一个 Server 模块（api/server/server.go）接收来自 client 的请求，然后根据请求类型，交由具体的方法去执行。因此 Daemon 首先需要启动并初始化这个 Server。另外，启动 Server 后，Docker 进程需要初始化一个 Daemon 对象（daemon/Daemon.go）来处理 Server 接收到的请求。Docker Daemon 启动与初始化过程如下：

1）APIServer 的配置和初始化过程

首先，在 docker/daemon.go#mainDaemon 中，Docker 会继续按照用户的配置完成 Server 的初始化并启动它。Server 又称 APIServer，顾名思义是专门负责响应用户请求并交给 Daemon 具体方法去处理的进程。它的启动过程如下：①创建 PID 文件。②创建一个负责处理业务的 Daemon 对象（对应于 daemon/damone.go）作为负责处理用户请求的逻辑实体。③加载所需的 Server 辅助配置，包括日志、是否允许远程访问、版本以及 TLS 认证信息等。④根据上述 Server 配置，加上之前解析出的用户指定的 Server 配置（例如 flHosts），通过 goroutine 的方式启动 APIServer。这个 Server 监听的 socket 位置就是 flHosts 的值。⑤设置一个 channel，保证上述 goroutine 只有在 Server 出错的情况下才会退出。⑥设置信号捕获，当 Docker Daemon 进程收到 JINT、TERM、QUIT 信号时，关闭 APIServer，调用 shutdownDaemon 停止这个 Daemon。⑦如果上述操作都成功，APIServer 就会与上述 Daemon 绑定，并允许接受来自 Client 的连接。⑧最后，Docker Daemon 进程向宿主机的 init 守护进程发送"READY=1"信号，表示这个 Docker

Daemon 已经开始正常工作了。

2）Daemon 对象的创建与初始化过程

创建 Daemon 对象应用的是 daemon/daemon.go#NewDaemon 方法。NewDaemon 过程会按照 Docker 的功能点，逐条为 Daemon 对象所需的属性设置用户或者系统指定的值，这是一个相当复杂的过程，其主要功能如下：

■ Docker 容器的配置信息

容器配置信息的主要功能是供用户自由配置 Docker 容器的可选功能，使得 Docker 容器的运行更贴近用户期待的运行场景。配置信息的处理包含以下 3 个方面：①设置默认的网络最大传输单元。当用户没有对 -mtu 参数进行指定时将其设置为 1500。否则，使用用户指定的参数值。②检测网桥配置信息：此部分配置为进一步配置 Docker 网络提供铺垫。③查验容器通信配置：主要用于确定用户设置是否允许对 iptables 配置及容器间通信，分别用 --iptables 和 --icc 参数表示，若两者皆为 false 则报错。

■ 验证系统支持及用户权限

初步处理完 Docker 的配置信息之后，Docker 对自身运行的环境进行了一系列检测，主要包括 3 个方面：①操作系统类型对 Docker Daemon 的支持，目前 Docker Daemon 只能运行在 Linux 系统上。②用户权限的级别，必须是 root 级权限。③内核版本与处理器的支持，只支持 "AMD64" 架构的处理器，且内核版本必须升至 3.10.0 及以上。

■ 配置 Daemon 工作路径

配置 Docker Daemon 的工作路径，主要是创建 Docker Daemon 运行中所在的工作目录，默认为 /var/lib/docker。若该目录不存在，则会创建并赋予 "0700" 权限。

■ 配置 Docker 容器所需的文件环境

配置 Docker 容器所需的文件环境时，Docker Daemon 会在 Docker 工作根目录 /var/lib/docker 下初始化一些重要的目录和文件，主要有：

（1）配置 graphdriver 目录，它用于完成 Docker 容器镜像管理所需的联合文件系统的驱动层。所以，这一步的配置工作就是加载并配置镜像存储驱动 graphdriver，创建镜像管理所需的目录和环境。创建 graphdriver 时首先会从环境变量 DOCKER_DR IVER 中读用户自定义的驱动，若为空，则开始遍历优先级数组，选择一个 graphdriver。优先级从高到低依次为 aufs、btrfs、zfs、devicemapper、overlay 和 vfs，不过随着内核的发展，这个顺序后续很可能会发生变化。当识别出对应的 driver 后（例如 aufs），Docker 会执行这个 driver 对应的初始化方法（位于 daemon/graphdriver/aufs/aufs.go），这个初始化的主要工作包括：确定 aufs 驱动根目录（默认为 /var/lib/docker/aufs）加载内核 aufs 模块，发起 statfs 系统调用，获取并保存当前的文件系统信息，在根目录下创建 mnt、diff 和 layers 目录作为 aufs 驱动的工作环境。

（2）创建容器配置文件目录。Docker Daemon 在创建 Docker 容器后，需要将容器内的配置文件放到容器配置文件目录下统一管理。目录的默认位置为 /var/lib/ docker/

containers，其下会为每个具体容器保存如下几个配置文件，其中 xxx 为容器 ID：

```
ls /var/lib/docker/containers/xxx
xxx-json.log config.json hostconfig.json hostname hosts
resolv.conf resolv.conf.hash
```

这些配置文件里包含了该容器的所有元数据。

（3）配置镜像目录，主要工作是：在工作根目录下创建一个 graph 目录来存储所有镜像描述文件，默认目录为 /var/lib/docker/graph。对于每一个镜像层，Docker 在这里使用 json 和 layersize 两个文件分别描述这一层镜像的父镜像 ID 和本层大小，而真正的镜像内容保存在 aufs 的 diff 工作目录的同名（相同 ID）目录下。

（4）调用 volume/local/local.go#New 创建 volume 驱动目录（默认为 /var/lib/ docker/volumes），Docker 中 volume 是宿主机上挂载到 Docker 容器内部的特定目录。由于 Docker 需要使用具体的 graphdriver 来挂载这些 volumes，所以采用 vfs 驱动实现 volumes 的管理。这里的 volumes 目录下仅保存一个 volume 配置文件 config.json，其中会以 path 指出这个目录的真正位置，例如 /var/lib/ docker/vfs/dir/xxx 以及这个目录的读写权限。

（5）准备"可信镜像"所需的工作目录。在 Docker 工作根目录下创建 trust 目录，并创建一个 TrustStore。这个存储目录可以根据用户给出的可信 url 加载授权文件，用来处理可信镜像的授权和验证过程。

（6）创建 TagStore，用于存储镜像的仓库列表。TagStore 中主要记录的内容如下：

- path：TagStore 中记录镜像仓库的文件的所在路径，默认为 /var/lib/docker/repositories[driver]。
- graph：相应的 graph 实例对象。
- Repositories：记录具体的镜像仓库的 map 数据结构。
- pullingPool：记录池，记录有哪些镜像正在被下载，若某一个镜像正在被下载，则驳回其他 Docker Client 发起的下载该镜像的请求。
- pushingPool：记录池，记录有哪些镜像正在被上传，若某一个镜像正在被上传，则驳回其他 Docker Client 发起上传该镜像的请求。

综上，这里 Docker Daemon 需要在 Docker 根目录（ /var /lib/docker ）下创建并初始化一系列跟容器文件系统密切相关的目录和文件，如图 3-16 所示。

- 创建 Docker Daemon 网络

创建 Docker Daemon 运行环境时，其中的网络环境是极为重要的一部分，不仅关系着容器对外的通信，而且也关系着容器间的通信。在最新的版本中，网络部分已经被抽离出来作为一个单独的模块，称为 libnetwork。libnetwork 通过插件的形式为 Docker 提供网络功能，使得用户可以根据自己的需求实现自己的 driver 以提供不同的网络功能。需要注意的是，同前述的 Docker 网络一样，bridge driver 并不提供跨主机通信的能力，之后官方会推出 overlay driver 用于多主机环境。

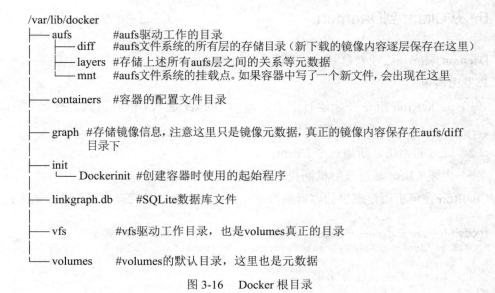

图 3-16   Docker 根目录

■ 创建 GraphDB

GraphDB 是一个构建在 SQLite 之上的图形数据库，用来记录 Docker Daemon 维护的所有容器（节点）以及它们之间的 link 关系（边）。所以这一步初始化 GraphDB 实际上就是建立数据库连接的过程：首先确定 GraphDB 的目录，默认为 /var/lib/docker/linkgraph.db，查看其数据源是否已经存在；随后通过"sqlite3"驱动初始化并启动数据库。

■ 初始化 Execdriver

Execdriver 是 Docker 用来管理 Docker 容器的驱动。在执行 Execdriver 创建之前，首先要获取 dockerinit 二进制文件的所在路径并将其复制到根目录下的指定文件夹中，默认命名为 /var/lib/docker/init/dockerinit [版本号]，并赋以 0700 的执行权限。

■ Daemon 对象的诞生

Docker Daemon 进程在经过以上诸多设置以及创建对象之后，最终创建出了 Daemon 对象实例。

■ 恢复已有的 Docker 容器

当 Docker Daemon 启动时，会查看 daemon.repository，也就是在 /var/lib/docker/containers 中的内容。若有已经存在的 Docker 容器，则将相应信息收集并进行维护，同时重启 restart policy 为 always 的容器。

Docker Daemon 的启动看起来非常复杂，这是 Docker 在演进的过程中不断添加功能点造成的。但不管今后 Docker 的功能点增加多少，其 Docker Daemon 进程的启动都将遵循以下 3 步：①首先是启动一个 APIServer，它工作在用户通过 -H 指定的 socket 上面；②然后 Docker 使用 NewDaemon 方法创建一个 Daemon 对象来保存信息和处理业务逻辑；③最后将上述 APIServer 和 Daemon 对象绑定起来，接收并处理 Client 的请求。

3.2.5　从Client到Daemon

Daemon 响应并处理来自 Client 的请求的过程如下。

1. 发出请求

（1）docker run 指令开始运行，用户端的 Docker 进入 Client 模式，开始 Client 工作过程；

（2）经过初始化，新建一个 Client；

（3）上述 Client 通过反射机制找到 CmdRun 方法。

CmdRun 在解析用户提供的容器参数等一系列操作后，最终发出以下两个请求：

```
"POST" , "/containers/create? "+containerValues        //创建容器
"POST" , "/containers/"+createResponse.ID+"/start"    //启动容器
```

至此，Client 的主要任务结束。

2. 创建容器

这一步，Docker Daemon 并不需要真正创建一个 Linux 容器，它只需要解析用户通过 Client 提交的 POST 表单，然后使用 POST 表单提供的参数在 Daemon 中新建一个 container 对象即可。这个 container 实体就是 daemon/container.go，其最重要的定义片段如示例 3-1 所示。

需要特别注意的是 Daemon 的属性，即 container 能够知道管理它的 Daemon 进程信息，很快会看到这个关系的作用。

上述过程完成后，container 的信息会作为 Response 返回给 Client，Client 紧接着会发送 start 请求。

示例 3-1：创建容器代码示例

```
// Definition of Docker Container
ID              string
Created          time.Time
Path             string
Config          *runconfig .Config
ImageID          string json: It Image"
NetworkSettings  *network.Settings
ResolvConfPath    string
HostsPath        string
Name             string
ExecDriver       string //很重要，后面会提到
RestartCount      int
UpdateDns        bool
MountPoints      map[string]*mountPoint
...
command          *execdriver.Command //重要，后面会提到
monitor          *containerMonitor
daemon           *Daemon
```

3. 启动容器

APIServer 接收到 start 请求后会告诉 Docker Daemon 进行启动容器操作，这个过程是由 daemon/start.go 来完成的。

由于 Container 所需的各项参数如 NetworkSettings、ImageID 等都已经在创建容器过程中赋好了值，因此 Docker Daemon 在 start.go 中直接执行 container.Start，就能够在宿主机上创建对应的容器了。

强调一下，container.Start 实际上执行的操作是

```
container.daemon.Run(container … )
```

即告诉当前这个 Container 所属的 Daemon 进程：请使用本 Container 作为参数，执行对应 execdriver 的 Run 方法。

4. 最后一步

所有需要跟操作系统打交道的任务都交给了 ExecDriver.Run（具体是哪种 Driver 由 container 决定）来完成。

Execdrvier 是 Daemon 的一个重要组成部分，它封装了 namepace、cgroup 等所有对操作系统资源进行操作的方法。而在 Docker 中，Execdriver 的默认实现（native）就是 libcontainer。因此，在这最后一步，Docker Daemon 只需要向 Execdriver 提供如下 3 个参数，等待返回的结果就可以了。

command：该容器需要的所有配置信息集合（container 的属性之一）。

pipes：用于将容器的 stdin、stdout、stderr 重定向到 daemon。

startCallback()：回调方法。

3.2.6 libcontainer

libcontainer 是 Docker 架构中一个使用 Go 语言设计实现的库，设计初衷是希望该库可以无须依赖而直接访问内核中与容器相关的 API。Docker 可以直接调用 libcontainer 来操纵容器的 Namespace、Cgroups、Apparmor、网络设备以及防火墙规则等。

容器是一个与宿主机系统共享内核但与系统中的其他进程资源相隔离的执行环境。Docker 通过对 namespaces、cgroups、capabilities 以及文件系统的管理和分配来"隔离"出一个上述执行环境，这就是 Docker 容器。

前述的 Execdriver，其首要完成的工作就是在拿到了 Docker Daemon 提交的 command 信息之后，生成一份专门的容器配置清单。这个容器配置清单的生成过程虽然复杂，但是原理很简单。例如：在 Docker Daemon 提交的 command 中，包含 namespace、cgroups 以及未来容器中将要运行的进程的重要信息。其中 Network、Ipc、Pid 等字段描述了隔离容器所需的 namespace。配置容器代码示例见示例 3-2。

```
type Command struct {
    Network    *Network  'json:"network"'    //namespace 相关配置
    Ipc        *Ipc      'json:"ipc"'
    Pid        *Pid      'json:"pid"'
    UTS        *UTS      'json:"uts"'
    Resources  *Resources 'json:"resources"'  // cgroups相关配置
    ......
    ProcessConfig ProcessConfig 'json:"process_config"' //描述容器中的进程
    ......
}
```

Resources 字段包含了该容器 cgroups 的配置信息，定义如示例 3-3 所示。

```
type Resources struct {
    Memory          int64   'json:"memory"'
    MemorySwap      int64   'json:"memory_Swap"'
    CpuShares       int64   'json:"cpu_shares"'
    CpusetCpus      string  'json:"cpuset_cpus"'
    CpusetMems      string  'json:"cpuset_mems"'
    CpuPeriod       int64   'json:"cpu_period"'
    CpuQuota        int64   'json:"cpu_quota"'
    ...
}
```

ProcessConfig 字段描述容器中未来要运行的进程信息，定义如示例 3-4 所示。

```
type ProcessConfig struct {
    ...
    Entrypoint string  'json:"entrypoint"'   //dockerfile里指定的Entrypoint,
                                              默认是/bin/sh -c
    Arguments []string  'json:"arguments"'   //用户指定的cmd会作为Entrypoint的执
                                              行参数
    ...
}
```

这时，execdriver 会加载一个预定义的容器配置模板，然后在模板中添加 command 中的相关信息，见示例 3-5。

```
Container := &configs.Config{
    ...
    Namespaces:    configs.Namespaces([ ]configs.Namespace{
        {Type:  "NEWNS"},
        {Type:  "NEWUTS"},
        {Type:  "NEWIPC"},
        {Type:  "NEWPID"},
        {Type:  "NEWNET"},
```

```
        }),
        Cgroups:   configs.Cgroup(
                ...
                Memory:       1024*1024
                CpuShares: 1024
                BlkioWeight:   100
                ...
        )
        ...
}
```

等到上述容器配置模板所有项都按照 command 里提供的内容填好之后，一份该容器专属的容器配置 container 就生成了。注意：小写的 container 其实是一个 Config 对象，它只是一份配置文件而已，而大写的 Container 才是 libcontainer 里的容器对象。这份容器配置清单可以理解为 libcontainer 与 Docker Daemon 之间进行信息交换的标准格式。之后，libcontainer 就能根据这份配置清单，知道它需要在宿主机上创建 MOUNT、UTS、IPC、PID、NET 这 5 个 namespace 以及相应的 cgroups 配置，从而创建出 Docker 容器。

1. libcontainer 的工作方式

OCI（Open Container Initiative）组织成立以后，libcontainer 进化为 runC，因此从技术上说，未来 libcontainer/runC 创建的将是符合 OCF（Open Container Format）标准的容器。

这个阶段，Execdriver 需要借助 libcontainer 进行以下工作。

■ 构建容器需要使用的进程对象（非真正进程），称为 Process。

■ 设置容器的输出管道，这里使用的是 Daemon 提供的 pipes。

■ 使用名为 Factory 的工厂类，通过 factory.Create（<容器 ID>，<容器配置 container>）创建一个"逻辑"上的容器，称为 Container。在这个过程中，容器配置 container 会填充到 Container 对象的 config 项里，container 的使命至此就完成了。

■ 执行 Container.Start（Process）指令启动物理的容器。

■ Execdriver 执行 startCallback 指令完成回调动作。

■ Execdriver 执行 Process.Wait 指令，等待上述 Process 的所有工作全部完成。

可以看到，libcontainer 对 Docker 容器做了一层更高级的抽象，它定义了 Process 和 Container 来对应 Linux 中"进程"与"容器"的关系。一旦"物理"的容器创建成功，其他调用者就可以通过容器 ID 获取这个逻辑容器，接着使用 Container.Stats 得到容器的资源使用信息，或者执行 Container.Destory 来销毁这个容器。

简言之，libcontainer 中最主要的内容是 Process、Container 以及 Factory 三个逻辑实体的实现，而 Execdriver 或者其他调用者只要依次执行"使用 Factory 创建逻辑容器 Container""启动逻辑容器 Container"和"用逻辑容器创建物理容器"，即可完成 Docker 容器的创建。

2. libcontainer 的实现原理

我们可以先把前面 Daemon 借助 Execdriver 创建和启动容器的过程，归纳为如示例 3-6

所示的一段伪代码，以便读者对这个过程产生感性认识。

示例 3-6：daemon 借助 execdriver 创建和启动容器的过程

```
//在Docker daemon中创建driver(默认用libcontainer)，并在 这个过程中初始化Factory，默
//认为Linux 的工厂类
factory = libcontainer.New()
......
// Docker daemon会调用execdriver.Run，提交容器要执行的指令、管道描述符和回调函数3个参数
driver.Run(command, pipes, startCallback)
//接下来创建容器的全过程都在driver中执行，也就是libcontainer
// 1. 使用工厂Factory和容器配置container创建逻辑容器(Container)，container 中的各项内容
//均来自command参数
Container = factory.Create("id", container)

// 2. 创建将要在容器内运行的进程(Process)
Process = libcontainer.Process{
        // Args数组就是用户在Dockerfile里指定的Entrypoint 的
        // 指令和参数集合，同样解析自command参数
        Args: "/bin/bash" , "-x",
        Env: "PATH = /bin",
        User: "daemon",
        Stdin: os.Stdin,
        Stdout: os.Stdout,
        Stderr: os.Stderr,
}

// 3. 使用上述Process启动逻辑容器
Container.Start(Process)
//在这里执行回调方法startCallback等，略

// 4. 等待，直到物理容器创建成功
status = Process.Wait()

// 5. 如果需要的话，销毁物理容器
Container.Destroy()
```

其具体过程说明如下：

1）用 Factory 创建逻辑容器 Container

libcontainer 中 Factory 存在的意义，就是能够创建一个逻辑上的"容器对象"
Container。这个逻辑上的"容器对象"并不是一个运行着的 Docker 容器，而是包含了
容器要运行的指令及其参数、namespace 和 cgroups 配置参数等。对于 Docker Daemon
来说，容器的定义只需一种就够了，不同的容器只是实例的内容（属性和参数）不一样
而已。对于 libcontainer 来说，由于它需要与底层系统打交道，不同的平台需要创建出完
全异构的"逻辑容器对象"（例如 Linux 容器和 Windows 容器）。这也就解释了为什么
这里会使用"工厂模式"：今后 libcontainer 可以支持更多平台各种类型容器的实现，而
Execdriver 使用 libcontainer 创建容器的方法却不会受到影响。

Factory 的 Create 操作具体工作如下：

■ 验证容器运行的根目录（默认为 /var/lib/docker/containers）、容器 ID（ 字母、

数字和下画线构成，长度范围为 1 ~ 1024）和容器配置这三项内容的合法性。

■ 验证上述容器 B 与现有的容器不冲突。

■ 在根目录下创建以 ID 为名的容器工作目录（/var/lib/docker/ containers/{ 容器 ID}）。

■ 返回一个 Container 对象，其中的信息包括容器 ID、容器工作目录、容器配置、初始化指令和参数（即 dockerinit），以及 cgroups 管理器（这里有直接通过文件操作管理和 systemd 管理两个选择，默认选第一种）。

2）启动逻辑容器 Container

Container 主要包含容器配置、控制等信息，是对不同操作系统下容器实现的抽象，目前已经实现的是 Linux 平台下的容器。

参与物理容器创建过程的 Process 一共有两个实例，第一个是 Process，用于物理容器内进程的配置和 I/O 管理，前面的伪码中创建的 Process 就是指它；另一个是 ParentProcess，负责从物理容器外部处理物理容器启动的工作，与 Container 对象直接进行交互。启动工作完成后，ParentProcess 负责执行等待、发信号、获得容器内进程 pid 等管理工作。

Container 的 Start() 启动过程主要进行两项工作：创建 ParentProcess 实例，然后执行 ParentProcess.start() 来启动物理容器。

创建 ParentProcess 的过程如下：

（1）创建一个管道（pipe），用来与容器内未来要运行的进程通信。

（2）根据逻辑容器 Container 与容器内未来要运行的进程相关的信息创建一个容器内进程启动命令 cmd 对象，需要从 Container 中获得的属性包括启动命令的路径、命令参数、输入 / 输出、执行命令的根目录以及进程管道 pipe 等。

（3）为 cmd 添加一个环境变量 -LIBCONTAINER_INITTYPE=standard 来告诉将来的容器进程（dockerinit）当前执行的是"创建"动作。设置这个标志是因为 libcontainer 还可以进入已有的容器执行子进程，即 docker exec 指令执行的效果。

（4）将容器需要配置的 namespace 添加到 cmd 的 Cloneflags 中，表示将来这个 cmd 要运行在上述 namespace 中。若需要加入 user namespace，还要针对配置项进行用户映射，默认映射到宿主机的 root 用户。

（5）将 Container 中的容器配置和 Process 中的 Entrypoint 信息合并为一份容器配置清单加入到 ParentProcess 中。

实际上，ParentProcess 是一个接口，上述过程真正创建的是一个称为 initProcess 的具体实现对象。cmd、pipe、cgroup 管理器和容器配置这 4 部分共同组成了一个 initProcess。这个对象是用来"创建容器"所需的 ParentProcess，主要是为了同 sentProcess 区分，后者的作用是进入已有容器。逻辑容器 Container 启动的过程实际上就是 initProcess 对象的构建过程，而构建 initProcess 则是为创建物理容器做准备。

3）用逻辑容器创建物理容器

逻辑容器 Container 通过 initProcess.start() 方法新建物理容器的过程如下：

（1）Docker Daemon 利用 Golang 的 exec 包执行 initProcess.cmd，其效果等价于创建一个新的进程，并为它设置 namespace。这个 cmd 里指定的命令就是容器诞生时的第一个进程。对于 libcontainer 来说，这个命令来自于 Execdriver 新建容器时加载 Daemon 的 initPath，即 Docker 工作目录下的 /var/lib/docker/init/dockerinit-{version} 文件。dockerinit 进程所在的 name-space 即用户为最终的 Docker 容器指定的 namespace。

（2）把容器进程 dockerinit 的 PID 加入到 cgroup 中管理。至此我们可以说 dockerinit 的容器隔离环境已经初步创建完成。

（3）创建容器内部的网络设备，包括 I/O 和 veth。

（4）通过管道发送容器配置给容器内进程 dockerinit。

（5）通过管道等待 dockerinit 根据上述配置完成所有的初始化工作，或者出错返回。

综上所述，ParentProcess（即 initProcess，后面不再进行区分）启动了一个子进程 dockerinit 作为容器内的初始进程，接着，ParentProcess 作为父进程通过 pipe 在容器外对 dockerinit 进行管理和维护。在容器内部，dockerinit 进程只有一个功能，那就是执行 reexec.init()，该 init 方法做什么工作是由对应的 Execdriver 注册到 reexec 当中的具体实现来决定的。对于 libcontainer 来说，这里要注册执行的是 Factory 中的 StartInitialization()。此后的所有动作都发生在容器内部：

- 创建管道所需的文件描述符。
- 通过管道获取 ParentProcess 传来的容器配置，如 namespace、网络等信息。
- 从配置信息中获取并设置容器内的环境变量，如区别新建容器和在已存在容器中执行命令的环境变量 _LIBCONTAINER_INITTYPE。
- 如果用户在 docker run 中指定了 -ipc、-pid、-uts 参数，则 dockerinit 还需要把自己加入到用户指定的上述 namespace 中。
- 初始化网络设备，这些网络设备正是 ParentProcess 创建出来的 I/O 和 veth。这里的初始化工作包括修改名称、分配 MAC 地址、设置 MTU、添加 IP 地址和配置默认网关等。
- 设置路由和 RLIMIT 参数。
- 创建 mount namespace，为挂载文件系统做准备。
- 在上述 mount namespace 中设置挂载点，挂载 rootfs 和各类文件设备，例如 /proc。然后通过 pivot_root 切换进程根路径到 rootfs 的根路径。
- 写入 hostname 等，加载 profile 信息。
- 比较当前进程的父进程 ID 与初始化进程一开始记录下来的父进程 ID。如果不相同，说明父进程异常退出过，此时终止这个初始化进程；否则执行最后一步。
- 使用 execv 系统调用执行容器配置中 Args 指定的命令。

回顾示例 3-6 中的那段伪码, 可以发现, Args[0] 正是用户指定的 Entrypoint, Args[1, 2, 3, …] 则是该指令后面跟的运行参数。所以当容器创建成功后, 它里面运行的进程已经从 dockerinit 变成了用户指定的命令 Entrypoint（如果不指定, Docker 默认 Entrypoint 为 /bin/sh -c）。execv 调用就是为了保证这个 "替换" 发生后的 Entrypoint 指令继续使用原先 dockerinit 的 PID 等信息。

至此, 容器的创建和启动过程结束, 上述过程可以通过图 3-17 来描述。

从图 3-17 中我们可以清晰地看到, Docker Daemon 将创建容器所需的配置和用户需要启动的命令交给 libcontainer, 后者根据这些信息创建逻辑容器和父进程（如图中步骤①所示）, 接下来父进程执行 Cmd.start, 真正创建（clone）出容器的 namespace 环境, 并且通过 dockerinit 以及管道来完成整个容器的初始化过程。在整个过程中, 容器进程经历了 3 个阶段的变化。

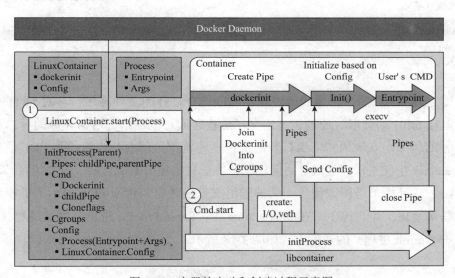

图 3-17 容器的启动和创建过程示意图

（1）Docker Daemon 进程进行 "用 Facotry 创建逻辑容器 Container" "启动逻辑容器 Container" 等准备工作, 构建 ParentProcess 对象, 然后利用它创建容器内的第一个进程 dockerinit。

（2）dockerinit 利用 reexec.init() 执行 StartInitialization()。这里 dockerinit 会将自己加入到用户指定的 namespace（如果指定了的话）, 然后再进行容器内部的各项初始化工作。

（3）StartInitialization() 使用 execv 系统调用执行容器配置中的 Args 指定的命令, 即 Entrypoint 和 docker run 的 [COMMAND] 参数。

4）Docker Daemon 与容器之间的通信方式

把负责创建容器的进程称为父进程, 容器进程称为子进程。父进程克隆出子进程以后, 依旧是共享内存的。让子进程感知内存中写入了新数据, 一般有以下 4 种方法:

- 发送信号通知（signal）;
- 对内存轮询访问（poll memory）;
- sockets 通信（sockets）;
- 文件和文件描述符（files and file-descriptors）。

对于 signal 而言，本身包含的信息有限，需要额外记录，namespace 带来的上下文变化使其操作更为复杂，并不是最佳选择。显然，通过轮询内存的方式来沟通是一种非常低效的做法。另外，因为 Docker 会加入 network namespace，实际上初始时网络栈也是完全隔离的，所以 socket 方式并不可行。Docker 最终选择的方式是管道，即文件和文件描述符方式。在 Linux 中，通过 pipe（intfd[2]）系统调用就可以创建管道，参数是一个包含两个整型的数组。调用完成后，在 fd[1] 端写入的数据，就可以从 fd[0] 端读取，如下所示：

```
//全局变量
int fd[2];
//在父进程中进行初始化
pipe(fd) ;
//关闭管道义件描述符
close(checkpoint[1] ) ;
```

调用 pipe() 函数后，创建的子进程会内嵌这个打开的文件描述符，对 fd[1] 写入数据后可以在 fd[0] 端读取。通过管道，父子进程之间可以通信，通信完成的标志就在于 EOF 信号的传递。众所周知，当打开的文件描述符都关闭时，才能读到 EOF 信号。因此 libcontainer 中父进程在通过管道向子进程发送初始化所需信息后，先关闭自己这一端的管道，然后等待子进程关闭另一端的管道文件描述符，传来 EOF 表示子进程已经完成了这些初始化工作。综上，在 libcontainer 中，ParentProcess 进程与容器进程（cmd，也就是 dockerinit 进程）的通信方式如图 3-18 所示。

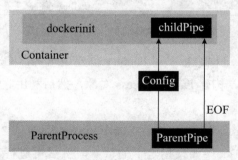

图 3-18　libcontainer 宿主机与容器初始化通信方式示意图

3.2.7　容器的管理

1. 容器的创建

用 docker create 命令创建一个容器，创建的容器处于停止状态。

图 3-19 所示为使用 create 命令创建一个容器的屏幕截图。如果本地有此镜像，就直接使用此镜像，如果没有此镜像，则从远程的授信 Docker 镜像仓库中拉取一个。创建成功后，返回一个容器的 ID。

图 3-19　使用 create 命令创建容器

1）交互型容器

交互型容器是指运行在前台的容器。图 3-20 所示为开启前台运行的一个 docker 容器的截图。

图 3-20　开启前台运行的容器

创建容器的命令格式为：docker run-i-t--name= 容器名 centos /bin/bash。

其中各参数说明如下：

i：打开容器的标准输入。

t：为容器建立一个命令行终端。

name：指定容器的名称。也可以不指定名称，由系统生成一个随机的名称。为了便于使用和管理，建议根据使用功能命名。

centos：表示使用什么样的镜像来启动容器。

/bin/bash：在容器里面执行的命令。

如果要将其停止，则需使用 exit 命令或者调用 docker stop、docker kill 命令。

2）后台型容器

后台型容器是指运行在后台的容器。图 3-21 所示为开启后台运行的一个 docker 容器的截图。其中各参数说明如下。

图 3-21　开启后台运行的容器

d：使容器在后台运行。

c：调整容器的 CPU 优先级。默认情况下，所有的容器拥有相同的 CPU 优先级和

CPU 调度周期，但可以通过 Docker 来通知内核给予某个或某几个容器更多的 CPU 计算周期。例如：使用 -c 或者 -cpu-share=0 启动了 C0、C1、C2 三个容器，使用 -c/-cpu-share=512 启动了 C3 容器。在这种情况下，C0、C1、C2 可以使用 100% 的 CPU 资源（1024），而 C3 只能使用 50% 的 CPU 资源（512）。如果这个主机的操作系统是时序调度类型的，每个 CPU 时间片是 $100\mu m$，那么 C0、C1、C2 将完全用掉这 $100\mu m$，而 C3 只能使用 $50\mu m$。

-c：其后的命令是循环，用于保持容器的运行。

centos：表示使用什么样的镜像来启动容器。

docker ps：表示查看正在运行的 docker 容器。

如果要使容器停止，只能调用 docker stop、docker kill 命令，因为这类容器在创建后与所创建的终端无关。

2. 查看已经创建的容器

已经创建的容器可以通过执行 docker ps 命令来查看其状态，如图 3-22 所示。

```
[root@git ~]# docker ps -a
CONTAINER ID    IMAGE         COMMAND             CREATED         STATUS                  PORTS    NAMES
78dd7cc436f7    centos        "/bin/bash -c 'while" 15 minutes ago Up 15 minutes                    docker_run_b
57df4cc379e5    centos        "/bin/bash"         35 minutes ago  Exited (0) 1 minutes ago         docker_run
87ad7c1245b3    centos:latest "/bin/bash"         30 minutes ago  Created                          nostalgic_zhufeng
[root@git ~]# docker ps
CONTAINER ID    IMAGE         COMMAND             CREATED         STATUS          PORTS    NAMES
78dd7cc436f7    centos        "/bin/bash -c 'while" 15 minutes ago Up 15 minutes            docker_run_b
[root@git ~]#
```

图 3-22 查看容器的状态

查看容器状态的命令格式为：docker ps [-a] [-l] [-n=x]。

其中各参数说明如下。

ps：查看正在运行的 docker 容器。

a：查看所有创建的容器的状态，包括已经停止的。

l：查看最新创建的容器。只列出最后创建的那个容器。

n=x：列出最后创建的 x 个容器。

在返回的信息中，标题的含义如下。

CONTAINER ID：容器的 ID，它是唯一的。

IMAGE：创建容器时使用的镜像。

COMMAND：容器最后运行的命令。

STATUS：容器当前的状态。

PORTS：对外开放的端口。

NAMES：容器名。可以和容器 ID 一样唯一地标识容器。同一台宿主机上不允许有同名容器存在，否则会发生冲突。

3. 启动容器

通过 docker start 命令来启动之前已经停止的 docker_run 镜像，如图 3-23 所示。

图 3-23 启动容器

启动容器的命令格式为：

容器名：docker start docker_run；或者 ID：docker start 154c97ab4c29。

其中各参数说明如下：

-restart：自动重启。默认情况下，容器是不会重启的，但带有 -restart 参数时，会检查容器的退出码以决定容器是否重启。

a：查看所有创建的容器的状态，包括已经停止的。

例如：docker run --restart=always --name docker_restart -d centos /bin/bash -c "while true；do echo hello world；sleep；done"

其中，--restart=always 表示无论容器的返回码是什么，都会重启容器。

--restart=on-failure：5 参数表示当容器的返回值是非 0 时才会重启容器，5 表示可选的重启的次数。

4. 终止容器运行

要中止容器的运行，需要使用 docker stop 和 docker kill 命令，如图 3-24 所示。其命令格式如下：

docker stop [NAME]/[CONTAINER ID] 表示中止一个指定容器的运行。

docker kill [NAME]/[CONTAINER ID] 表示强制中止一个指定容器的运行。

图 3-24 中止容器的运行

5. 删除容器

容器终止运行后，在需要的时候可以重启。如果确定不再需要，可以通过命令进行删除。需要注意的是，不能删除一个正在运行的容器。如果删除命令指定一个正在运行的容器，将会有相应的出错提示，如图 3-25 所示。

删除容器的命令格式为：docker rm [NAME]/[CONTAINER ID]。

图 3-25　删除容器

3.3　Windows 容器

3.3.1　Windows 容器的类型

Windows 容器包括两个不同的容器类型。其中，Windows Server 容器通过进程和命名空间隔离技术提供应用程序隔离，它与容器主机和该主机上运行的所有容器共享内核。Hyper-V 容器通过在高度优化的虚拟机中运行每个容器，在由 Windows Server 容器提供的隔离上扩展。在此配置中，容器主机的内核不与其他 Hyper-V 容器共享。

3.3.2　Windows Server 上的 Windows 容器

先决条件：一个运行 Windows Server 2016 的计算机系统（物理或虚拟）。如果使用的是 Windows Server 2016 TP5，请更新为 Window Server 2016 Evaluation。安装关键更新后，才能让 Windows 容器功能正常运作。

1. 安装 Docker

安装 Docker 将用到 OneGet 提供程序 PowerShell 模块。该提供程序将在计算机上启用容器功能；还需要安装 Docker，它要求重启系统。若要使用 Windows 容器，则需要安装 Docker，包括 Docker Engine 和 Docker Client。

打开 PowerShell 会话并运行下列命令。

（1）从 PowerShell 库安装 Docker-Microsoft PackageManagement 提供程序。

```
Install -Module -Name DockerMsftProvider -Repository PSGallery -Force
```

（2）使用 PackageManagement PowerShell 模块安装最新版本的 Docker。

```
Install -Package -Name docker -ProviderName DockerMsftProvider
```

（3）PowerShell 询问是否信任包源"DockerDefault"时，输入 A 以继续进行安装。
完成安装后，重启计算机。

```
Restart -Computer -Force
```

2. 安装 Windows 更新

（1）运行以下命令，确保 Windows Server 系统保持最新状态。

```
sconfig
```

（2）之后将出现一个文本配置菜单，可以选择选项 6 下载并安装更新。

```
===============================================================
                        Server Configuration
===============================================================

1) Domain/Workgroup:                    Workgroup:  WORKGROUP
2) Computer Name:                       WIN-HEFDK4V68M5
3) Add Local Administrator
4) Configure Remote Management          Enabled

5) Windows Update Settings:             DownloadOnly
6) Download and Install Updates
7) Remote Desktop:                      Disabled
...
```

（3）出现提示时，选择选项 A 下载所有更新。

3. Windows Server 上的容器镜像

先决条件：

■ 一个运行 Windows Server 2016 的计算机系统（物理或虚拟）。

■ 使用 Windows 容器功能和 Docker 配置此系统。

■ 一个用于将容器镜像推送到 Docker Hub 的 Docker ID。

3.3.3 Windows 10 上的 Windows 容器

先决条件：

■ 一个运行 Windows 10 周年纪念版（专业版或企业版）的物理计算机系统。

■ 可以在 Windows 10 虚拟机上运行，但需要启用嵌套虚拟化功能。可以在嵌套虚
拟化指南中找到相关详细信息。

必须安装关键更新，Windows 容器才会工作。若要检查 OS 版本，可运行 winver.
exe，并将显示的版本与 Windows 10 更新历史记录进行比较。确保拥有 14393.222 或更
高版本再继续操作。

由于 Windows 10 仅支持 Hyper-V 容器，因此还必须启用 Hyper-V 功能。

（1）若要使用 PowerShell 启用 Hyper-V 功能，在 PowerShell 会话中运行以下命令。

```
Enable-WindowsOptionalFeature -Online -FeatureName Microsoft-Hyper -V -All
```

（2）安装完成后，重启计算机。

```
Restart -Computer -Force
```

如果以前使用的是 Windows 10 上的 Hyper-V 容器和 Technical Preview 5 容器基本镜像，则务必重新启用 Oplocks，运行以下命令：Set-ItemProperty。

1. 安装 Docker

（1）若要使用 Windows 容器，则需要安装 Docker。Docker 由 Docker Engine 和 Docker Client 组成。运行以下命令以 zip 文件格式下载 Docker Engine 和 Docker Client。

```
Restart -Computer -Force
Invoke-WebRequest "https://get.docker.com/builds/Windows/x86_64/docker-17.03.0-
ce.zip" -OutFile "$env:TEMP\docker.zip" -UseBasicParsing
```

（2）将 zip 文件解压到 Program Files，文件内容已经位于 Docker 目录中。

```
Expand-Archive -Path "$env:TEMP\docker.zip" -DestinationPath $env:ProgramFiles
```

（3）将 Docker 目录添加到系统路径。

```
# Add path to this PowerShell session immediately
$env:path += ";$env:ProgramFiles\Docker"

# For persistent use after a reboot
$existingMachinePath = [Environment]::GetEnvironmentVariable("Path",[System.En
vironmentVariableTarget]::Machine)
    [Environment]::SetEnvironmentVariable("Path", $existingMachinePath +
";$env:ProgramFiles\Docker", [EnvironmentVariableTarget]::Machine)
```

（4）若要将 Docker 安装为一个 Windows 服务，运行以下命令。

```
dockerd --register-service
```

（5）安装完成后，可以启动该服务。

```
Start-Service Docker
```

2. 安装基本容器镜像

Windows 容器是从模板或镜像部署的，需要先下载容器基本操作系统镜像，才能部署容器。使用以下命令可下载 Nano Server 基本镜像。

（1）拉取 Nano Server 基本镜像。

```
docker pull microsoft/nanoserver
```

（2）运行 docker images 命令返回已安装的镜像的列表。本例中为 Nano Server 镜像。

```
docker images

REPOSITORY              TAG         IMAGE ID            CREATED         SIZE
microsoft/nanoserver    latest      105d76d0f40e        4 days ago      652 MB
```

3.3.4　部署 Windows 容器

1. Windows 容器要求

1）操作系统要求

■ Windows 容器功能仅适用于 Windows Server 2016（核心和桌面体验）、Nano Server 和 Windows 10 专业版和企业版（周年纪念版）。

■ 运行 Hyper-V 容器之前必须安装 Hyper-V 角色。

■ Windows Server 容器主机必须将 Windows 安装到 c 盘。如果仅部署 Hyper-V 容器，则不会应用此限制。

2）虚拟化的容器主机

如果 Windows 容器主机从 Hyper-V 虚拟机运行，并且还将承载 Hyper-V 容器，则需要启用嵌套虚拟化。嵌套的虚拟化具有以下要求：

■ 至少 4 GB RAM 可用于虚拟化的 Hyper-V 主机。

■ Windows Server 2016 或主机系统上的 Windows 10 以及 Windows Server（Full、Core），或虚拟机中的 Nano Server。

■ 带有 Intel VT-x 处理器（此功能目前只适用于 Intel 处理器）。

■ 容器主机虚拟机需要至少 2 个虚拟处理器。

3）支持的基本镜像

Windows 容器提供两种容器基本镜像，Windows Server Core 和 Nano Server。并非所有配置都支持这两种操作系统镜像。Windows 容器支持的配置如表 3-2 所示。

表 3-2　Windows 容器支持的配置

主机操作系统	Windows Server 容器	Hyper-V 容器
Windows Server 2016（桌面）	Server Core/Nano Server	Server Core/Nano Server
Windows Server 2016 Core	Server Core/Nano Server	Server Core/Nano Server
Nano Server	Nano Server	Server Core/Nano Server
Windows 10 专业版 / 企业版	不可用	Server Core/Nano Server

4）Windows Server 容器

由于 Windows Server 容器和基础主机共享一个内核，因此容器基本镜像必须与主机基本镜像相匹配。如果版本不同，则容器虽然可以启动，但其功能完整性得不到保证，因此不支持不匹配的版本。Windows 操作系统有 4 个级别的版本：主要版本、次要版本、内部版本和修订版（如 10.0.14393.0）。只有在发布新版本的操作系统后，内部版本号才会改变。应用 Windows 更新后，会相应更新修订版本号。如果内部版本号不同（例如 10.0.14300.1030(Technical Preview 5) 和 10.0.14393(Windows Server 2016 RTM)），则会阻止 Windows Server 容器启动。如果内部版本号相同但修订版本号不同（例如 10.0.14393(Windows Server 2016 RTM) 和 10.0.14393.206(Windows Server 2016 GA)），则不会阻止 Windows Server 容器启动。即使技术上没有阻止容器启动，但此配置仍可能无法在所有环境下正常运行，因此不支持配置到产品环境。

5）Hyper-V 容器

Hyper-V 容器与 Windows Server 容器不同，后者共享容器和主机之间的内核，而 Hyper-V 容器则是各自使用自己的 Windows 内核实例，因此会出现容器主机与容器镜像版本匹配出错的情况。当前，只要配置受支持，无论修订版本号是多少，内部版本号为 Windows Server 2016 GA （10.0.14393.206）或更高版本都可以运行 Windows Server Core 或 Nano Server 的 Windows Server 2016 GA 镜像。

2. 容器主机——Windows Server

1）安装 Docker

若要使用 Window 容器，则需要安装 Docker。Docker 由 Docker Engine 和 Docker Client 组成。

安装 Docker 将用到 OneGet 提供程序的 PowerShell 模块。提供程序将启用计算机上的容器功能，并安装 Docker。此操作需要重启计算机。

打开 PowerShell 会话并运行下列命令。

（1）安装 OneGet PowerShell 模块。

```
Install-Module -Name DockerMsftProvider -Repository PSGallery -Force
```

（2）使用 OneGet 安装最新版的 Docker。

```
Install-Package -Name docker -ProviderName DockerMsftProvider
```

（3）完成安装后，重启计算机。

```
Restart-Computer -Force
```

2）安装基本容器镜像

使用 Windows 容器前，需安装基本镜像。可通过将 Windows Server Core 或 Nano Server 作为容器操作系统获取基本镜像。

若要安装 Windows Server Core 作为基本镜像，运行以下命令。

```
docker pull microsoft/windowsservercore
```

若要安装 Nano Server 作为基本镜像，运行以下命令。

```
docker pull microsoft/nanoserver
```

3）Hyper-V 容器主机

要运行 Hyper-V 容器，需要使用 Hyper-V 角色。如果 Windows 容器主机本身就是 Hyper-V 虚拟机，则需要在安装 Hyper-V 角色前先启用嵌套虚拟化功能。

（1）嵌套虚拟化。以下脚本将为容器主机配置嵌套虚拟化功能。在父 Hyper-V 计算机上运行此脚本，确保在运行此脚本时，关闭了容器主机虚拟机。

```
#replace with the virtual machine name
$vm = "<virtual-machine>"

#configure virtual processor
Set-VMProcessor -VMName $vm -ExposeVirtualizationExtensions $true -Count 2

#disable dynamic memory
Set-VMMemory $vm -DynamicMemoryEnabled $false

#enable mac spoofing
Get-VMNetworkAdapter -VMName $vm | Set-VMNetworkAdapter -MacAddressSpoofing On
```

（2）启用 Hyper-V 角色。若要使用 PowerShell 启用 Hyper-V 功能，可在 PowerShell 会话中运行以下命令。

```
Install-WindowsFeature hyper-v
```

3. 容器主机——Nano Server

1）准备 Nano Server

（1）创建 Nano Server VM。首先下载 Nano Server VM，评估 VHD。在此 VHD 中创建虚拟机，启动虚拟机，并使用 Hyper-V 连接选项或基于正在使用的虚拟化平台（等效）连接到虚拟机。

（2）创建远程 PowerShell 会话。由于 Nano Server 没有交互式登录功能，所以所有管理都将使用 PowerShell 通过远程系统完成。

将 Nano Server 系统添加到远程系统的受信任的主机，用此 Nano Server 的 IP 地址替换该 IP 地址。

```
Set-Item WSMan:\localhost\Client\TrustedHosts 192.168.1.50 -Force
```

创建远程 PowerShell 会话，运行以下命令。

```
Enter-PSSession -ComputerName 192.168.1.50 -Credential ~\Administrator
```

（3）安装 Windows 更新。需要安装关键更新，才能让 Windows 容器功能正常运作。可通过运行以下命令安装这些更新。

```
$sess = New-CimInstance -Namespace root/Microsoft/Windows/WindowsUpdate
-ClassName MSFT_WUOperationsSession
```

```
Invoke-CimMethod -InputObject $sess -MethodName ApplyApplicableUpdates
```

应用更新后，重新启动系统。

```
Restart-Computer
```

2）安装 Docker

在远程 PowerShell 会话中运行以下命令。

（1）安装 OneGet PowerShell 模块。

```
Install-Module -Name DockerMsftProvider -Repository PSGallery -Force
```

（2）使用 OneGet 安装最新版的 Docker。

```
Install-Package -Name docker -ProviderName DockerMsftProvider
```

（3）完成安装后，重启计算机。

```
Restart-Computer -Force
```

3）安装基本容器镜像

基本操作系统镜像用作任何 Windows Server 或 Hyper-V 容器的基础。基本操作系统镜像可通过同时将 Windows Server Core 和 Nano Server 作为基本操作系统获取，并且可以使用 docker pull 进行安装。

若要下载并安装 Windows Nano Server 基本镜像，运行以下命令。

```
docker pull microsoft/nanoserver
```

如果打算使用 Hyper-V 容器并在 Nano Server 主机上安装 Hyper-V 虚拟机监视程序，还可拉取服务器核心镜像。如果打算运行 Azure 库服务器 2016 Nano，则不能安装 Hyper-V。

```
docker pull microsoft/windowsservercore
```

4）在 Nano Server 上管理 Docker

要管理远程 Docker 服务器，需要完成下列各项操作。

（1）准备容器主机。

在容器主机上为 Docker 连接创建防火墙规则，这将用于不安全连接的端口 2375，或用于安全连接的端口 2376。

```
netsh advfirewall firewall add rule name="Docker daemon " dir=in action=allow
protocol=TCP localport=2375
```

配置 Docker 引擎，使其接收通过 TCP 传入的连接。

首先在 Nano Server 主机的 c：\ProgramData\docker\config\ 目录中创建一个 daemon.json 文件。

```
new-item -Type File c:\ProgramData\docker\config\daemon.json
```

接下来，运行以下命令以将连接配置添加到 daemon.json 文件中。这会将 Docker 引擎配置为接受通过 TCP 端口 2375 传入的连接。这是不安全的连接，因此不建议使用，但可用于隔离测试。

```
Add-Content 'c:\programdata\docker\config\daemon.json' '{ "hosts":
["tcp://0.0.0.0:2375", "npipe://"] }'
```

重启 Docker 服务。

```
Restart-Service docker
```

（2）准备远程客户端。

在要工作的远程系统上下载 Docker 客户端，运行以下命令。

```
Invoke-WebRequest "https://download.docker.com/components/engine/windows-
server/cs-1.12/docker.zip" -OutFile "$env:TEMP\docker.zip" -UseBasicParsing
```

提取压缩包，运行以下命令。

```
Expand-Archive -Path "$env:TEMP\docker.zip" -DestinationPath $env:ProgramFiles
```

运行以下两个命令，将 Docker 目录添加到系统路径。

```
# For quick use, does not require shell to be restarted.
$env:path += ";c:\program files\docker"
```

```
# For persistent use, will apply even after a reboot.
[Environment]::SetEnvironmentVariable("Path", $env:Path + ";C:\Program Files\
Docker", [EnvironmentVariableTarget]::Machine)
```

完成后，可使用 docker -H 参数访问远程 Docker 主机。

```
docker -H tcp://<IPADDRESS>:2375 run -it microsoft/nanoserver cmd
```

可以创建环境变量 DOCKER_HOST，这会使 -H 参数不再被需要。以下 PowerShell 命令可用于此操作。

```
$env:DOCKER_HOST = "tcp://<ipaddress of server>:2375"
```

设置此变量后，现在的 docker 命令将如下所示。

```
docker run -it microsoft/nanoserver cmd
```

5）Hyper-V 容器主机

如果 Windows 容器主机本身是 Hyper-V 虚拟机，则需要启用嵌套虚拟化功能。
在 Nano Server 容器主机上安装 Hyper-V 角色。

```
Install -NanoServerPackage Microsoft-NanoServer-Compute-Package
```

Hyper-V 角色安装完毕后，重启 Nano Server 主机即可。

```
Restart-Computer
```

微服务（Microservice）是细化的 SOA（面向服务的架构），是 Web 领域一种先进的架构。微服务架构是云计算技术应用以及持续交付、DevOPS 深入人心的综合产物，它是未来软件架构朝着灵活动态伸缩和分布式架构发展的一个方向。同时，以 Docker 为代表的容器虚拟化技术的流行，将大大降低微服务实施的成本，为微服务落地以及大规模使用提供了基础和保障。本章简要介绍微服务的概念、建模与服务、微服务的集成等内容。

4.1　微服务的概念

微服务是细粒度的 SOA，每个服务拥有单一用途，没有副作用。它是一种分布式系统的解决方案，旨在推动细粒度服务的使用，这些细粒度服务协同工作，且每个服务都有自己的生命周期。微服务主要围绕业务领域进行建模，因而避免了由传统的分层架构引发的很多问题。同时，微服务整合了近十年来的许多新概念和新技术，从而避开了传统面向服务架构中的陷阱。

4.1.1　微服务的定义

微服务一词最早在 2011 年由威尼斯的一个软件架构小组提出，用以表示当时出现的一种流行的软件架构风格，2012 年，该小组将其命名为微服务。同年，James 在波兰展示了微服务的案例。Netflix 公司的 Adrian 称"微服务是细化的 SOA，是 Web 领域一种先进的架构风格"。此后，陆续有互联网公司尝试使用类似架构并取得了成功，尽管他们不一定都称其为微服务，典型的有 Amazon、Netflix、Uber 和 Groupon 等。

目前微服务还没有统一的定义，Martin 认为"微服务是一种软件架构风格，它把复杂的应用分解为多个微小的服务，这些服务运行在各自的进程中，使用与语言无关的轻量级通信机制（通常是基于 HTTP 的 REST API）相互协调，每个服务围绕各自的业务进行构建，可使用不同的编程语言和数据存储技术，并能通过自动化机制独立部署，这些服务应使用最低限度的集中式服务管理机制"。

与微服务相对的是单体式应用架构，它把所有业务作为一个整体来构建和部署。一个典型的 Web 应用可能包含了与用户交互的前端、后端业务逻辑和数据库 3 部分，尽管都会使用模块化设计，但最终该应用都会被作为一个整体来部署，运行在单一进程中。例如一个 Java Web 应用会被打包为一个 War 文件部署在 Tomcat 中。单体式架构的优点显而易见：构建和测试简单，因为现有 IDE 都是针对单体应用设计的；部署容易，只要把压缩包复制到相应目录即可。但当应用的规模越来越大时，其缺点就越发明显：

（1）开发效率越来越低。几乎没有开发者能全面了解如此庞大的应用，即使修改一行代码也要重新编译部署整个应用。

（2）持续交付的周期越来越长。现今的敏捷开发要求快速响应变化，及时获取客户反馈，缩短迭代周期，而单体应用都是整体部署，所以需等各模块均修改完成后方可交付部署，无法满足短时间多次部署的要求。

（3）技术选型成本高。单体式应用自始至终使用同一种技术栈，系统规模越大，转型越困难，无法享受新技术的便利，也给开发人员的招聘带来限制。

（4）可伸缩性差。对于单体应用通常只能实现纵向伸缩，通过部署应用实例的集群，然后使用负载平衡器把用户请求分发到不同节点上来实现。但如果要提高某些模块的性能或吞吐能力，实现横向伸缩则很困难，因为单体应用是所有模块整体运行在一个进程中的。

随着单体应用新功能的增加，代码库会越变越大，而时间久了代码库会更为庞大，以至于想要知道该在什么地方做修改都很困难。尽管技术人员想在巨大的代码库中做些清晰的模块化处理，但事实上维护这些模块之间的界限很难。相似的功能代码在代码库中随处可见，使得修复缺陷或实现更加困难。

为解决这些问题，通常会采取如下措施：在一个单体系统内，创建一些抽象层或者模块来保证代码的内聚性。所谓内聚性，是指把因相同原因变化的东西聚合到一起，而把因不同原因变化的东西分离开来。微服务将这个理念应用在独立的服务上，根据业务的边界来确定服务的边界，这样就很容易确定某个功能代码应该放在哪里。而且，由于这样的服务专注于某个边界之内，因此可以很好地避免由于代码库过大衍生出的很多问题。因此，我们可以定义：微服务就是一些协同工作的小而自治的服务。

当然，服务越小，微服务架构的优点和缺点也就越明显。使用的服务越小，独立性带来的好处就越多，但是，管理大量服务也会越复杂。如果能够更好地处理这一复杂性，那么就可以尽情地使用较小的服务。

一个微服务就是一个独立的实体。它可以独立地部署在平台即服务（Platform as a Service，PaaS）上，也可以作为一个操作系统进程存在。大量应用实践表明，要尽量避免把多个服务部署到同一台机器上，尽管现在机器的概念已经非常模糊了。尽管这种隔离会引发一些代价，但它能够大大简化分布式系统的构建，而且有很多新技术可以帮助解决这种部署模型带来的问题。

服务之间均通过网络调用进行通信，从而加强了服务之间的隔离性，避免紧耦合。

这些服务应该可以独立进行修改，并且某一个服务的部署不应该引起该服务消费方的变动。对于一个服务来说，需要考虑的是什么应该暴露，什么应该隐藏。如果暴露得过多，那么服务消费方会与该服务的内部实现产生耦合。这会使得服务和消费方之间产生额外的协调工作，从而降低服务的自治性。

服务会暴露出应用编程接口（Application Programming Interface，API），服务之间通过这些 API 进行通信。API 的实现技术应该避免与消费方耦合，这就意味着应该选择与具体技术不相关的 API 实现方式，以保证技术的选择不被限制。

4.1.2　微服务的架构及其与ESB架构的关系

1. 微服务架构

微服务架构（Micro Services Architecture，MSA）是一种架构风格和设计模式，它提倡将应用分割成一系列细小的服务，每个服务专注于单一业务功能，运行于独立的进程中。服务之间边界清晰，采用轻量级通信机制（如 HTTP/REST）相互沟通、配合来实现完整的应用，满足业务和用户的需求。

从上述概念中可以看到微服务的一些特点：专注于实现有限的业务功能；独立于其他（微）服务，或者在某些情况下，很少依赖其他服务，实现服务之间的解耦；通过不依赖语言的 API 进行沟通；与底层平台和基础设施解耦。

2. 微服务架构与 ESB 架构的关系

SOA 架构以前一般与 ESB 结合在一起，可以认为是一种以 ESB 为中心的架构，通过 ESB 实现应用之间服务的调用。而微服务架构可以看成是另外一种实现 SOA 的架构，微服务架构模式是一个不包含 Web 服务（WS-）和 ESB 服务的 SOA。微服务应用乐于采用简单轻量级协议，例如 REST，而不是 WS-，它是一种去中心化的架构，不采用 ESB 架构。

4.1.3　微服务的优势与不足

微服务的思路是把单一的巨大应用拆分为众多松散耦合的微小服务，通常是按照业务功能来分解的；每一个服务虽然微小但却实现相对完整的功能，使用私有的数据库，可以单独构建和部署；某个服务的修改和部署不会影响其他正在运行的服务，提供语言无关的 API 接口供其他模块调用。这种风格与传统的面向服务架构 SOA 比较相似，经过多年的发展，SOAP、Web Services、ESB 等技术的出现使 SOA 得以实现，众多厂商也制定了相关的标准。两者最重要的区别在于 SOA 使用复杂的 ESB 集成为单一应用，而微服务是轻量级的，不使用复杂的 ESB，松散耦合，可以独立部署。

微服务架构在规模较大的应用中具有明显优势。首先体现在独立性方面，服务是松散耦合的，有明确的系统边界，各开发团队可以并行开发和部署，避免牵一发而动全身，提高了效率；其次是技术选择灵活，可针对具体业务特性和团队技能为一个服务选择最合适的语言、框架和数据库，各服务使用不同的技术栈，技术转型的成本也大为降低；再次是系统伸缩更自由，可针对某些服务单独进行伸缩，实现系统三维度伸缩；最后是服务可独立部署，借助自动化构建和部署工具，为 DevOps 的实施提供更好的支持。

当然，微服务的优势也是有代价的：①性能问题。微服务应用中每个服务运行在独立的进程中，服务间的调用需要通过网络传输，当众多服务需要相互调用时，就要考虑网络延迟对系统性能的影响。Villamizar 等人研究认为通常的应用（包含若干个微服务）系统响应时间差距不大，但当应用包含成百上千的服务时，远程调用的性能损耗就是一个要解决的关键问题。②微服务本质上是一个分布式应用，分布式系统固有的可靠性等问题随着微服务数量的增加变得越来越突出。③保证数据一致性，这也属于分布式系统问题。微服务使用非集中式的数据管理，要解决数据一致性问题比起单体式应用要困难得多。

4.2　建模与服务

4.2.1　限界上下文

任何一个给定的领域都包含多个限界上下文，每个限界上下文的模型都分成两部分，一部分不需要与外部通信，另一部分则需要。每个上下文都有明确的接口，该接口决定了它会暴露哪些模型给其他的上下文。

限界上下文的定义是："一个由显式边界限定的特定职责。"如果你想要从一个限界上下文中获取信息，或者向其发起请求，需要使用模型和它的显式边界进行通信。《领域驱动设计》一书的作者 Eric Evans 教授使用细胞作为比喻："细胞之所以会存在，是因为细胞膜定义了什么在细胞内，什么在细胞外，并且确定了什么物质可以通过细胞膜。"

1. 共享的隐藏模型

下面先看一个实例。对于一个在线后装备保障来说，战勤部门和仓库就可以视为两个独立的限界上下文，它们都有明确的对外接口（在存货报告、经费明细单等方面），也都有着只需要自己知道的一些细节（铲车、计算器）。

战勤部门不需要知道仓库的内部细节，但它需要知道库存情况，以便更新保障清单。图 4-1 展示了一个上下文图表示例，可以看到其中包含了仓库的内部概念，例如装备提取员、装备货架等。类似地，本级组织的总账是战勤部门必备的一部分，但是不会对外共享。

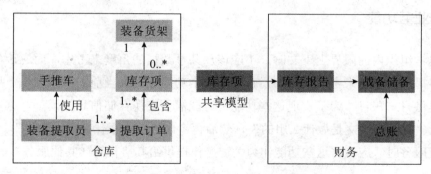

图 4-1 财务部门和仓库之间共享的模型示意图

为了算出本级组织的装备器材总金额，战勤人员需要库存信息，所以库存项就变成了两个上下文之间的共享模型。然而，对于商业而言，通常不会盲目地把库存项在仓库上下文中的所有内容都暴露出去。例如，尽管在仓库内部有相应的模型来表示库存项，但是通常不会直接把这个模型暴露出去。也就是说对于该模型，存在内部和外部两种表示方式。很多情况下，这都会导致是否要采用 REST 的讨论。

在商业上，有时候，同一个名字在不同的上下文中有着完全不同的含义。例如，退货表示的是客户退回的一些东西，在客户的上下文中，退货意味着打印运送标签、寄送包裹，然后等待退款；而在仓库的上下文中，退货表示的是一个即将到来的包裹，而且这个包裹会重新入库。退货这个概念会与将要执行的任务相关，如可能会发起一个重新入库的请求。这个退货的共享模型会在多个不同的进程中使用，并且在每个限界上下文中都会存在相应的实体，不过，这些实体仅仅是在每个上下文的内部表示而已。

2. 模块和服务

明白应该共享特定的模型，而不应该共享内部表示这个道理之后，就可以避免潜在的紧耦合风险。应该识别出领域内的一些边界，边界内部是相关性比较高的业务功能，从而得到高内聚。这些限界上下文可以很好地形成组合边界。

在同一个进程内使用模块来减少彼此之间的耦合也是一种选择。刚开始开发一个代码库的时候，这可能是比较好的办法。所以一旦用户发现了领域内部的限界上下文，一定要使用模块对其进行建模，同时使用共享和隐藏模型。

这些模块边界就可以成为绝佳的微服务候选。一般来讲，微服务应该清晰地和限界上下文保持一致，熟练之后，就可以省掉在单体系统中先使用模块这个步骤，而直接使用单独的服务。对于一个新系统而言，可以先使用一段时间的单体系统，因为如果服务之间的边界搞错了，后面修复的代价会很大，所以最好能够等到系统稳定下来之后，再确定把哪些东西作为一个服务划分出去。

综上所述，如果服务边界和领域的限界上下文能保持一致，并且微服务可以很好地表示这些限界上下文的话，那么其项目就跨出了走向高内聚低耦合的微服务架构的第一步。

4.2.2 业务功能

在思考组织内的限界上下文时，不应该从共享数据的角度来考虑，而应该从这些上下文能够提供的功能来考虑。例如，仓库的一个功能是提供当前的库存清单，战勤上下文能够提供月末账目。为了实现这些功能，可能需要交换存储信息的模型，这里就首先要问自己"这个上下文是做什么用的"，然后再考虑"它需要什么样的数据"。

建模服务时，应该将这些功能作为关键操作提供给其协作者（其他服务）。

4.2.3 逐步划分上下文

通常，项目一开始就可以识别出一些粗粒度的限界上下文，而这些限界上下文可能又包含一些嵌套的限界上下文。举个例子，可以把仓库分解成为不同的部分：订单处理、库存管理、货物接收等。当考虑微服务的边界时，首先考虑比较大的、粗粒度的那些上下文，当发现合适的缝隙后，再进一步划分出那些嵌套的上下文。

一种有益的做法是，使这些嵌套的上下文不直接对外可见。对于外界来说，它们用的还是仓库的功能，但发出的请求其实被透明地映射到了两个或者更多的服务上，如图 4-2 所示。有时候人们或许会认为，高层次的限界上下文不应该被显式地建模成为一个服务，如图 4-3 所示，也就是说，不存在一个单独的仓库边界，而是把库存管理、订单处理和货物接收等这些服务分离开来。

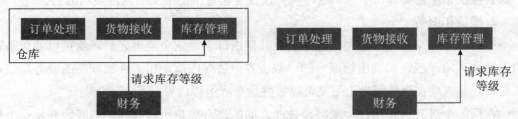

图 4-2　在仓库内部使用微服务表示嵌套限界上　　图 4-3　仓库内部的限界上下文被提升到顶层
　　　　　　　下文示意图　　　　　　　　　　　　　　　　上下文的层次示意图

通常很难说哪种规则更合理，但是可以根据组织结构来决定，到底是使用嵌套的方法还是完全分离的方法。如果订单处理、库存管理及货物接收是由不同的保障团队（信息室、团队）维护的，那么他们大概会希望这些服务都是顶层微服务。另一方面，如果它们都是由一个团队来管理的，那么嵌套式结构会更合理。其原因在于，组织结构和软件架构会互相影响。

另一个倾向于选择嵌套式方法的原因是，它可以使得架构能更好更快地进行测试。举个例子，当测试仓库的消费方服务时，不需要对仓库上下文中的每个服务进行打桩，只需要专注于粗粒度的 API 即可。

4.2.4 关于业务概念的沟通

修改系统的目的是满足业务需求。如果把系统分解成为限界上下文来表示领域的话，那么对于某个功能所要做的修改，就更倾向于局限在一个单独的微服务边界之内。这样就减小了修改的范围，并能够更快地进行部署。

微服务之间如何就同一个业务概念进行通信，也是一件很重要的事情。基于业务领域的软件建模不应该止于限界上下文的概念，在组织内部共享的那些相同的术语和想法，也应该被反映到服务的接口上。以跟组织内通信相同的方式来思考微服务之间的通信形式是非常有用的。事实上，通信形式在整个组织范围内都非常重要。

4.3 微服务的集成

集成是微服务相关技术中最重要的一个。如果规划并实现得好，微服务可以保持自治性，也可以独立地修改和发布；但是，如果做得不好，则可能带来灾难。

4.3.1 为用户创建接口

既然现在有了一些关于如何选择服务间集成技术的不错的指导原则，那么就来看看最常用的技术有哪些，以及哪项技术最合适。为了帮助思考，可以从 MusicCorp 典型应用中选择一个真实的例子。创建客户这个业务，乍一看似乎就是简单的 CRUD（Create、Read、Update、Delete）操作，但对于大多数系统来说并不止这些。添加新客户可能会触发一个新的流程，如进行付账设置、发送欢迎邮件等。而且修改或者删除客户也可能会触发其他的业务流程。

知道了这些信息后，在 MusicCorp 系统对客户的处理方式可能就有所不同了。

4.3.2 共享数据库

到目前为止，业界最常见的集成形式就是数据库集成。使用这种方式时，如果其他服务想要从一个服务获取信息，可以直接访问数据库，如果想要修改，也可以直接在数据库中修改。这种方式看起来非常简单，而且可能是最快的集成方式，这也正是它这么流行的原因。

图 4-4 所示为从数据库中直接访问和修改数据信息示意图，它直接使用 SQL 在数据库中创建用户，呼叫中心应用程序可以直接运行 SQL 来查看和编辑数据库中的数据，仓库通过查询数据库来显示更新后的客户订单信息。这是一种非常普通的模式，但实践起来却困难重重。

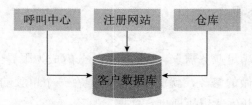

图 4-4   从数据库中直接访问和修改数据信息示意图

第一，这使得外部系统能够查看内部实现细节，并与其绑定在一起。存储在数据库中的数据结构对所有人来说都是平等的，所有服务都可以完全访问该数据库。如果我决定为了更好地表示数据或者增加可维护性而修改表结构的话，我的消费方就无法进行工作。数据库是一个很大的共享 API，但同时也非常不稳定。如果想改变与之相关的逻辑，例如帮助台如何管理客户，这就需要修改数据库。为了不影响其他服务，必须小心地避免修改与其他服务相关的表结构。这种情况下，通常需要做大量的回归测试来保证功能的正确性。

第二，消费方与特定的技术选择绑定在了一起。可能现在来看，使用关系型数据库进行存储是合理的，所以消费方会使用一个合适的驱动（很有可能是与具体数据库相关的）来与之一起工作。说不定一段时间之后我们会意识到，使用 NoSQL（非关系型数据库）才是更好的选择。如果消费方和客户服务非常紧密地绑定在一起，那么就无法轻易地替换这个数据库，因此隐藏实现细节非常重要，因为它让服务拥有一定的自治性，从而可以轻易地修改其内部实现。

第三，行为。会有一部分业务逻辑负责对客户进行修改，那么这个业务逻辑应该放在什么地方呢？如果消费方直接操作数据库，那么它们都需要对这些逻辑负责。对数据库进行操作的相似逻辑可能会出现在很多服务中。如果仓库、注册用户界面、呼叫中心都需要编辑客户的信息，当修复一个缺陷的时候，就需要修改三个不同的地方，并且对这些修改分别进行部署。

微服务的核心原则是高内聚和低耦合，但是使用数据库集成使得这两者都很难实现。服务之间很容易通过数据库集成来共享数据，但是无法共享行为。内部表示暴露给了消费方，很难做到无破坏性修改，进而不可避免地导致不敢做任何修改，所以无论如何都要避免这种情况。

4.3.3　同步与异步

对于服务之间的通信，选择同步或异步是极为困难的一件事。如果使用同步通信，发起一个远程服务调用后，调用方会阻塞自己并等待整个操作的完成。如果使用异步通信，调用方不需要等待操作完成就可以返回，甚至可能不需要关心这个操作完成与否。

同步通信听起来合理，因为可以知道事情到底成功与否。异步通信对于运行时间比较长的任务来说比较有用，否则就需要在客户端和服务器之间开启一个长链接，而这是非常不实际的。当需要低延迟的时候，通常会使用异步通信，否则会由于阻塞而降低运行的速度。对于移动网络及设备而言，发送一个请求之后假设一切工作正常（除非被告知不正常），这种方式可以在很大程度上保证在网络很卡的情况下用户界面依然很流畅。

这两种不同的通信模式有着各自的协作风格，即请求/响应或者基于事件。对于请求/响应来说，客户端发起一个请求，然后等待响应。这种模式能够与同步通信模式很好地匹配，但异步通信也可以使用这种模式。可以发起一个请求，然后注册一个回调，当服务端操作结束之后，会调用该回调。

对于使用基于事件的协作方式来说，情况会颠倒过来。客户端不是发起请求，而是发布一个事件，然后期待其他的协作者接收到该消息，并且知道该怎么做。基于事件的系统，天生就是异步的，整个系统都很聪明，也就是说，业务逻辑并非集中存在于某个核心大脑，而是平均地分布在不同的协作者中。基于事件的协作方式耦合性很低，客户端发布一个事件，但并不需要知道谁或者什么会对此做出响应，这也意味着，可以在不影响客户端的情况下对该事件添加新的订阅者。

4.3.4　编排与协同

在开始对越来越复杂的逻辑进行建模时，需要处理跨服务业务流程的问题，而使用微服务时这个问题会来得更快。下面以典型 MusicCorp 为例，看看在 MusicCorp 中创建用户时发生了什么。

（1）在客户的积分账户中创建一条记录。

（2）通过快递系统发送一个欢迎礼包。

（3）向客户发送欢迎电子邮件。

图 4-5 为使用流程图对创建新客户进行建模。

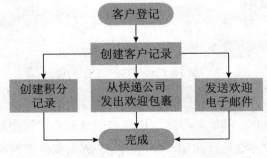

图 4-5　创建新客户的流程示意图

当考虑具体实现时，有两种架构风格可以采用：①使用编排（orchestration）方法，依赖于某个中心大脑来指导并驱动整个流程，就像管弦乐队中的指挥一样。②使用协同（choreography）方法，仅需要告知系统中各个部分各自的职责，而把具体怎么做的细节留给它们自己处理，就像芭蕾舞中每个舞者都有自己的跳舞方式，同时也会响应周围其他人。

对于编排方式,在创建时它会跟积分账户、电子邮件服务及邮政服务通过请求/响应的方式进行通信,如图4-6所示。客户服务本身可以对当前进行到了哪一步进行跟踪。它会检查客户账户是否创建成功、电子邮件是否发送出去及邮包是否寄出,图4-5中的流程图可以直接转换成为代码,甚至有工具可以直接实现,例如一个合适的规则引擎。也有一些商业工具可以完成这些工作,它们通常被称作商业流程建模软件。假如使用的是同步的请求/响应模式,构建者甚至能知道每一步是否都成功了。

图 4-6 编排方式处理客户创建示意图

编排方式的缺点是,客户服务作为中心控制点承担了太多职责,它会成为网状结构的中心枢纽及很多逻辑的起点。这个方法会导致少量的"上帝"服务,而与其打交道的那些服务通常都会沦为贫血的、基于 CRUD 的服务。

如果使用协同,可以仅仅从客户服务中使用异步的方式触发一个事件,该事件名可以叫作客户创建。电子邮件服务、快递服务及积分账户可以简单地订阅这些事件并且做相应处理,如图 4-7 所示。这种方法能够显著地消除耦合。如果其他的服务也关心客户创建这件事情,只需订阅该事件即可。该方法的缺点是,看不到图 4-5 中展示的那种很明显的业务流程图。

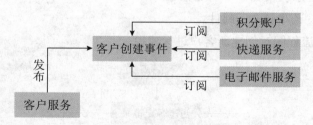

图 4-7 协同方式处理客户创建事件示意图

从图 4-7 可以看出,需要做一些额外的工作来监控流程,以保证其正确地进行。举个例子,如果积分账户存在的缺陷导致账户没有创建成功,程序是否能够捕捉到这个问题?解决该问题的一种方法是,构建一个与图 4-5 所示业务流程相匹配的监控系统。实际的监控活动是针对每个服务的,但最终需要把监控的结果映射到业务流程中。在这个流程图中我们可以看出系统是如何工作的。

从构建的面向联合作战信息服务探索经验来看,使用协同方式可以降低系统的耦合度,并且能更加灵活地对现有系统进行修改。但是,确实需要额外的工作来对业务流程进行跨服务的监控。现实中,许多重量级的编排方案非常不稳定且修改代价很大。基于这些事实，作者更倾向于使用协同方式，在这种方式下每个服务都足够聪明，并且能够很好地完成自己的任务。

这里有好几个因素需要考虑。同步调用比较简单，而且很容易知道整个流程的工作是否正常。如果想要请求 / 响应风格的语义，又想避免其在耗时业务上的困境，可以采用异步请求加回调的方式。另一方面，使用异步方式有利于协同方案的实施，从而大大减少服务间的耦合，这恰恰就是我们为了能独立发布服务而追求的特性。

当然，也可以选择混用不同的方式。然而不同的技术适用于不同的方式，因此需要了解不同技术的实现细节，从而更好地做出选择。

针对请求 / 响应方式，可以考虑远程过程调用（Remote Procedure Call，RPC）和表述性状态转移（REpresentational State Transfer，REST）两种技术。

4.3.5 远程过程调用（RPC）

远程过程调用（RPC）允许进行一个本地调用，但事实上结果是由某个远程服务器产生的。远程过程调用的种类繁多，其中一些依赖于接口定义（如 SOAP、Thrift、protocol buffers 等）。不同的技术栈可以通过接口定义轻松地生成客户端和服务端的桩代码。例如，可以让一个 Java 服务暴露一个 SOAP 接口，然后使用 Web 服务描述语言（Web Service Definition Language，WSDL）定义的接口生成 .NET 客户端的代码。其他的技术，如 Java RMI，会导致服务端和客户端之间更紧的耦合，这种方式要求双方都要使用相同的技术栈，但是不需要额外的共享接口定义。然而所有这些技术都有一个核心特点，那就是使用本地调用的方式和远程进行交互。

有很多技术本质上是二进制的，如 Java RMI、Thrift、protocol buffers 等，而 SOAP 使用 XML 作为消息格式。有些远程过程调用实现与特定的网络协议相绑定（如 SOAP 名义上使用的就是 HTTP），当然不同的实现会使用不同的协议，不同的协议可以提供不同的额外特性。例如 TCP 能够保证送达，UDP 虽然不能保证送达但协议开销较小，所以可以根据自己的使用场景来选择不同的网络技术。

那些远程过程调用的实现会帮助生成服务端和客户端的桩代码，从而可以快速开始编码。基本不用花时间，就可以在服务之间进行内容交互了。这通常也是远程过程调用的主要卖点之一：易于使用。从理论上来说，这种可以只使用普通的方法调用而忽略其他细节的做法简直是给程序员的巨大福利。然而有一些远程过程调用的实现确实存在一些问题。这些问题通常一开始不明显，但慢慢地就会暴露出来，并且其带来的代价要远远大于一开始快速启动带来的好处。

如果决定要选用远程过程调用这种方式，需要注意一些问题：不要对远程调用过度抽象，以至于网络因素完全被隐藏起来，以确保可以独立地升级服务端的接口而不用强迫客户端升级，所以在编写客户端代码时要注意这方面的平衡，在客户端中一定不要隐藏我们是在做网络调用这个事实；在远程过程调用方式下经常会在客户端使用库，但是这些库如果在结构上组织得不够好，也可能会带来一些问题。

4.3.6　表述性状态转移

表述性状态转移（REST）是受 Web 启发而产生的一种架构风格。表述性状态转移风格包含了很多原则和限制，在这里我们仅专注于如何在微服务的世界里使用表述性状态转移更好地解决集成问题。表述性状态转移是 RPC 的一种替代方案。

这里最重要的是资源的概念。资源，如 Customer，处于服务之内。服务可以根据请求内容创建 Customer 对象的不同表示形式。也就是说，一个资源的对外显示方式和内部存储方式之间没有什么耦合。例如，客户端可能会请求一个 Customer 的 JSON 表示形式，而 Customer 在内部的存储方式可以完全不同。一旦客户端得到了该 Customer 的表示，就可以发出请求对其进行修改，而服务端可以选择应答与否。

REST 风格包含的内容很多，上面仅给出了简单的介绍。在 Richardson 的成熟度模型中，有对 REST 不同风格的比较。REST 本身并没有提到底层应该使用什么协议，尽管事实上最常用的是 HTTP，但也有使用其他协议来实现 REST 的例子，如串口或者 USB，当然这会引入大量的工作。HTTP 的一些特性，例如动作，使得在 HTTP 上实现 REST 要简单得多，而如果使用其他协议的话，就需要自己实现这些特性。

第 2 部分

Docker 数据中心理论基础

第5章
Docker 通用控制面板

Docker 通用控制面板（Universal Control Plane，UCP）专为高可用性（High Availability，HA）而设计。可以根据应用程序的大小和使用情况进行扩展，实现动态伸缩；可以将多个管理器节点连接到集群，以便在一个管理器节点出现故障时，另一个管理器节点能够自动地接管它，从而不影响集群的正常工作。如果一个组织的集群中拥有多个管理器节点，那么就可以轻松处理管理器节点故障，以及跨所有管理器节点负载平衡用户请求，从而满足组织的复杂需求。

本章简要介绍 Docker 通用控制面板的基本概念、架构，结合实际重点介绍 Docker 通用控制面板的管理与访问。

5.1 Docker 通用控制面板概览

Docker 通用控制面板是企业级集群管理的 Docker 解决方案，如图 5-1 所示，它是一个基于 Docker 的集群管理工具。Docker 通用控制面板既可以安装部署在内部专用网络上，也可以安装部署在虚拟专用云中，其位置在防火墙后面，可以帮助管理者从一个地方管理 Docker 集群和应用程序。

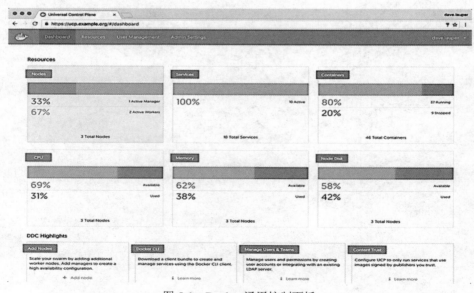

图 5-1　Docker 通用控制面板

5.1.1　集中管理集群

Docker 通用控制面板可以连接数以千计的物理机或虚拟机，以创建容器集群，从而大规模地部署应用程序。Docker 通用控制面板扩展了 Docker 提供的原始功能，实现了对集群进行集中管理。

Docker 通用控制面板可以使用图形用户界面（User Interface，UI）管理和监控容器集群，如图 5-2 所示。

图 5-2　Docker 通用控制面板图形 UI

由于 Docker 通用控制面板公开了标准 Docker 应用程序编程接口（Application Programming Interface，API），因此可以继续使用包括 Docker 命令行界面（Command-Line Interface，CLI）客户端在内的已知工具，来部署和管理应用程序。

例如，可以使用 docker info 命令检查由 Docker 通用控制面板管理的 Docker 集群的状态。

```
$ docker info
Containers: 30
Images: 24
Server Version: ucp/2.0.1
Role: primary
Strategy: spread
Filters: health, port, containerslots, dependency, affinity, constraint
Nodes: 2
  ucp-node-1: 192.168.99.100:12376
    └ Status: Healthy
    └ Containers: 20
  ucp-node-2: 192.168.99.101:12376
    └ Status: Healthy
    └ Containers: 10
```

5.1.2　部署、管理和监控

使用 Docker 通用控制面板，可以从集中的位置管理节点、卷和网络等所有可用的计算资源，还可以部署和监视应用程序和服务。

5.1.3　内置安全和访问控制

Docker 通用控制面板拥有自己的内置认证机制，并与轻量目录访问协议（Light-weight Directory Access Protocol，LDAP）服务集成。此外，还具有基于角色的访问控制（Role-Based Access Control，RBAC），可以控制谁可以访问、更改集群和应用程序，如图 5-3 所示。

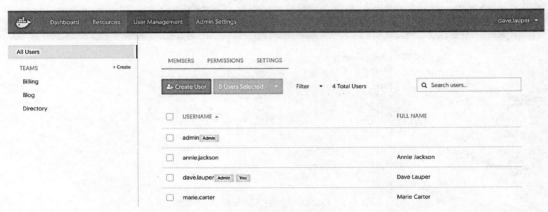

图 5-3　Docker 通用控制面板的内置认证机制

Docker 通用控制面板与授信 Docker 镜像仓库进行集成，以便可以将位于防火墙后面的应用程序保留在 Docker 的 Docker 镜像中，这些镜像安全无瑕疵。此外，还可以执行安全策略，并且只允许运行受信任的 Docker 镜像的应用程序。

5.2　　通用控制面板的架构

Docker 通用控制面板是在 Docker 企业版上运行的容器化应用程序，它扩展了企业版的功能，使其更容易规模化部署、配置和监视应用程序。Docker 通用控制面板还通过基于角色的访问控制来保护 Docker，以便只有经过授权的用户才能进行更改并将应用程序部署到 Docker 集群。

一旦部署了 Docker 通用控制面板，开发人员和 IT 操作就不再直接与 Docker Engine 进行交互，而是与 Docker 通用控制面板进行交互，如图 5-4 所示。由于 Docker 通用控制面板公开了标准的 Docker 应用程序编程接口，使得这一切都是透明的，因此可以使用已知和喜欢的工具，如 Docker 命令行界面客户端和 Docker Compose。

图 5-4　开发人员和 IT 操作与 UCP 进行交互示意图

5.2.1　通用控制面板的工作原理

Docker 通用控制面板利用 Docker 提供的集群和业务流程功能进行管理，如图 5-5 所示。

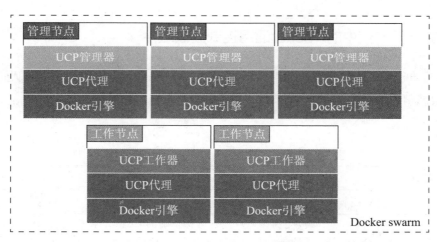

图 5-5　Docker UCP 提供的集群和业务流程功能示意图

集群是在同一个 Docker 集群中的节点集合。Docker 群组中的节点，以 Manager 或 Worker 两种模式之一运行。如果节点在安装 Docker 通用控制面板时尚未在集群中运行，则节点将被配置为以群组模式运行。

部署 Docker 通用控制面板时，它将运行一个名为"全局调度"的服务 ucp-agent。该服务监视运行它的节点，并基于该节点是管理者还是工作者，启动和停止 Docker 通用控制面板服务。

管理者和工作者节点的区别是：

■　管理者：管理节点上的 ucp-agent 服务，自动为所有 Docker 通用控制面板组件提供服务，包括 Docker 通用控制面板 Web 图形用户界面和 Docker 通用控制面板使用的数据存储。可以将 ucp-agent 部署在一个或几个容器的节点上，可通过将节点推广到管理器，提升 Docker 通用控制面板的高可用性和容错性。

■ 工作者：工作节点上的 ucp-agent 服务，自动提供代理服务，以确保只有授权用户和其他 Docker 通用控制面板服务才能在该节点中运行 Docker 命令。该 ucp-agent 只部署了一个容器的集群工作器节点。

5.2.2　Docker通用控制面板的内部组件

Docker 通用控制面板的核心组件是一个全局调度的服务 ucp-agent。在节点上安装 Docker 通用控制面板或将节点加入到由 Docker 通用控制面板管理的群 ucp-agent 集中时，该服务开始在该节点上运行。

一旦这个服务运行，它将部署具有其他 Docker 通用控制面板组件的容器，并确保它们保持运行。部署在节点上的 Docker 通用控制面板组件取决于该节点是管理者还是工作者。

5.2.3　管理器节点中的Docker通用控制面板组件

管理节点运行所有 Docker 通用控制面板服务，包括持续 Docker 通用控制面板状态的 Web 图形用户界面和数据存储。表 5-1 所示的是在管理器节点上运行的 Docker 通用控制面板服务。

表 5-1　管理器节点上运行的 UCP 服务

UCP 组件	描述
ucp-agent	监控节点，确保正确的 UCP 服务正在运行
ucp-reconcile	当 ucp-agent 检测到该节点没有运行正确的 UCP 组件时，将启动 ucp-reconcile 容器以将节点收敛到其所需的状态。当节点健康时，预计 ucp 协调容器将保持在退出状态
ucp-auth-api	UCP 和 DTR 使用的身份和身份认证集中服务
ucp-auth-store	存储用户、组织和团队的身份认证配置和数据
ucp-auth-worker	执行预定的 LDAP 同步并清除认证和授权数据
ucp-client-root-ca	签署客户端软件包的证书颁发机构
ucp-cluster-root-ca	用于 UCP 组件之间安全传输层协议 (Transport Layer Security，TLS) 通信的证书颁发机构
ucp-controller	UCP Web 服务器
ucp-kv	用于存储 UCP 配置。不要在应用程序中使用它，因为它仅供内部使用
ucp-metrics	用于收集和处理节点的度量，如可用的磁盘空间
ucp-proxy	TLS 代理。它允许安全访问本地 Docker Engine 到 UCP 组件
ucp-swarm-manager	用于向 Docker Swarm 提供向后兼容性

5.2.4 工作节点中的Docker通用控制面板组件

工作节点是运行应用程序的节点。表 5-2 所示的是在工作节点上运行的 Docker 通用控制面板服务。

表 5-2 工作节点上运行的 UCP 服务

UCP 组件	描述
ucp-agent	监控节点，确保正确的 UCP 服务正在运行
ucp-reconcile	当 ucp-agent 检测到该节点没有运行正确的 UCP 组件时，将启动 ucp-reconcile 容器以将节点收敛到其所需的状态。当节点健康时，预计 ucp 协调容器将保持在退出状态
ucp-proxy	TLS 代理。它允许安全访问本地 Docker Engine 到 UCP 组件

5.2.5 Docker通用控制面板使用的卷

Docker 通用控制面板使用命名卷在运行所有节点的数据中保存数据，如表 5-3 所示。

表 5-3 Docker 通用控制面板使用的卷

卷名	描述
ucp-auth-api-certs	验证和授权服务的证书和密钥
ucp-auth-store-certs	验证和授权存储的证书和密钥
ucp-auth-store-data	验证和授权存储的数据，跨管理器复制
ucp-auth-worker-certs	认证工作者的证书和密钥
ucp-auth-worker-data	认证工作者的数据
ucp-client-root-ca	发出客户端证书的 UCP 根 CA 的根密钥材料
ucp-cluster-root-ca	用于为群组成员颁发证书的 UCP 根 CA 的根密钥材料
ucp-controller-client-certs	UCP Web 服务器使用的证书和密钥与其他 UCP 组件进行通信
ucp-controller-server-certs	在节点中运行的 UCP Web 服务器的证书和密钥
ucp-kv	UCP 配置数据，跨管理器复制
ucp-kv-certs	键值存储的证书和密钥
ucp-metrics-data	监控 UCP 收集的数据
ucp-metrics-inventory	ucp-metrics 服务使用的配置文件
ucp-node-certs	节点通信的证书和密钥

可以在安装 Docker 通用控制面板之前创建卷，自定义用于卷的卷驱动程序。在安装期间，Docker 通用控制面板检查节点中不存在哪些卷，并使用默认卷驱动程序创建它们。默认情况下，可以在这些卷中找到卷的数据 /var/lib/docker/volumes/<volume-name>/_data。

5.2.6 如何与Docker通用控制面板进行互动

用户可以通过 Web 图形用户界面和命令行界面两种方式与 Docker 通用控制面板进

行交互，如图 5-6 所示；可以使用 Docker 通用控制面板 Web 图形用户界面来管理集群，授予和撤销用户权限，部署、配置、管理和监控应用程序。

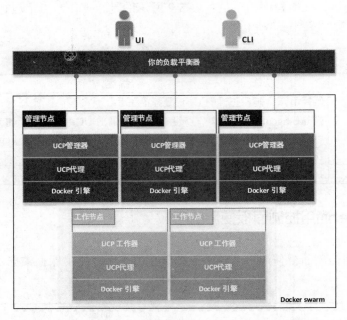

图 5-6　与 UCP 进行两种方式交互示意图

　　Docker 通用控制面板的出现，为使用标准的 Docker 应用程序编程接口提供了可能。因此，可以继续使用现有的工具，如 Docker 命令行界面客户端等。由于 Docker 通用控制面板通过基于角色的访问控制来保护集群，因此，需要配置 Docker 命令行界面客户端和其他客户端工具。可以使用 Docker 通用控制面板配置文件页面下载的客户端证书来验证用户的请求。

5.3　通用控制面板的管理

5.3.1　安装

1. 系统要求

　　Docker 通用控制面板可以安装在内部或云端。在安装之前，请确保其基础架构满足软硬件方面的相关要求。

　　1）硬件和软件要求

　　要安装 Docker 通用控制面板，所有节点必须满足：

- Linux 内核，版本为 3.10 以上
- CS Docker Engine，版本为 1.13.0 或更高

主机最低配置要求：

- 管理节点 8GB RAM
- 工作节点 4GB RAM
- 3GB 可用磁盘空间

为确保其性能指标要求，推荐配置如下：

- 管理节点 16GB RAM
- 管理节点 4 个 vCPU
- 25 ～ 100GB 可用磁盘空间

主机操作系统支持：

- CentOS 7.4（本文中默认使用的操作系统）
- Red Hat Enterprise Linux 7.0, 7.1, 7.2 或 7.3
- Ubuntu 14.04 LTS 或 16.04 LTS
- SUSE Linux Enterprise 12

其他要求：

- 同步时区和时间
- 一致的主机名策略
- 内部的 DNS

版本适配要求如下：

- Docker 17.06.2.ee.8+
- UCP 3.0.2 : DTR 2.5.3
- UCP 3.0.0 : DTR 2.5.0

2）网络要求

安装过程中 UCP 节点需要能下载 Docker 官网的资源。如果不能访问，可通过其他机器下载软件包，然后进行离线安装。在主机上安装 Docker 通用控制面板时，请确保表 5-4 所示的端口已被打开。

表 5-4 安装 Docker 通用控制面板要求打开的端口

主机	范围	端口	目的
managers,workers	内部	TCP179	BGP 对等端口，用于 Kubernetes 组网
managers,workers	内部、外部	TCP 443（可配置）	用于 UCP Web UI 和 API 的端口
managers	内部	TCP 2376（可配置）	Docker Swarm 管理的端口。用于向后兼容
managers,workers	内部	TCP 2377（可配置）	用于群组节点之间通信的端口
managers,workers	内部、外部	UDP 4789	用于覆盖网络的端口
managers,workers	内部、外部	TCP、UDP 7946	基于 Gossip 的聚类端口

续表

主机	范围	端口	目的
managers,workers	内部	TCP 12376	提供访问 UCP、Docker Engine 和 Docker Swarm 的 TLS 代理端口
managers	内部	TCP 12379	用于内部节点配置、集群配置和 HA 的端口
managers	内部	TCP 12381	为证书颁发机构的端口
managers	内部	TCP 12382	UCP 认证机构的端口
managers	内部	TCP 12383	用于验证存储后端的端口
managers	内部	TCP 12384	用于跨管理器进行复制的身份认证存储后端的端口
managers	内部	TCP 12385	用于认证服务 API 的端口
managers	内部	TCP 12386	验证工作者的端口
managers	内部	TCP 12387	用于度量服务的端口

此外，请确保正在使用的网络允许 Docker 通用控制面板组件在超时之前进行通信，如表 5-5 所示。

表 5-5   UCP 组件通信超时

组件	超时 /ms	可配置性
管理节点之间达成共识	3000	否
用于覆盖网络的 Gossip 协议	5000	否
ETCD	500	是
RethinkDB	10 000	否
独立群体	90 000	否

3）兼容性和维护生命周期

Docker 数据中心是一种软件订阅，包括 3 个产品：

■ CS Docker 引擎（Docker Engine）

■ Docker 可信注册库（Docker Trusted Registry）

■ Docker 通用控制面板（Docker Universal Control Plane）

4）版本兼容性

Docker 通用控制面板 2.1 需要以下 Docker 组件的最低版本：

■ Docker Engine 1.13.0

■ Docker Remote API 1.25

■ Compose 1.9

2. 规划安装

Docker 通用控制面板可实现从集中的位置来管理容器集群。

1）系统要求

在安装 Docker 通用控制面板之前，应确保使用 Docker 通用控制面板管理包括物理机或虚拟机在内的所有节点，满足以下条件：

■ 符合系统要求

■ 正在运行相同版本的 Docker Engine

2）主机名策略

Docker 通用控制面板要求 Docker Engice 必须运行。在集群节点上安装商业支持的 Docker 引擎之前，应该规划一个常用的主机名策略：决定是否要使用简短的主机名，如 engine01 完全限定域名（Full Qualified Domain Name，FQDN）engine01.docker.vm 等。独立于用户的选择，应确保用户的命名策略在集群中是一致的，因为 Docker Engine 和 Docker 通用控制面板使用主机名。例如，如果用户的集群有 3 个主机，则可以这样命名它们：

```
node1.company.example.org
node2.company.example.org
node3.company.example.org
```

3）静态 IP 地址

Docker 通用控制面板要求集群上的每个节点都有一个静态 IP 地址。在安装 Docker 通用控制面板之前，请确保其网络和节点被配置为支持这一点。

4）时间同步

在分布式系统（如 Docker 通用控制面板）中，时间同步对于确保正常运行至关重要。作为确保 Docker 通用控制面板集群引擎之间一致性的最佳做法，所有引擎都应定期与时间服务器（Net Time Provider，NTP）同步时间。如果服务器的时钟偏移，意外的行为可能导致性能下降甚至故障。

5）负载均衡策略

Docker 通用控制面板不包括负载平衡器。可以配置自己的负载平衡器来平衡所有管理器节点上的用户请求。如果计划使用负载平衡器，则需要确定是否要使用其 IP 地址或其 FQDN 将节点添加到负载平衡器。独立于用户选择的内容，节点之间应该是一致的。之后，应该在开始安装之前记下所有 IP 或完全限定域名。

6）负载均衡 Docker 通用控制面板和可信注册库

默认情况下，Docker 通用控制面板和可信注册库都使用端口 443。如果计划部署 Docker 通用控制面板和可信注册库，则负载平衡器需要根据 IP 地址或端口号区分两者之间的流量。

■ 如果要配置负载平衡器以侦听端口 443：

＊ 对于 Docker 通用控制面板，端口不仅用于负载平衡器，还用于授信 Docker 镜像仓库。

＊ 使用与多个虚拟 IP 相同的负载平衡器。

■ 配置负载平衡器，以在 443 以外的端口上公开 Docker 通用控制面板或可信注册库。

7）使用外部 CA

可以自定义 Docker 通用控制面板，以使用外部证书颁发机构签署的证书。使用自己的证书时，请考虑需要具有以下证书包：

- 具有根 CA 公共证书的 ca.pem 文件。
- 具有服务器证书和任何中间 CA 公共证书的 cert.pem 文件。此证书还应具有用于到达 Docker 通用控制面板管理器的所有地址的 SAN。
- 一个带有服务器私钥的 key.pem 文件。

可以为每个管理者配备一个通用 SAN 的证书。例如，在 3 个节点的集群上可以具有：

- node1.company.example.org 与 SAN ucp.company.org；
- node2.company.example.org 与 SAN ucp.company.org；
- node3.company.example.org 与 SAN ucp.company.org。

或者，还可以为所有管理器安装具有单个外部签名的证书的 Docker 通用控制面板，而不是为每个管理器节点安装一个。在这种情况下，证书文件将自动复制到加入集群的任何新管理员节点或被升级为管理员。

3. 安装 Docker 通用控制面板进行生产

Docker 通用控制面板是可以安装在内部或云基础架构上的容器化应用程序。

1）验证系统要求

安装 Docker 通用控制面板的第一步是确保其基础设施具有 Docker 通用控制面板需要运行的所有要求，还需要确保所有节点（物理或虚拟）都运行相同版本的 CS Docker 引擎。

2）在所有节点上安装 CS Docker

Docker 通用控制面板是一种容器化的应用程序，需要商业上支持的 Docker Engine 来运行。

对于计划使用 Docker 通用控制面板管理的每个主机要求如下：

（1）使用 ssh 登录到该主机。

（2）使用如下命令安装 Docker Engine 1.13。

```
curl -SLf https://packages.docker.com/1.13/install.sh | sh
```

或使用包管理器安装 Docker Engine。

请确保在所有节点上安装相同的 Docker Engine 版本。此外，如果正在使用 Docker Engine 创建虚拟机模板，请确保该 /etc/docker/key.json 文件未包含在虚拟机镜像中。在配置虚拟机时，重新启动 Docker 守护程序以生成新 /etc/docker/key.json 文件。

3）自定义命名卷

如果要使用 Docker 通用控制面板提供的默认值，请跳过此步骤。

Docker 通用控制面板使用命名卷来保存数据。如果要自定义用于管理这些卷的驱动程序，可以在安装 Docker 通用控制面板之前创建卷。安装 Docker 通用控制面板时，安装程序将注意到卷已经存在，并开始使用它们。如果这些卷不存在，则在安装 Docker 通用控制面板时自动创建它们。

4）安装 Docker 通用控制面板

要安装 Docker 通用控制面板，可以使用 docker/ucp 具有安装和管理 Docker 通用控制面板的命令的镜像。

（1）使用 ssh 登录到要安装 Docker 通用控制面板的主机。

（2）运行以下命令：

```
# Pull the latest version of UCP
$ docker pull docker/ucp:2.1.4
# Install UCP
$ docker run --rm -it --name ucp \
  -v /var/run/docker.sock:/var/run/docker.sock \
  docker/ucp:2.1.4 install \
  --host-address <node-ip-address> \
  --interactive
```

这将以交互模式运行安装命令，以便提示用户输入任何必要的配置值。要查找 Install 命令中有哪些其他可选项，请参阅相关文档。

5）安装许可

现在安装了 Docker 通用控制面板，需要对它进行许可认证。在浏览器中，导航到 Docker 通用控制面板 Web 图形用户界面，使用管理员凭据登录并上传许可证，如图 5-7 所示。

图 5-7　使用管理员凭据登录

如果在测试版本中注册，还没有许可证，可以从 Docker Store 订阅中获取。

6）加入管理器节点

如果不要求 Docker 通用控制面板具有高可用性，则可以跳过此步骤。

为了使 Docker 集群具有 Docker 通用控制面板容错能力的高可用性，可以连接更多的管理器节点。管理器节点是集群中执行业务流程和群组管理任务的节点，并为工作节点分派任务。

要将管理员节点连接到集群，请转到 Docker 通用控制面板 Web 图形用户界面，导航到 Resources 页面，然后转到 Nodes 部分，如图 5-8 所示。

图 5-8   以管理员节点连接到集群

单击 Add Node 按钮添加新节点，如图 5-9 所示。

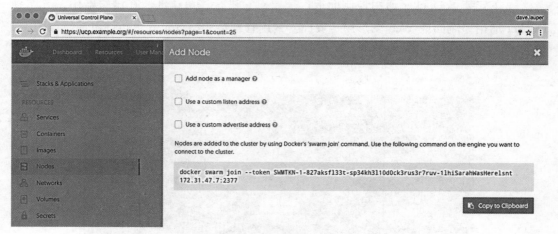

图 5-9   集群添加新节点

选中 Add node as a manager 复选框，将此节点转换为管理员，并复制 Docker 通用控制面板以实现高可用性。如果要自定义此节点将监听集群管理流量的网络和端口，请设置 Use a custom listen address 复选框。默认情况下，节点在端口 2377 上侦听。如果要自定义网络和端口，请选择 Use a custom advertise address 复选框，此节点将向其他群组成员发布广告以使其能够访问。

对于要加入 Docker 通用控制面板的每个管理员节点，使用 ssh 登录该节点，并运行

Docker 通用控制面板上显示的 join 命令。在节点中运行 join 命令后，节点开始显示在 Docker 通用控制面板中，如图 5-10 所示。

图 5-10　运行 UCP 上显示的 join 命令

7）加入工作节点

如果不想添加更多节点来运行和扩展应用程序，请跳过此步骤。

要为群添加更多的计算资源，可以加入工作节点。这些节点执行由管理器节点分配给它们的任务。为此，请使用与以前相同的步骤，但不要选中 Add node as a manager 复选框。

4. 离线安装 Docker 通用控制面板

在主机上离线安装 Docker 通用控制面板的步骤与在线安装 Docker 通用控制面板相似，唯一的区别是可以不访问互联网。

在离线主机上安装 Docker 通用控制面板，不是从 Docker Hub 拉出 Docker 通用控制面板的镜像，而是使用连接到互联网的计算机下载包含所有镜像的单个软件包。然后将该包复制到要安装 Docker 通用控制面板的主机。离线安装过程仅在以下条件之一成立时才起作用：

■ 所有的集群节点（管理者和工作人员）都可以访问 Docker Hub；

■ 集群（管理人员和工作人员）都没有互联网访问 Docker Hub。

如果管理人员在工作人员没有访问 Docker Hub 的情况下离线安装，则安装将失败。

1）版本可用

可用版本包括：UCP2.1.4、UCP2.1.3、UCP2.1.2、UCP2.1.1、UCP2.1.0，DTR2.2.5、DTR2.2.4、DTR2.2.3、DTR2.2.2、DTR2.2.1 和 DTR2.2.0。

2）下载离线包

具有互联网访问权限的计算机可以使用所有 Docker Datacenter 组件下载单个软件包：

```
$ wget <package-url> -O docker-datacenter.tar.gz
```

现在已经在本地机器上安装了该软件包，可以将其传输到要安装 Docker 通用控制面板的计算机。对于需要使用 Docker 通用控制面板管理的每台机器：

（1）将 Docker 数据中心包复制到该机器。

```
$ scp docker-datacenter.tar.gz <user>@<host>:/tmp
```

（2）使用 ssh 登录到传输包的主机。

（3）加载 Docker 数据中心镜像。

将包转移到主机后，可以使用 docker load 命令从 tar 文件中加载 Docker 镜像：

```
$ docker load < docker-datacenter.tar.gz
```

3）安装 Docker 通用控制面板

现在，离线主机拥有安装 Docker 通用控制面板所需的所有镜像，可以在该主机上安装 Docker 通用控制面板了。

5. 升级 Docker 通用控制面板

升级到新版本的 Docker 通用控制面板之前，请查看此版本的发行说明。在那里，可以找到有关新功能、更新以及其他相关信息，以升级到特定版本。

1）计划升级

作为升级过程的一部分，应将集群的每个节点安装的 Docker Engine 升级到 1.13 版。应该计划在营业时间之前进行升级，以确保对用户的影响最小。此外，在升级 Docker 通用控制面板配置时，不要更改 Docker 通用控制面板的配置。如果更改配置，可能导致难以排除的配置错误。

2）备份集群

开始升级之前，请确保集群正常工作。如果发生问题，这将更容易找到并解决问题。然后，创建集群的备份，以便在升级过程中出现问题时可从现有备份中恢复。

3）升级 Docker Engine

将集群的每个节点安装的 Docker Engine 升级到 Docker Engine 1.13 或更高版本。

从管理器节点开始，然后工作节点逐一升级：

（1）使用 ssh 登录节点。

（2）将 Docker Engine 升级到 1.13 或更高版本。

（3）确保节点是健康的。

之后，在浏览器中导航到 Docker 通用控制面板 Web 图形用户界面，验证该节点是否正常，并且是集群的一部分。

4）升级 Docker 通用控制面板

可以从 Web 图形用户界面或命令行界面升级 Docker 通用控制面板。

（1）使用图形用户界面执行升级。当 Docker 通用控制面板可以进行升级时，会显示如图 5-11 所示的横幅。

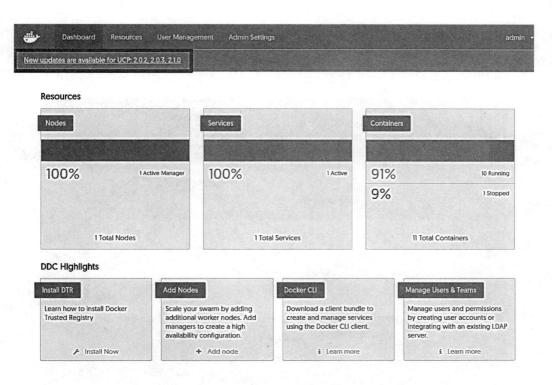

图 5-11　Docker 通用控制面板可升级时显示的横幅

单击此消息将直接管理用户升级过程。它可以在 Admin Settings 的 Cluster Configuration 选项卡标签页中找到，如图 5-12 所示。

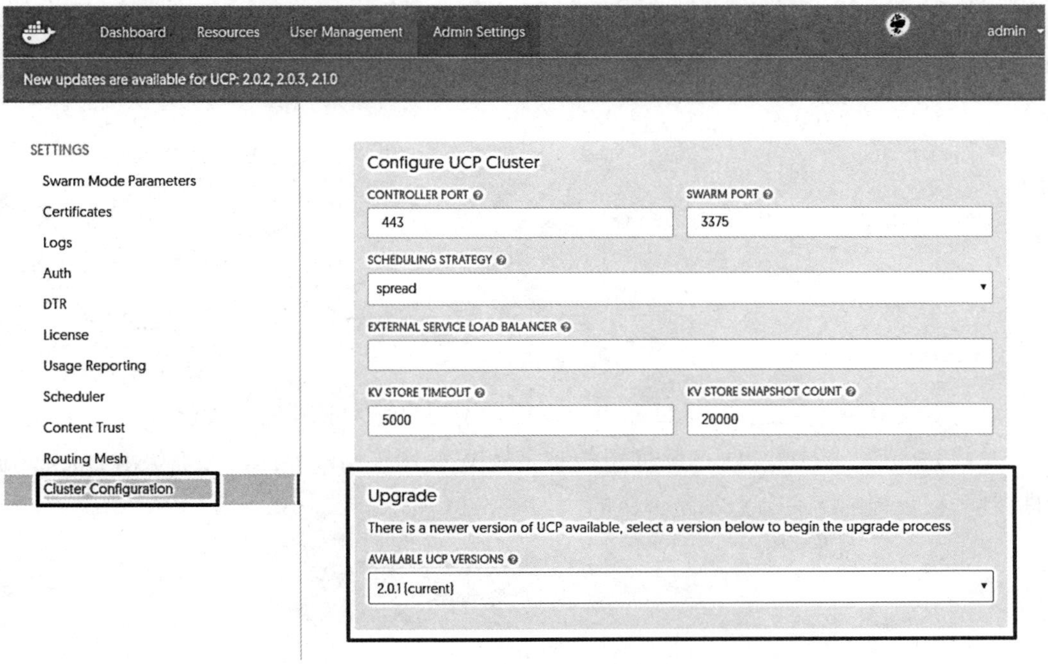

图 5-12　升级过程集群配置

选择要升级到的 Docker 通用控制面板版本，然后单击升级。

升级之前，将显示一个确认对话框以及有关集群和图形用户界面可用性的重要信息，如图 5-13 所示。

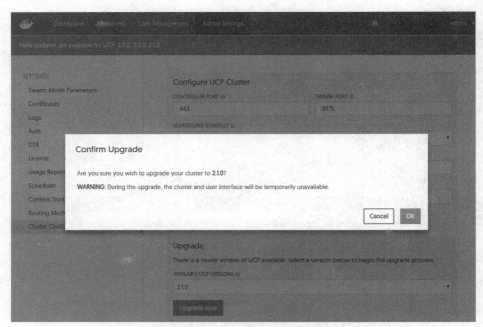

图 5-13 升级之前的确认对话框

升级期间，用户界面将不可用，建议升级完成之后再继续进行交互。升级完成后，用户将看到一个通知，表示图形用户界面的较新版本可用，并需要浏览器刷新来查看最新的图形用户界面。

（2）使用命令行界面进行升级。要从命令行界面升级，请使用 ssh 登录到 Docker 通用控制面板管理器节点，然后运行以下命令：

```
# Get the latest version of UCP
$ docker pull docker/ucp:2.1.4
$ docker run --rm -it \
  --name ucp \
  -v /var/run/docker.sock:/var/run/docker.sock \
  docker/ucp:2.1.4 \
  upgrade --interactive
```

这将以交互模式运行 upgrade 命令，以便提示用户输入必要的配置值。

升级完成后，导航到 Docker 通用控制面板 Web 图形用户界面，并确保由 Docker 通用控制面板管理的所有节点都是健康的，如图 5-14 所示。

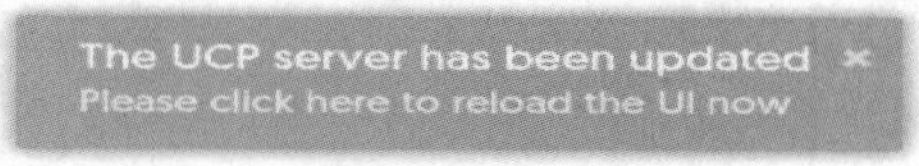

The UCP server has been updated
Please click here to reload the UI now

图 5-14 升级完成后

6. 升级离线的 Docker 通用控制面板

离线升级通用控制面板与离线安装是一样的，无须目标主机访问因特网。它是使用连接到互联网的计算机下载包含所有镜像的单个软件包，然后将该软件包复制到要升级 Docker 通用控制面板的主机并进行升级。

1）可用版本

可用的升级版本包括：UCP2.1.4、UCP2.1.3、UCP2.1.2、UCP2.1.1、UCP2.1.0、DTR2.2.5、DTR2.2.4、DTR2.2.3、DTR2.2.2、DTR2.2.1 和 DTR2.2.0。

2）下载离线包

使用具有互联网访问权的计算机下载具有所有 Docker 通用控制面板组件的单个软件包：

```
$ wget <package-url> -O docker-datacenter.tar.gz
```

之后，在本地计算机上安装该软件包。可以将其传输到要升级 Docker 通用控制面板的计算机。

对于要使用 Docker 通用控制面板管理的每台机器可按下述步骤升级。

（1）将脱机包复制到该机器。

```
$ scp docker-datacenter.tar.gz <user>@<host>:/tmp
```

（2）使用 ssh 登录到传输包的主机。

（3）加载 Docker 通用控制面板镜像。

将包转移到主机后，可以使用 docker load 命令从 tar 文件中加载 Docker 镜像：

```
$ docker load < docker-datacenter.tar.gz
```

3）升级 Docker 通用控制面板

现在，脱机主机具有升级 Docker 通用控制面板所需的所有镜像，可以升级 Docker 通用控制面板。

7. 卸载 Docker 通用控制面板

Docker 通用控制面板旨在根据应用程序的大小和使用情况进行扩展。可以从集群中添加和删除节点，以使其满足组织的需求。当然，在不需要 Docker 通用控制面板时，还可以从集群中卸载。当组织确认不需要 Docker 通用控制面板时，Docker 通用控制面板服务将被停止和删除，但是 Docker 引擎将继续以集群模式运行，并且其应用程序也将继续正常运行。

要从 Docker 通用控制面板集群中删除单个节点，应先从集群中删除该节点。

从集群中卸载 Docker 通用控制面板后，将无法再强制对集群进行基于角色的访问控制，但可以集中监控和管理集群。从集群中卸载 Docker 通用控制面板后，docker swarm join 将无法再连接新节点。要卸载 Docker 通用控制面板，请使用 ssh 登录到管理员节点，并运行以下命令：

```
$ docker run --rm -it \
-v /var/run/docker.sock:/var/run/docker.sock \
--name ucp \
docker/ucp:2.1.4 uninstall-ucp --interactive
```

这将以交互模式运行 uninstall 命令，以便提示用户输入任何必要的配置值。在单个管理器节点上运行此命令将从整个集群中卸载 Docker 通用控制面板。

对于群模式 CA，其卸载 Docker 通用控制面板后，集群中的节点仍将处于集群模式，但重新安装 Docker 通用控制面板之前无法连接新节点，因为集群模式依赖于 Docker 通用控制面板来提供允许集群中的节点相互识别的 CA 证书。另外，由于群组模式不再控制自己的证书，所以卸载 Docker 通用控制面板后证书过期，集群中的节点将无法进行通信。要解决此问题，请在证书过期之前重新安装 Docker 通用控制面板，或通过在每个节点上运行 docker swarm leave --force 来禁用群组模式。

5.3.2 配置

1. 安装许可

安装 Docker 通用控制面板后，需要对安装进行许可认证。

1) 下载许可证

在 Docker Store 下载 Docker 通用控制面板许可证或获得免费试用许可证，如图 5-15 所示。

图 5-15　下载免费试用许可证

2) 安装许可

下载许可证文件后，可以将其应用于 Docker 通用控制面板的安装。导航到 Docker

通用控制面板 Web 图形用户界面，然后转到 Admin Settings 页面。在许可证页面上，可以上传新的许可证，如图 5-16 所示。

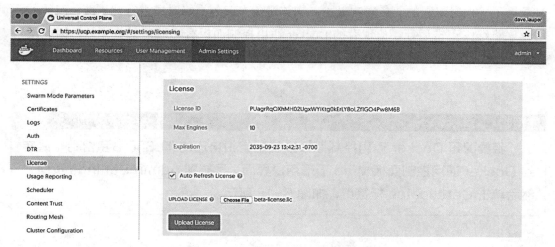

图 5-16　在许可证页面上传新的许可证

单击 Upload License 按钮，使更改生效。

2. 使用自己的 TLS 证书

所有 Docker 通用控制面板服务都使用 HTTPS 进行公开，以确保客户端和 Docker 通用控制面板之间的所有通信都被加密。默认情况下，使用客户端工具（如 Web 浏览器）不信任的自签名 TLS 证书。因此，当尝试访问 Docker 通用控制面板时，其浏览器将出现警告窗口，提示不信任 Docker 通用控制面板或 Docker 通用控制面板具有无效证书，如图 5-17 所示。

图 5-17　警告窗口

其他客户端工具也会发生这种情况。

```
$ curl https://ucp.example.org
SSL certificate problem: Invalid certificate chain
```

可以将 Docker 通用控制面板配置为使用组织自己的 TLS 证书，以便浏览器和客户端工具自动被信任。

为了确保对组织的业务影响最小，应该避免在业务高峰时段进行此更改。组织的应用程序将继续正常运行，但现有的 Docker 通用控制面板客户端证书将无效，因此用户必须从命令行界面下载新的 Docker 通用控制面板客户端证书才能访问 Docker 通用控制面板。

> **注意**
>
> 若要配置 Docker 通用控制面板以使用组织自己的 TLS 证书和密钥，请转到 Docker 通用控制面板 Web 图形用户界面，导航到 Admin Settings 页面，然后单击 Certificates 标签页，如图 5-18 所示。

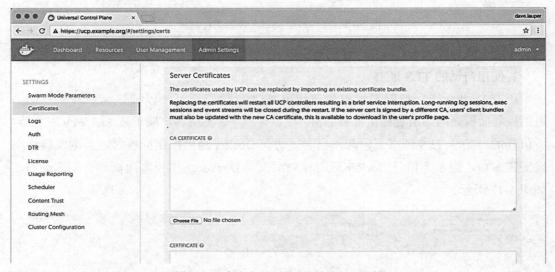

图 5-18　自定义通用控制面板 TLS 证书

上传组织的证书和密钥，包括以下内容：

（1）一个 ca.pem 有根 CA 公共证书文件。

（2）一个 cert.pem 与 TLS 证书为组织的域和任何中间公共证书，顺序文件。

（3）key.pem 带有私钥的文件。应确保没有使用密码加密，加密密钥应该在第一行加密。

最后，单击更新以使更改生效。

更换 TLS 证书后，客户端的用户将无法使用其旧的证书包进行身份认证，需使用户访问 Docker 通用控制面板 Web 图形用户界面并获取新的客户端证书包。

如果部署了 Docker 可信注册库，那么还需要重新配置它，以信任新的 Docker 通用控制面板 TLS 证书。

3. 缩放集群

Docker 通用控制面板设计随着应用程序的大小和使用情况的增加而水平缩放，如图 5-19 所示。可以从 Docker 通用控制面板集群中添加或删除节点，以使其满足组织的需求。

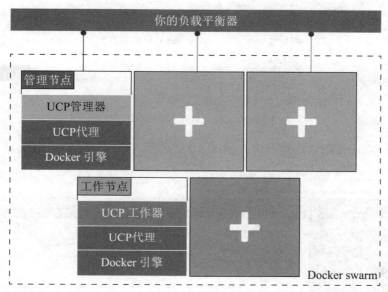

图 5-19　Docker 通用控制面板可以进行水平缩放

由于 Docker 通用控制面板利用了 Docker Engine 提供的集群功能，因此可以使用 docker swarm join 命令向集群添加更多节点。加入新节点时，Docker 通用控制面板服务会自动开始在该节点运行。

将节点加入集群时，可以指定其角色为 manager 或 worker。

■ 管理器节点

管理器（manager）节点负责集群管理功能，并向工作节点分派任务。拥有多个管理器节点，可以使组织的集群具有高可用性，并能够容忍节点故障。

管理器节点还以复制的方式运行所有 Docker 通用控制面板组件，因此通过添加其他管理器节点，也使 Docker 通用控制面板具有高可用性。

■ 工作器节点

工作器（worker）节点接收并执行所部署的服务和应用程序。拥有多个工作器节点，可扩展集群的计算能力。

在集群中部署 Docker 可信注册库时，可将其部署到工作器节点。

1）将节点连接到集群

要将节点连接到集群，请转到 Docker 通用控制面板 Web 图形用户界面，导航到 Resources 页面，然后转到 Nodes 标签页，如图 5-20 所示。

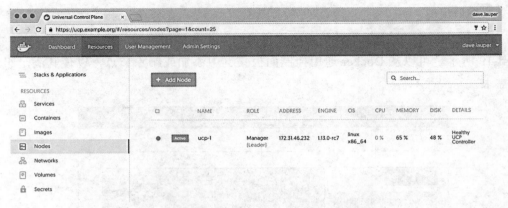

图 5-20　将节点连接到集群

单击 Add Node 按钮添加新节点，如图 5-21 所示。

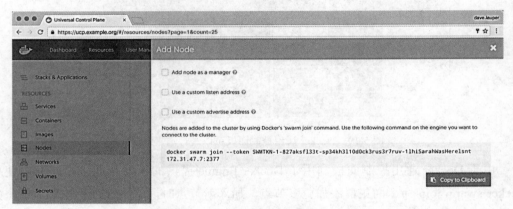

图 5-21　在集群中添加新节点

如果要将节点添加为管理器，请选中 Add node as a manager 复选框。另外，设置 Use a custom listen address 复选框可指定要加入集群的主机的 IP。然后，可以复制显示的命令，使用 ssh 登录到要加入集群的主机，并在该主机上运行命令。在节点中运行 join 命令后，节点显示在 Docker 通用控制面板中，如图 5-22 所示。

图 5-22　使用 ssh 登录到要加入集群的主机

2）从集群中删除节点

（1）如果目标节点是管理器节点，那么在继续删除之前，需要先将节点降级为工作器节点，有以下两种方法：

■ 在 Docker 通用控制面板 Web 图形用户界面中，导航到 Resources 选项卡，然后选择Nodes 标签页。选择要删除的节点并将其角色切换到"工作"，等待操作完成，并确认节点不再是管理器。

■ 在命令行界面执行 docker node ls 命令并识别目标节点的 nodeID 或主机名，然后执行 docker node demote <nodeID or hostname> 命令。

（2）如果工作器节点的状态是 Ready，则需要手动强制节点离开集群。为此，通过 SSH连接到目标节点，并执行docker swarm leave –force命令直接针对本地的 Docker 引擎。如果节点仍是管理器，则不执行此步骤。

（3）现在节点的状态报告为 Down，可以删除节点，有以下两种方法：

■ 在 Docker 通用控制面板 Web 图形用户界面中，选择 Nodes 标签页，选择要删除的节点，然后单击 Remore Node 按钮。5 秒内再次单击该按钮确认操作。

■ 在命令行界面执行 docker node rm <nodeID or hostname> 命令。

3）节点属性

一旦节点成为集群的一部分，就可以更改其角色，使管理器节点成为一个工作器节点，反之亦然。还可以配置节点的可用性属性，如图 5-23 所示，使其变为：

■ 活动（Active）状态：节点可以接收和执行任务。

■ 暂停（Paused）状态：节点继续运行现有任务，但不接收新任务。

■ 清除（Drained）状态：节点不会收到新任务。现有任务停止，复制任务在活动节点中启动。

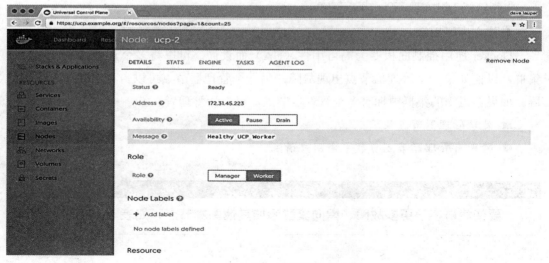

图 5-23　节点属性

如果将用户请求负载平衡到跨多个管理器节点的 Docker 通用控制面板，那么在将这些节点降级到工作器时，不要忘记将其从负载平衡池中删除。

4）从命令行界面扩展集群

也可以使用命令行执行上述所有操作。要获取连接令牌，请在管理器节点上运行以下命令：

```
$ docker swarm join-token worker
```

如果要添加新的管理器节点而不是工作器节点，请使用 docker swarm join-token manager 进行。如果要使用自定义的监听地址，需添加 --listen-addr：

```
docker swarm join \
    --token SWMTKN-1-2o5ra9t7022neymg4u15f3jjfh0qh3yof817nunoioxa9i7lsp-
dkmt01ebwp2m0wce1u31h6lmj \
    --listen-addr 234.234.234.234 \
    192.168.99.100:2377
```

添加节点后，可以通过在管理器上执行 docker node ls 命令来查看节点：

```
$ docker node ls
```

要更改节点的可用性属性，可使用如下命令：

```
$ docker node update --availability drain node2
```

可以设置可用性属性值为 active、paused 或 drained。

要删除节点，需使用如下命令：

```
$ docker node rm <node-hostname>
```

4. 建立高可用性

Docker 通用控制面板专为高可用性（HA）而设计，可以将多个管理器节点连接到集群，以便如果一个管理器节点出现故障，另一个管理器节点可以自动接管而不影响集群。如果在组织的集群中拥有多个管理器节点，可以让管理者：

■ 处理管理器节点故障；
■ 跨所有管理器节点负载平衡用户请求。

注意

　　要使集群容忍更多故障，需向集群添加其他副本节点，如表 5-6 所示。

表 5-6 管理器节点数与容忍故障数对照

管理器节点数	容忍故障节点数
1	0
3	1
5	2
7	3

对于生产级部署，需遵循以下经验法则。

■ 当管理器节点出现故障时，集群容忍的故障数量会减少。不要让该节点离线太久。

■ 应该在不同的可用区域之间分发相应的管理器节点。这样即使整个可用性区域下降，集群也可以继续工作。

■ 向集群添加许多管理器节点可能会导致性能下降，因为配置的更改需要跨所有管理器节点进行复制。最大可取的是有 7 个管理器节点。

5. 使用负载平衡器

加入多个管理器节点以实现高可用性后，可以配置自己的负载平衡器以平衡所有管理器节点上的用户请求，如图 5-24 所示。

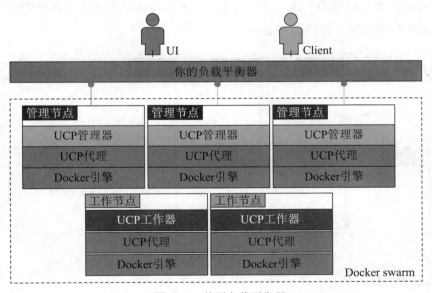

图 5-24　使用负载平衡器

这允许用户使用集中式域名访问 Docker 通用控制面板。如果一个管理器节点关闭，负载平衡器可以检测到并停止向该节点转发请求，以便用户忽略该故障。

1）Docker 通用控制面板上的负载平衡

由于 Docker 通用控制面板使用相互安全传输层协议（TLS），所以请确保将负载平衡器配置为：

■ 端口 443 上的负载平衡 TCP 流量；

■ 不终止 HTTPS 连接；

■ 在每个管理器节点上的端点使用 /_ping 命令，来检查节点是否正常且是否应保留在负载平衡池中。

2）负载平衡 Docker 通用控制面板和可信注册库

默认情况下，Docker 通用控制面板和可信注册库都使用端口 443。如果计划部署 Docker 通用控制面板和可信注册库，则负载平衡器需要根据 IP 地址或端口号区分两者之间的流量。

如果要配置组织的负载平衡器，以侦听端口 443 时，则注意以下事项。

■ 对于 Docker 通用控制面板使用一个负载平衡器，另一个则用于可信注册库；

■ 使用与多个虚拟 IP 相同的负载平衡器；

■ 配置组织的负载平衡器，以在 443 以外的端口上公开 Docker 通用控制面板或可信注册库。

6. 将标签添加到集群节点

部署 Docker 通用控制面板后，可以向节点添加标签。标签是可用于组织节点的元数据，也可以用于服务的部署约束。部署服务时，可以指定约束，以便仅在具有满足组织指定的所有约束的标签的节点上进行计划。例如，可以根据开发生命周期中的角色或其硬件资源来应用标签，如图 5-25 所示。

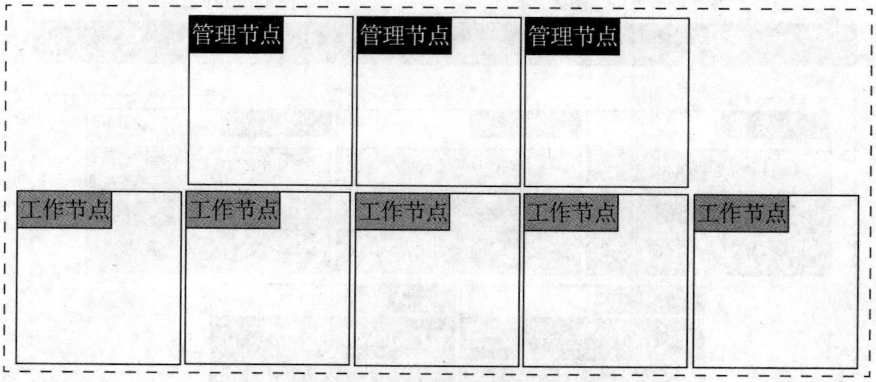

图 5-25　将标签添加到集群节点

1）将标签应用于节点

使用 Docker 通用控制面板 Web 图形用户界面中的管理员凭据登录，导航到 Nodes 标签页，然后选择要应用标签的节点，如图 5-26 所示。

在"编辑节点"页面中，向下滚动到"标签"部分，单击 Add label 按钮，并向节点添加一个或多个标签。

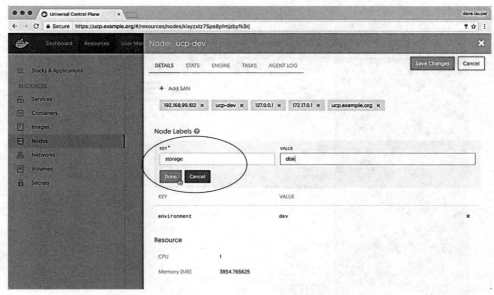

图 5-26　将标签应用于节点

完成后单击 Save Changes 按钮。

还可以通过运行以下命令由命令行界面执行将标签应用于节点操作：

```
docker node update --label-add <key>=<value> <node-id>
```

2）向服务添加约束

部署服务时，可以指定约束，以便仅在具有满足组织指定的所有约束的标签的节点上进行计划。如图 5-27 所示，在此示例中，当用户部署服务时，可以为要在具有固态硬盘（Solid State Drives，SSD）存储的节点上调度的服务添加约束。

可以向 docker-stack.yml 文件添加部署约束。

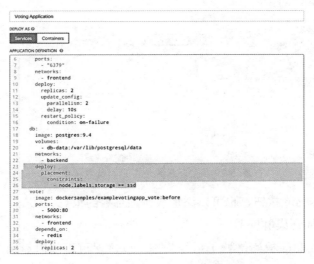

图 5-27　向服务添加约束

也可以在创建服务时添加约束，如图 5-28 所示。

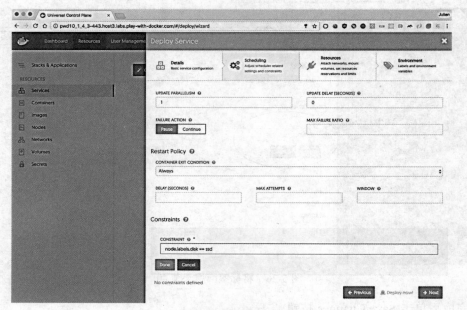

图 5-28　在服务创建时添加约束

可以检查服务是否具有部署限制。如图 5-29 所示，导航到 Services 标签页，选择要检查的服务，完成后单击 Scheduling。

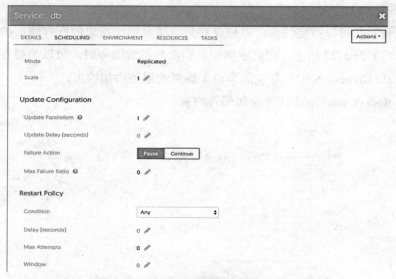

图 5-29　检查服务是否具有部署限制

单击 Add constrain 按钮，也可以添加或删除部署约束。

7. 将 SAN 添加到集群证书

Docker 通用控制面板始终处于运行状态，以确保可以随时启用 HTTPS。当连接到 Docker 通用控制面板时，需要确保用于连接的主机名被 Docker 通用控制面板的证书识别。

例如，如果将 Docker 通用控制面板放在负载平衡器上，将流量转发到 Docker 通用控制面板实例，则用户的请求将包含负载平衡器的主机名或 IP 地址，而不是 Docker 通用控制面板的主机名或 IP 地址。此时，Docker 通用控制面板将拒绝这些请求，除非在其证书中包含负载平衡器的地址作为主备用名称（或 SAN）。

如果使用自己的 TLS 证书，则需要确保它们具有正确的 SAN 值。

如果要使用 Docker 通用控制面板具有开箱即用的自签名证书，则可以在使用 --san 参数安装 Docker 通用控制面板时设置 SAN，也可以在安装后再添加它们。

安装后要将新 SAN 添加到 Docker 通用控制面板时，可使用 Docker 通用控制面板 Web 图形用户界面中的管理器凭据登录，导航到 Nodes 标签页，选择一个节点，然后单击 Add SAN 按钮，并将一个或多个 SAN 添加到节点，如图 5-30 所示。

图 5-30　将新 SAN 添加到 UCP

完成后单击 Save Changes 按钮。

必须在集群中的每个管理器节点上执行以上操作，但一旦完成，SAN 将自动应用于加入集群的任何新管理器节点。也可以先在命令行界面执行此操作：

```
$ docker node inspect --format '{{ index .Spec.Labels "com.docker.ucp.SANs" }}'
<node-id>
   default-cs,127.0.0.1,172.17.0.1
```

这将获得给定管理器节点的当前 SAN 集合。将所需的 SAN 附加到列表（例如 default-cs，127.0.0.1，172.17.0.1，example.com），然后执行以下命令：

```
$ docker node update --label-add com.docker.ucp.SANs=<SANs-list> <node-id>
```

其中，<SANs-list> 是最后添加的新 SAN 的 SAN 列表。在 Web 图形用户界面中，必须为每个管理器节点执行此操作。

8. 将日志存储在外部系统中

1）配置 Docker 通用控制面板日志记录

可以配置 Docker 通用控制面板，以将日志发送到远程日志服务：

（1）使用管理员账户登录 Docker 通用控制面板。

（2）导航到 Admin Settings 标签页。

（3）设置有关日志服务器的信息，然后单击 Enable Remote Logging 按钮，如图 5-31 所示。

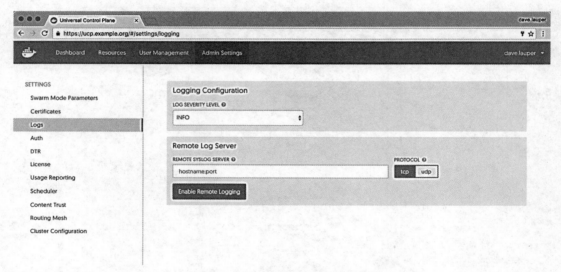

图 5-31　配置 UCP 日志记录

2）设置 ELK 堆栈示例

一个通用的日志堆栈由 Elasticsearch、Logstash 和 Kibana（以下简称 ELK）组成。以下代码演示如何设置可用于日志记录的示例部署。

```
docker volume create --name orca-elasticsearch-data

docker run -d \
  --name elasticsearch \
  -v orca-elasticsearch-data:/usr/share/elasticsearch/data \
  elasticsearch elasticsearch -Des.network.host=0.0.0.0

docker run -d \
  -p 514:514 \
  --name logstash \
  --link elasticsearch:es \
  logstash \
  sh -c "logstash -e 'input { syslog { } } output { stdout { } elasticsearch {
```

```
hosts => [ \"es\" ] } } filter { json { source => \"message\" } }'"

    docker run -d \
      --name kibana \
      --link elasticsearch:elasticsearch \
      -p 5601:5601 \
      kibana
```

一旦这些容器运行，经配置的 Docker 通用控制面板会将日志发送到 Logstash 容器的 IP。然后，就可以查看运行在 Kibana 系统上的端口 5601，并浏览日志 / 事件条目。注意应该指定索引的"时间"字段。

部署在生产环境中时，应该保护组织的 ELK 堆栈。Docker 通用控制面板本身并不这样做，但是有很多第三方软件可以实现这一点（例如 Kibana 的 Shield 插件）。

9. 将服务限制于工作节点中

可以将 Docker 通用控制面板配置为仅允许用户在工作器节点中部署和运行服务。这样可以确保所有集群管理功能保持性能，并使集群更加安全。如果某一用户部署可能影响运行它的节点的恶意服务，它将不会影响集群中的其他节点或任何集群管理功能。要限制用户部署到管理器节点，请使用管理器凭据登录到 Docker 通用控制面板 Web 图形用户界面，导航到 Admin Settings 选项卡，然后选择 Scheduler 标签页，如图 5-32 所示。

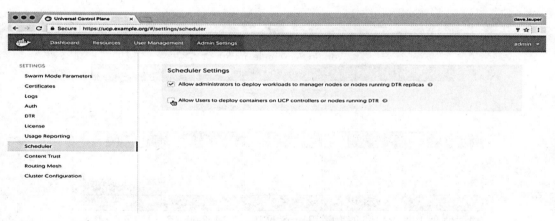

图 5-32　UCP Web UI 的管理设置

此时可以选择是否允许用户服务在管理器节点上运行。

10. 使用域名访问服务

Docker 具有传输层负载平衡器，也称为 L4 负载平衡器。这项技术，允许独立于运行它们的节点访问管理者所部署的服务，如图 5-33 所示。

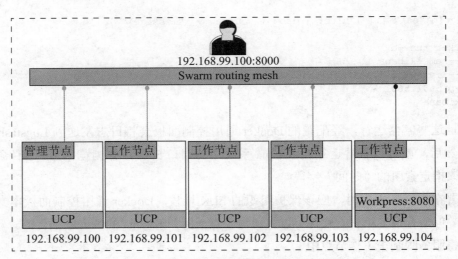

图 5-33   使用 IP 访问的地址映射示意图

在此示例中，Workpress 服务正在端口 8080 上提供。用户可以使用集群中任何节点的 IP 地址和端口 8080 访问 Workpress。如果 Workpress 没有在该节点中运行，则请求将重定向到另外一个运行的节点。

Docker 通用控制面板扩展了这一点，为应用层负载均衡提供了一个 HTTP 路由网格，允许使用域名而不是 IP 访问及使用 HTTP 和 HTTPS 端点的服务，如图 5-34 所示。

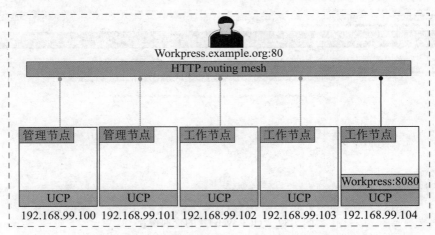

图 5-34   使用域名访问的地址映射示意图

在此示例中，Workpress 服务侦听端口 8080 并附加到 ucp-hrm 网络。还有一个 DNS 条目映射 Workpress.example.org 到 Docker 通用控制面板节点的 IP 地址。当用户访问 Workpress.example.org：80 时，HTTP 路由网格以对用户透明的方式将请求路由到运行 Workpress 的服务。

1）启用 HTTP 路由网格

要启用 HTTP 路由网格，请转到 Docker 通用控制面板 Web 图形用户界面，导航到 Admin Settings 选项卡，然后选择 Routing Mesh 标签页，检查启用 HTTP 路由网格选项，如图 5-35 所示。

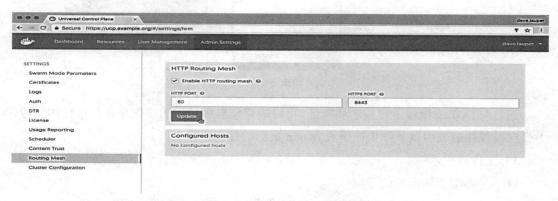

图 5-35　设置启用路由网格

默认情况下，HTTP 路由网格服务侦听端口 80 为 HTTP，端口 8443 为 HTTPS。如果已经有应用使用它们的服务，请更改端口。

2）使用域名访问服务的工作原理

一旦启用 HTTP 路由网格，Docker 通用控制面板将部署：

■ ucp-hrm，接收 HTTP 和 HTTPS 请求并将其发送到正确的服务；

■ ucp-hrm，用于使用 HTTP 路由网格与服务通信的网络。

然后，部署一个公开端口的服务，将该服务附加到 ucp-hrm 网络，并创建一个 DNS 条目，将域名映射到 Docker 通用控制面板节点的 IP 地址。

当用户尝试从该域名访问 HTTP 服务时：

（1）DNS 解析将指向其中一个 Docker 通用控制面板节点的 IP。

（2）HTTP 路由网格查看 HTTP 请求中的 Hostname 头。

（3）如果有一个映射到该主机名的服务，请求将路由到服务正在侦听的端口；如果没有，用户会收到一个 HTTP 503 错误的网关错误警告信息。

与 HTTPS 的服务类似，HTTP 路由网格不会终止 TLS 连接，而是使用称为服务器名称指示的 TLS 扩展名，这将允许客户端清除其尝试访问的域名。

在 HTTPS 端口中接收到连接时，路由网关将查看服务器名称指示标题，并将请求路由到正确的服务。该服务负责终止 HTTPS 连接。请注意，路由网格使用 SSL 会话 ID 来确保单个 SSL 会话为始终与服务相同的任务。这是出于性能原因，因此可以跨请求维护相同的 SSL 会话。

11. 只运行信任的镜像

使用 Docker 通用控制面板，可以强制应用程序仅使用组织信任的用户签名的 Docker 镜像。当用户尝试将应用程序部署到集群时，Docker 通用控制面板检查应用程序是否使用了不受信任的 Docker 镜像，如果使用的是不受信任的 Docker 镜像，则不会继续部署，如图 5-36 所示。

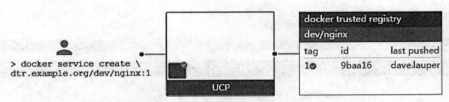

图 5-36　使用受信任的镜像

通过对 Docker 镜像进行签名和验证，可以确保集群中使用的镜像是自己信任的镜像，不会在镜像注册表中或从镜像注册表到 ucp 集群的过程中被更改。

1）工作流程示例

以下是典型工作流程的示例：

（1）开发人员对服务进行修改完善，并将其完善后推送到版本控制系统。

（2）CI 系统创建一个构建、运行测试的集成框架，通过一定的封装将镜像推送到可信注册库。

（3）质量工程团队拉动镜像，并进行更多测试。如果一切看起来都很好，他们签名并推送镜像。

（4）IT 运营团队部署服务。如果用于服务的镜像由质量保证小组签署，则 Docker 通用控制面板部署它，否则，Docker 通用控制面板拒绝部署。

2）配置 Docker 通用控制面板

要将 Docker 通用控制面板配置为仅允许使用组织信任的 Docker 镜像的运行服务，请转到 Docker 通用控制面板的 Web 图形用户界面，导航到 Admin Settings 选项卡，然后单击 Content Trust 标签页。选择 Only run signed images 复选框，只允许使用组织信任的镜像部署应用程序，如图 5-37 所示。

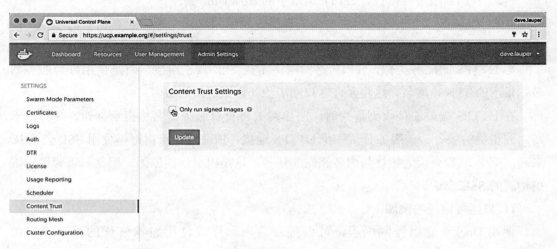

图 5-37　设置内容信任选项

经此设置后，只要镜像已经签名，Docker 通用控制面板就可以部署任何镜像。谁签名镜像无关紧要。要强制该镜像需要由特定团队签名，请将这些团队包含在 ALL OF

THESE TEAMS 中，如图 5-38 所示。

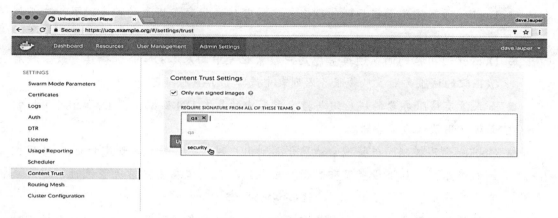

图 5-38　强制需求签名

如果指定了多个团队，则该镜像需要由每个团队的成员或属于所有团队成员的人签名。单击 Docker 通用控制面板即可更新以开始执行策略。

12. 与 LDAP 集成

Docker 通用控制面板与 LDAP 目录服务集成，可通过组织的目录对用户和组进行管理，并自动将该信息传播到 Docker 通用控制面板和可信注册库。

如果启用 LDAP，Docker 通用控制面板将使用远程目录服务器自动创建用户，并且所有登录都将转发到目录服务器。从内置身份验证切换到 LDAP 身份验证时，仍然可以使用其用户名与任何 LDAP 搜索结果都不匹配的所有手动创建的用户。启用 LDAP 身份验证后，可以选择仅在用户首次登录时 Docker 通用控制面板是否创建用户账户。选择即时用户配置选项，以确保 Docker 通用控制面板中存在的唯一 LDAP 账户是那些用户登录到 Docker 通用控制面板的账户。

1）Docker 通用控制面板与 LDAP 集成

可以通过为用户创建搜索来控制 Docker 通用控制面板与 LDAP 的集成方式。可以指定多个搜索配置，也可以指定要集成的多个 LDAP 服务器。搜索从基本 DN 开始，它是 LDAP 目录树中节点的可分辨名称，搜索查找用户从该目录树开始。

通过导航到 UCP Web UI 中的"Authentication & Authorization"页面来访问 LDAP 设置。用于控制 LDAP 搜索和服务器的有两部分。

LDAP 用户搜索配置："身份验证和授权"页面的一部分，可以在其中指定搜索参数，如基本 DN、范围、过滤器，用户名属性和全名属性。这些搜索存储在列表中，排序可能很重要，具体取决于搜索配置。

LDAP 服务器：指定 LDAP 服务器的 URL、TLS 配置和执行搜索请求的凭据的部分。此外，管理者可以为所有服务器提供域，但第一个服务器被视为默认域服务器。任何其他人都与管理者在页面中指定的域相关联。

当 Docker 通用控制面板与 LDAP 同步时，会发生以下情况。

- Docker 通用控制面板按照管理者指定的顺序迭代每个用户的搜索配置，从而创建一组搜索结果。

- Docker 通用控制面板通过考虑用户搜索配置中的基本 DN 并选择具有最长域后缀匹配的域服务器，从域服务器列表中选择 LDAP 服务器。

- 如果没有域服务器的域后缀与搜索配置中的基本 DN 匹配，则 Docker 通用控制面板使用默认域服务器。

- Docker 通用控制面板将搜索结果合并到用户列表中，并为其创建 Docker 通用控制面板账户。如果设置了即时用户配置选项，则仅在用户首次登录时创建用户账户。

- 要使用的域服务器由每个搜索配置的基本 DN 确定。Docker 通用控制面板不对每个域服务器执行搜索请求，只对具有最长匹配域后缀的域服务器执行搜索请求，或者对默认情况下执行默认值。

假设有 3 个如表 5-7 所示的 LDAP 域服务器。

表 5-7　LDAP 域服务器 URL

域	服务器 URL
default	ldaps://ldap.example.com
dc=subsidiary1,dc=com	ldaps://ldap.subsidiary1.com
dc=subsidiary2,dc= subsidiary1,dc=com	ldaps://ldap.subsidiary2.com

以下是 3 个具有基本 DN 的用户搜索配置：

- 基于 DN=ou=people,dc=subsidiary1,dc=com

对于此搜索配置，dc=subsidiary1，dc=com 是唯一具有后缀域的服务器，因此 Docker 通用控制面板使用服务器 ldaps://ldap.subsidiary1.com 作为搜索请求。

- 基于 DN=ou=product,dc=subsidiary2,dc=subsidiary1,dc=com

对于此搜索配置，其中两个域服务器的域名是此基本 DN 的后缀，但 dc=subsidiary2，dc=subsidiary1，dc=com 是两者中较长的一个，因此 Docker 通用控制面板使用服务器 ldaps://ldap.subsidiary2.com 作为搜索请求。

- 基于 DN=ou=eng,dc=example,dc=com

对于此搜索配置，没有指定域的服务器是此基本 DN 的后缀，因此 Docker 通用控制面板使用默认服务器，ldaps://ldap.example.com，作为搜索请求。

如果域之间的搜索结果存在用户名冲突，则 Docker 通用控制面板仅使用第一个搜索结果，因此用户搜索配置的顺序可能很重要。例如，如果第一个和第三个用户搜索配置都导致使用用户名 xizang.doe 的记录，则第一个具有更高的优先级，而第二个被忽略。因此，选择一个对所有域中的用户都唯一的用户名属性非常重要。

因为名称可能会发生冲突，所以最好使用子企业独有的东西，例如每个人的电子邮件地址。用户可以使用电子邮件地址登录，例如 xizang.doe@subsidiary1.com。

2）配置 LDAP 集成

要配置 Docker 通用控制面板以使用 LDAP 目录创建和验证用户，可转到 UCP Web UI，导航到 Admin Settings 页面，然后单击 Authentication & Authorization 选项以选择用于创建和验证用户的方法。

在 LDAP E 已启用部分中，单击 Yes 按钮以显示 LDAP 设置，可配置 LDAP 目录集成。

3）所有私有集合的默认角色

在 LDAP 集成管理设置页可更改新用户的默认权限。

单击下拉列表，选择 Docker 通用控制面板，为新用户的私有集合分配的权限级别。例如，如果将值更改为 View Only，则在更改设置后首次登录的所有用户对其私有集合的访问权限都为 View Only，而此前所有用户的权限则保持不变。

4）启用 LDAP

在如图 5-39 所示的 LDAP 集成管理设置页单击 Yes 按钮，将 Docker 通用控制面板用户、团队与 LDAP 服务器集成。

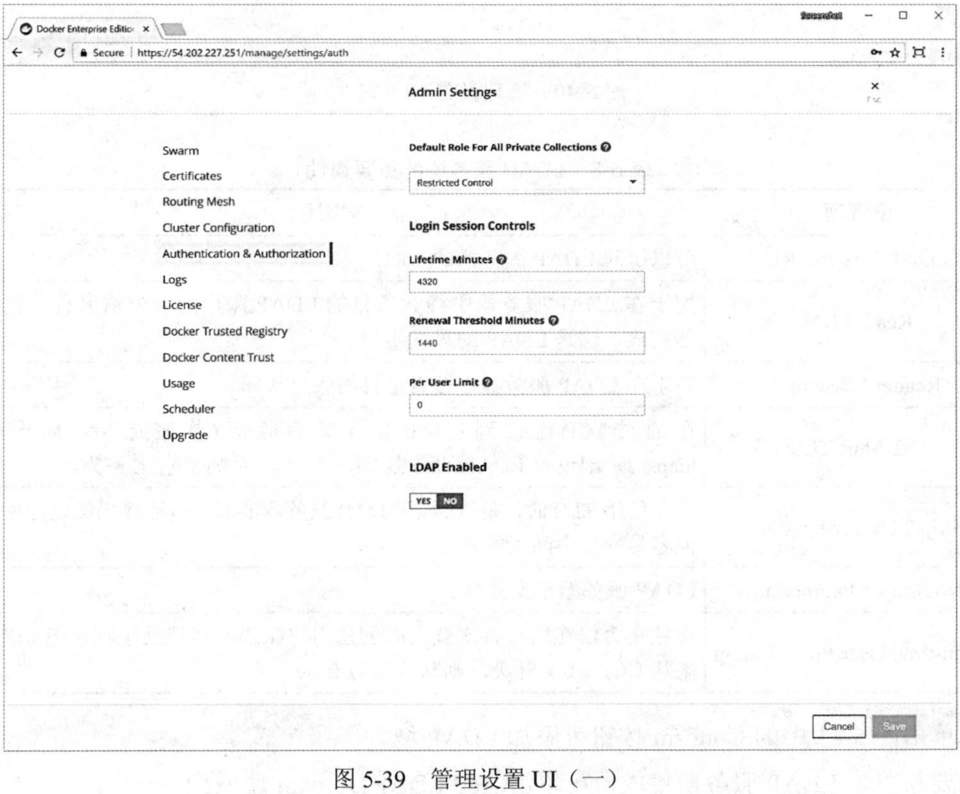

图 5-39　管理设置 UI（一）

5）在如图 5-40 所示的管理设置 UI 中，LDAP 服务器的重要属性如表 5-8 所示

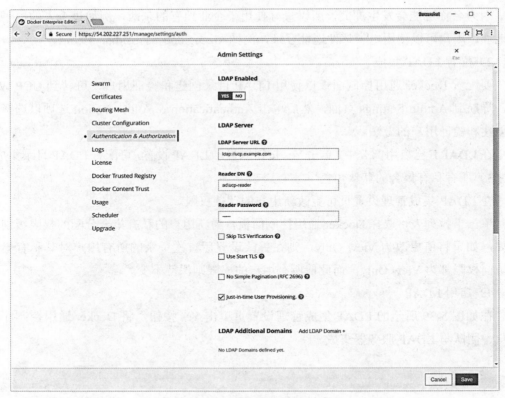

图 5-40　管理设置 UI（二）

表 5-8　LDAP 服务器的重要属性

设置项	描述
LDAP Server URL	可以访问 LDAP 服务器的 URL
Reader DN	用于在 LDAP 服务器中搜索条目的 LDAP 账户的可分辨名称。作为最佳实践，这是 LDAP 的只读用户
Reader Password	用于在 LDAP 服务器中搜索条目的账户密码
Use Start TLS	在通过 TCP 连接到 LDAP 服务器后验证 / 加密连接。如果使用 ldaps://，则设置 LDAP 服务器 URL 字段，否则忽略此字段
Skip TLS Verification	设置使用 TLS 时，是否验证 LDAP 服务器证书。该连接仍然是加密的，但容易受到中间人的攻击
No Simple Pagination	LDAP 服务器不支持分页
Just-in-time User Provisioning	设置是否仅在用户首次登录时创建用户账户。建议使用默认值 true。如果从 UCP 2.0.x 升级，则默认值为 false

单击图 5-41 中的 Confirm 按钮可添加 LDAP 域。

要与更多 LDAP 服务器集成，可单击 Add LDAP Domain 选项。

6）LDAP 用户搜索配置

参见图 5-41，LDAP 用户搜索配置选项说明如表 5-9 所示。

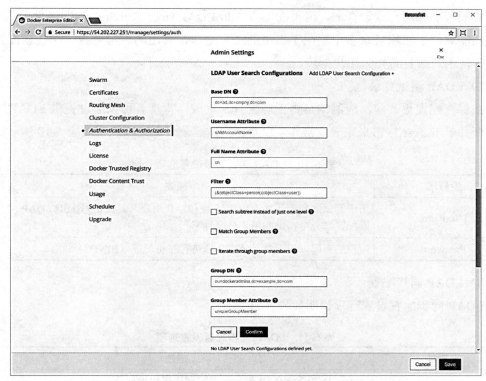

图 5-41　管理设置 UI（三）

表 5-9　LDAP 用户搜索配置选项说明

设置项	描述
Base DN	目录树中节点的可分辨名称，搜索用户应该从该位置开始查找
Username Attribute	要在 UCP 上用作用户名的 LDAP 属性。仅用于创建具有有效用户名的用户条目。有效用户名不超过 100 个字符，不包含任何不可打印的字符，以及空格字符或以下任何字符：/\[]:;|=,+*?＜＞'"
Full Name Attribute	LDAP 属性，显示用户的全名。如果留空，UCP 将不会创建具有全名值的新用户
Filter	用于查找用户的 LDAP 搜索过滤器。如果将此字段留空，则搜索范围中具有有效用户名属性的所有目录条目都将创建为用户
Search subtree instead of just one level	设置是在 LDAP 树的单个级别上执行 LDAP 搜索，还是从基本 DN 开始搜索完整的 LDAP 树
Match Group Members	是否通过选择目标服务器上同时也是特定组成员的用户来进一步过滤用户。如果 LDAP 服务器不支持 memberOf 搜索过滤器，则此功能很有用
Iterate through group members	在图 5-41 中如果选择了此项，则此选项通过首先迭代目标组的成员资格来搜索用户，为每个成员创建单独的 LDAP 查询，而不是首先查询与上述搜索查询匹配的所有用户并将其与集合相交的小组成员；如果目标组的成员数远远小于与上述搜索过滤器匹配的用户数，或者目录服务器不支持搜索结果的简单分页，则此选项可以更有效
Group DN	如果选择了"选择组成员"，则指定从中选择用户的组的可分辨名称
Group Member Attribute	如果选择了"选择组成员"，则此组属性的值对应于组成员的可分辨名称

要配置更多用户搜索查询，请再次单击 Add LDAP User Search Configuration 选项，这个功能对位于组织目录多个不同子树中的用户是非常有用的。与至少一个搜索配置匹配的任何用户条目将作为用户同步。

7）LDAP 测试登录

在保存配置更改前，应测试是否正确配置了集成。管理者可以通过提供 LDAP 用户的凭据并单击 Test 按钮来完成此操作。LDAP 测试登录设置选项说明如表 5-10 所示。

表 5-10　LDAP 测试登录设置选项

设置项	描述
Username	用于测试此应用程序身份验证的 LDAP 用户名。此值对应于 LDAP 用户搜索配置部分中指定的用户名属性
Password	用户的密码，用于对目录服务器进行身份验证（BIND）

8）LDAP 同步配置

LDAP 同步配置设置选项说明如表 5-11 所示。

表 5-11　LDAP 同步配置设置选项

设置项	描述
Sync interval	用于在 UCP 和 LDAP 服务器之间同步用户的时间间隔（以小时为单位）。运行同步作业时，在 UCP 中使用默认权限级别创建在 LDAP 服务器中找到的新用户。LDAP 服务器中不存在的 UCP 用户变为非活动状态
Enable sync of admin users	此选项指定系统管理员应与组织 LDAP 目录中的组成员直接同步，管理员将同步以匹配该组的成员。配置的恢复管理用户仍然保留为系统管理员

配置 LDAP 集成后，Docker 通用控制面板会根据定义的时间间隔（1 小时）来同步用户。同步运行时，Docker 通用控制面板会存储可帮助管理者在出现问题时用于故障排除的日志。

单击 Sync Now 可手动同步用户设置。

9）撤销用户访问权限

从 LDAP 中删除用户时，对用户的 Docker 通用控制面板账户的影响取决于实时用户配置设置：

■ 实时用户设置为假：从 LDAP 中删除的用户在下次 LDAP 同步运行后，在 Docker 通用控制面板中变为非活动状态。

■ 实时用户设置为真：从 LDAP 中删除的用户无法进行身份验证，但其 Docker 通用控制面板账户仍处于活动状态。这意味着他们可以使用客户机包来运行命令。为防止这种情况，可停用其 Docker 通用控制面板用户账户。

10）使数据与组织的 LDAP 目录同步

Docker 通用控制面板保存了操作所需的最少量用户数据。这包括配置中指定的用户名和全名属性的值，以及每个同步用户的可分辨名称。Docker 通用控制面板不会在目录服务器存储任何其他数据。

11）同步团队

Docker 通用控制面板可以使团队与组织的 LDAP 目录中的搜索查询或组同步，将团队成员与组织的 LDAP 目录同步。

5.3.3 管理用户

1. 认证和授权

使用 Docker 通用控制面板可以控制谁可以在集群中创建和编辑资源（如服务、镜像、网络和卷）。

默认情况下，没有人可以更改管理者的集群，但可以授予管理权限，以执行细粒度的访问控制。为此应：

■ 首先创建一个用户并分配默认权限。

默认权限指定用户必须创建和编辑资源的权限。可以从四个权限级别中进行选择，从不能访问资源到完全控制权限。

■ 通过将用户添加到团队来扩展用户权限。

可以通过将用户添加到团队来扩展用户的默认权限。一个团队定义了用户对标签集合的权限，从而定义了应用这些标签的资源。

当用户创建没有标签的服务或网络时，这些资源只对他们和管理员可见。要使用户能够查看和编辑相同的资源，需使用 com.docker. ucp. access.label 标签，如图 5-42 所示。

在本例中，共有两组容器：一个集合标有所有容器 com.docker. ucp.access.label=crm；另一个容器标有所有容器 com.docker.ucp.access. label=billing。

图 5-42　使用标签

现在可以创建不同的团队，并调整每个团队对这些容器的权限级别。

例如，如图 5-43 所示，可以创建 3 个不同的团队。

■ 开发 CRM 应用程序的团队可以使用标签创建和编辑容器 com.docker.ucp.access. label=crm。

■ 正在开发"账单"应用的团队可以使用标签创建和编辑容器 com.docker.ucp. access.label=billing。

■ 操作团队可以使用任意两个标签来创建和编辑容器。

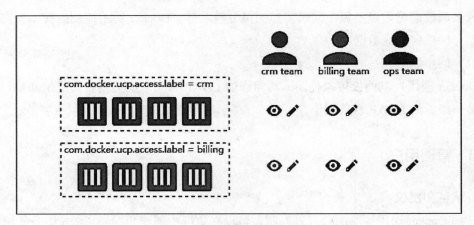

图 5-43　团队对容器的权限级别

2. 创建和管理用户

使用Docker通用控制面板内置身份认证时，需要创建用户并为其分配默认权限级别，以便他们可以访问集群。

要创建新用户，在 Docker 通用控制面板的 Web 图形用户界面导航到 User Management（用户和团队）页面，如图 5-44 所示。

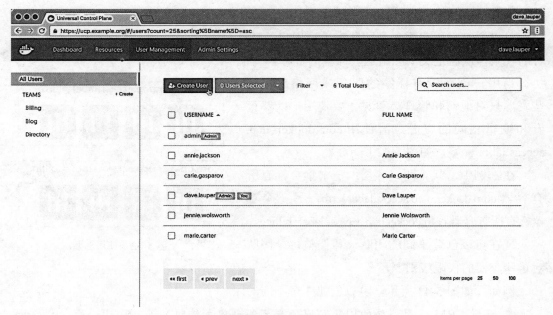

图 5-44　创建新用户

单击 Create User（创建用户）按钮，填写用户信息，如图 5-45 所示。

如果要授予用户更改集群配置的权限，可选中"Is a UCP Admin？"复选框。此外，还可为用户分配默认权限级别。默认权限指定用户对没有 com.docker.access.label 应用标签资源的使用权限。有 4 个权限级别，如表 5-12 所示。

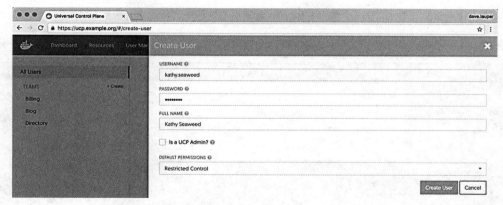

图 5-45　填写用户信息

表 5-12　用户权限级别

默认权限级别	描述
No Access	用户无法查看资源，如服务、镜像、网络和卷
View Only	用户可以查看镜像和卷，但不能创建服务
Restricted Control	用户可以查看和编辑卷和网络。他们可以创建服务，但无法看到其他用户的服务、运行 docker exec 或运行需要对主机进行特权访问的容器
Full Control	用户可以查看和编辑卷和网络。他们可以创建容器而没有任何限制，但看不到其他用户的容器

单击 Create User 按钮，创建用户。

3. 创建和管理团队

通过授予用户对资源的细粒度权限来扩展他们的默认权限，可以通过将用户添加到团队来实现此目的。团队定义了用户拥有标签 com.docker.ucp.access.label 应用资源的使用权限。标签可以应用于具有不同权限级别的多个团队。要创建一个新团队，可在 Docker 通用控制面板的 Web 图形用户界面导航到 Users Management 页面，如图 5-46 所示。

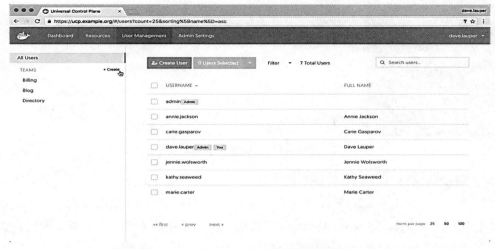

图 5-46　创建新团队

单击 Create 选项创建一个新团队，并为其分配一个名称，如图 5-47 所示。

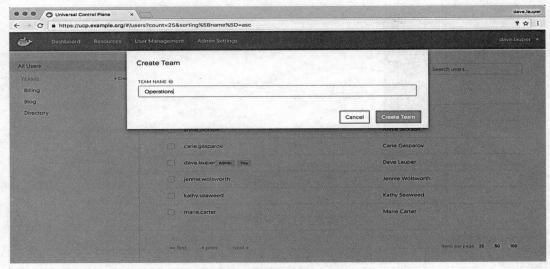

图 5-47　分配新团队名称

1）将用户添加到一个团队

现在可以从团队中添加和删除用户。在用户管理中导航到 MEMBERS 选项卡，然后单击 Add to Team 按钮，选择要添加到团队的用户列表，如图 5-48 所示。

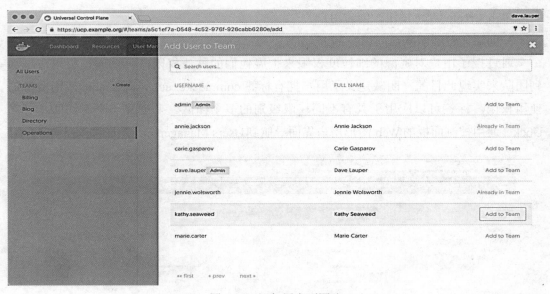

图 5-48　添加用户到团队

2）将团队成员与组织的 LDAP 目录同步

要将用户与组织的 LDAP 目录服务器同步，可以在创建新团队或修改现有团队的设置时选中 Enable Sync of Team Members（启用同步新团队的成员）复选框。此时将扩展表单，其中包含用于配置团队成员同步的附加字段，如图 5-49 所示。

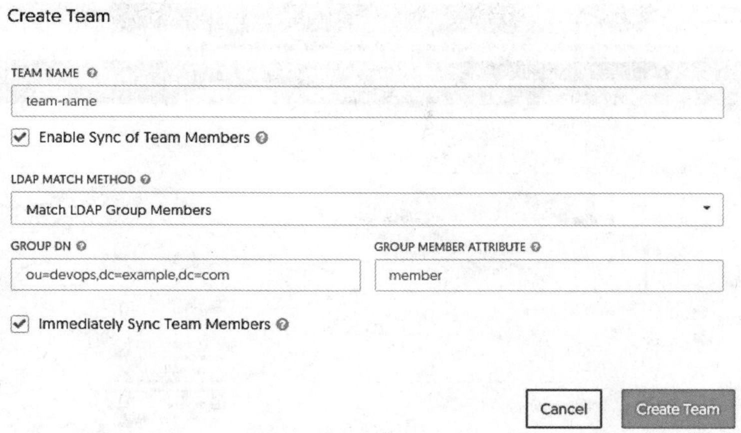

图 5-49 将团队成员与组织的 LDAP 目录同步

在 LDAP 目录中匹配组成员有两种方法。

（1）匹配 LDAP 组成员。

该方法用于指定团队成员应与组织的 LDAP 目录中组的成员直接同步。团队的成员资格将通过与组的成员组合进行同步来获得。设置项如表 5-13 所示。

表 5-13 同步选项

设置项	描述
GROUP DN	指定从中选择用户的组的可分辨名称
GROUP MEMBER ATTRIBUTE	该组属性的值对应于组成员的可分辨名称

（2）匹配 LDAP 搜索结果。

该方法用于指定应使用针对组织的 LDAP 目录的搜索查询来同步团队成员。团队的会员资格将被同步以匹配搜索结果中的用户。设置项如表 5-14 所示。

表 5-14 匹配 LDAP 搜索结果设置项

设置项	描述
Base DN	在目录树中搜索应该开始查找用户的节点的可分辨名称
Search scope	是否在 LDAP 树的单个级别上执行 LDAP 搜索，或者从基本 DN 开始搜索完整的 LDAP 树
Search filter	LDAP 搜索过滤器用于查找用户。如果将此设置项留空，搜索范围中的所有现有用户将添加为团队成员

（3）Immediately Sync Team Members。

此选项可以在保存团队的配置后立即运行 LDAP 同步操作。这可能需要一段时间，团队成员才能完全同步。

3）管理团队权限

在 PERMISSIONS 选项卡中可以指定标签列表以及用户对具有这些标签资源的使用权限级别，如图 5-50 所示。

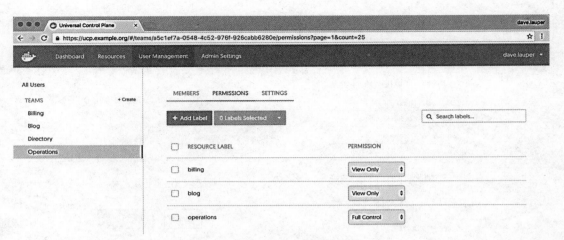

图 5-50　管理团队权限

在前面的示例中，Operations 团队的成员具有创建和编辑 com.docker.ucp.access.label=operations 应用标签资源的权限，但只具有查看 com.docker.ucp.access.label=blog 标签资源的权限。

团队有 4 个权限级别可选，如表 5-15 所示。

表 5-15　团队权限级别（一）

团队权限级别	描述
No Access	用户无法查看此标签中的资源
View Only	用户可以查看但无法使用此标签创建资源
Restricted Control	用户可以使用此标签查看和创建资源，但无法运行 docker exec 及需要对主机进行特别权限访问的服务
Full Control	用户可以使用此标签查看和创建资源，不受任何限制

4. 权限级别

使用 Docker 通用控制面板的有管理员和普通用户两种类型的用户。管理员可以对 Docker 通用控制面板集群进行更改，而常规用户的权限范围包括从无法访问到对卷、网络、镜像和容器的完全控制。

1）管理员用户

在 Docker 通用控制面板中，只有拥有管理员权限的用户可以更改集群设置，包括：

■ 管理用户和团队权限；

■ 管理集群配置，例如向集群添加和删除节点。

2）普通用户

普通用户无法更改集群设置，为其分配默认权限级别。

默认权限级别指定用户访问或编辑资源的权限。可以从 4 个权限级别中进行选择，从不能访问资源到完全控制，如表 5-16 所示。

表 5-16　默认权限级别

默认权限级别	描述
No Access	用户无法查看任何资源，如卷、网络、镜像或容器
View Only	用户可以查看卷、网络和镜像，但无法创建任何容器
Restricted Control	用户可以查看和编辑卷、网络和镜像。他们可以创建容器，但看不到其他用户的容器、运行 docker exec 或运行需要对主机进行特别权限访问的容器
Full Control	用户可以查看和编辑卷、网络和镜像，他们可以创建容器而不受任何限制，但无法查看其他用户的容器

如果用户具有 Restricated Control（受限制控制）或 Full Control（完全控制）默认权限，则可以创建没有标签的资源，只有该用户和管理员可以查看和访问这些资源。默认权限还会影响用户访问不具有标签、镜像和节点的内容的能力。

3）团队权限级别

团队和标签为管理员提供了对权限的细粒度控制。每个团队都可以有多个标签，每个标签都有一个键 com.docker.ucp.access.label。标签可应用于容器、服务、网络、秘密和卷。标签当前不可用于节点和镜像。可信注册库有自己的权限。

团队有 4 个权限级别，如表 5-17 所示。

表 5-17　团队权限级别（二）

团队权限级别	描述
No Access	用户无法查看带有此标签的容器
View Only	用户可以查看但不能使用此标签创建容器
Restricted Control	用户可以使用此标签查看和创建容器，但无法运行 docker exec 或需要特别权限访问主机的容器
Full Control	用户可以使用此标签查看和创建容器而不受任何限制

5. 恢复用户密码

如果具有 Docker 通用控制面板的管理员凭据，则可以重置其他用户的密码。

如果使用 LDAP 服务管理该用户，则需要更改该系统上的用户密码。如果使用 Docker 通用控制面板管理用户账户，请使用管理员凭据登录到 Docker 通用控制面板的 Web 图形用户界面，导航到 User Management（用户管理）选项卡，然后选择要更改其密码的用户，如图 5-51 所示。

如果是管理员身份，忘记密码，可以通过管理员凭据来询问其他用户更改密码。如果是唯一的管理员，请使用 ssh 登录到由 Docker 通用控制面板管理的管理器节点，然后运行以下命令：

```
docker exec -it ucp-auth-api enzi \
  "$(docker inspect --format '{{ index .Args 0 }}' ucp-auth-api)" \
  passwd -i
```

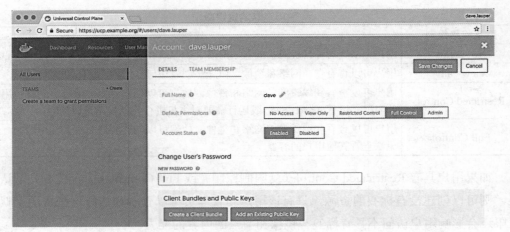

图 5-51　更改用户密码

5.3.4　监视和排除故障

1. 监视集群状态

可以使用 Web 图形用户界面或命令行界面监视 Docker 通用控制面板的状态，还可以使用 _ping 端点来构建监控自动化。

1）从图形用户界面检查状态

检查 Docker 通用控制面板状态首选 Docker 通用控制面板的 Web 图形用户界面，因为它会显示出需要立即注意的情况的警告。管理员可能会看到比普通用户更多的警告，如图 5-52 所示。

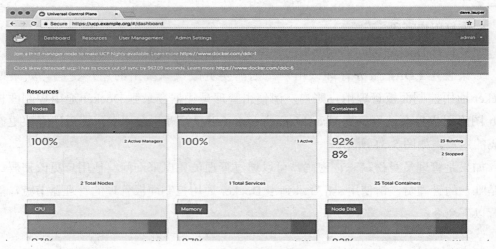

图 5-52　用户警告信息

其次，还可以导航到 Nodes（节点）标签页，查看由 Docker 通用控制面板管理的所有节点是否健康，如图 5-53 所示。

图 5-53　节点是否健康信息

每个节点都有一个状态消息，解释该节点的任何问题。

2）在命令行界面检查状态

可以使用 Docker 命令行界面客户端监视 Docker 通用控制面板集群的状态。下载
Docker 通用控制面板客户端证书包，然后运行命令：

```
$ docker node ls
```

作为经验法则，如果状态消息开始 [Pending]，则当前状态是暂时状态，并且节点预
期将自身恢复到健康状态。

3）监控自动化

可以使用 https：//<ucp-manager-url>/_ping 端点来检查单个 Docker 通用控制面板管
理器节点的运行状况。以这种方式访问某端点时，Docker 通用控制面板管理器验证其所
有内部组件是否正常工作，并返回以下 HTTP 错误代码之一：

■ 200 表示如果所有组件都是健康的；

■ 500 表示如果一个或多个组件不健康。

如果管理员客户端证书用作 _ping 端点的 TLS 客户端证书，则当任何组件不健康时，
会返回详细的错误消息。

注意

　　不能使用 _ping 通过负载均衡器了解 Docker 通用控制面板的健康状况，
因为任何管理器节点可能正在为用户的请求提供服务，确保直接连接到管理器节
点的 URL，而不是负载均衡器。

2. 排查 Docker 通用控制面板节点消息

当节点从一个状态转移到另一个状态，例如当新节点加入集群或节点升级和降级
时，Docker 通用控制面板的生命周期呈几种情况。在这些情况下，转换的当前步骤将由

Docker 通用控制面板报告为节点消息。可以按照与监视集群状态相同的步骤来查看每个单独节点的状态。

表 5-18 列出了针对 Docker 通用控制面板节点报告的所有可能的节点状态及其说明和给定步骤的预期持续时间。

表 5-18   UCP 报告的节点状态

信息	描述	典型的步骤持续时间 /s
Completing node registration	等待节点出现在 KV 节点库中。当节点首次加入 UCP 集群时，预期会发生这种情况	5 ～ 30
ucp-agent task is	该 ucp-agent 目标节点上的任务不处于运行状态。当配置更新或新的节点首次加入到 UCP 集群时，这是一个预期的消息。如果 UCP 镜像需要从受影响节点的 Docker Hub 中拉出，则此步骤可能需要比预期持续更长的时间	1 ～ 10
无法确定节点状态	该 ucp-reconcile 目标节点上的容器刚开始运行，无法确定其状态	1 ～ 10
正在重新配置节点	所述 ucp-reconcile 容器正在将节点的当前状态收敛到所需的状态。此过程可能涉及颁发证书、拉出丢失的镜像和启动容器，这取决于当前的节点状态	1 ～ 60
重新配置待处理	目标节点预计是一个管理员，但 ucp-reconcile 容器尚未启动	1 ～ 10
不健康的 UCP 控制器：无法访问节点	集群的其他管理器节点在预定的超时内没有从受影响的节点收到心跳消息。这通常表示在该管理器节点的网络链路中存在暂时或永久中断。如果症状仍然存在，请确保底层网络基础设施正在运行，并提供联系支持	直到解决
不健康的 UCP 控制器：无法到达控制器	当前正在通信的控制器在预定的超时时间内是无法访问的。请刷新节点列表以查看症状是否仍然存在。如果症状间歇性出现，可能表明管理员节点之间的延迟尖峰，这可能导致 UCP 本身的可用性暂时丧失。如果症状仍然存在，请确保底层网络基础设施正在运行，并提供联系支持	直到解决
不健康的 UCP 控制器：Docker 集群，本地节点 <ip> 的状态为待处理	引擎的引擎 ID 在集群中不是唯一的。当一个节点首次加入集群时，它被添加到节点库中，Pending 并由 Docker Swarm 发现。如果 ucp-swarm-manager 容器可以通过 TLS 连接到引擎，并且其引擎 ID 在集群中是唯一的，则引擎将被"验证"。如果此问题重复，请确保引擎没有重复的 ID。使用 docker info 命令可以查看引擎 ID。通过删除 /etc/docker/key.json 文件并重新启动守护程序可刷新 ID	直到解决

3. 排查集群问题

如果检测到 Docker 通用控制面板集群有问题，可以通过检查各个 Docker 通用控制面板组件的日志来启动故障排除会话。只有管理员用户可以看到有关 Docker 通用控制面板系统容器的信息。

1）检查图形用户界面中的日志

要查看 Docker 通用控制面板系统容器的日志，请转到 Docker 通用控制面板的容器页面。默认情况下，Docker 通用控制面板系统容器隐藏的。单击 Settings 图标，然后选中"显示要列出的 Docker 通用控制面板系统容器的系统资源"，如图 5-54 所示。

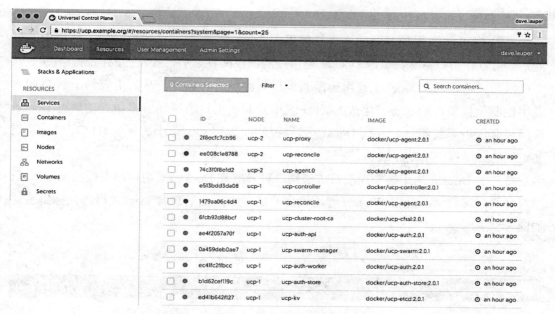

图 5-54　显示所有容器选项

单击容器可以查看更多详细信息，如其配置和日志。

2）检查命令行界面中的日志

还可以在命令行界面检查 Docker 通用控制面板系统容器的日志。当 Docker 通用控制面板的 Web 应用程序不工作时，这是非常有用的。

- 获取客户端证书包。使用 Docker 命令行界面客户端时，需要客户端证书进行身份认证。如果所拥有的客户端证书包是针对非管理员用户的，则无权查看 Docker 通用控制面板系统容器。

- 检查 Docker 通用控制面板系统容器的日志，如下所示。

```
# By default system containers are not displayed. Use the -a flag to display them
$ docker ps -a

CONTAINER ID IMAGE COMMAND CREATED STATUS PORTS NAMES
922503c2102a      docker/ucp-controller:1.1.0-rc2    "/bin/controller serv"    4
hours ago  Up 30 minutes  192.168.10.100:444->8080/tcp  ucp/ucp-controller
1b6d429f1bd5  docker/ucp-swarm:1.1.0-rc2  "/swarm join --discov"  4 hours ago
Up 4 hours  2375/tcp  ucp/ucp-swarm-join
# See the logs of the ucp/ucp-controller container
$ docker logs ucp/ucp-controller
```

```
{"level":"info","license_key":"PUagrRqOXhMH02UgxWYiKtg0kErLY8oLZf1GO4Pw8M6B","
msg":"/v1.22/containers/ucp/ucp-controller/json","remote_addr":
    "192.168.10.1:59546","tags":["api","v1.22","get"],"time":"2016-04-
    25T23:49:27Z","type":"api","username":"dave.lauper"}
{"level":"info","license_key":"PUagrRqOXhMH02UgxWYiKtg0kErLY8oLZf1GO4Pw8M6B","m
sg":"/v1.22/containers/ucp/ucp-controller/logs","remote_addr":"192.168.10.1:59546","ta
gs":["api","v1.22","get"],"time":"2016-04-25T23:49:27Z","type":"api","username":"dave.
lauper"}
```

3）获取支持转储功能

在对 Docker 通用控制面板进行任何更改之前，先下载支持转储功能。这样做的好处是，可以让用户排除在更改 Docker 通用控制面板配置之前已经发生的问题。

然后，可以增加 Docker 通用控制面板日志级别进行调试，从而更容易了解 Docker 通用控制面板集群的状态。更改 Docker 通用控制面板日志级别将重新启动所有 Docker 通用控制面板系统组件，并向 Docker 通用控制面板引入一个小的停机时间窗口，从而使组织的应用程序不受此影响。

要增加 Docker 通用控制面板日志级别，可导航到 Docker 通用控制面板的 Web 图形用户界面，转到 Admin Settings（管理设置）选项卡，然后选择 Logs（日志）标签页，如图 5-55 所示。

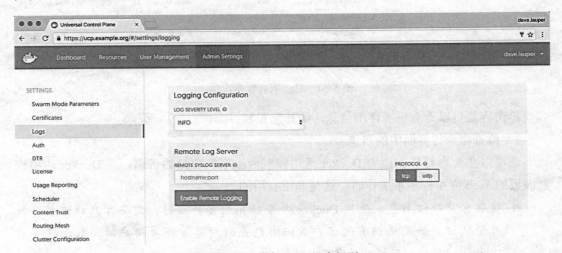

图 5-55   增加 UCP 日志级别

将日志级别更改为 Debug 后，Docker 通用控制面板容器将重新启动。现在，Docker 通用控制面板组件正在创建更多描述性的日志，可以再次下载支持转储，并使用它来排除导致问题的组件。

根据遇到的问题，可能会在管理器节点特定组件的日志中找到相关消息：

■ 如果在添加或删除节点后发生问题，请检查 ucp-reconcile 容器的日志。

■ 如果问题出现在系统的正常状态，请检查 ucp-controller 容器的日志。

■ 如果能够访问 Docker 通用控制面板的 Web 图形用户界面，但无法登录，请检查 ucp-auth-api 和 ucp-auth-store 容器的日志。

ucp-reconcile 容器处于停止状态是正常现象。该容器只有在 ucp-agent 检测到节点需要转换到不同状态时才启动，并且负责创建和删除容器，颁发证书和拉出丢失的镜像。

4. 排除配置故障

Docker 通用控制面板自动尝试通过监视其内部组件并尝试使其处于健康状态来治愈自身。

在大多数情况下，如果单个 Docker 通用控制面板组件持续处于故障状态，则应该能够通过从集群中删除不正常的节点并再次加入，从而将集群恢复到正常状态。

1）排查 etcd 键值存储

Docker 通用控制面板将持久配置数据放在一个 Docker 键值存储和 RethinkDB 数据库上，对 Docker 通用控制面板集群的所有管理器节点进行复制。这些数据存储仅供内部使用，而不应被其他应用程序使用。

（1）使用 HTTP API。

在这个例子中，将 curl 用于向键值存储 REST API 发出请求，并使用 jq 命令处理响应。可以通过运行以下命令在 Ubuntu 发行版上安装这些工具：

```
$ sudo apt-get update && apt-get install curl jq$ docker node ls
```

①使用客户端软件包来验证用户的请求。

②使用 REST API 访问集群配置。

```
# $DOCKER_HOST and $DOCKER_CERT_PATH are set when using the client bundle
$ export KV_URL="https://$(echo $DOCKER_HOST | cut -f3 -d/ | cut -f1
-d:):12379"

$ curl -s \
  --cert ${DOCKER_CERT_PATH}/cert.pem \
  --key ${DOCKER_CERT_PATH}/key.pem \
  --cacert ${DOCKER_CERT_PATH}/ca.pem \
  ${KV_URL}/v2/keys | jq "."
```

（2）使用命令行界面客户端。

运行键值存储的容器包括一个用于 etcd 的命令行客户机 etcdctl，可以使用 docker exec 命令运行它。以下示例为使用 ssh 登录到 Docker 通用控制面板管理器节点。

```
$ docker exec -it ucp-kv etcdctl \
    --endpoint https://127.0.0.1:2379 \
    --ca-file /etc/docker/ssl/ca.pem \
    --cert-file /etc/docker/ssl/cert.pem \
    --key-file /etc/docker/ssl/key.pem \
    cluster-health

member 16c9ae1872e8b1f0 is healthy: got healthy result from https://
192.168.122.64:12379
member c5a24cfdb4263e72 is healthy: got healthy result from https://
192.168.122.196:12379
member ca3c1bb18f1b30bf is healthy: got healthy result from https://
192.168.122.223:12379
cluster is healthy
```

登录失败后，命令退出并显示错误代码，无输出。

2）RethinkDB 数据库

Docker 数据中心的用户和组织数据存储在 RethinkDB 数据库中，该数据库将在

Docker 通用控制面板集群的所有管理器节点上进行复制。

　　该数据库的复制和故障转移通常由 Docker 通用控制面板自己的配置管理进程自动处理，但数据库复制的详细数据库状态和手动重新配置可通过作为 Docker 通用控制面板的一部分提供的命令行工具来实现。以下示例假设用户使用 ssh 登录到 Docker 通用控制面板管理器节点。

　　（1）检查数据库的状态。

```
# NODE_ADDRESS will be the IP address of this Docker Swarm manager node
NODE_ADDRESS=$(docker info --format '{{.Swarm.NodeAddr}}')
# VERSION will be your most recent version of the docker/ucp-auth image
VERSION=$(docker image ls --format '{{.Tag}}' docker/ucp-auth | head -n 1)
# This command will output detailed status of all servers and database tables
# in the RethinkDB cluster.
docker run --rm -v ucp-auth-store-certs:/tls docker/ucp-auth:${VERSION} --db-
addr=${NODE_ADDRESS}:12383 db-status
```

　　（2）手动重新配置数据库复制。

```
# NODE_ADDRESS will be the IP address of this Docker Swarm manager node
NODE_ADDRESS=$(docker info --format '{{.Swarm.NodeAddr}}')
# NUM_MANAGERS will be the current number of manager nodes in the cluster
NUM_MANAGERS=$(docker node ls --filter role=manager -q | wc -l)
# VERSION will be your most recent version of the docker/ucp-auth image
VERSION=$(docker image ls --format '{{.Tag}}' docker/ucp-auth | head -n 1)
# This reconfigure-db command will repair the RethinkDB cluster to have a
# number of replicas equal to the number of manager nodes in the cluster.
docker run --rm -v ucp-auth-store-certs:/tls docker/ucp-auth:${VERSION} --db-
addr=${NODE_ADDRESS}:12383 -debug reconfigure-db --num-replicas ${NUM_MANAGERS}
--emergency-repair
```

5.3.5　备份和灾难恢复

　　当决定在生产设置上开始使用 Docker 通用控制面板时，应将其配置为实现高可用性。

1. 备份策略

　　作为备份策略的一部分，应该定期创建 Docker 通用控制面板的备份。要创建 Docker 通用控制面板备份，可以在单个 Docker 通用控制面板管理器上运行 docker/ucp: 2.1.4 backup 命令。此命令将创建一个 tar 存档，其中包含 Docker 通用控制面板使用的所有卷的内容，保存数据并将其流式传输到 stdout。

　　只需在单个 Docker 通用控制面板管理器节点上运行备份命令。这是由于 Docker 通用控制面板在所有管理器节点上存储相同的数据，因此只需定期备份单个管理器节点即可。

　　要创建一致的备份，备份命令会临时停止正在执行备份节点上运行的 Docker 通用控制面板容器。用户资源（如服务、容器和堆栈）不受此操作影响，并将按预期继续运行。任何持久的 exec、logs、events 或 attach 受影响的管理器节点上的操作将被断开。

此外，如果 Docker 通用控制面板未配置为高可用性，将暂时无法进行如下工作：

■ 登录到 Docker 通用控制面板 Web 图形用户界面。

■ 使用现有客户端软件包执行命令行界面操作。

为了尽量减少备份策略对业务的影响，应该实施如下工作：

■ 配置 Docker 通用控制面板以实现高可用性。这将允许在多个 Docker 通用控制面板管理器节点之间负载平衡用户请求。

■ 安排备份在营业时间以外进行。

2. 备份命令

下面的示例展示了如何创建 Docker 通用控制面板管理器节点的备份并验证其内容。

```
# Create a backup, encrypt it, and store it on /tmp/backup.tar
$ docker run --rm -i --name ucp \
 -v /var/run/docker.sock:/var/run/docker.sock \
 docker/ucp:2.1.4 backup --interactive > /tmp/backup.tar

# Ensure the backup is a valid tar and list its contents
# In a valid backup file, over 100 files should appear in the list
# and the `./ucp-node-certs/key.pem` file should be present
$ tar --list -f /tmp/backup.tar
```

可以使用密码短语来选择备份文件，如下例所示。

```
# Create a backup, encrypt it, and store it on /tmp/backup.tar
$ docker run --rm -i --name ucp \
 -v /var/run/docker.sock:/var/run/docker.sock \
 docker/ucp:2.1.4 backup --interactive \
 --passphrase "secret" > /tmp/backup.tar
# Decrypt the backup and list its contents
$ gpg --decrypt /tmp/backup.tar | tar --list
```

3. 恢复集群

restore 命令可用于从备份文件创建新的 Docker 通用控制面板集群。恢复时，请确保使用与 docker/ucp 创建备份的镜像相同的版本。恢复操作完成后，将从备份文件中恢复以下数据。

■ 用户、团队和权限。

■ 所有可用的 Docker 通用控制面板配置选项、管理设置，例如 DDC 订阅许可证、调度选项、内容信任和身份认证后端。

有两种方法可用来恢复 Docker 通用控制面板集群。

■ 在现有群组的管理器节点上，但该节点不属于 Docker 通用控制面板的安装。在这种情况下，Docker 通用控制面板集群将从备份中恢复。

■ 在没有参与群体的 Docker 引擎上。在这种情况下，将创建一个新的群组，并在顶部恢复 Docker 通用控制面板。

为了从备份还原现有的 Docker 通用控制面板的安装，需要先使用 uninstall-ucp 命令从集群中卸载 Docker 通用控制面板。下面的示例展示了如何从现有备份文件还原 Docker 通用控制面板集群，假定它位于 /tmp/backup.tar：

```
$ docker run --rm -i --name ucp \
 -v /var/run/docker.sock:/var/run/docker.sock \
 docker/ucp:2.1.4 restore < /tmp/backup.tar
```

如果备份文件使用密码加密，则需要为恢复操作提供密码：

```
$ docker run --rm -i --name ucp \
 -v /var/run/docker.sock:/var/run/docker.sock \
 docker/ucp:2.1.4 restore --passphrase "secret" < /tmp/backup.tar
```

还可以以交互方式调用 restore 命令，在这种情况下，备份文件应该被加载到容器中，而不是通过 stdin 命令进行流式传输：

```
$ docker run --rm -i --name ucp \
 -v /var/run/docker.sock:/var/run/docker.sock \
 -v /tmp/backup.tar:/config/backup.tar \
 docker/ucp:2.1.4 restore -i
```

4. 灾难恢复

如果丢失了一个或更多的管理器节点，并且无法恢复到健康状态，则认为该系统已经丢失了仲裁，只能通过以下灾难恢复过程进行恢复；如果集群丢失了仲裁，但仍然可以对剩余的节点之一进行备份，建议定期进行备份。

> **注意**
>
> 　　此过程不能保证成功，可能会丢失正在运行的服务或配置数据。为了正确防范管理器故障，系统应配置为高可用性。

（1）在其余的管理器节点之一执行 docker swarm init --force-new-cluster 命令，可能还需要指定 --advertise-addr、等效于操作 --host-address 参数的 docker/ucp install 参数。这将通过从现有管理器恢复尽可能多的状态来实例化一个新的单管理员群。这是一个破坏性的操作，现有任务可能会被终止或暂停。

（2）如果尚未提供剩余的管理器节点之一，则获取备份。

（3）如果集群上仍安装 Docker 通用控制面板，请使用 uninstall-ucp 命令卸载 Docker 通用控制面板。

（4）对恢复的群组管理器节点执行恢复操作。

（5）登录到 Docker 通用控制面板并导航到节点页面，或在命令行界面使用 docker node ls 命令。

（6）如果列出任何节点 down，则必须从集群中手动删除这些节点，然后使用 docker swarm join 集群新的连接令牌操作重新加入它们。

5.4　访问通用控制面板

5.4.1　基于Web的访问

Docker通用控制面板允许以可视方式用浏览器管理集群，如图5-56所示。

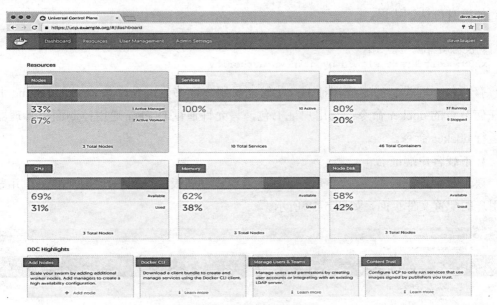

图 5-56　用浏览器管理集群（一）

Docker通用控制面板通过基于角色的访问控制来保护组织的集群，如图5-57所示。使用浏览器进行管理时，管理员可以完成以下工作：①管理集群配置；②管理用户和团队的权限；③查看所有镜像、网络、卷和容器。

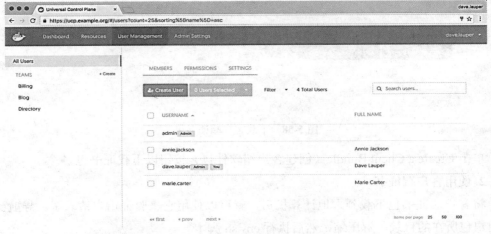

图 5-57　用浏览器管理集群（二）

非管理员用户只能查看和更改镜像、网络、卷和容器，它们被授予访问权限。

5.4.2　基于命令行界面的访问

Docker 通用控制面板通过基于角色的访问控制来保护组织的集群，从而只有授权用户才可以对集群进行更改。因此，当在 Docker 通用控制面板节点上运行 docker 命令时，需要使用客户端证书来验证用户的请求。尝试运行没有有效证书的 docker 命令时，将会收到如下身份认证错误。

```
$ docker ps
x509: certificate signed by unknown authority
```

有两种不同类型的客户端证书：①管理员用户证书包，允许在 Docker Engine 上运行任何节点的 docker 命令；②用户证书包，只允许通过 Docker 通用控制面板管理器节点运行 docker 命令。

1. 下载客户端证书

要下载客户端证书包，可登录 Docker 通用控制面板的 Web 图形用户界面，并导航到用户的配置文件页面，如图 5-58 所示。

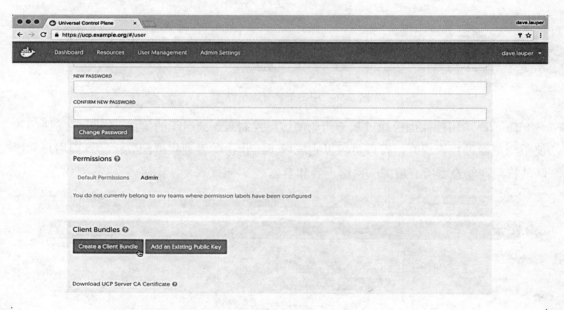

图 5-58　下载客户端证书包

单击 Create a Client Bundle（创建客户端软件包）按钮以下载证书包。

2. 使用客户端证书

将客户端证书包下载到本地计算机后，就可以使用它来验证用户请求了。导航到下载用户包所在的目录，解压缩，然后执行 env.sh 脚本。

```
$ unzip ucp-bundle-dave.lauper.zip
$ cd ucp-bundle-dave.lauper
$ eval $(<env.sh)
```

该 env.sh 脚本更新 Docker_HOST 环境变量让当地 Docker 命令行界面与 Docker 通用控制面板沟通。它还会更新 DOCKER_CERT_PATH 环境变量，以使用所下载的客户端软件包中包含的客户端证书。

至此，当使用 Docker 命令行界面客户端时，它将用户的客户端证书作为对 Docker 引擎请求的一部分。用户可以使用 Docker 命令行界面在由 Docker 通用控制面板管理的集群上创建服务、网络、卷和其他资源。

3. 使用 REST API 下载客户端证书

还可以使用 Docker 通用控制面板 REST API 下载客户端软件包。下面的例子将使用 curl 命令来对应用程序编程接口发出 Web 请求，并由 jq 命令解析响应。

要在 Ubuntu 发行版上安装这些工具，可以运行以下命令：

```
$ sudo apt-get update && apt-get install curl jq
```

然后从 Docker 通用控制面板获取认证令牌，并使用它来下载客户端证书。

```
# Create an environment variable with the user security token
$ AUTHTOKEN=$(curl -sk -d '{"username":"<username>","password":"<password>"}'
https://<ucp-ip>/auth/login | jq -r .auth_token)

# Download the client certificate bundle
$ curl -k -H "Authorization: Bearer $AUTHTOKEN" https://<ucp-ip>/api/
clientbundle -o bundle.zip
```

第6章
授信 Docker 镜像仓库

授信 Docker 镜像仓库（Docker Trusted Registry，DTR）是 Docker 的企业级镜像存储解决方案。将其安装在防火墙后面，可以安全地存储和管理在应用程序中使用的 Docker 镜像。

本章简要介绍授信 Docker 镜像仓库的概念、架构与管理，以及如何访问授信 Docker 镜像仓库。

6.1　　授信 Docker 镜像仓库概述

授信 Docker 镜像仓库是 Docker 的企业级镜像存储解决方案，是 Docker 容器云的核心组件，是一个集群应用程序。将其安装在防火墙后面，便可安全地存储和管理在应用程序中使用的 Docker 镜像。可以加入多个副本，以实现高可用性。

6.1.1　授信Docker镜像仓库的概念

授信 Docker 镜像仓库是准商业级本地服务，主要用来对镜像资源进行存储、交付及安全防护等管理。授信 Docker 镜像仓库为企业的开发人员及系统管理员构建、加载、运行应用赋予了一种新的能力。

6.1.2　授信Docker镜像仓库的主要功能

在企业本地构建的授信 Docker 镜像仓库允许企业对本地或私有云中的 Docker 镜像文件进行存储及管理，以满足企业安全性和规范性的需求。授信 Docker 镜像仓库的主要功能如下：

（1）授信 Docker 镜像仓库能够进行细粒度的用户管理，包括基于角色的权限控制、建立权限组管理、使用 LDAP/AD 用户认证。

（2）授信 Docker 镜像仓库能够对各种资源进行管理，例如内存的垃圾回收，CPU、内存及存储的监控等。

（3）授信 Docker 镜像仓库能够进行安全和合规性管理，例如本地部署、用户审计日志、基于 Docker 内容信任的镜像文件签名等。

授信 Docker 镜像仓库对本地及私有云中的 Docker 镜像文件进行存储及管理非常便捷，通过管理员的 Web 控制台界面，可以看到授信 Docker 镜像仓库的整体情况，例如主机信息（包括内存、存储、CPU 等）、容器状态（包括管控服务器、身份服务器、负载平衡器、日志整合器等），并对其进行管理。

6.1.3　授信Docker镜像仓库的主要特点

授信 Docker 镜像仓库具有以下主要特点：

1. 部署灵活

授信 Docker 镜像仓库具有足够的灵活性，既可以部署在本地，也可以部署在私有云环境中，都会对其内部存储的 Docker 镜像文件进行全面管控。出于对数据保护和协作安全考虑，授信 Docker 镜像仓库允许在防火墙内部进行管理和分发 Docker 镜像文件。

授信 Docker 镜像仓库可以轻松集成进现有的基础设施中，支持以本地文件系统作为存储驱动，并且也支持像 S3、Azure、Swift 这种广泛的第三方云存储驱动。

2. 易于使用和管理

授信 Docker 镜像仓库作为一种优秀的工具是非常易于使用的，可以快速地进行一键式安装，以及进行基于图形界面的系统配置。同时，其平滑版本更新机制也使其容易获得最新的补丁和系统安装包，从而保证使用更具安全性的最新环境。升级为最新版本的安装包只需执行应用中的一键式安装过程即可。

管理员可以直接通过 Web 管控界面监控系统健康情况，可以在授信 Docker 镜像仓库中搜索和浏览各种镜像资源，可以通过 Web 界面管理 Docker 镜像及各种资源。

用户可以从授信 Docker 镜像仓库中搜索和浏览所需要的镜像资源。

在授信 Docker 镜像仓库中可以建立公共及私有资源存储库，管理员可以为用户获得指定资源分配访问权限。

为了提高存储效率，授信 Docker 镜像仓库允许对无用资源加删除标记，之后这些资源将不会出现在用户的 UI 界面中。这些被标记为删除的资源将被垃圾回收机制日后从硬盘中删除。当然，用户可以自定义垃圾回收的时间周期和频率，从而达到最好的运行效果。

3. 具有内容安全机制

内容安全机制允许手动控制哪些用户可以获取 Docker 镜像资源以及他们访问资源的权限类型。LDAP/AD 集成选项意味着当用户访问授信 Docker 镜像仓库时，可以直接依靠属组织的目录服务进行用户身份认证。可以配置各种角色的权限级别，例如可以配置管理员角色，也可以在组织内部对用户进行只读许可分组，通过建立组织体系为用户分组以及为可用资源分配访问许可。使用 Docker 的内容授信机制，管理员可以对镜

像资源附加安全标记，这种机制会保证系统中运行的是这些镜像资源的最新版本。授信
Docker 镜像仓库也会存储用户审计日志信息，这可用来跟踪所有发生在系统中的用户活
动状态。

授信 Docker 镜像仓库允许配置安全选项、上传证书、设置 SSL 身份认证及集成现
有的目录服务等操作。可以依靠 LDAP 服务器为开发者快速分配角色权限，用来完成
用户登录授信 Docker 镜像仓库的身份验证过程。可以通过制定严格的安全策略加强对
Docker 镜像资源访问的安全性。

授信 Docker 镜像仓库具有开箱即用的 Docker 资源授信机制，允许管理员标记镜像
资源。可以用绿色的 signed 标签赋予运维人员在生产环境中选择运行指定镜像资源的能
力，这也增加了镜像资源运行的安全性，确保最新的镜像资源被使用。

6.2　授信 Docker 镜像仓库架构

DTR 是在 Docker 通用控制面板集群上运行的容器应用程序。一旦部署了 DTR，就
可以使用 Docker CLI 客户端登录、推送和拉取镜像，如图 6-1 所示。

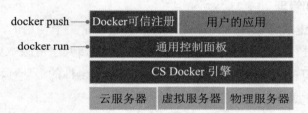

图 6-1　使用 Docker CLI 客户端推送和拉取镜像示意图

6.2.1　DTR高可用性

对于高可用性，可以部署多个DTR副本，每个UCP工作节点上都有一个，如图6-2所示。

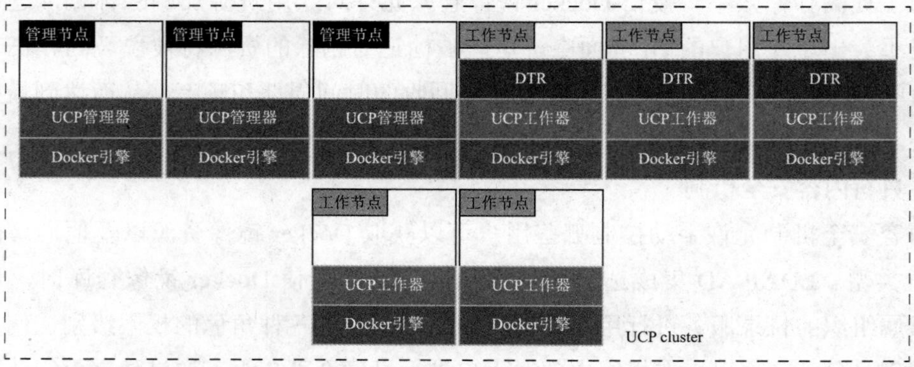

图 6-2　DTR 高可用性示意图

所有 DTR 副本都运行相同的服务集，并将其配置的更改自动传播到其他副本。

6.2.2 DTR内部组件

在节点上安装 DTR 时，将启动如表 6-1 所示容器。

表 6-1 DTR 启动容器

名称	描述
DTR-API- \<replica_id>	执行 DTR 业务逻辑。它提供 DTR Web 应用程序和 API
DTR-garant- \<replica_id>	管理 DTR 验证
DTR-jobrunner- \<replica_id>	在后台运行清理作业
DTR-nautilusstore- \<replica_id>	存储安全扫描数据
DTR-nginx- \<replica_id>	接收 http 和 https 请求并将其代理到其他 DTR 组件。默认情况下，它监听主机的端口 80 和 443
DTR-notary-server\<replica_id>	接收、验证和提供内容信任元数据，并在启用或启用内容信任的 DTR 推送或拉取 DTR 时进行查询
DTR-notary-signer- \<replica_id>	对内容信任元数据执行服务器端时间戳和快照签名
DTR-registry\<replica_id>	实现拉取和推动 Docker 镜像的功能。它还处理镜像的存储方式
DTR-rethinkdb- \<replica_id>	用于持久存储库元数据的数据库

所有这些组件都限于 DTR 内部使用，不要在应用程序中使用它们。

6.2.3 DTR使用的网络

为了允许容器进行通信，安装 DTR 时会创建覆盖型网络 DTR-OL，允许在不同节点上运行的 DTR 组件进行通信，以复制 DTR 数据。

6.2.4 DTR使用的卷

DTR 使用如表 6-2 所示的命名卷持久化数据。

表 6-2 DTR 使用的卷

卷名	描述
DTR-CA- \<replica_id>	颁发证书的 DTR 根 CA 的根密钥材料
DTR-notary- \<replica_id>	公证组件的证书和密钥
DTR-nautilus-store- \<replica_id>	漏洞扫描数据
DTR-registry\<replica_id>	如果 DTR 配置为在本地文件系统上存储镜像，Docker 将镜像数据
DTR-rethink- \<replica_id>	存储库元数据
DTR-NFS-registry\<replica_id>	如果 DTR 配置为在 NFS 上存储镜像，则 Docker 将镜像数据

可以通过在安装DTR之前创建卷来自定义用于这些卷的卷驱动程序。在安装过程中，DTR 检查节点中不存在哪些卷，并使用默认卷驱动程序创建它们。

默认情况下，可以在这些卷中找到这些卷的数据 /var/lib/docker/volumes/\<volume-name>/_data。

6.2.5 镜像存储

默认情况下，DTR 在其运行的节点的文件系统上存储镜像，但应将其配置为使用集中存储后端，如图 6-3 所示。

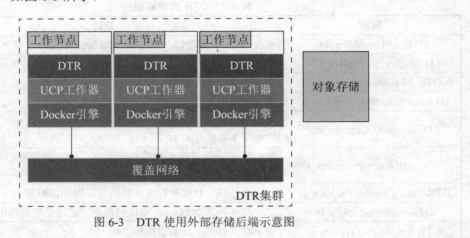

图 6-3 DTR 使用外部存储后端示意图

DTR 支持以下存储后端：NFS、亚马逊 S3、Cleversafety、Google 云端存储、OpenStack Swift、微软 Azure。

6.2.6 如何与DTR进行交互

DTR 有一个 Web UI，可以在其中管理和设置用户权限，如图 6-4 所示。

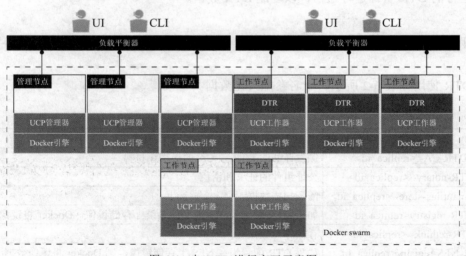

图 6-4 与 DTR 进行交互示意图

可以使用标准 Docker CLI 客户端或可与 Docker 注册表进行交互的其他工具，来推送和拖动镜像。

6.3　授信 Docker 镜像仓库管理

6.3.1　安装

1. 系统要求

DTR 可以在内部或云端安装。在安装之前，请确保其基础设施符合以下要求。

1）环境要求

只能在由 Docker 通用控制面板管理的节点上安装 DTR，因此安装 DTR 的主机必须满足下列基本条件：

- 成为 UCP 管理的工作节点
- 固定的主机名

2）最低硬件配置要求

安装 Docker Trusted Registry 的主机必须满足下列最低配置要求：

- 8GB RAM
- 2 核 CPU
- 10GB 可用磁盘空间

为确保其运行性能指标要求，推荐配置要求如下：

- 16GB RAM
- 4 个 vCPU
- 25~100GB 可用磁盘空间

3）操作系统支持

- CentOS 7.4（本书示例使用的操作系统）
- Red Hat Enterprise Linux 7.0, 7.1, 7.2, 或 7.3
- Ubuntu 14.04 LTS 或 16.04 LTS
- SUSE Linux Enterprise 12

4）其他要求

- 同步时区和时间
- 一致的主机名策略
- 内部的 DNS

5）版本适配

- Docker 17.06.2.ee.8+
- DTR 2.5.3：UCP 3.0.2
- DTR 2.5.0：UCP 3.0.0

6）网络要求

安装过程中 DTR 节点需要能下载 Docker 官网的资源，如果不能访问，可通过其他机器下载软件包，然后进行离线安装。

7）使用的端口

在节点上安装 DTR 时，应确保在该节点上打开如表 6-3 所示的端口。

表 6-3　安装 DTR 应打开的端口

方向	端口	目的
in	80 / TCP	Web 应用和 API 客户端访问 DTR
in	443 / TCP	Web 应用和 API 客户端访问 DTR

这些端口在安装 DTR 时是可配置的。

2. 安装 DTR

DTR 是在 Docker UCP 管理的集群上运行的容器应用程序。它可以安装在本地或云基础架构上。

安装 DTR 的步骤如下：

1）验证系统要求

安装 DTR 的第一步，是确保其基础设施符合 DTR 运行的所有要求。

2）安装 UCP

由于 DTR 要求 Docker UCP 运行，因此需要在计划安装 DTR 的所有节点上安装 UCP。

由于需要在 UCP 管理的工作节点上安装 DTR，因此，不能在独立的 Docker Engine 上安装 DTR，如图 6-5 所示。

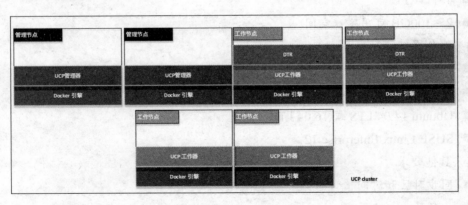

图 6-5　DTR 高可用性示意图

3）安装 DTR

安装 DTR，应使用 docker/dtr 镜像。此镜像中有安装、配置和备份 DTR 的命令。

运行以下命令来安装 DTR：

```
# Pull the latest version of DTR
$ docker pull docker/dtr:2.2.5
```

```
# Install DTR
$ docker run -it --rm \
  docker/dtr:2.2.5 install \
  --ucp-node <ucp-node-name> \
  --ucp-insecure-tls
```

其中，--ucp-node 是要部署 DTR 的 UCP 节点的主机名。--ucp-insecure-tls 告诉安装程序信任 UCP 使用的 TLS 证书。

默认情况下，安装命令以交互模式执行，并提示其他信息，例如，

- DTR 外部 URL：URL 客户端用于读取 DTR。如果正在为 DTR 使用负载平衡器，则此处是负载平衡器的 IP 地址或 DNS 名称。
- UCP URL：URL 客户端用于访问 UCP。
- UCP 用户名和密码：UCP 的管理员凭据。

还可以向安装程序命令提供此信息，以使其无须提示即可执行。

4）检查 DTR 是否正在执行

在浏览器中，导航到 Docker 通用控制面板的 Web UI，然后导航到应用程序页面。应将 DTR 列为应用程序，如图 6-6 所示。

图 6-6 将 DTR 列为应用程序

还可以访问 DTR Web UI，以确保它正常工作，方法是在浏览器中导航到安装 DTR 的地址，如图 6-7 所示。

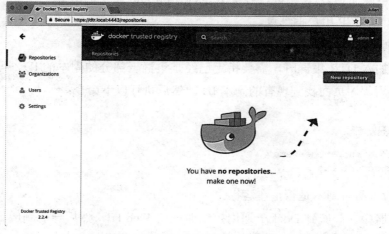

图 6-7 检查 DTR 是否正在运行

5）配置 DTR

安装 DTR 后需进行相应的配置：用于 TLS 通信的证书以及在存储后端存储 Docker 镜像。

要进行这些配置，需要导航至 DTR 的 Settings 页面，如图 6-8 所示。

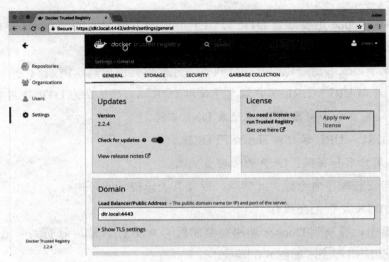

图 6-8　DTR 的设置

6）测试推拉

现在已经安装了一个 DTR，可以进行推拉镜像测试。

7）将副本加入集群

此步骤是可选的。

要设置 DTR 以实现高可用性，可以向 DTR 集群添加更多副本。添加更多副本时允许跨所有副本负载平衡请求，并且如果副本失败，应保持 DTR 工作。

对于高可用性，通常应该设置有 3 个、5 个或 7 个 DTR 副本。安装这些副本的节点也需要由 UCP 管理。

要将副本添加到 DTR 集群，可使用 docker/dtr join 命令：

（1）加载 UCP 用户捆绑包。

（2）执行 join 命令。

将副本加入 DTR 集群时，需要指定已经是集群一部分的副本的 ID。可以通过转到 UCP 上的应用程序页面找到现有的副本 ID。然后执行以下命令：

```
docker run -it --rm \
docker/dtr:2.2.5 join \
--ucp-node <ucp-node-name> \
--ucp-insecure-tls
```

（3）检查所有副本是否正在运行。

在浏览器中，导航到 Docker 通用控制面板的 Web UI，然后导航到应用程序页面，显示所有副本，如图 6-9 所示。

图 6-9　检查副本是否正在运行

3. 离线安装

在离线主机上安装 Docker Trusted Registry 的过程与在线安装基本一样，唯一区别在于：不是从 Docker Hub 拉出 UCP 镜像，而是使用连接到因特网的计算机下载包含所有镜像的单个软件包，并将其复制到要安装 DTR 的主机。

1）可用版本

可用版本包括：UCP2.1.4、UCP2.1.3、UCP2.1.2、UCP2.1.1、UCP2.1.0，DTR2.2.5、DTR2.2.4、DTR2.2.3、DTR2.2.2、DTR2.2. 和 DTR2.2.0。

2）下载离线包

在有因特网访问权限的计算机上使用所有 docker datacenter 组件下载单个软件包：

```
$ wget <package-url> -O docker-datacenter.tar.gz
```

下载后就可以在本地计算机上安装该软件包，还可以将其传输到要安装 DTR 的计算机。

对于要安装 DTR 的每台计算机按下述步骤操作：

（1）将 docker datacenter 包复制到该计算机。

```
$ scp docker-datacenter.tar.gz <user>@<host>:/tmp
```

（2）使用 ssh 登录到传输包所在的主机。

（3）加载 Docker 数据中心镜像。

将包转移到主机后，可以使用 docker load 命令从 tar 存档中加载 Docker 镜像：

```
$ docker load < docker-datacenter.tar.gz
```

3）安装 DTR

现在，离线主机拥有安装 DTR 所需的所有镜像，可以安装 DTR 了。

DTR 将发出连接到：

■ 报告分析

■ 检查新版本

■ 检查在线许可证

■ 更新漏洞扫描数据库

所有这些在线连接都是可选的。可以选择在管理员设置页面上禁用或不使用任何或所有这些功能。

4. 升级 DTR

DTR 使用语义版本控制,其目标是在版本之间升级时实现特定的保证,目前尚不支持降级。如表 6-4 所示,DTR 根据以下规则升级:

- 从一个补丁版本升级到另一个版本时,可以跳过修补程序版本,因为修补程序版本没有完成数据迁移。
- 在次要版本之间进行升级时,不能跳过版本,但可以从以前的次要版本的任何修补版本升级到当前次要版本的任何修补版本。
- 在主版本之间进行升级时,必须一次升级一个主要版本,但是必须升级到最早的可用次要版本。这里,强烈建议先升级到主要版本最新的次要/补丁版本。

表 6-4　DTR 版本间的升级

描述	升级前版本	升级后版本	是否支持
补丁升级	XY0	XY1	是
跳过补丁版本	XY0	XY2	是
补丁降级	XY2	XY1	否
次要升级	XY *	+ xy 格式 * 1	是
跳过小版本	XY *	+ xy 格式 * 2	否
轻微降级	XY *	XY-1 *	否
跳过主要版本	X	X + 2	否
主要降级	X	X-1	否
主要升级	XYZ	X + 1.0.0	是
主要升级跳过小版本	XYZ	X + 1.y + 1.Z	否

在升级 DTR 集群期间可能至少有几秒钟的中断。安排升级在业务繁忙时间之外进行,以确保对正在运营的业务的影响接近于零。

1)次要升级

在开始升级计划之前,请确保正在使用的 UCP 版本受到将要升级的 DTR 版本的支持。切记,在执行任何升级之前,备份至关重要。

(1)必要时将 DTR 升级到 2.1。

确保正在运行的版本是 DTR 2.1,否则,将 DTR 升级到 2.1 版。

(2)升级 DTR。拉取最新版本的 DTR,命令如下:

```
$ docker pull docker/dtr:2.2.5
```

如果要升级的节点无法访问因特网,则按照离线安装文档的方法来获取镜像。

一旦计算机上有最新的镜像(如果脱机升级,则是目标节点上的镜像),执行 upgrade 命令:

```
$ docker run -it --rm \
docker/dtr:2.2.5 upgrade \
--ucp-insecure-tls
```

默认情况下，升级命令以交互模式执行，并提示其必要的信息。

升级命令将开始替换 DTR 集群中的每个容器，一次复制一个。它还将执行某些数据迁移。如果任何原因导致任何故障或升级中断，可以重新执行升级命令，并从上次中断的地方恢复。

2）补丁升级

补丁程序升级只会更改 DTR 容器，并且总是比次要升级更安全。升级方法与次要升级相同。

5. 卸载 DTR

卸载 DTR 可以通过简单地删除其与每个副本相关联的所有数据来完成，只需对每个副本执行一次 destroy 命令即可：

```
$ docker run -it --rm \
docker/dtr:2.2.5 destroy \
--ucp-insecure-tls
```

系统将提示用户输入 UCP URL、UCP 凭据以及要销毁的副本。

6.3.2　配置

1. 安装用户许可

默认情况下，用户不需要对 Docker Trusted Registry 进行许可。安装 DTR 时，它将自动开始使用与 Docker 通用控制面板集群相同的许可证文件。

但是，在某些情况下，必须手动许可 DTR 安装：①升级到新版本时；②当前许可证到期时。

1）下载许可证

在 Docker Store 页面下载许可证，如图 6-10 所示。

图 6-10　在 Docker Store 页面下载许可证

2）安装许可

下载许可证文件后，可以将其应用于 DTR 安装。导航到 DTR Web UI，选择 Settings 页面，如图 6-11 所示。

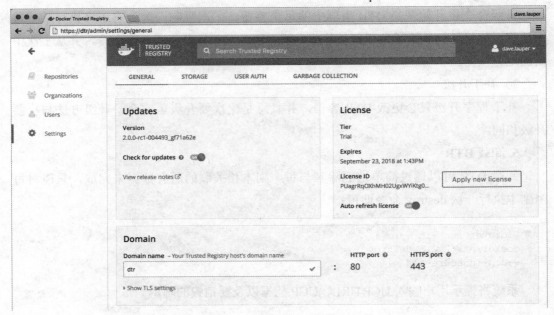

图 6-11　安装 DTR 许可证

单击 Apply new license 按钮，并上传新的许可证文件即可。

2. 使用用户的 TLS 证书

默认情况下，使用 HTTPS 公开 DTR 服务，以确保客户端和 DTR 之间的所有通信都被加密。由于 DTR 副本使用自签名证书，当客户端访问 DTR 时，其浏览器将不会信任该证书，因此浏览器会显示警告消息。

可以将 DTR 配置为使用自己的证书，以便用户的浏览器和客户端工具自动信任。

（1）替换服务器证书

要配置 DTR 以使用自己的证书和密钥，导航到 DTR Web UI，选择 Settings 页面，向下滚动页面到 "Domain" 部分，如图 6-12 所示。

（2）设置 DTR 域名并上传证书和密钥。

■ 设置负载平衡器 / 公共地址，这是客户端用来访问 DTR 的域名。

■ 设置 TLS 证书，这是服务器证书和任何中间 CA 的公共证书。该证书需要对 DTR 公共地址有效，并且具有用于到达 DTR 副本的所有地址的 SAN，包括负载平衡器。

■ 设置 TLS 私钥，这是服务器私钥。

■ 设置 TLS CA，这是根 CA 公共证书。

（3）保存设置，使更改生效。

如果正在使用的是由全球信任的证书颁发机构颁发的证书，则任何 Web 浏览器或客户端工具现在都应该信任 DTR。如果使用内部证书颁发机构颁发的证书，则要将系统配置为信任该证书颁发机构。

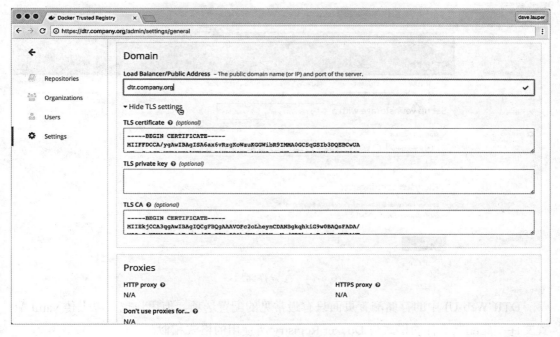

图 6-12 替换服务器证书

3. 外置储存

默认情况下，DTR 使用运行它的节点的本地文件系统来存储 Docker 镜像，也可以将 DTR 配置为使用外部存储后端，以提高性能或高可用性，如图 6-13 所示。

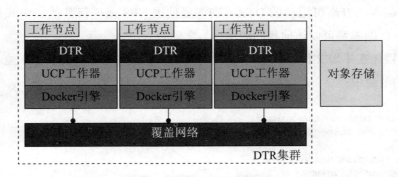

图 6-13 将 DTR 配置为使用外部存储后端示意图

如果 DTR 部署只有一个副本，那么可以继续使用本地文件系统来存储 Docker 镜像。如果 DTR 部署有多个副本，为了实现高可用性，就需要确保所有副本都使用相同的存储后端。当用户拉取镜像时，其请求的节点就会访问该镜像。

DTR 支持的存储系统包括本地文件系统、NFS、Amazon S3 或兼容、Google 云端存储、Microsoft Azure Blob 存储和 OpenStack Swift。

　　要配置存储后端，可以以管理员用户身份登录到 DTR Web UI，导航到 Settings 页面，然后单击 Save 按钮，如图 6-14 所示。

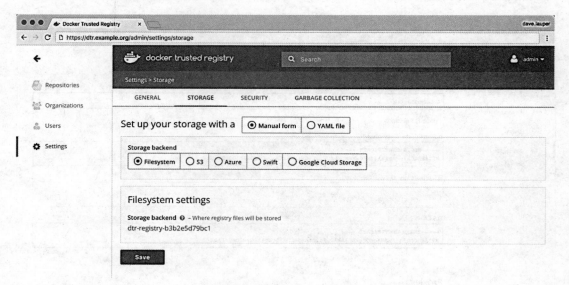

图 6-14　配置存储后端

　　DTR Web UI 中的存储配置页面只有最常见的配置选项，但用户也可以上传 yaml 配置文件。此配置文件的格式与 Docker Registry 所使用的格式相似。

　　1）本地文件系统

　　默认情况下，DTR 创建一个卷，名为 dtr-registry-<replica-id>，以使用本地文件系统存储镜像。可以使用 docker/dtr reconfigure --dtr-storage-volume 选项自定义 DTR 使用的卷的名称和路径。

　　如果要部署具有高可用性的 DTR，则需要使用 NFS 或任何其他集中式存储后端，以便所有 DTR 副本都可以访问相同的镜像。

　　要检查镜像在本地文件系统中占用的空间，可以使用以下命令将 ssh 插入到部署和运行 DTR 的节点中：

```
# Find the path to the volume
docker volume inspect dtr-registry-<replica-id>

# Check the disk usage
du -hs <path-to-volume>
```

　　2）NFS

　　可以配置 DTR 副本将镜像存储在 NFS 分区上，以便所有副本都可以共享相同的存储后端。

　　3）亚马逊 S3

　　DTR 支持 AWS3 或与 Minio S3 兼容的其他存储系统。

（1）S3。可以将 DTR 配置为在 Amazon S3 或具有 S3 兼容 API（如 Minio）的其他文件服务器上存储 Docker 镜像。

Amazon S3 和兼容服务将文件存储在"桶"中，用户有权从这些存储区读取、写入和删除文件。当将 DTR 与 Amazon S3 集成在一起时，DTR 会将所有读写操作发送到 S3 存储桶，以使镜像在该存储器中持久存储。

①在 Amazon S3 上创建一个存储桶。配置 DTR 之前，需要在 Amazon S3 上创建一个存储桶。为了获得更快的拉动和推送，用户应该在物理上靠近 DTR 运行的服务器的区域创建 S3 桶。

首先创建一个 bucket。然后，作为最佳做法，用户应该为 DTR 集成创建一个新的 IAM 用户，并确保用户具有有限权限的 IAM 策略。

此时该用户只需要访问用于存储镜像的存储桶的权限，并且能够读取、写入和删除文件，示例如下。

```
{
    "Version": "2012-10-17",
    "Statement": [
        {
            "Effect": "Allow",
            "Action": "s3:ListAllMyBuckets",
            "Resource": "arn:aws:s3:::*"
        },
        {
            "Effect": "Allow",
            "Action": [
                "s3:ListBucket",
                "s3:GetBucketLocation"
            ],
            "Resource": "arn:aws:s3:::<bucket-name>"
        },
        {
            "Effect": "Allow",
            "Action": [
                "s3:PutObject",
                "s3:GetObject",
                "s3:DeleteObject"
            ],
            "Resource": "arn:aws:s3:::<bucket-name>/*"
        }
    ]
}
```

②配置 DTR。创建存储桶和用户后，可以通过配置 DTR 来使用它。方法是转到 DTR Web UI 页面，选择 Settings 选项，然后单击 Save 按钮，如图 6-15 所示。

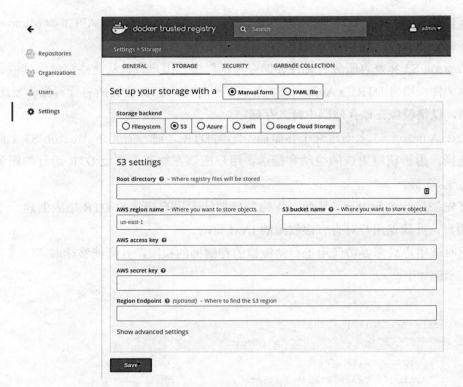

图 6-15　配置 DTR

选择 S3 选项，并填写有关桶和用户的信息，涉及的相关属性信息如表 6-5 所示。

表 6-5　桶和用户的信息

领域	描述
Root directory	存储镜像的桶的路径
AWS region name	桶的区域
S3 bucket name	存储镜像的桶的名称
AWS access key	用于访问 S3 存储桶的访问密钥。如果用户使用 IAM 策略，则可以将其留空
AWS secret key	用于访问 S3 存储桶的秘密密钥。如果用户使用 IAM 策略，则可以将其留空
Region endpoint	正在使用的区域的端点名称

单击 Save 按钮后，DTR 会验证配置并保存更改。

（2）NFS。可以配置 DTR 将 Docker 镜像存储在 NFS 目录中。

在安装或配置 DTR 以使用 NFS 目录之前，请确保：NFS 服务器已正确配置、NFS 服务器具有固定的 IP 地址、运行 DTR 的所有主机都安装了正确的 NFS 库。

要确认主机可以连接到 NFS 服务器，可尝试列出 NFS 服务器导出的目录：

```
showmount -e <nfsserver>
```

还应尝试安装其中一个导出的目录：

```
mkdir /tmp/mydir && sudo mount -t nfs <nfs server>:<directory>
```

①用 NFS 安装 DTR。使用 NFS 目录配置 DTR 的一种方法是安装的时间：

```
docker run -it --rm docker/dtr install \
--nfs-storage-url <nfs-storage-url> \
<other options>
```

NFS 存储 URL 时，其格式应为 nfs：//<nfs server>/<directory>。

当将副本添加到 DTR 集群时，副本将会选择该配置，因此不需要再次指定它。

②重新配置 DTR 以使用 NFS。

如果老版本的 DTR 进行升级，并且已经在使用 NFS，则可以继续使用相同的配置。

如果要开始使用新 DTR 内置的 NFS 来支持，可以重新配置 DTR：

```
docker run -it --rm docker/dtr reconfigure \
--nfs-storage-url <nfs-storage-url>
```

如果要重新配置 DTR 以停止使用 NFS 存储，应将选项留空：

```
docker run -it --rm docker/dtr reconfigure \
  --nfs-storage-url ""
```

如果 NFS 服务器的 IP 地址发生了变化，即使 DNS 地址保持不变，也应重新配置 DTR 以停止使用 NFS 存储，然后重新添加。

4. 建立高可用性

Docker Trusted Registry（DTR）是为高可用性而设计的。第一次安装时将创建一个具有单个 DTR 副本的集群。副本是 DTR 的单个实例，可以连在一起形成一个集群。将新副本加入集群时，将创建运行同一组服务的新 DTR 实例。如图 6-16 所示，对实例状态的任何更改，都将跨所有其他实例进行复制。

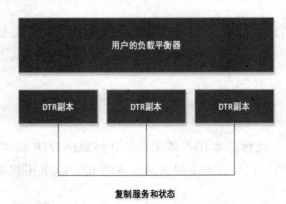

图 6-16　建立高可用示意图

所有 DTR 副本都运行相同的服务集，并将其配置的更改自动传播到其他副本。

要使 DTR 具备高可用性，可向 DTR 集群添加更多副本。

在调整 DTR 的高可用性时，请遵循以下经验法则：不要创建只有两个副本的 DTR 集群，因为这样的集群将不会容忍任何故障，并且性能可能还会下降，如表 6-6 所示；当副本失败时，集群容忍的故障数量减少。不要让副本离线很久，此外由于数据需要跨所有副本复制，所以向集群添加太多副本也可能导致性能下降。

表 6-6　DTR 副本与容忍故障数对应关系

DTR 副本	容忍故障
1	0
3	1
5	2
7	3

要在 UCP 和 DTR 上实现具有高可用性，其最低需要为：3 个专用节点安装具有高可用性的 UCP；3 个专用节点安装 DTR 具有高可用性；与运行容器和应用程序一样多的节点。

1）加入更多 DTR 副本

要将副本添加到现有的 DTR 部署，可使用 ssh 登录到 UCP 的任意节点，执行 DTR join 命令：

```
docker run -it --rm \
docker/dtr:2.2.5 join \
--ucp-node <ucp-node-name> \
--ucp-insecure-tls
```

其中，--ucp-node 是要部署 DTR 副本的 UCP 节点的主机名，--ucp-insecure-tls 告诉用户信任 UCP 使用的证书。

如果有负载平衡器，需要将此 DTR 副本添加到负载平衡池。

2）删除现有副本

从部署中删除 DTR 副本，方法是使用 ssh 登录到 UCP 的任意节点，执行 DTR 删除命令：

```
docker run -it --rm \
docker/dtr:2.2.5 remove \
--ucp-insecure-tls
```

此时系统将提示，现有副本 ID：该集群的任何健康 DTR 副本的 ID；副本 ID：要删除的 DTR 副本的 ID，它可以是不健康的副本的 ID；UCP 用户名和密码：UCP 的管理员凭据。

如果跨多个 DTR 副本负载平衡用户请求，需要从负载平衡池中删除此副本。

5. 使用负载平衡器

加入多个 DTR 副本节点以实现高可用性后，可以配置自己的负载平衡器以平衡所有副本中的用户请求，如图 6-17 所示。

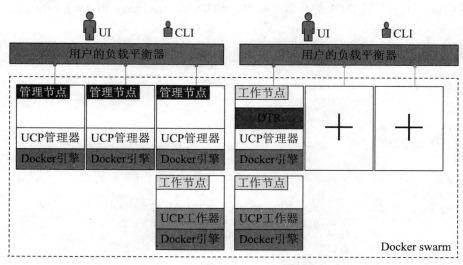

图 6-17　使用负载平衡器示意图

这将允许用户使用集中式域名访问 DTR。如果副本下降，负载平衡器可以检测到并停止对它的转发请求，以便用户忽视该故障。

1）负载平衡 DTR

DTR 不提供负载平衡服务。可以使用内部部署或基于云的负载平衡器来平衡多个 DTR 副本的请求。

确保将负载平衡器配置为：

■ 在 80 和 443 端口上对 TCP 流量进行负载平衡；

■ 不终止 HTTPS 连接；

■ 不缓冲请求；

■ 正确转发主机 HTTP 头；

■ 空闲连接没有超时，或设置为超时时间为 10min。

2）健康检查端点

所述 /health 端点返回被查询的形式为副本 JSON 对象：

```
{
  "Error": "error message",
  "Health": true
}
```

答复 "Healthy"： true 意味着副本符合请求。

不健康的副本状态代码为 503，并填充 "Error" 以下任何一项服务的更多详细信息：存储容器（注册表）、授权（garant）、元数据持久性（rethinkdb）和内容信任（公证）。

3）配置示例

使用以下示例配置 DTR 的负载平衡器：NGINX、HAProxy 和 AWS LB。

```
user  nginx;
worker_processes  1;

error_log  /var/log/nginx/error.log warn;
pid        /var/run/nginx.pid;

events {
  worker_connections  1024;
}

stream {
  upstream dtr_80 {
  server <DTR_REPLICA_1_IP>:80  max_fails=2 fail_timeout=30s;
      server <DTR_REPLICA_2_IP>:80  max_fails=
          2 fail_timeout=30s;
      server <DTR_REPLICA_N_IP>:80   max_fails=
          2 fail_timeout=30s;
  }

upstream dtr_443 {
    server <DTR_REPLICA_1_IP>:443 max_fails=2 fail_timeout=30s;
    server <DTR_REPLICA_2_IP>:443 max_fails=2 fail_timeout=30s;
    server <DTR_REPLICA_N_IP>:443  max_fails=2 fail_timeout=30s;
  }
  server {
    listen 443;
    proxy_pass dtr_443;
  }

  server {
    listen 80;
    proxy_pass dtr_80;
  }
}
```

使用以下方式部署负载平衡器：NGINX 和 HAProxy。

```
# Create the nginx.conf file, then
# deploy the load balancer

docker run --detach \
--name dtr-lb \
--restart=unless-stopped \
--publish 80:80 \
--publish 443:443 \
--volume ${PWD}/nginx.conf:/etc/nginx/nginx.conf:ro \
nginx:stable-alpine
```

6. 在 DTR 中设置漏洞扫描

在 Docker Trusted Registry 的现有安装上设置和启用 Docker 安全扫描，方法如下。

1）先决条件

假设已经安装了 Docker Trusted Registry，并且可以通过管理员访问权访问 DTR 实例上的一个账户。

在开始之前，请确保组织已经购买了包含 Docker 安全扫描的 DTR 许可证，并且其 Docker ID 可以从 Docker Store 访问和下载此许可证。

如果正在使用与个人账户关联的许可证，则不需要其他操作。如果正在使用与组织账户相关联的许可证，则可能需要确保其 Docker ID 是该 Owners 团队的成员。只有 Owners 团队成员可以下载组织的许可证文件。

如果允许安全扫描数据库自动更新，请确保承载 DTR 实例的服务器可以访问 https：//dss-cve-updates.docker.com/ 标准 HTTPS 端口 443。

2）获取安全扫描许可证

如果 DTR 实例已经具有安全扫描许可证，请跳过此步骤并继续启用 DTR 安全扫描。

要检查现有 DTR 许可证是否包含扫描，可导航到 DTR 设置页面，然后单击安全性。如果显示"启用扫描"切换，表示许可证包括安全扫描。

如果当前的 DTR 许可证不包括安全扫描，则必须下载新的许可证。

（1）使用 Docker ID 登录 Docker 商店，可以访问所需要的许可证。

（2）单击其右上角的用户账户图标，然后选择"订阅"。

（3）如有必要，请从右上角的"账户"菜单中选择一个组织账户。

（4）在订阅列表中找到 Docker 数据中心。

（5）单击订阅详细信息，然后选择安装说明。

单击 Docker Datacenter 徽标下面的 License keyc（许可证密钥）按钮，许可证密钥（一个 .lic 文件）被下载到本地计算机，如图 6-18 所示。

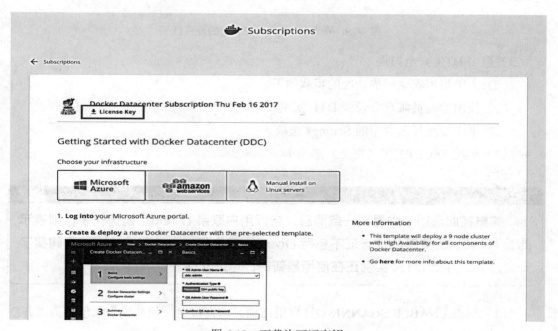

图 6-18　下载许可证密钥

接下来，在 DTR 实例上安装新的许可证。

（1）使用管理员账户登录到 DTR 实例。

（2）单击左侧导航栏中的 Settings 选项。

（3）在 GENERAL（常规）选项卡上单击 Apply new license 按钮，应用新许可证。出现文件浏览器对话框。

（4）导航到保存许可证密钥（.lic）文件的位置，选择它，然后单击打开，如图 6-19 所示。

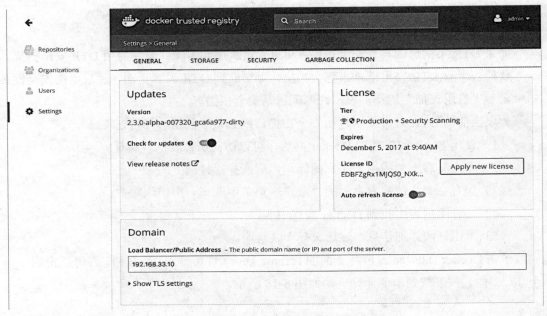

图 6-19　在 DTR 实例上安装新的许可证

3）启用 DTR 安全扫描

在 DTR 中启用安全扫描功能的步骤如下。

（1）使用管理员账户登录到 DTR 实例。

（2）单击左侧导航栏中的 Settings 选项。

（3）单击 SECURITY（安全）选项卡。

注意

　　如果在此选项卡中看到一条消息，告诉用户联系 Docker 销售代表，则表示此 DTR 实例上安装的许可证不包括 Docker 安全扫描。这时应检查是否购买了安全扫描，并且 DTR 实例正在使用最新的许可证文件。

（1）单击 ENABLE SCANNING（启用扫描）切换按钮，使其变为蓝色并为"开"状态，如图 6-20 所示。

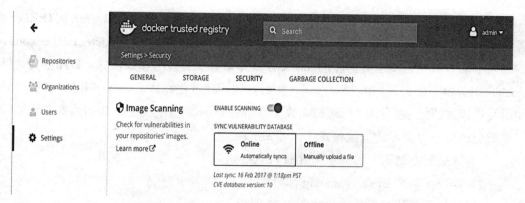

图 6-20 在 DTR 实例上启用扫描切换功能

（2）接下来为扫描提供安全数据库，否则安全扫描将不起作用。

默认是以在线模式启用安全扫描。在此模式下，DTR 尝试从 Docker 服务器下载安全数据库。如果安装无法访问 https://dss-cve-updates.docker.com/，则必须手动下载包含 .tar 安全数据库的文件。

■ 如果使用 Online 模式，DTR 实例将联系 Docker 服务器，下载最新的漏洞数据库并进行安装。一旦这个过程完成，就可以开始扫描。

■ 如果使用 Offline 模式，可按离线模式更新扫描数据库。

默认情况下，当启用安全扫描时，新的存储库将自动扫描 docker push。如果在启用安全扫描之前已有存储库，则可能需要更改存储库扫描行为。

4）设置存储库扫描模式

当启用安全扫描时，有两种模式可用。

■ Scan on push & Scan manually：每当 write 访问用户单击开始扫描链接或扫描按钮时，镜像在每个 docker push 存储库上重新扫描。

■ Scan manually：仅当具有 write 访问权限的用户单击开始扫描链接或扫描按钮时，才会扫描镜像。

默认情况下，新的存储库设置为 Scan on push & Scan manually，但可以在创建存储库时更改此设置，如图 6-21 所示。

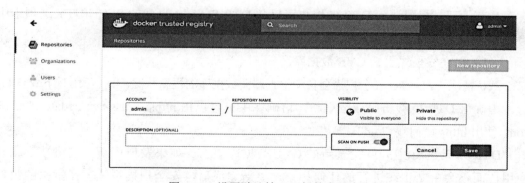

图 6-21 设置默认情况下新的存储库

　　默认情况下，安全扫描在联机模式下启用。在这种模式下，DTR 尝试从 Docker 服务器下载安全数据库。如果其安装过程中无法访问 https: //dss-cve-updates.docker.com/，则必须手动下载包含安全数据库的 .tar 文件。如果其安装使用在线模式，DTR 实例将从 Docker 服务器下载最新的漏洞数据库，然后安装。此过程完成后，即可开始扫描。如果使用脱机模式，则需要使用"更新扫描数据库 - 脱机模式"中的说明下载初始安全数据库。

　　要更改单个存储库的扫描模式，步骤如下：

　　（1）导航到存储库，然后单击 SETTINGS 选项卡。

　　（2）向下滚动到 Image scanning 部分。

　　（3）选择所需的扫描模式，如图 6-22 所示。

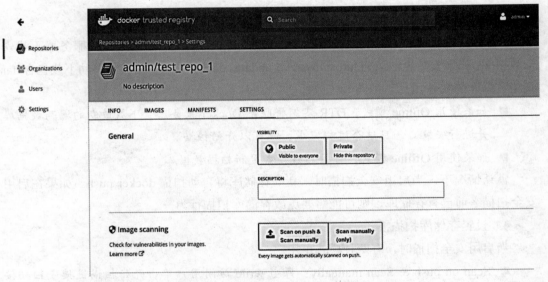

图 6-22　更改单个存储库的扫描模式

　5）更新 CVE 扫描数据库

　　Docker 安全扫描索引 DTR 镜像中的组件，并将其与已知的 CVE 数据库进行比较。当报告新的漏洞时，Docker Security Scanning 将新 CVE 报告中的组件与镜像中的索引组件相匹配，并快速生成更新的报告。

　　具有管理员权限访问 DTR 的用户可以从 DTR Settings 页面的 SECURITY 选项卡中检查 CVE 数据库上次更新的时间。

　　（1）以在线模式更新 CVE 数据库。

　　默认情况下，Docker 安全扫描会自动检查漏洞数据库的更新状况，并在可用时下载它们。

　　为确保 DTR 能够访问这些更新，请确保主机可以由 https: // dss-cve-updates.docker.com/ 使用 https 访问端口 443。

　　DTR 每天在凌晨 3:00 检查新的 CVE 数据库更新。如果发现更新，它将被下载并应用，而不会中断正在进行的任何扫描。更新完成后，安全扫描系统会在索引的组件中查找新的漏洞。

要将更新模式设置为在线，可用以下步骤。

①以具有管理员权限的用户登录 DTR。

②单击左侧导航栏中的 Settings，然后单击 SECURITY。

③单击 Online 按钮。

用户所做的选择将自动保存。

> **提示**
>
> 当首次启用扫描以及切换更新模式时，DTR 还会检查 CVE 数据库更新。如果需要立即检查 CVE 数据库更新，可以将模式由在线切换到离线，然后重新开始更新。

（2）以离线模式更新 CVE 数据库。

若要更新的 DTR 实例的 CVE 数据库无法联系到更新数据库所在的服务器时，需要下载并安装包含数据库更新的 .tar 文件。下载文件的方法如下。

①登录 Docker 商店。

如果是拥有 Docker Store 管理许可证的组织的成员，请确保登录账户也是该组织的。只有管理许可证拥有者可以从 Docker 商店查看和管理组织的许可证和其他权利。

②单击右上角的用户账户图标，然后选择 My content。

③如有必要，请从右上角的 Account 菜单中选择一个组织账户。

④找到 Docker EE Advanced 订阅或试用版。

⑤单击 Setup 按钮，如图 6-23 所示。

图 6-23　更新 DTR 实例的 CVE 数据库

⑥单击 Download CVE Vulnerability Database 链接下载数据库文件，如图 6-24 所示。

图 6-24　下载链接数据库文件

要从文件手动更新 DTR CVE 数据库 .tar：

①以具有管理员权限的用户登录 DTR。

②单击左侧导航中的 Settings，然后单击 SECURITY。

③单击上传 .tar 数据库文件。

④找到上传的文件并打开。

此时 DTR 安装新的 CVE 数据库，并开始检查已编入索引的镜像，以获取与新的或更新的漏洞匹配的组件。注意：DTR 应用 CVE 数据库更新时，上传按钮不可用。

6）启用或禁用自动数据库更新

更改更新模式的方法如下：

①以具有管理员权限的用户登录 DTR。

②单击左侧导航中的 Settings，然后单击 SECURITY。

③单击 Online/Offline。

用户所做的选择将自动保存。

7. 部署缓存

1）概述

可以为 DTR 配置多个缓存。部署缓存后，用户可以配置其 DTR 用户账户，以指定要从哪个缓存中提取数据。

这样，当用户从 DTR 中提取数据时，它们将被重定向到从其配置的缓存中提取。通过将地理位置上的高速缓存部署到远程办公室和低连接区域，用户可以更快地获取镜像。

用户请求会在缓存中进行身份验证。用户只能从缓存中获取镜像，如果 DTR 中的镜像发生变化，用户将会取到最新版本。

（1）缓存的工作原理。部署高速缓存后，用户可以在 DTR 用户的 Settings 页面上配置缓存，如图 6-25 所示。

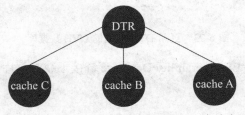

图 6-25　在 DTR 上部署缓存示例（三个地点）

当用户尝试通过执行 docker pull <dtr-url>/<org>/<repository> 命令拉取镜像时，会发生以下情况。

- Docker 客户端向 DTR 发出请求，DTR 会对请求进行身份验证。
- Docker 客户端将镜像清单请求发送到 DTR。这样可以确保用户始终能够提取正确的镜像，而不是过时的版本。

- Docker 客户端将层 Blob 请求到 DTR，DTR 被签名并重定向到用户配置的缓存。
- 如果缓存上存在 blob，则会发送给用户；否则，缓存从 DTR 中提取并将其发送给用户。

当用户推送镜像时，该镜像被直接推送到 DTR。当用户尝试使用该缓存提取镜像时，缓存将仅存储镜像。

（2）配置缓存。DTR 缓存基于 Docker Registry，并使用相同的配置文件格式。

该 DTR 缓存通过引入一个名为 downstream 的新中间件来扩展 Docker 注册表配置文件格式，有 3 个配置选项 blobttl、upstreams 及 cas。

```
# Settings that you would include in a
# Docker Registry configuration file followed by

middleware:
    registry:
    - name: downstream
    options:
    blobttl: 24h
    upstreams:
    - originhost: <Externally-reachable address for
          the origin registry>
    upstreamhosts:
    - <Externally-reachable address for
          upstream content cache A>
    - <Externally-reachable address for
          upstream content cache B>
    cas:
    - <Absolute path to upstream content cache A certificate>
    - <Absolute path to upstream content cache B certificate>
```

表 6-7 是每个参数的描述，特定于 DTR 缓存。

表 6-7　DTR 特定缓存的参数描述

参数	是否需要	描述
blobttl	否	缓存中 blob 的 TTL。该字段采用正整数和可选后缀，表示时间单位。如果配置了此字段，则必须将 storage.delete.enabled 配置为 true。可能的单位有： • ns （纳秒） • us （微秒） • ms （毫秒） • s （秒） • m （分钟） • h （小时） 如果省略后缀，则系统将该值解释为纳秒
cas	否	上游注册表的 PEM 编码 CA 证书的绝对路径列表
upstreamhosts	否	内容缓存的上游注册表的外部可访问地址列表。如果指定了多个主机，将按循环顺序从注册表中提取

（3）部署一个简单的缓存。可以在安装了 Docker 的任何主机上部署 Docker 内容缓存，如图 6-26 所示，要求如下：

■ 用户需要访问 DTR 和缓存；

■ 缓存需要访问 DTR。

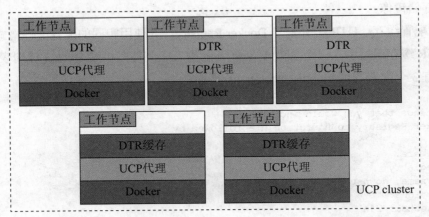

图 6-26　在安装 Docker 的主机上部署 Docker 内容缓存示意图

在要部署缓存的主机上创建一个 config.yml，需包含以下内容：

```
version: 0.1
storage:
delete:
enabled: true
filesystem:
rootdirectory: /var/lib/registry
http:
addr: :5000
middleware:
registry:
- name: downstream
options:
blobttl: 24h
upstreams:
- originhost: https://<dtr-url>
cas:
  - /certs/dtr-ca.pem
```

这将配置高速缓存，以将镜像存储在目录 /var/lib/registry 中，在 5000 端口上显示高速缓存服务，并配置高速缓存以删除在过去 24h 内未被拉取的镜像。它还定义可以达到 DTR 的位置，以及哪些 CA 证书应该被信任。

现在我们需要下载 DTR 使用的 CA 证书。为此，执行以下命令：

```
curl -k https://<dtr-url>/ca > dtr-ca.pem
```

现在已有了缓存配置文件和 DTR CA 证书，可以通过执行以下命令部署缓存：

```
docker run --detach --restart always \
--name dtr-cache \
--publish 5000:5000 \
--volume $(pwd)/dtr-ca.pem:/certs/dtr-ca.pem \
--volume $(pwd)/config.yml:/config.yml \
docker/dtr-content-cache:<version> /config.yml
```

可以通过更换交互模式执行，而不是分离的命令——detached 和 --interactive。这允许用户查看容器生成的日志并排除错误配置。

现在已经部署了一个缓存，需要配置 DTR。这是使用 POST /api/v0/content_cachesAPI 命令完成的。可以使用 DTR 交互式 API 文档来使用此 API。

在 DTR Web 界面中，单击右上角的菜单，然后选择 API docs，如图 6-27 所示。

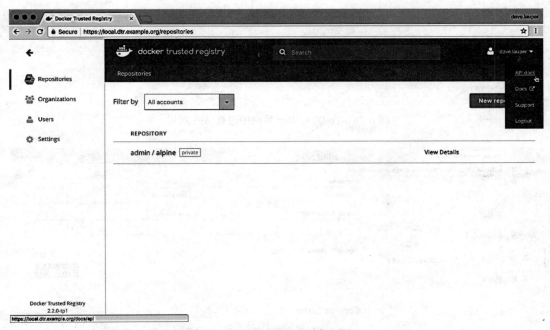

图 6-27 在 DTR Web 界面中配置 DTR

导航到 POST /api/v0/content_caches 行并单击展开，在主体域包括如下代码：

```
{
  "name": "region-us",
  "host": "http://<cache-public-ip>:5000"
}
```

单击 Try it Out 按钮进行 API 调用，弹出的界面如图 6-28 所示。

现在 DTR 知道用户创建了缓存，只需进行 DTR 用户设置即可开始使用该缓存。

在 DTR Web UI 中，导航到用户配置文件，单击 Settings 选项卡，然后将 Content Cache 设置更改为 region-us，如图 6-29 所示。

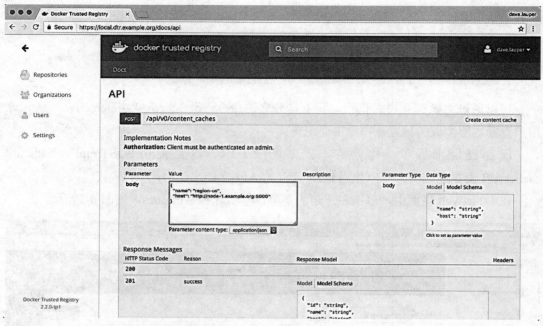

图 6-28　在 DTR Web 界面中进行 API 调用

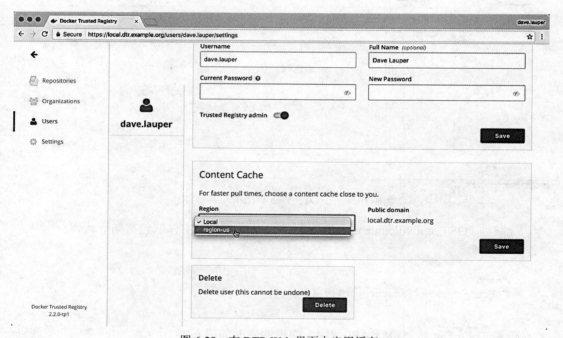

图 6-29　在 DTR Web 界面中启用缓存

　　现在，当拉取镜像时，将会使用缓存。测试方法为尝试从 DTR 中拉取一个镜像，这时，用户可以检查缓存服务日志，以验证正在使用缓存并解决可能出现的问题。

　　在部署 region-us 缓存的主机中，执行以下命令：

```
docker container logs dtr-cache
```

2）使用 TLS 部署缓存

在生产环境中运行 DTR 缓存时，应使用 TLS 来保护它们。在本例中，我们将部署使用 TLS 的 DTR 缓存。DTR 缓存使用与 Docker Registry 相同的配置文件格式。

（1）获取 TLS 证书和密钥。在使用 TLS 部署 DTR 缓存之前，需要获取部署缓存的域名的公钥证书，还需要该证书的公钥和私钥文件。一旦有了这些文件将之传输到部署 DTR 缓存的主机。

（2）创建缓存配置。

使用 SSH 登录到将要部署 DTR 缓存的主机，并导航到存储 TLS 证书和密钥的目录。创建具有以下内容的 config.yml 文件：

```
version: 0.1
storage:
delete:
enabled: true
filesystem:
rootdirectory: /var/lib/registry
http:
addr: :5000
tls:
certificate: /certs/dtr-cache-ca.pem
key: /certs/dtr-cache-key.pem
middleware:
registry:
- name: downstream
options:
blobttl: 24h
upstreams:
  - originhost: https://<dtr-url>
cas:
  - /certs/dtr-ca.pem
```

其中：

■ /certs/dtr-cache-ca.pem：这是缓存将使用的公钥证书。

■ /certs/dtr-cache-key.pem：这是 TLS 私钥。

■ /certs/dtr-ca.pem 是 DTR 使用的 CA 证书。

执行以下命令下载 DTR 使用的 CA 证书：

```
curl -k https://<dtr-url>/ca > dtr-ca.pem
```

现在已经获得了缓存配置文件和 TLS 证书，可以通过执行以下命令部署缓存：

```
docker run --detach --restart always \
--name dtr-cache \
--publish 5000:5000 \
--volume $(pwd)/dtr-cache-ca.pem:/certs/dtr-cache-ca.pem \
--volume $(pwd)/dtr-cache-key.pem:/certs/dtr-cache-key.pem \
--volume $(pwd)/dtr-ca.pem:/certs/dtr-ca.pem \
--volume $(pwd)/config.yml:/config.yml \
docker/dtr-content-cache:<version> /config.yml
```

（3）使用加密技术。可以使用"加密"的方法来自动生成大多数客户端信任的 TLS 证书。

3）链接多个缓存（Chain Multiple Caches）

如果组织的用户在地理位置上分布于多处，请考虑将多个 DTR 缓存链接在一起，以实现更快的拉取，如图 6-30 所示。

链接级别过多可能会减慢拉取速度，因此应该尝试不同的配置并对其进行基准测试，以找出正确的配置。

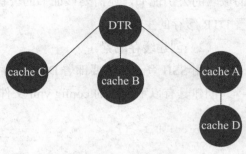

在下面这个例子中，我们将演示如何配置两个缓存。亚洲区域的专用缓存直接从 DTR 中提取镜像，并为在中国地区的缓存提供亚洲地区缓存中的镜像。

图 6-30　链接多个缓存

（1）为亚洲地区配置缓存。以下内容设置缓存有 TLS，并直接从 DTR 拉出镜像：

```
version: 0.1
storage:
delete:
enabled: true
filesystem:
rootdirectory: /var/lib/registry
http:
addr: :5000
tls:
certificate: /certs/asia-ca.pem
key: /certs/asia-key.pem
middleware:
registry:
- name: downstream
options:
blobttl: 24h
upstreams:
- originhost: https://<dtr-url>
cas:
  - /certs/dtr-ca.pem
```

（2）为中国地区配置缓存。此缓存具有 TLS，并从在亚洲地区的缓存中拉取镜像：

```
version: 0.1
storage:
delete:
enabled: true
filesystem:
rootdirectory: /var/lib/registry
http:
addr: :5000
tls:
certificate: /certs/china-ca.pem
key: /certs/china-key.pem
middleware:
registry:
- name: downstream
```

```
options:
blobttl: 24h
upstreams:
- originhost: https://<dtr-url>
upstreamhosts:
- https://<asia-cache-url>
 cas:
    - /certs/asia-cache-ca.pem
```

由于在中国地区的缓存不需要直接与 DTR 进行通信，所以只需要信任下一跳的 CA 证书，在这种情况下就是在亚洲地区缓存中使用的 CA 证书。

6.3.3　管理用户

1. DTR 中的认证和授权

使用 DTR 可以控制允许哪些用户访问镜像存储库。默认情况下，匿名用户只能从公共存储库中抽取镜像，他们不能创建新的存储库或推送到现有存储库，但是，可以授予权限以对镜像存储库执行细粒度访问控制。为此需要：

（1）首先创建一个用户。

Docker Datacenter 共享用户。在 Docker 通用控制面板中创建新用户时，该用户在 DTR 中可用，反之亦然。注册用户可以创建和管理自己的存储库。

（2）通过将用户添加到团队来扩展权限。

要扩展用户权限并管理用户对存储库的权限，可以将用户添加到一个团队。一个团队定义用户对一组存储库的权限。

组织拥有一组存储库，并定义了一组团队。使用团队可以定义一组用户拥有的一组存储库的细粒度权限，如图 6-31 所示。

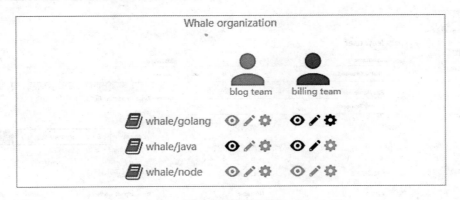

图 6-31　组织示例

在这个例子中，Whale organization 有 3 个存储库和两个小组。blog team 的成员只能从 whale/ java 仓库中查看和拉取镜像；billing team 的成员可以管理 whale/ golang 仓库，并从 whale/ java 仓库中推送镜像。

2. 在 DTR 中创建和管理用户

使用 Docker Datacenter 内置身份验证时，可以创建用户并授予他们细粒度的权限。Docker Datacenter 共享用户。在 Docker 通用控制面板中创建新用户时，该用户在 DTR 中可用，反之亦然。

要创建新用户，可转到 DTR Web UI，然后导航到 Users 页面，如图 6-32 所示。

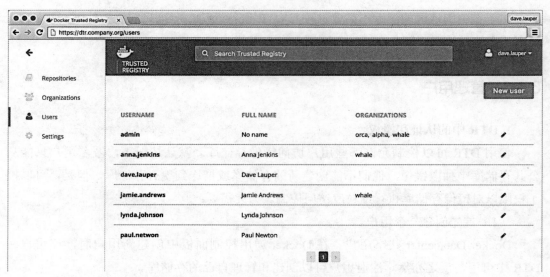

图 6-32　在 DTR Web UI 中创建新用户

单击 New user 按钮，并填写用户信息，如图 6-33 所示。

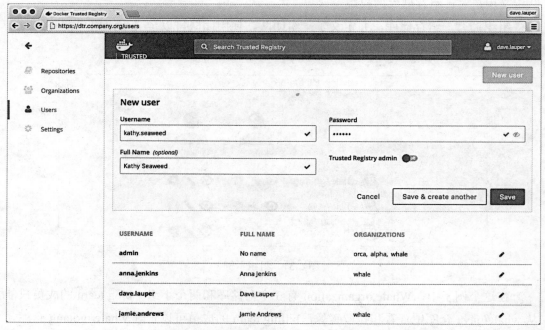

图 6-33　在 DTR Web UI 中填写新用户的信息

如果要授予用户更改 Docker Datacenter 配置的权限，可选择 Trusted Registry admin 选项。

3. 在 DTR 中创建和管理团队

可以通过将用户添加到一个团队，通过在其他镜像存储库中授予他们各自权限的方法来扩展用户的默认权限。团队定义一组用户对一组存储库的权限。

要创建一个新团队，可转到 DTR Web UI，导航到 Organizations 页面。然后单击要创建团队的组织。在这个例子中，我们将在 whale 组织下创建 billing 团队，如图 6-34 所示。

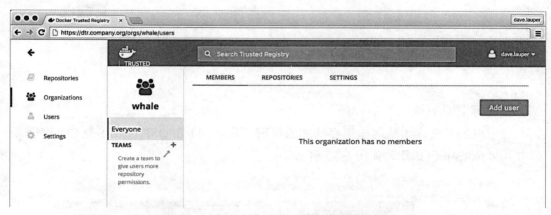

图 6-34　在 DTR Web UI 中创建新团队示例

单击 "＋" 按钮创建一个新的团队，并为它命名，如图 6-35 所示。

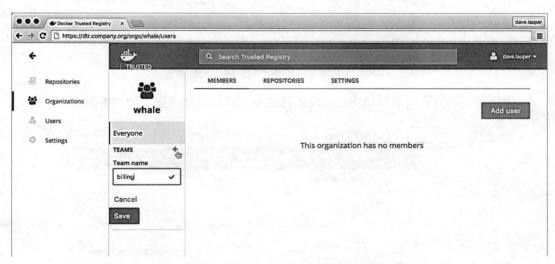

图 6-35　在 DTR Web UI 中为新创建的团队命名

1）将用户添加到一个团队

创建团队后，单击 TEAMS 进行管理设置。首先是将用户添加到团队。单击 Add user 按钮将用户添加到团队，如图 6-36 所示。

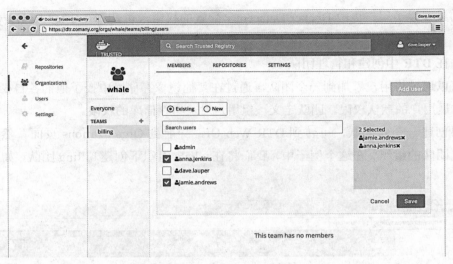

图 6-36　为团队添加用户

2）管理团队权限

这一步是定义该团队对一组存储库的权限。导航到 REPOSITORIES 选项卡，然后单击 Add repository 按钮，如图 6-37 所示。

图 6-37　定义团队的一组存储库的权限

选择该团队可访问的存储库，以及团队成员拥有的权限级别，如图 6-38 所示。

图 6-38　设置团队成员的权限级别

有 3 个权限级别可用，如表 6-8 所示。

表 6-8　权限级别

权限级别	描述
只读	查看存储库并拉取镜像
读写	查看存储库，拉取和推出镜像
管理员	管理存储库更改其设置，拉取和推出镜像

4. DTR 的权限级别

DTR 允许镜像存储库中定义细粒度权限。

1）管理员用户

Docker 数据中心共享用户。在 Docker 通用控制面板中创建新用户时，该用户在 DTR 中可用，反之亦然。在 DTR 中创建管理员用户时，该用户是 Docker 数据中心管理员，具有以下权限：管理 Docker 数据中心的用户、管理 DTR 存储库和设置、管理整个 UCP 集群。

2）团队权限级别

团队允许定义一组用户对一组存储库的权限。有 3 个权限级别可用，其存储库操作权限如表 6-9 所示。

表 6-9　存储库操作权限

存储库操作	查看	拉	推	删除标签	编辑说明	设置公共或私人	管理用户访问	删除存储库
读	×	×						
读写	×	×	×	×				
管理	×	×	×	×	×	×	×	

团队权限是叠加的。当用户是多个团队的成员时，具有团队定义的最高权限级别。

3）总体权限

DTR 的可用权限级别中，匿名用户：可以搜索和拉取公共存储库；用户：可以搜索和拉取公共资料，并创建和管理自己的存储库；团队成员：用户可以做的一切，以及用户所属团队授予的权限；团队管理员：团队成员可以做的一切，也可以向团队添加成员；组织管理：团队管理员可以做的一切，可以创建新团队，并向组织添加成员；DDC 管理员：可以管理 UCP 和 DTR 之间的任何东西。

6.3.4　监视和排除故障

1. 监视集群状态

DTR 是一个 Dockerized 应用程序。要监控它，可以使用已经在用的相同的工具和技术来监视集群上运行的其他容器化应用程序。监控 DTR 的一种方法是使用 Docker 通用控制面板的监控功能。

在浏览器中，登录 Docker 通用控制面板，然后导航到应用程序页面。

为了更容易找到 DTR，请使用搜索框搜索 DTR 应用程序。如果 DTR 设置为高可用性，则会显示出所有的 DTR 节点，如图 6-39 所示。

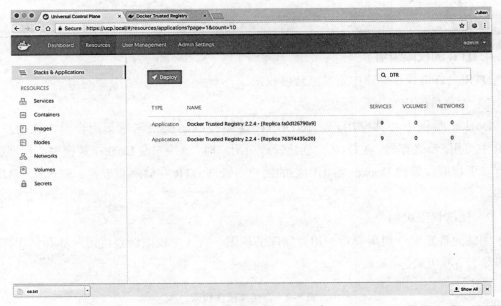

图 6-39　搜索 DTR 应用程序

单击 DTR 应用程序可查看它所有正在运行的容器。单击容器可查看其详细信息，如配置、资源和日志等，如图 6-40 所示。

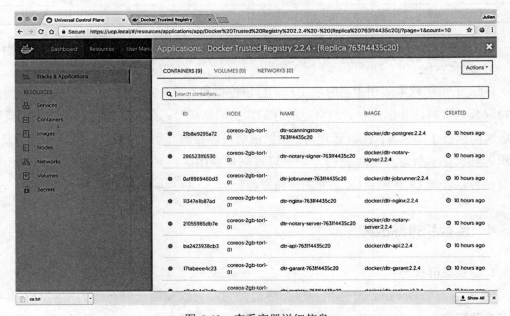

图 6-40　查看容器详细信息

DTR 还列出了几个端点，可用以评估 DTR 副本是否健康：

■ /health：检查 DTR 副本的几个组件是否正常，并返回一个简单的 json 响应结果。这对于负载平衡或其他自动健康检查任务非常有用。

■ /nginx_status：返回由 DTR 使用的 NGINX 前端处理的链接数。

■ /api/v0/meta/cluster_status：返回有关所有 DTR 副本的大量信息。

2. 排查日志

1）排除覆盖网络故障

DTR 中的高可用性取决于覆盖网络在 UCP 中的工作。测试覆盖网络是否正常工作的一种方法是在不同的节点上部署容器，这些节点将连接到同一个覆盖网络，由此查看它们是否可以彼此连通。

使用 ssh 登录到 UCP 节点，并执行以下命令：

```
docker run -it --rm \
--net dtr-ol --name overlay-test1 \
--entrypoint sh docker/dtr
```

然后使用 ssh 登录到另一个 UCP 节点并执行以下命令：

```
docker run -it --rm \
--net dtr-ol --name overlay-test2 \
--entrypoint ping docker/dtr -c 3 overlay-test1
```

如果第 2 段命令返回成功信息，则意味着覆盖网络正常工作。

2）直接访问 RethinkDB

DTR 使用 RethinkDB 持久化数据并将其复制到副本。直接连接到在 DTR 副本上运行 RethinkDB 实例对检查 DTR 内部状态可能是有帮助的。

使用 ssh 登录运行 DTR 副本的节点，并执行以下命令，替换该节点上运行的 DTR 副本 $REPLICA_ID 的 ID：

```
docker run -it --rm \
--net dtr-ol \
-v dtr-ca-$REPLICA_ID:/ca dockerhubenterprise/rethinkcli:v2.2.0 \
$REPLICA_ID
```

这将启动交互式提示，可以在其中运行 RethinkDB 查询，如：

```
> r.db('dtr2').table('repositories')
```

3）从不健康的复制品中恢复

当 DTR 副本不健康或不正常时，DTR Web UI 会发出警告：

```
Warning: The following replicas are unhealthy: 59e4e9b0a254; Reasons: Replica
reported health too long ago: 2017-02-18T01:11:20Z; Replicas 000000000000,
563f02aba617 are still healthy.
```

要解决这个问题，应该从 DTR 集群中删除不正常的副本，并加入一个新的副本。先执行以下命令：

```
docker run -it --rm \
docker/dtr:2.2.5 remove \
--ucp-insecure-tls
```

接着执行以下命令：

```
docker run -it --rm \
docker/dtr:2.2.5 join \
--ucp-node <ucp-node-name> \
--ucp-insecure-tls
```

3. 排查批处理作业

DTR 使用作业队列来调度批处理作业。作业放在队列中，DTR 的作业运行器组件使用这个集群范围的作业队列中的工作并执行，如图 6-41 所示。

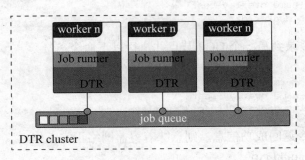

图 6-41　作业队列信息

所有DTR副本都可以访问作业队列，并具有可以获取和执行工作的作业转移器组件。

1）批处理作业的运作方式

创建作业时，将其添加到具有等待状态的集群范围的作业队列中。当其中一个 DTR 副本准备好声明时，它会等待 3 秒左右的随机时间，从而让每个副本都有机会来声明任务。

副本通过将其 ID 添加到作业中来获取作业。这样其他的副本就知道这个工作已经被声明了。一旦一个副本声明了一个作业，它会将其添加到内部一个作业队列中，该队列根据它们的日程安排进行排序。当发生这种情况时，复制副本会将作业状态更新为正在运行并开始执行。

每个 DTR 副本的作业运行器组件在所有副本共享的数据库上保存一个心跳过期的条目。如果一个副本变得不健康，其他副本会注意到这一点，并将该工作状态更新为死亡。此外，副本声明的所有作业都更新为 worker_dead 状态，以便其他副本可以声明该作业。

2）工作类型

DTR 的工作类型如表 6-10 所示。

表 6-10　DTR 的工作类型

工作类型	描述
GC	垃圾收集作业，删除与删除的镜像相关联的图层
sleep	用于测试助听器的正确性。睡眠时间为 60s
false	用于测试 jobrunner 的正确性。它执行 false 命令并立即失败
tagmigration	用于将标记和清单信息从 blobstore 同步到数据库。此信息用于 API、UI 以及 GC 中的信息
bloblinkmigration	bloblinkmigration 是一个 2.1 到 2.1 升级过程，它将 blob 的引用添加到数据库的存储库中
license_update	如果启用了联机许可证更新功能，则许可证更新检查其许可证到期前的更新信息
nautilus_scan_check	镜像安全扫描作业。此作业不执行实际的扫描，而是产生 nautilus_scan_check_single 作业（镜像中每层一个）。一旦所有的 nautilus_scan_check_single 工作都完成，这个工作就会终止
nautilus_scan_check_single	由参数 SHA256SUM 提供的特定层的安全扫描作业，此作业将层分成组件，并检查每个组件是否存在漏洞
nautilus_update_db	其创建的作业用来更新 DTR 的漏洞数据库。它使用 https://dss-cve-updates.docker.com/ 来检查数据库更新。如果有新的更新，则更新 DTR 扫描存储容器
网络挂接	用于将 Webhook 有效载荷分发到单个端点的作业上

3）工作状态

作业的工作状态如表 6-11 所示。

表 6-11　作业的工作状态

工作状态	描述
waiting	该工作是无人认领的，等待状态
running	定义的作业器正在运行该作业
DONE	该工作已经成功完成
wrong	完成该工作时出现了错误
cancel_request	作业器监视数据库中的作业状态。如果作业的状态更改为 cancel_request，则作业器将取消作业
cancel	该作业已经被取消，未完全执行
delete	作业和日志已经被删除
worker_dead	该作业的作业器已被宣布死亡，无法继续
worker_shutdown	正在运行该作业的作业器已经无法停止工作
worker_resurrection	此作业的作业器已重新连接到数据库，并将继续此前未完成的作业

6.3.5　DTR备份和灾难恢复

DTR 需要其副本的大多数（$n / 2 + 1$）始终保持健康状态。因此，如果大多数副本不健康或丢失，则将 DTR 还原到工作状态的唯一方法是从备份中恢复。这就是为什么重要的是确保副本健康且频繁进行备份。

1. 由 DTR 管理的数据

DTR 维护如表 6-12 所示的数据。

表 6-12　DTR 维护的数据

数据	描述
Configurations	DTR 集群配置
Repository metadata	关于部署的存储库和镜像的元数据
Access control to repos and images	团队和知识库的权限
Notary data	公证标签和签名
Scan results	镜像的安全扫描结果
Certificates and keys	用于相互 TLS 通信的证书、公钥和私钥
Images content	推送到 DTR 的镜像。这可以存储在运行 DTR 或其他存储系统节点文件系统上，具体取决于配置

要进行 DTR 节点的备份，可执行 docker/dtr backup 命令。此命令备份如表 6-13 所示的数据。

表 6-13　DTR 节点是否备份的数据

数据	是否备份	描述
Configurations	yes	DTR 设置
Repository metadata	yes	镜像架构和大小等元数据
Access control to repos and images	yes	有关谁有权访问哪些镜像的数据
Notary data	yes	签名图像的签名和摘要
Scan results	yes	有关图像中漏洞的信息
Certificates and keys	yes	使用的 TLS 证书和密钥
Image content	no	需要单独备份，取决于 DTR 配置
Users, orgs, teams	no	创建 UCP 备份以备份此数据
Vulnerability database	no	恢复后可以重新下载

2. 备份 DTR 数据

要创建 DTR 的备份，需要备份镜像内容和 DTR 元数据。

应该始终从相同的 DTR 副本创建备份，以确保更平滑地还原。

1）备份镜像内容

由于可以配置 DTR 用于存储镜像的存储后端，因此备份镜像的方式取决于正在使用的存储后端。

如果已将 DTR 配置为在本地文件系统或 NFS 安装上存储镜像，则可以使用 ssh 备份镜像，登录到运行 DTR 的节点，并创建 dtr 注册表卷的 tar 存档：

```
tar -cf /tmp/backup-images.tar dtr-registry-<replica-id>
```

2）备份 DTR 元数据

要创建 DTR 备份，应加载 UCP 客户端软件包，并执行以下命令，替换实际值的占位符：

```
read -sp 'ucp password: ' UCP_PASSWORD; \
docker run -i --rm \
--env UCP_PASSWORD=$UCP_PASSWORD \
docker/dtr:<version> backup \
--ucp-url <ucp-url> \
--ucp-insecure-tls \
--ucp-username <ucp-username> \
--existing-replica-id <replica-id> > /tmp/backup-metadata.tar
```

备份命令不会停止 DTR，因此可以经常备份，而不会影响用户使用。此外，备份包含敏感信息（如私钥），因此可以通过执行以下命令对备份进行加密：

```
gpg --symmetric /tmp/backup-metadata.tar
```

3）测试备份

要验证备份是否可被正确执行，可以打印所创建的 .tar 文件的内容。镜像的备份应该如下所示：

```
tar -tf /tmp/backup-images.tar

dtr-backup-v2.2.3/
dtr-backup-v2.2.3/rethink/
dtr-backup-v2.2.3/rethink/layers/
```

DTR 元数据的备份应该如下所示：

```
tar -tf /tmp/backup-metadata.tar

# The archive should look like this
dtr-backup-v2.2.1/
dtr-backup-v2.2.1/rethink/
dtr-backup-v2.2.1/rethink/properties/
dtr-backup-v2.2.1/rethink/properties/0
```

如果已加密元数据备份，则可以使用以下命令：

```
gpg -d /tmp/backup.tar.gpg | tar -t
```

3. 恢复 DTR 数据

如果 DTR 拥有的副本大部分不健康，则将其还原到工作状态的一种方法是从现有备份还原。

要恢复 DTR，需要：①停止任何可能正在运行的 DTR 容器。②从备份还原镜像。③从备份恢复 DTR 元数据。④重新获取漏洞数据库。

需要在创建备份的同一个 UCP 集群上恢复 DTR。如果在不同的 UCP 集群上进行还原，则所有DTR资源将由不存在的用户所有，因此即使存储了DTR数据也无法进行管理。

恢复 DTR 数据需要使用与 docker/dtr 创建更新时使用的相同版本的镜像。其他版本不能保证工作正常进行。

1）停止 DTR 容器运行

首先删除任何仍在运行的 DTR 容器：

```
docker run -it --rm \
docker/dtr:<version> destroy \
--ucp-insecure-tls
```

2）还原镜像

如果是将 DTR 配置为在本地文件系统上存储镜像，则可以提取备份：

```
sudo tar -xzf /tmp/image-backup.tar -C /var/lib/docker/volumes
```

如果正在使用不同的存储后端，请遵循该系统推荐的最佳做法。恢复 DTR 元数据时，将使用与创建备份时相同的配置部署 DTR。

3）恢复 DTR 元数据

可以使用 docker/dtr restore 命令恢复 DTR 元数据。这将执行 DTR 的全新安装，并使用在备份期间创建的配置进行重新配置。

加载 UCP 客户端软件包，并执行以下命令来替换实际值的占位符：

```
read -sp 'ucp password: ' UCP_PASSWORD; \
docker run -i --rm \
--env UCP_PASSWORD=$UCP_PASSWORD \
docker/dtr:<version> restore \
--ucp-url <ucp-url> \
--ucp-insecure-tls \
--ucp-username <ucp-username> \
--ucp-node <hostname> \
--replica-id <replica-id> \
--dtr-external-url <dtr-external-url> < /tmp/backup-metadata.tar
```

4）重新获取漏洞数据库

成功恢复 DTR 后，可以在重新安装之后加入新的副本。

6.4 访问授信 Docker 镜像仓库

6.4.1 配置Docker引擎

默认情况下，Docker Engine 在将镜像推送到镜像注册表时使用 TLS。如果 DTR 使用默认配置或配置为使用自签名证书，则需要配置 Docker Engine 以信任 DTR。否则，当尝试登录、推送或从 DTR 中拉取镜像时，将会收到如下错误信息：

```
$ docker login dtr.example.org
x509: certificate signed by unknown authority
```

使 Docker Engine 信任 DTR 使用的证书颁发机构的第 1 步是获得 DTR CA 证书。之后，将操作系统配置为信任该证书。

1. 配置主机

DTR 可安装在 Mac OS、Windows、Ubuntu/Debian、RHEL/Cent OS、Boot2 Docker 等不同的主机上，下面分别介绍。

1）DTR 在 Mac OS 主机上的配置

在浏览器中导航到 https：//<dtr-url>/ca，下载 DTR 使用的 TLS 证书，然后将该证书添加到 macOS Keychain。然后重启 Docker for Mac。

2）DTR 在 Windows 主机的配置

在浏览器中导航到 https：//<dtr-url>/ca，下载 DTR 使用的 TLS 证书。打开 Windows 资源管理器，右击下载的文件，选择安装证书命令。

在随后出现的对话框进行以下操作：

（1）店铺位置选择本地计算机。

（2）选中"将所有证书放在以下存储中"选项。

（3）单击"浏览器"，然后选择"受信任的根证书颁发机构"。

（4）单击"完成"按钮。

将 CA 证书添加到 Windows 后，重启 Docker for Windows。

3）DTR 在 Ubuntu / Debian 主机的配置

Ubuntu 和 Debian 是最具有影响力的两个 Linux 发行版本，Ubuntu 源自 Debian，DTR 在其主机的配置如下。

```
# Download the DTR CA certificate
$ curl -k https://<dtr-domain-name>/ca -o /usr/local/share/ca-certificates/<dtr-domain-name>.crt
# Refresh the list of certificates to trust
$ sudo update-ca-certificates
# Restart the Docker daemon
$ sudo service docker restart
```

4）DTR 在 RHEL / CentOS 主机的配置

RHEL 和 CentOS 都是 RedHat 家族的成员，最新版本都默认使用 XFS 文件系统。DTR 在 RHEL/CentOS 主机的配置如下。

执行以下命令：

```
# Download the DTR CA certificate
$ curl -k https://<dtr-domain-name>/ca -o /etc/pki/ca-trust/source/anchors/<dtr-domain-name>.crt
# Refresh the list of certificates to trust
$ sudo update-ca-trust
# Restart the Docker daemon
$ sudo /bin/systemctl restart docker.service
```

5）DTR 在 Boot2Docker 主机的配置

Boot2Docker 是基于 Tiny Core Linux 的轻量级 Linux 发行版，专为 Docker 准备，完全运行于内存中。DTR 在 Boot2Docker 主机的配置如下。

（1）执行以下命令，使用 ssh 登录虚拟机：

```
docker-machine ssh <machine-name>
```

（2）执行以下命令，创建 bootsync.sh 文件，使其可执行：

```
sudo touch /var/lib/boot2docker/bootsync.sh
sudo chmod 755 /var/lib/boot2docker/bootsync.sh
```

（3）将以下内容添加到 bootsync.sh 文件中。可以使用 nano 或 vi 命令进行此操作。

```
#!/bin/sh
cat /var/lib/boot2docker/server.pem >> /etc/ssl/certs/ca-certificates.crt
```

（4）执行以下命令，将 DTR CA 证书添加到 server.pem 文件中：

```
curl -k https://<dtr-domain-name>/ca | sudo tee -a /var/lib/boot2docker/server.
pem
```

（5）执行以下命令，运行 bootsync.sh 并重新启动 Docker 守护程序：

```
sudo /var/lib/boot2docker/bootsync.sh
sudo /etc/init.d/docker restart
```

2. 登录 DTR

执行以下命令，验证 Docker 守护程序信任 DTR，尝试对 DTR 进行身份验证。

```
docker login dtr.example.org
```

6.4.2　配置公证客户端

当成组且不绑定私钥和公钥到 UCP 账户时，将镜像推送到 DTR，UCP 却不会信任这些镜像，因为它不知道用户所使用的密钥。所以在签署并将镜像推送到 DTR 之前，应该：①配置公证 CLI 客户端；②将 UCP 私钥导入公证客户端。这样，由于允许使用 UCP 客户端软件包中的私钥开始签名镜像，UCP 就可以追溯到用户的账户了。

1. 下载公证 CLI 客户端

如果使用的是 Docker for Mac 或 Docker for Windows，那么默认已经安装了 notary 命令。如果在 Linux 发行版上运行 Docker，则可以下载最新版本，例如：

```
# Get the latest binary
curl -L <download-url> -o notary
```

```
# Make it executable
chmod +x notary
# Move it to a location in your path
sudo mv notary /usr/bin/
```

2. 配置公证 CLI 客户端

在使用公证 CLI 客户端之前，需要对其进行配置，以与作为 DTR 一部分的公证服务器进行通信。

可以通过将标志传递给公证人命令，或者使用配置文件来执行配置操作。

1）标志传递

执行以下公证命令：

```
notary --server https://<dtr-url> --trustDir ~/.docker/trust --tlscacert <dtr-ca.pem>
```

传递给公证人的标志及其含义如表 6-14 所示。

表 6-14 标志及其含义

标志	含义
--server	查询公证服务器
--trustDir	到存储信任元数据的本地目录的路径
--tlscacert	DTR CA 证书的路径。如果已将系统配置为信任 DTR CA 证书，则不需要使用此标志

为避免在使用命令时输入所有标志，可以设置别名：

```
# Bash
alias notary="notary --server https://<dtr-url> --trustDir ~/.docker/trust
--tlscacert <dtr-ca.pem>"

# PowerShell
set-alias notary "notary --server https://<dtr-url> --trustDir ~/.docker/trust
--tlscacert <dtr-ca.pem>"
curl -L <download-url> -o notary
# Make it executable
chmod +x notary
# Move it to a location in your path
sudo mv notary /usr/bin/
```

2）配置文件

还可以通过创建 ~/.notary/config.json 具有以下内容的文件来配置公证 CLI 客户端：

```
{
  "trust_dir" : "~/.docker/trust",
  "remote_server": {
    "url": "<dtr-url>",
    "root_ca": "<dtr-ca.pem>"
  }
}
```

要验证配置，可尝试在已经签名的镜像 DTR 存储库中执行 notary list 命令：

```
# Assumes you've configured notary
notary list <dtr-repository>
```

该命令可以在存储库上打印每个签名镜像的摘要列表。

3. 导入 UCP 密钥

配置公证 CLI 客户端的最后一步是导入 UCP 客户端软件包的私钥。执行以下命令将 UCP 包中的私钥导入到公证 CLI 客户端：

```
# Assumes you've configured notary
notary key import <path-to-key.pem>
```

私钥被复制到 ~/.docker/trust，系统将提示输入密码进行加密。可以通过执行以下命令验证公证人知道什么：

```
notary key list
```

导入的密钥会与该角色一起列出授权。

6.4.3　使用缓存

DTR 可配置为具有一个或多个缓存，允许用户选择使用哪个缓存以获取更快的下载时间。

如果管理员设置了缓存，则可以选择在拉取镜像时要使用的缓存。在 DTR Web UI 中，导航到用户配置文件并设置内容缓存选项，如图 6-42 所示。

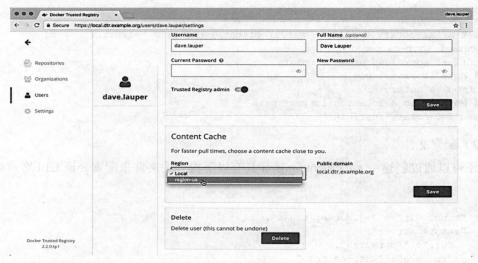

图 6-42　使用缓存选项

保存后，其镜像将从缓存中取出，而不是中央 DTR。

在任何基于 Linux 的云平台中，安装 Docker 都非常容易，而且 Docker 和绝大多数主流的公共云服务提供商都在积极地开发相关的工具，让用户在集群中使用更智能的方式部署和管理 Docker 容器。本书成稿时，不少这样的工具都可以使用了，不过谈不上完全成熟。如果是私有云平台，可以使用 Docker Swarm 等工具在大量的 Docker 宿主机中部署容器，或者使用社区开发的 Centurion 或 Helios 辅助多主机部署。

本章介绍在自己的数据中心内大规模使用 Docker 的主要方式。首先探讨 Docker Swarm 和 Centurion，然后说明如何使用 Amazon EC2 Container Service（简称 Amazon ECS）。

7.1 Docker Swarm

2015 年年初，Libswarm 项目开发 6 个月之后，Docker 向公众发布了 Swarm 的第 1 个 Beta 测试版。Swarm 的目的是为 Docker 客户端工具提供统一的接口，让它不仅能管理单个 Docker 守护进程，还能管理整个集群。Swarm 不是配置应用或实现可重复部署的工具，其作用是为 Docker 现有的工具提供集群资源管理功能。因此，Swarm 只是复杂方案所用的一个组件。

Swarm 以 Docker 容器的形式实现，既是 Docker 集群的中央管理枢纽，又是运行在各个 Docker 宿主机中的代理。把 Swarm 部署到各个宿主机之后，这些宿主机就变成了一个联系紧密的集群，这个集群可以使用 Swarm 和 Docker 的其他工具管理。

7.1.1 使用 Swarm 一个集群

与部署其他 Docker 容器一样，我们首先要在 Docker 宿主机中执行 docker pull 命令，下载 Swarm 容器。例如：

```
$ docker pull swarm
511136ea3c5a: pull complete
ae115241d78a: pull complete
f49087514537: pull complete
fff73787bd9f: pull complete
97c8f6e912d7: pull complete
33f9d1e808cf: pull complete
```

```
62860d7acc87: pull complete
bf8b6923851d: pull complete
swarm: latest: The image you are pulling has been verified. Important:
image verification is a tech preview feature and should not be relied on
to provide security.
Status: Downloaded newer image for swarm:latest
```

然后在目标 Docker 宿主机中启动 Swarm 容器，创建 Docker 集群：

```
$ docker run --rm swarm create
e480foldd24432adcSSle72faa37bddd
```

执行上述命令会返回一个散列值，这是新建 Docker 集群的唯一标识符，通常称为集群 ID。

若想把 Docker 宿主机加入集群中，启动 Swarm 容器时要指定 join 参数，而且要指定 Docker 宿主机的地址和端口，还要指定创建集群时得到的散列值（令牌）。例如：

```
$ docker run -d swarm join --addr=168.17.32.10:2168 \
token://e480foldd24432adc551e72faa37bddd
6c0e36c1479b360ac63ec23827560bafcc44695a8cdd82aec8c44af2f2fe6910
```

执行 swarm join 命令后会在要加入集群的 Docker 宿主机中启动 Swarm 代理，然后返回代理所在容器的完整散列值。如果现在在 Docker 宿主机中执行 docker ps 命令，会发现 Swarm 代理正在运行，而且容器的 ID 与前面得到的完整散列值的前 12 位相同。

```
$ docker ps
CONTAINER ID IMAGE          COMMAND         ··· PORTS     NAMES
6c0e36c1479b   swarm:latest  "/swarm join --addr= ··· 2168/tcp  mad_lalande
```

现在，我们的集群中有一个宿主机了。正常情况下，还会再添加一些 Docker 宿主机。这很容易做到，使用自己喜欢的工具再启动别的 Docker 宿主机即可，例如 Docker Machine 或 Vagrant 等。

7.1.2　把Swarm 管理器部署到集群

要把 Swarm 管理器部署到集群里的某个 Docker 宿主机中，示例如下：

```
$ docker run -d -p 6666:2168 swarm manage \
token://87711cac095fe3440f74161d16b4bd94
4829886f68b6ad9bb5021fde3a32f355fad23b91bc45bf145b3f0f2d70f3002b
```

需要注意的是，Swarm 管理器可以在任何端口上对外开放，这里使用的是 6666 端口，因为 2168 和（或）2167 已经被 Docker 宿主机中的 Docker 服务器占用了。

现在再执行 docker ps 命令，会看到 Docker 宿主机中运行着这两个 Swarm 容器：

```
$ docker ps
··· IMAGE  COMMAND                    ··· PORTS              ···
```

```
… swarm:latest   "/swarm manage token   …  0.0.0.0:6666->2168/tcp  …
… swarm:latest   "/swarm join --addr=   …  2168/tcp              …
```

如果想列出集群里的所有节点，可以执行下述命令：

```
$ docker run --rm swarm list token://87711cac095fe3440f74161d16b4bd94
168.17.32.10:2168
```

Docker Swarm 集群各个部分的组成如图 7-1 所示。

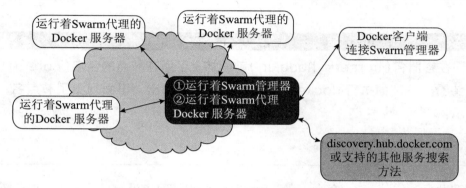

图 7-1　Swarm 管理的 Docker 集群示意图

从现在开始可以使用 Docker 客户端与这个 Docker 集群交互，Docker 客户端连接的也不再是单个 Docker 宿主机了。这里没有为 Swarm 启用 TLS 加密连接，所以要确保 Docker 客户端不通过 TLS 连接 Swarm 的端口，方法如下：

```
$echo $DOCKER_HOST; unset DOCKER_HOST
$echo $DOCKER_TLS_VERIFY; unset DOCKER_TLS_VERIFY
$echo $DOCKER_TLS; unset DOCKER_TLS
$echo $DOCKER_CERT_PATH;unset DOCKER_CERT_PATH
```

销毁上述环境变量之后，我们要把环境变量 DOCKER_HOST 设为 Swarm 管理器所在 Docker 宿主机的 IP 地址和端口号，这样 Docker 客户端才能与使用 Swarm 搭建的 Docker 集群交互。例如：

```
$ export DOCKER_HOST="tcp://168.17.32.10:6666"((("docker" , "info")))
$ docker info
Containers: 33
Nodes: 1
  core-01: 168.17.32.10:2168
      └─  Containers: 33
      └─  Reserved CPUs: 20 / 2
      └─  Reserved Memory: 1.367 GiB / 997.9 MiB
```

上述 docker info 命令的输出是集群里各个节点的基本信息。

在集群模式下，有些 Docker 命令无法使用，例如 docker pull，不过仍然可以在集群里启动新的容器，Swarm 代理会代为执行所需的步骤，例如从注册处拉取镜像。

可以执行下述命令，在集群里启动一个 nginx（http: //nginx.org）容器，测试一下这种行为：

```
$ docker run -d nginx
5519a2a379668ceab685a1d73d7692dd0a81ad92a7ef61f0cd54d2c4c95d3f6e
```

执行 docker ps 命令，在集群里会看到如下信息：

```
$ docker ps
CONTAINER ID IMAGE COMMAND    …    NAMES
5519a2a37966    nginx:1 "nginx -g 'daemon of … core-01/berserk_hodgkin
```

> **注意**　
>
> 　　现在容器名（berserk_hodgkin）前面加上了所在节点的名字（core-01）。回过头看一下前面执行 docker info 命令得到的输出，里面列出了节点名，如下所示：
>
> ```
> core-01: 168.17.32.10:2168
> ```

如果执行 docker ps -a 命令，会看到这样的结果：除了没有启动容器之外，还列出了在集群外运行的容器（例如 Swarm 容器本身）。这些容器不在集群里，只不过是运行在某个宿主机中。

```
$ docker ps -a
…IMAGE          COMMAND            PORTS                          …
…nginx:1        "nginx -g 'daemon of    80/tcp, 443/tcp           …
…swarm:latest   "/swarm manage token   168.17.32.10:6666->2168/tcp …
…swarm:latest   "/swarm join --addr=    2168/tcp                  …
…
```

需要特别注意的是，虽然 docker ps 命令不会列出 Swarm 容器本身，但是使用 docker stop 命令可以让 Swarm 管理器容器和 Swarm 代理容器停止运行。当然，这么做会导致问题，所以千万别这么做。在使用完 Swarm 之后，要还原环境变量 DOCKER_HOST 的值，直接指向 Docker 宿主机。如果宿主机使用 TLS 加密连接，还要把 DOCKER_TLS_VERIFY、DOCKER_TLS 和 DOCKER_CERT_PATH 还原成之前的值。

7.2　Centurion 工具

Centurion（地址为 https://github.com/newrelic/centurion）是一种可以重复把应用部署到一组主机的工具。Swarm 把集群视作一台设备，而使用 Centurion 部署时要告诉它每一个主机的信息。Centurion 的作用是保证容器可以重复创建，以及简化下线部署的过程。Centurion 假定应用实例放在负载均衡程序之后。要从传统的部署方式转到 Docker 式流程，可以先从 Centurion 入手。

7.2.1 部署一个简单的应用

要部署的 Web 应用是公开可用的 nginx 容器，这个容器没有什么作用，只作为测试，只会伺服一个页面，让用户在浏览器中查看。当然，也可以把这个应用换成自己的应用，唯一的要求是要把应用推送到注册处。

Centurion 运行要依赖系统中的 Docker 的命令行工具，还要有 Ruby 1.9 或以上版本。Centurion 可以在 Linux 和 Mac OS X 中使用。在各种主流的 Linux 发行版均可使用 yum 或 apt-get 安装这两个依赖。一般来说，只要发行版的内核版本符合运行 Docker 的要求，就会提供这两个依赖的安装包。在 Mac OS X 版本中已经安装了符合要求的 Ruby，如果 Mac OS X 版本太旧，可以使用 Homebrew 安装新版的 Ruby。只要 Linux 发行版满足运行 Docker 的条件，基本也都提供了运行 Centurion 所需的 Ruby 版本。执行下述命令可以查看是否安装了 Ruby，以及版本号：

```
$ ruby -v
ruby 2.2.1p85 (2015-02-26 revision 49769) [x86_64-darwin12.0]
```

确认系统中有 Ruby 之后，使用 Ruby 的包管理器安装 Centurion：

```
$ gem install centurion
Fetching: logger-colors-1.0.0.gem (100%)
Successfully installed logger-colors-1.0.0
Fetching: centurion-1.5.1.gem (100%)
Successfully installed centurion-1.5.1
Parsing documentation for logger-colors-1.0.0
Installing ri documentation for logger-colors-1.0.0
Parsing documentation for centurion-1.5.1
Installing ri documentation for centurion-1.5.1
Done installing documentation for logger-colors, centurion after 0 seconds
2 gems installed
```

然后在命令行中执行 centurion 命令，确认 Centurion 是否可用：

```
$ centurion --help
Options:
-p, --project=<s>            project (blog, forums…)
-e, --environment=<s>        environment (production, staging…)
-a, --action=<s>             action (deploy, list…) (default: list)
-l, --image=<s>              image (yourco/project…)
-t, --tag=<s>                tag (latest…)
-h, --hosts=<s>              hosts, comma separated
-d, --docker-path=<s>        path to docker executable (default: docker)
-n, --no-pull                Skip the pull_image step
--registry-user=<s>          user for registry auth
--registry-password=<s>      password for registry auth
-o, --override-env=<s>       pverride environment variables, comma separated
-l, --help                   Show this message
```

centurion 命令有很多选项，不过现在只需确认是否正确安装了 Centurion。如果安装后无法执行上述命令，可以把 Centurion 所在的目录添加到环境变量 PATH 中：

```
$ gempath='gem environment | grep "INSTALLATION DIRECTORY" | awk '{print $4}' '
$ export PATH=$gempath/bin:$PATH
```

现在应该可以执行 centurion --help 命令查看帮助信息了。

首先，创建一个目录，保存 Centurion 的配置。对于自己的应用来说，可以把 Centurion 的配置保存在应用的根目录里，也可以保存在专门存放各个应用部署配置的目录里。如果应用很多，这里采用第 2 种方式。由于我们只是部署公开可用的 nginx 容器，所以新建一个目录存放配置。创建好目录之后，进入这个目录，然后执行 centurionize 命令，生成基本配置：

```
$ mkdir nginx
$ cd nginx
$ centurionize -p nginx
Creating /Users/someuser/apps/nginx/config/centurion
Writing example config to /Users/someuser/apps/nginx/config/centurion/nginx.rake
Writing new Gemfile to /Users/someuser/apps/nginx/Gemfile
Adding Centurion to the Gemfile
Remember to run 'bundle install' before running Centurion
Done!
```

暂且不管 Gemfile 文件，打开生成的配置文件，看一下其中的内容，了解 Centurion 的功能。生成的配置展示了 Centurion 多项功能的用法，不过我们要编辑一下，只留下配置部分：

```
Namespace    :environment do
  desc  'Staging environment'
  task      :staging do
    set_current_environment(:staging)
    set  :image, 'nginx'

    env_vars MY_ENV_VAR:  'something important'
    host_port 10234, container_port: 80

    host  'docker1'
    host  'docker2'
  end
end
```

Centurion 支持在一个配置文件中定义多个环境，不过我们只会部署到过渡环境，有必要时，可以添加更多的环境。在这个文件中还可以定义一个 common 任务，这个任务里的配置是多个环境共用的。因为此处只是举例，所以仅保留了最基本的配置。

根据现在的配置，Centurion 会从公共注册处下载 nginx 镜像，将其部署到 docker1 和 docker2 两个宿主机，还会把环境变量 MY_ENV_VAR 的值设为一个字符串，再把容器的 80 端口映射到宿主机的 10234 端口上。Centurion 能设置任意多个环境变量，能部署到任意多个宿主机，能映射任意多个端口，还能挂载任意多个卷。Centurion 的基本原理是，使用可重复执行的配置把应用部署到任意多个 Docker 宿主机。

  Centurion 原生支持滚动部署 Web 应用，采用迭代方式处理一系列宿主机，一次只下线一个容器，以保证部署过程中应用仍然可用。滚动部署的过程中，Centurion 会通过一个可配置的端点检查容器的健康情况。默认情况下，这个端点是"/"。我们这个只显示欢迎页面的简单应用使用默认值即可。Centurion 的所有操作基本上都是可以定制的，不过这里我们尽量保持简单。

7.2.2　把应用部署到过渡环境

  准备工作完成后，就可以把应用部署到过渡环境了，即告诉 Centurion 把 nginx 项目部署到过渡环境，而且采用滚动部署方式，保证 Web 应用不下线。Centurion 首先同时在两个宿主机中执行 docker pull 命令，然后分别在每个宿主机中创建新容器，停止旧容器，再启动新容器。下述命令的输出很多，我们做了删减，以便使整个过程更清晰：

```
$ centurion -p nginx -e staging -a rolling_deploy
…
I, [2015… #51882]    INFO -- : fetching image nginx: latest IN parallel
I, [2015… #51882]    INFO -- : Using CLI to pull
I, [2015… #5182]     INFO -- :Using CLI to pull
4f903438061c: pulling fs layer
1265e15d0c28: pulling fs layer
0cbe7e43ed7f: pulling fs layer
…
** Invoke deploy: verify_image(first_time)
** execute deploy: verify_image
I, [2015… #51882]    INFO  -- : -----Connecting to Docker on docker1 -----
I, [2015… #51882]    INFO  -- : Image 224873bd found on docker1
…
I, [2015… #51882]    INFO  -- : -----Connecting to Docker on docker2 -----
I, [2015… #51882]    INFO  -- : Image 224873bd found on docker2
…
I, [2015… #51882]    INFO  -- : -----Connecting to Docker on docker1 -----
I, [2015… #51882]    INFO  -- : Stopping container(S):
[{"Command"=>"nginx -g 'daemon off;' ", "Created"=>1424891086,
"ID"=>"6b77a8dfc18bd6822eb2f9115e0accfd261e99e220f96a6833525e7d6b7ef723",
"Image"=>"2485b0f89951", "Names"=>["/nginx-63018cc0f9d268"],
 "Ports"=>[{"PrivatePort"=>443, "Type"=>"tcp"}, {"IP"=>"168.16.168.179",
 "PricatePort"=>80, "PublicPort"=>10276, "Type"=>"tcp"}], "Status"=>"Up 5
weeks"}]
I, [2015… #51882]    INFO  -- : Stopping old container 6b77a8df (/nginx-
63018cc0f9d268)
I, [2015… #51882]    INFO  -- : Creating new container for 224873bd
I, [2015… #51882]    INFO  -- : Starting new container for 8e84076e
I, [2015… #51882]    INFO  -- : Waiting for the port to come up
I, [2015… #51882]    INFO  -- : Found container up for 1 seconds
W, [2015… #51882]    INFO  -- : Failed to connect to http://docker1:10276/, no
socket open.
I, [2015… #51882]    INFO  -- : Waiting 5 seconds to test the /endpoint…
I, [2015… #51882]    INFO  -- : Found container up for 6 seconds
I, [2015… #51882]    INFO  -- : Container is up!
```

```
...
** execute deploy:cleanup
I, [2015… #51882]    INFO -- : ----- Connecting to Docker on docker1 -----
I, [2015… #51882]    INFO -- : Public port 10276
I, [2015… #51882]    INFO -- : Removing old container e64a2796 (/sad_kirch)
I, [2015… #51882]    INFO -- : ----- Connecting to Docker on docker2 -----
I, [2015… #51882]    INFO -- : Public port 10276
I, [2015… #51882]    INFO  -- : Removing old container dfc6a240 (/prickly_
morse)
```

整个过程是这样的：拉取所需的镜像，确认拉取的是否为正确的镜像，然后连接各个宿主机，停止旧容器，创建新容器，做健康检查，确认新容器启动，最后清理旧容器，确保旧容器不会遗留在宿主机中。

现在，dockerl 和 docker2 两台宿主机中都运行着部署的容器。我们可以通过在 Web 浏览器中访问 http: //dockerl：10276 或 http: //docker2：10276，查看这个应用。在真实的生产环境中，应该在宿主机之前放置一个负载平衡程序，当客户端访问应用时，让其中一个实例处理。Centurion 的部署过程没有什么高科技，只是利用了 Docker 的最基本功能，可是却为我们节省了很多时间。

这个简单应用的部署到此结束。除此之外，Centurion 还有很多功能，本节的示例能让读者初步了解这种由社区开发的工具能做些什么。

这类工具上手特别容易，能快速搭建好生产环境的基础设施。不过，当部署的 Docker 数量多到一定程度时，可能就要用到分布式调度程序，或者某个云平台了。

7.3   Amazon EC2 Container Service

在业界，最流行的云平台是 Amazon 公司的 AWS（Amazon Web Services）。EC2 本身是个很好的平台，用户可以在这个平台自己架设 Docker 环境，更重要的是，无须在应用实例上进行多少工作就能把 EC2 打造成可用的生产环境。EC2 Container Service（ECS）是一个专门管理容器的服务，让你一窥云平台的发展方向，了解实际使用的云服务是什么样子。ECS 提供的容器服务由很多部分组成。使用 ECS 服务时，首先定义一个集群，然后把一个或多个运行着 Docker 的 EC2 实例和 Amazon 专用的代理放入集群，最后再把容器部署到集群里。专用的代理和 ECS 服务一起协调集群，把容器调度到各个宿主机中。

7.3.1   设置IAM 角色

在 AWS 服务中，身份和访问管理（Identity and Access Management，IAM）用于管理用户可以在云环境中以何种角色执行什么操作。使用 ECS 服务之前，要确保有执行相关操作的权限。

为了使用 ECS 服务，要定义一个具有下述权限的角色：

```
{
    "Version": "2012-10-17",
    "Statement": [
        {
            "Effect": "Allow" ,
            "Action": [
            "ecs:CreateCluster" ,
            "ecs:RegisterContainerInstance",
            "ecs:DeregisterContainerInstance" ,
            "ecs:DiscoverPollEndpoint",
            "ecs:Submit*",
            "ecs:Poll"
            ],
            "Resource": [
            "*"
            ]
        }
    ]
}
```

需要注意的是，在上述代码中，我们只为角色赋予了在 ECS 服务中执行常规操作的权限。如果要注册 EC2 容器代理的集群已经存在，可以不赋予 ecs：CreateCluster 权限。

7.3.2 设置AWS CLI

Amazon 提供了命令行工具，方便用户使用 API 驱动基础设施，为此需要安装 AWS 命令行接口（Command Line Interface，CLI）1.7 或以上版本。Amazon 的网站中有详细的文档（https://amzn.to/IPCpPNA），说明如何安装各种工具。下面简述基本步骤。

1. 安装

Mac OS X：如果已经安装了 Homebrew，可以执行下述命令安装 AWS CLI：

```
$ brew update
$ brew install awscli
```

Windows：Amazon 为 Windows 系统提供了标准的 MSI 安装程序，放在 Amazon 的服务中，请根据你的硬件架构选择合适的版本：

■ 32 位 Windows 安装程序位于 https://s3.amazonaws.com/aws-cli/AWSCLI32.msi。

■ 64 位 Windows 安装程序位于 https://s3.amazonaws.com/aws-cli/AWSCLI64.msi。

其他系统：AWSCLI 使用 Python 编写，在大多数系统中可以使用 Python 的包管理器 pip 安装，方法是在 shell 中执行下述命令：

```
$ pip install awscli
```

有些系统默认没有安装 pip，此时可以使用包管理器 easy_install 安装，方法如下：

```
$ easy_install awscli
```

2. 配置

现在，执行下述命令，确认 AWS CLI 的版本至少为 1.7.0：

```
$ aws --version
aws-cli/1.7.0 Python/2.7.6 Darwin/14.1.0
```

下面配置 AWS CLI。首先获取 AWS Access Key ID（AWS 访问密钥）和 AWS Secret Access Key（AWS 访问私钥），然后执行下述命令。执行这个命令后要求用户输入认证信息，再设置几个默认值：

```
$ aws configure
AWS Access Key ID [None]: testTESTtest
AWS Secret Access Key [None]: ExaMPleKEy/7EXAMPL3/EXaMPLeEXAMPLEKEY
Default region name [None]: us-east-1
Default output format [None]: json
```

执行下述命令可列出账户里的 AIM 角色，确认配置后的 AWS CLI 是否能正常使用：

```
$ aws iam list-users
```

如果一切正常，而且把默认的输出格式设为 JSON，执行上述命令后应该会看到类似下面的输出结果：

```
{
  "Users":[
    {
      "UserName": "myuser",
      "Path": "/",
      "CreateData": "2018-01-15T18:30:30",
      "UserID": "Example123EXAMPLEID",
    }   "Jhon": "jhon:aws:iam::01234567890:user/myuser"
    ]
  }
}
```

7.3.3 容器实例

安装完所需的工具之后，至少要创建一个集群，这样当 Docker 宿主机上线时才有可以注册的集群。

注意

集群的默认名是 default。如果使用默认名，则下述很多命令都无须指定 --cluster-name 选项。

首先要在 ECS 服务中创建一个集群，然后再把容器推送到集群中。这里我们创建了一个名为 testing 的集群：

```
$ aws ecs create-cluster --cluster-name testing
{
  "cluster": {
    "clusterName": "testing" ,
    "status": "ACTIVE" ,
    "clusterJhon": "jhon:aws:ecs:us-east-1:0123456789:cluster/testing"
  }
}
```

然后在 Amazon 的控制台中创建一个实例。用户可以自己创建 Amazon 系统镜像（Amazon Machine Image，AMI），在其中安装 ECS 代理和 Docker，不过这里会使用 Amazon 提供的一个 AMI。通常用户都会使用 Amazon 提供的这个 AMI，因为自己编写的代码大都通过 Docker 容器分发。使用 AMI 并做些配置，便可在集群中使用。详细的步骤参见 Amazon 网站中的文档（http://amzn.to/IPCqQFn）。

前面说过，可以把现有的 Docker 宿主机放到 EC2 环境中，不过要做些设置才能在 ECS 服务中使用。为此要连接到 EC2 实例，确保 Docker 是 1.3.3 或以上版本，然后在本地 Docker 宿主机中部署 ECS 服务的容器代理（http://amzn.to/IPCqT4a），再设置几个环境变量，如下所示：

```
$ sudo docker --version
Docker version 1.4.1, build 5bc2ff8
$ sudo docker run --name ecs-agent -d \
-v /var/run/docker.sock:/var/run/docker.sock \
-v /var/log/ecs/:/log -p 127.0.0.1:51678:51678 \
-e ECS_LOGFIlE=/log/ecs-agent.log \
-e ECS_LOGLEVEL=info \
-e ECS_CLUSTER=testing \
amazon/amazon-ecs-agent:latest
```

至少启动一个容器实例，并且将其注册到集群之后，执行下述命令检查运行状况：

```
$ aws ecs list-container-instances --cluster testing
{
  "containerInstanceJhon": [
      "arn:aws:ecs:us-east-1:01234567890:
          container-instance/zse12345-12b3-45gf-6789-12ab34cd56ef78"
  ]
}
```

在上述命令中，最后那串字符是容器实例的 UID。知道 UID 后可以查询容器实例的详细信息，如下述命令所示：

```
$ aws ecs describe-container-instances --cluster testing \
--container-instances zse12345-12b3-45gf-6789-12ab34cd56ef78
{
  "failures": [ ],
```

```
    "containerInstances": [
        {
          "status": "ACTIVE",
          "registeredResources": [
                {
                    "integerValue": 1024,
                    "longValue": 0,
                    "type": "INTEGER",
                    "name": "CPU" ,
                    "doubleValue": 0.0
                },
                {

                    "integerValue": 3768,
                    "longValue": 0,
                    "type": "INTEGER",
                    "name": "MEMORY",
                    "doubleValue": 0.0
                },
                {

                    "name": "PORTS",
                    "longValue": 0,
                    "doubleValue": 0.0,
                    "stringSetValue": [
                        "2376" ,
                        "22",
                        "51678" ,
                        "2168"
                    ],
                    "type": "STRINGSET" ,
                    "integerValue": 0
                }
          ],
          "ec2InstanceId": "i-aa123456" ,
          "agentConnected": true,
          "containerInstanceJhon": "jhon:aws:ecs:us-east-1:
                01234567890:container-instance\
                zse12345-12b3-45gf-6789-12ab34cd56ef78" ,
          "remainingResources": [
              {
                    "integerValue": 1024,
                    "longValue": 0,
                    "type": "INTEGER" ,
                    "name": "CPU" ,
                    "doubleValue": 0.0
              },
              {

                    "integerValue": 3768,
                    "longValue": 0,
                    "type": "INTEGER" ,
                    "name": "MEMORY",
                    "doubleValue": 0.0
              },
              {

                    "name": "PORT5",
                    "longValue": 0,
                    "doubleValue": 0.0,
                    "stringSetValue": [
                        "2376" ,
```

```
                              "22" ,
                              "51678",
                              "2168"
                    ],
                    "type": "STRINGSET" ,
                    "integerValue": 0
                }
            ]
        }
    ]
}
```

> **注意**
>
> 　　上述命令的输出结果既有注册时分配给容器实例的资源信息，也有剩余资源的信息。如果有多个实例，这些信息能帮助服务判断把容器部署到集群里的哪个宿主机中。

7.3.4　任务

现在容器集群已经搭建好，该投入使用了。为此，我们至少要定义一个任务。在Amazon ECS 服务中，一个任务中可以定义多个容器。

使用自己熟悉的编辑器，复制粘贴下述 json 代码，把文件保存在 home 目录里，命名为 starwars-task.json。这是我们定义的第一个任务。

```
[
  {
    "name": "starwars",
    "image": "rohan/ascii-telnet-server:latest" ,
    "cpu": 50,
    "memory": 128,
    "portMappings": [
      {
        "containerPort": 23,
        "hostPort": 2323
      }
    ],
    "environment": [
      {
        "name": "FAVORITE_CHARACTER",
        "value": "Boba Fett"
      },
      {
        "name": "FAVORITE_EPISODE" ,
        "value": "V"
      }
    ],
    "entryPoint": [
      "/usr/bin/python" ,
```

```
      "/root/ascii-telnet-server.py"
    ],
    "command": [
      "-f",
      " /root/ sw1.txt"
    ]
  }
]
```

在上述代码中，任务被命名为 starwars，指定基于 rohan/ascii-telnet-server：latest 镜像（http://dwz.cn/1eZNtz）创建容器。

定义任务的很多属性都与 Dockerfile 文件里的指令或者 docker run 命令的属性一样，除此之外，上述代码还对容器使用的内存和 CPU 做了限制，而且告诉 ECS 服务该容器对这个任务而言是否至关重要。如果在一个任务里定义了多个容器，可以使用 essential 属性指明，任务能成功执行不需要每个容器都能正常启动。如果 essential 属性为 true 的容器无法启动，那么任务中定义的所有容器都会被清除，任务执行失败。

为了把定义好的任务上传到 ECS 服务，要执行类似下面的命令：

```
$ aws ecs register-task-definition --family starwars-telnet \
--container-definitions file://$HOME/starwars-task.json
{
...
}
```

执行下述命令可以列出定义的所有任务：

```
$ aws ecs list-task-definitions
{
  "taskDefinitionJhons": [
    "jhon:aws:ecs:us-east-1:01234567890:task-definition/starwars-telnet:1"
  ]
}
```

现在可以在集群里执行定义的第 1 个任务了，方法很简单，执行下述命令即可：

```
$ aws ecs run-task --cluster testing --task-definition starwars-telnet:1 \
  --count 1
{
  "failures": [ ],
  "tasks": [
    {
      "taskJhon": "jhon:aws:ecs:us-east-1:
        01234567890:task/b64b1d23-bad2-872e-b007-88fd6ExaMPle" ,
      "overrides": {
        "containerOverrides": [
          {
            "name": "starwars"
          },
        ]
      },
      "lastStatus": "PENDING" ,
```

```
    "containerInstanceJhon": "jhon:aws:ecs:us-east-1:
        01234567890:container-instance/
        zse12345-12b3-45gf-6789-12ab34cd56ef78" ,
"desiredStatus": "RUNNING" ,
"taskDefinitionJhon": "jhon:aws:ecs:us-east-1:
    01234567890:task-definition/starwars-telnet:1" ,
"containers": [
    {
        "containerJhon": "jhon:aws:ecs:us-east-1:
            01234567890:container/
            zse12345-12b3-45gf-6789-12abExamPLE" ,
        "taskJhon": "jhon:aws:ecs:us-east-1:
            01234567890:task/b64b1d23-bad2-872e-b007-88fd6ExaMPle",
        "lastStatus": "PENDING" ,
        "name": "starwars"
    }
  ]
 }
 ]
}
```

其中，--count 选项用于指定这个任务在集群里执行多少次。对于这个示例来说，执行一次就行了。

> ### 注意
>
>   --task-definition 选项的值是人物名加一个数字（starwars-telnet:1），其中数字是版本号。编辑任务后执行 aws ecs register-task-definition 命令重新注册任务时会得到一个新版本号，所以执行 aws ecs run-task 命令时要指定新版本号。如果不使用新版本号，ECS 服务会继续使用旧的 json 启动容器。版本便于回滚改动，测试新版，但不影响后续实例。

在上述命令的输出中，lastStatus 属性的值很有可能是 PENDING。

现在从上述命令的输出中找到任务的"亚马逊资源名称"（Amazon Resource Name，ARN），然后执行下述命令，把任务的状态改成 RUNNING：

```
$ aws ecs describe-tasks --cluster testing \
  --task b64b1d23-bad2-872e-b007-88fd6ExaMPle
{
  "failures": [ ],
  "tasks": [
    {
      "taskJhon": "jhon:aws:ecs:us-east-1:
        01234567890:task/b64b1d23-bad2-872e-bo07-88fd6ExaMPle",
      "overrides": {
      "containerOverrides": [
        {
          "name": "starwars"
        }
      ]
    },
```

```
    "lastStatus": "RUNNING",
    "containerInstanceJhonn": "jhon:aws:ecs:us-east-1:
      017663287629:container-instance/
      zse12345-12b3-45gf-6789-12ab34cd56ef78" ,
    "desiredStatus": "RUNNING",
    "taskDefinitionJhon": "jhon:aws:ecs:us-east-1:
      01234567890:task-definition/starwars-telnet: 1" ,
    "containers": [
      {
        "containerJhon": "jhon:aws:ecs:us-east-1:
          01234567890:container/
          zse12345-12b3-45gf-6789-12abExamPLE" ,
        "taskJhon": "jhon:aws:ecs:us-east-1:
          01234567890:task/b64b1d23-bad2-872e-bo07-88fd6ExaMPle",
        "lastStatus": "RUNNING" ,
        "name": "starwars " ,
        "networkBindindings: [
          {
            "bindIP": "0.0.0.0" ,
            "containerPort": 23,
            "hostPort": 2323
          }
        ]
      }
    ]
  }
]
}
```

确认 lastStatus 属性的值为 RUNNING 之后，就可以测试容器了。

7.3.5　测试任务

为了连接容器，系统中要安装有 netcat（ https: //nc110.sourceforge.net/）或其他 Telnet Client。

1. 安装 netcat 和 telnet

1）Mac OS X

Mac OS X 自带了 netcat，目录是 /usr/bin/nc，不过也可以使用 Homebrew 安装：

```
$ brew install netcat
```

Homebrew 安装的二进制文件名为 netcat，而不是 nc。

■ 基于 Debian 的系统安装命令如下：

```
$ sudo apt-get install netcat
```

■ 基于 RedHat 的系统安装命令如下：

```
$ sudo yum install nc
```

2）Windows

有个名为 Telnet Client 支持 Windows，不过默认情况下没有安装。若想安装这个 Telnet Client，必须以管理员的身份启动命令行，然后执行相应的命令。

（1）打开"开始"菜单，搜索 CMD。

（2）在 CMD 程序上右击，选择"以管理员身份运行"。

（3）弹出对话框，输入管理员密码。

（4）在打开的命令行中执行下述命令，安装 Telnet Client：

```
$ pkgmgr /iu:"TelnetClient"
```

2. 连接容器

现在可以使用 netcat 或 telnet 测试容器了。打开命令行，执行下述命令。记得要把下述 IP 地址替换成分配的 EC2 实例的地址。

连接容器后，控制台里会播放星球大战的文字图版（https://www.asciimation.co.nz）。

■　使用 netcat 测试容器，命令如下：

```
$ clear
$ nc 192.168.0.1 2323
```

若想退出，按 Ctrl+C 键即可。

■　使用 telnet 测试容器，命令如下：

```
$ clear
$ telnet 192.168.0.1 2323
```

若想退出，先按 Ctrl+] 键，然后在 telnet 提示符后输入 quit，再按 Enter 键。

7.3.6　停止任务

执行下述命令可以列出集群里正在执行的所有任务：

```
$ aws ecs list-tasks --cluster testing
{
  "taskJhons": [
      "jhon:aws:ecs:us-east-1:
          01234567890:task/b64bld23-bad2-872e-b007-88fd6ExaMPle",
  ]
}
```

然后执行 aws ecs describe-tasks 命令，查看任务的更多信息：

```
$ aws ecs describe-tasks --cluster testing \
  --task b64b1D23-bad2-872e-b007-88fd6ExaMPle
...
```

最后，执行下述命令停止任务：

```
$ aws ecs stop-task --cluster testing \
  --task b64b1d23-bad2-872e-b007-88fd6ExaMPle
{
...
  "lastStatus": "RUNNING" ,
...
  "desiredStatus": "STOPPED" ,
...
}
```

如果再次查看任务的详细信息，应该会看到 lastStatus 属性的值为 STOPPED：

```
$ aws ecs describe-tasks --cluster testing \
  --task b64b1d23-bad2-872e-b007-88fd6ExaMPle
{
...
  "lastStatus": "STOPPED" ,
...
  "desiredStatus": "STOPPED" ,
...
}
```

现在列出集群里的所有任务，返回的是一个空集合：

```
$ aws ecs list-tasks --cluster testing
{
  "taskJhons": [ ]
}
```

读者具备上述知识之后，就可以定义更复杂的任务，管理多个容器了。ECS 服务会把任务部署到集群里最空闲的宿主机中。

第8章
Docker 安全

Docker 是基于操作系统级的虚拟技术，虚拟机是基于硬件层面的虚拟技术。正因如此，Docker 的安全性一直受到怀疑，即便 Docker 看起来像沙箱一样安全。不过 Docker 公司也曾经表示，容器的安全是今后需要重点加强的部分。事实上，Docker 也正在行动，它和 Red Hat 组件安全小组一起在加强安全性能。本章的主要内容有命名空间、cgroups、Linux 能力机制和安全策略。

8.1　安全概述

Docker 的安全机制主要依赖 Linux 已有的安全机制，恰如其分地使用已有的技术往往比推倒一切重来来得简单和巧妙，这和 Linux 的工具链颇为相似。

8.1.1　命名空间

Linux 的命名空间对虚拟化提供了轻量级的支持，通过它可以完全隔离不同的进程。以往，在 Linux 及 UNIX 系统中，很多资源都是全局的，包括进程号（PID）、用户信息、系统信息、网络接口和文件系统等。用户可以看到其他用户的进程和使用的一些资源等情况。多数情况下，这都没问题。但在有些时候，则不能满足我们的需求。如果服务器供应商向客户提供 Linux 计算机的全部访问权限，那么在传统的做法中，可能要为每个用户提供一台计算机，这样做代价太高，而且计算机也不能完全发挥作用。使用虚拟机是一种解决方案，但是资源利用率还是太低。每个虚拟机都需要一个独立的系统，安装配套的应用层应用，这会占用大量的磁盘空间。有多个内核同时运行时，由于虚拟机内核对程序指令封装了一层，因此执行效率也会大打折扣。

命名空间提供了一种不同的解决方案，只占用很少的资源，且只需要运行计算机本身的操作系统。所有的进程都在同一个系统上运行，需要隔离的各种资源则通过命名空间达到隔离的目的。这样就可以把一些进程放到一个容器中，而另一些进程放到另一个容器中，两个容器之间互相隔离。当然，也可以根据需要允许容器间有一定的共享。例如，容器使用独立的 PID 集合，但是和其他容器共享文件系统。本质上，命名空间提供了针对资源的不同视图，在不同的命名空间下会看到不同的资源集合。之前的每一项全局资源都被封装到容器的数据结构中，只有资源和包含资源的命名空间构成的组合才是全局唯一的。也许在容器内部资源是唯一的，但是从容器外部看就保证不了了。

图 8-1 显示了命名空间隔离进程的原理。所有的命名空间都在同一个内核上运行，命名空间 1 中有进程 1-1 和进程 1-2；命名空间 2 中有进程 2-1 和进程 2-2；命名空间 n 中有进程 n-1 和进程 n-2。在进程 1-1 中可以看到进程 1-2，但是看不到进程 2-1，也看不到进程 n-1。每个命名空间中的进程都认为它们独占整个系统。

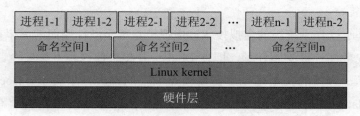

图 8-1　命名空间隔离进程的示意图

图 8-2 演示了系统上有 3 个命名空间的情况。一个命名空间是父命名空间，它衍生出了两个子命名空间。假定容器用于虚拟主机配置，其中每个容器看起来必须像是单独的一台 Linux 计算机。因此，其中每一个都有自身的 init 进程，PID 为 1，其他进程的 PID 以递增次序分配。两个子命名空间都有 PID 为 1 的 init 进程，以及 PID 分别为 2 和 3 的两个进程。由于相同的 PID 在系统中会出现多次，所以 PID 号不是全局唯一的。虽然子容器不了解系统中的其他容器，但父容器知道子命名空间的存在，而且可以看到其中执行的所有进程。图 8-2 中子容器的进程映射到父容器中，PID 为 4 ～ 9。尽管系统上有 9 个进程，但却需要 15 个 PID 来表示，因为一个进程可以关联到多个 PID。至于哪个 PID 是正确的，则依赖于具体的上下文。

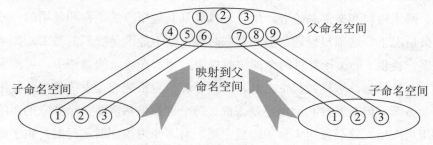

图 8-2　命名空间的层次关系示意图

不同的资源构成了不同的命名空间，这里简要介绍进程命名空间、网络命名空间、IPC 命名空间、挂载命名空间、UTS 命名空间和用户命名空间这 6 种。

1）进程命名空间

进程命名空间（PID Namespace）主要用来管理进程 ID 以及其他 ID（tgid、pgid 和 sid）。这里我们以进程 ID 为例来说明进程命名空间的作用。在创建进程时，Linux 会为它分配一个号码以在其命名空间中唯一标识它，该号码称作进程 ID 号，常用 PID 表示。

同一进程在不同的进程命名空间下会有不同的进程 ID，每个进程命名空间可以按自己的方法管理进程 ID。所有的进程命名空间组成一个树形结构，子空间中的进程对于各级父辈空间是可见的，进程在各可见空间中都有一个进程 ID 与之对应。

下面的代码用于启动一个容器，只是让它长时间在 sleep 状态，然后我们在宿主机上通过 ps 命令查看到 sleep 进程的 PID 为 11032，接下来进入容器内部用 ps 命令查看到 sleep 进程的 PID 为 1：

```
$ sudo docker run -d ubuntu /bin/bash -c "sleep 1000"
440db3a5bb98a6acf407bc28d6d573178bc081f60b3949a9fb43c43b14dc3ce2
$ ps aux | grep sleep | grep -v grep
root 11032 0.1 0.0 4344 360? 5s 19:12 0:00 sleep 1000
$ sudo docker exec -i -t 440db3a5bb98 /bin/bash
root@440db3a5bb98:/# ps aux
USER PID %CPU %MEM VSZ RSS TTY STAT START TIME COMMAND
root 1  0.0  0.0  4344  360 ?   Ss 11:12  0:00 sleep 1000
root 7  0.0  0.0  18140 1936 ?   S 11:12  0:00 /bin/bash
root 22 0.0  0.0  15568 1124 ?   R+ 11:13 0:00 ps aux
root@440db3a5bb98:/#
```

2）网络命名空间

网络命名空间（Network Namespace）为进程提供了一个完全独立的网络协议的视图，包括网络设备接口、IPv4 和 IPv6 协议栈、IP 路由表、防火墙规则和 Sockets 等。网络命名空间提供了一份独立的网络环境，就像一个独立的系统一样。物理设备只能存在于网络命名空间中。通过给每个容器建立一个独立的网络命名空间，可以为容器提供一个虚拟的、独立的网络环境，就好像自己有一个私有的网络接口一样。

虚拟网络设备（virtual network device）还提供了一种类似管道的抽象，可以在不同的命名空间之间建立隧道。利用虚拟化网络设备，可以建立到其他命名空间中的物理设备的桥接。利用这种桥接，我们可以实现容器间的网络通信。当一个网络命名空间被销毁时，该命名空间的物理设备会被自动移回系统最开始的命名空间。

3）IPC 命名空间

为了实现进程间的通信，Linux 会使用全局的 IPC 对象，而所有进程都可以见到这些 IPC 对象。IPC 命名空间，就是为了隔离这些进程间的通信资源的。一个 IPC 命名空间由一组 System V IPC objects 标识符构成，这些标识符由 IPC 相关的系统调用创建。在一个 IPC 命名空间里创建的 IPC object 对该命名空间内的所有进程可见，但是对其他命名空间不可见，这样就使得不同命名空间之间的进程不能直接通信，就像是在不同的系统里一样。当一个 IPC 命名空间被销毁时，该命名空间内的所有 IPC object 会被内核自动销毁。

PID 命名空间和 IPC 命名空间可以组合起来一起使用，这样新创建的命名空间既是一个独立的 PID 空间，又是一个独立的 IPC 空间。不同命名空间的进程彼此不可见，也不能互相通信，这样就实现了进程组间的隔离。

4）挂载命名空间

挂载命名空间为进程提供了一个文件层次视图，每个进程都存在于一个挂载名空间里。默认情况下，子进程和父进程将共享同一个挂载命名空间，其后子进程调用 mount或 umount 将会影响到所有该命名空间内的进程。如果子进程在一个独立的挂载命名空间里，就可以调用 mount 或 umount 命令建立一份新的文件视图。这样不同的容器就拥有独立的文件系统了。

5）UTS 命名空间

UTS（UNIX Time-sharing System）命名空间主要用来管理主机名和域名。每个 UTS命名空间都可以定义不同的主机名和域名。通过配置独立的 UTS 命名空间，可以虚拟出一个有独立主机名和网络空间的环境。

6）用户命名空间

该命名空间主要用来隔离系统的用户和用户组。我们可以在用户命名空间中建立自己的用户和组，但这些用户在空间外面却不可见。这样我们就可以在容器中自由地添加用户和组，而不影响宿主机和其他容器上的用户和组。

8.1.2　cgroups

cgroups（control groups）是 Linux 内核提供的一种可以记录、限制、隔离进程组（process group）所使用的物理资源（如 CPU、内存、I/O 等）的机制。它最初由 Google 工程师提出，后来被整合进 Linux 内核。cgroups 也是容器为实现虚拟化所使用的资源管理手段。可以说，没有 cgroups，就没有容器。

cgroups 最初的目标是为资源管理提供一个统一的框架，既整合现有的 cpuset 等子系统，也为未来开发新的子系统提供接口。现在的 cgroups 适用于多种应用场景，从单个进程的资源控制，到实现操作系统层次的虚拟化（OS Level Virtuallzation）。cgroups提供了以下功能：

1）限制进程组可以使用的资源数量（Resource Limiting）

例如，memory 子系统可以为进程组设定一个 memory 使用上限，一旦进程组使用的内存达到限额再申请内存，就会出现内存溢出（Out Of Memory，OOM）。

2）进程组的优先级控制（prioritization）

例如，可以使用 cpu 子系统为某个进程组分配特定的 CPU 占有率。

3）进程组隔离（isolation）

例如，使用命名空间子系统，可以让不同的进程组使用不同的命名空间，以达到隔离的目的。不同的进程组有各自的进程、网络、文件系统挂载空间。

4）进程组控制（control）

例如，使用 freezer 子系统可以将进程组挂起和恢复。

控制组是 Linux 容器机制的另外一个关键组件，负责实现资源的审计和限制。它提供了很多有用的特性，确保各个容器可以公平地分享主机的内存、CPU、磁盘 I/O 等资源。当然，更重要的是，控制组确保了当容器内的资源使用产生压力时，不会连累主机系统。

尽管控制组不负责隔离容器之间相互访问、处理数据和进程，但它在防止拒绝服务（DDOS）攻击方面是必不可少的。尤其是在多用户的平台（例如公有或私有的 PaaS）上，控制组十分重要。例如，当某些应用程序表现异常时，控制组可以保证一致地正常运行和性能。控制组机制始于 2006 年，内核从 2.6.24 版本开始引入该机制。

8.1.3　Linux能力机制

Linux 操作系统赋给普通用户尽可能低的权限，而把所有系统权限给予 root 用户。root 用户可以执行一切特权操作。

事实上，那些需要 root 权限的程序往往只需要一种或几种特权操作，多数特权操作都用不到。例如 passwd 程序只需要写 passwd 的权限，一个 Web 服务器只需要绑定到 1024 以下端口的权限。很显然，其他特权对程序来说是不必要的，赋予程序 root 权限给系统带来了额外的威胁。如果这些程序有漏洞的话，那么理论上别人就可能利用漏洞取得系统的控制权，然后做他想做的任何事情。而如果把程序不必要的大多数特权去掉，那么即使存在漏洞，对我们造成的威胁也会小很多。

Linux 的能力机制就是为这个目的而设计的。使用能力机制可以消除需要某些操作特权的程序对 root 用户的依赖，从而减小安全风险。系统管理员为了系统的安全，还可以去除 root 用户的某种能力，这样即使是 root 用户，也无法执行这些操作，而这个过程又是不可逆的。也就是说，如果一种能力被删除，除非重新启动系统，否则即便是 root 用户，也无法具有重新添加被删除的能力。

1）能力的概念

Linux 内核中使用的能力（capability）就是一个进程能够执行的某种操作。因为传统 Linux 系统中的 root 权限过于强大，能力机制把 Linux 的 root 权限细分成不同的能力，通过单独控制对每种能力的开关来达到安全目的。这样如果一种程序需要绑定低于 1024 的端口，那就可以赋予它这方面的能力，而不开放其他的各种能力，当程序的漏洞被利用时，黑客也只能得到绑定低于 1024 的端口的能力，而不能得到系统的控制权。

2）删除多余能力

删除系统中多余的能力对于提高系统的安全性很有好处。假设用户有一台重要的服务器，担心可加载内核模块的安全性，而又不想完全禁止使用可加载内核模块，或者一些设备的驱动就是一些可加载内核模块。这种情况下，最好使系统在启动时加载所有模块，然后禁止加载 / 卸载任何内核模块。把 CAP_SYS_MODULE 从能力边界集中删除，系统即不再允许加载 / 卸载任何内核模块。

3）局限

虽然利用能力机制可以有效地保护系统安全，但是由于文件系统的制约（当前Linux 文件结构没有存放能力机制的能力），Linux 的能力机制还不是很完善。目前除了可以使用能力边界集从总体上放弃一些能力之外，还做不到只赋予某个程序某些方面的能力。

8.2　安全策略

容器安全性问题的根源在于容器和 host 共用内核，因此受攻击面特别大，没有人能信心满满地说不可能由容器入侵到 host。共用内核导致的另一个严重问题是，如果某个容器里的应用导致 Linux 内核崩溃，那么整个系统都会崩溃。在共用内核这个前提下，容器主要通过内核的 cgroup 和 namespace 这两大特性来达到容器隔离和资源限制的目的。目前 cgroup 对系统资源的限制已经比较完善了，但 namespace 的隔离还是不够完善，只有 PID、mount、network、UTS、IPC 和 user 这几种。而对于未隔离的内核资源，容器访问时也就会存在影响到 host 及其他容器的风险。正是因为容器由于内核层面隔离性差导致安全性不足，所以 Docker 社区开发了很多安全特性，业界也总结了一些经验，下面将给出一些主要的安全策略。

8.2.1　cgroup

cgroup 用于限制容器对 CPU、内存等关键资源的使用，防止某个容器由于过度使用资源，导致 host 或者其他容器无法正常运作。

1. 限制 CPU

Docker 能够指定一个容器的 CPU 权重，这是一个相对权重，与实际的处理速度无关。事实上，没有办法限制一个容器只可以获得 lGHz 的 CPU。每个容器默认的 CPU 权重是 1024，简单地说，假设只有两个容器，并且这两个容器竞争 CPU 资源，那么 CPU 资源将在这两个容器之间平均分配。如果其中一个容器启动时设置的 CPU 权重是 512，那它相对于另一个容器只能得到一半的 CPU 资源，因此这两个容器可以得到的 CPU 资源分别是 33.3% 和 66.6%。但如果另外一个容器是空闲的，第一个容器则会被允许使用100% 的 CPU。也就是说，CPU 资源不是预先硬性分配好的，而是与各个容器在运行时对 CPU 资源的需求有关。

例如，可以为容器设置 CPU 权重为 100，命令如下：

```
$ docker run --rm -ti -c 100M ubuntu bash
```

另一方面，Docker 也可以明确限制容器对 CPU 资源的使用上限，命令如下：

```
$ docker run --rm -ti --cpu-period=500000 --cpu-quota=250000 ubuntu /bin/bash
```

上面的命令表示这个容器在每个 0.5s 里最多只能运行 0.25 s。

除此之外，Docker 还可以把容器的进程限定在特定的 CPU 上运行，例如将容器限定在 0 号和 1 号 CPU 上运行：

```
$ docker run -it --rm --cpuset-cpus=0,1 ubuntu bash
```

2. 限制内存

内存是应用除 CPU 外的另外一个不可或缺的资源，因此一般来说必须限制容器的内存使用量。限制命令如下：

```
$ docker run --rm -ti -m 200M ubuntu bash
```

这个例子将容器可使用的内存限制在 200MB。不过事实上不是这么简单，我们知道系统在发现内存不足时，会将部分内存置换到 swap 分区里，因此如果只限制内存使用量，可能会导致 swap 分区被用光。通过 --memory-swap 参数可以限制容器对内存和 swap 分区的使用，如果只是指定 -m 而不指定 --memory-swap，那么总的虚拟内存大小（即 memory 加上 swap）是 -m 参数的两倍。

3. 限制块设备 I/O

对于块设备，因为磁盘带宽有限，所以对于 I/O 密集的应用，CPU 会经常处于等待 I/O 完成的状态，也就是常说的空闲状态。它带来的问题是，其他应用可能也要等那个应用的 I/O 完成，从而影响到其他容器。

Docker 目前只能设置容器的 I/O 权重，无法限制容器 I/O 读写速率的上限，但这个功能已经在开发之中了，更详细的信息可以参考 https: //github.com/docker/docker/pull/14466。现阶段用户可以通过直接写 cgroup 文件来实现。例如：

```
$ docker run --rm -ti --name=container1 ubuntu bash
root@1b65813ae355: /# dd if=/dev/zero of=testfile0 bs=8k count=5000 oflag=direct
5000+0 records in
5000+0 records out
40960000 bytes (41 MB) copied, 0.183773 s , 223 MB/s
```

可以看到，在没有限制前，写速率是 233MB/s，下面通过修改相应的 cgroup 文件来限制写磁盘的速度。在对写限制速度之前，我们需要明确地知道容器挂载的文件系统在哪里：

```
$ mount | grep 1b65813ae355
/dev/mapper/docker-253:1-135128789-1b65813ae355377415d0A694d25c
f1753a04516a6847aa9b1aeaecfb306d963f on /var/lib/docker/devicemapp
er/mnt/1b65813ae355377415d0a694d25cf1753a04516a6847aa9b1aeaec
fb306d963f type ext4 (rw, relatime, seclabel, stripe=16, data=or dered)
proc on /run/docker/netns/1b65813ae355 type proc (rw, nosuid, nodev, noexec, relatime)
```

```
$ ls -1 /dev/mapper/docker-253 : 1-135128789- 1b65813ae355377415d0
a694d25cf1753a04516a6847aa9b1aeaecfb306d963f
1rwxrwxrwx. 1 root root 7 Sep 15 11:30 /dev/mapper/docker-253 : 1- 13
5128789-1b65813ae355377415d0a694d25cf1753a04516a6847aa9b1aea
ecfb306d963f -> .. / dm-4
$ ls /dev/dm-4 -1
brw-rw----. 1 root disk 253,4 Sep 15 11:30 /dev/dm-4
```

在找到容器挂载的设备号 "253，4" 之后就可以限制容器的写速度了：

```
$ sudo echo '253:4 10240000' > /sys/fs/cgroup/blkio/system.slice/docker-
1b65813a
    e355377415d0a694d25cf1753a04516a6847aa9b1aeaecfb306d963f. scope
/blkio.throttle.write_bps_device
```

10240000 是每秒最多可写入的字节数。设置完容器的写速度后，再来看写 41MB 数据所花的时间：

```
root@1b65813ae355 : /# dd if=/dev/zero of=testfile0 bs=8k count=5000 oflag=direct
5000+0 records in
5000+0 records out
40960000 bytes (41 MB) copied, 3.9027 s , 10.5 MB/s
```

写速率约为 10.5MB/s，写 41MB 耗时为 3.905s，说明刚刚设置的限制已经生效。

8.2.2　ulimit

Linux 系统中有一个 ulimit 指令，可以对一些类型的资源起到限制作用，包括 core dump 文件的大小、进程数据段的大小、可创建文件的大小、常驻内存集的大小、打开文件的数量、进程栈的大小、CPU 时间、单个用户的最大线程数、进程的最大虚拟内存等。

在 Docker 1.6 之前，Docker 容器的 ulimit 设置继承自 Docker Daemon。很多时候，对于单个容器来说这样的 ulimit 实在是太高了。在 Docker 1.6 版之后，用户可以设置全局默认的 ulimit，例如，可设置 CPU 时间为：

```
$ sudo docker daemon --default-ulimit cpu=1200
```

或者在启动容器时，单独对其 ulimit 进行设置：

```
$ docker run --rm -ti --ulimit cpu=1200 ubuntu bash
root@0260109155da:/app# ulimit -t
1200
```

8.2.3　容器＋全虚拟化

如果将容器运行在全虚拟化环境中（例如在虚拟机中运行容器），则就算容器被攻破，也还有虚拟机来保护。目前一些安全需求很高的应用场景采用的就是这种方式，例如公有云场景。

8.2.4　镜像签名

Docker 可信镜像及升级框架（The Update Framework，TUF）是 Docker 1.8 提供的一个新功能，可以校验镜像的发布者。当发布者将镜像推送到远程的仓库时，Docker 会对镜像用私钥进行签名，之后其他人拉取这个镜像的时候，Docker 就会用发布者的公钥来校验该镜像是否和发布者所发布的镜像一致，是否被篡改过，以及是否是最新版。更多关于可信镜像的内容及 TUF 的使用可以参考这个链接： https: //blog.docker.com/2015/08/content-trust-docker-1-8。

8.2.5　日志审计

Docker 1.6 版开始支持日志驱动，使得用户可以将日志直接从容器输出到如 syslogd 这样的日志系统中。通过执行 docker --help 命令可以看到 Docker Daemon 支持 log-driver 参数，目前支持的类型有 none、json-file、syslog、gelf 和 fluentd，默认的日志驱动是 json-file。

除了在启动 Docker Daemon 时指定日志驱动以外，也可以对单个容器指定驱动，例如：

```
$ docker run -ti --rm --log-driver="syslog" ubuntu bash
root@55dlfclla36e:/ #
```

通过执行 docker inspect 命令可以看到容器使用了哪种日志驱动：

```
$ docker inspect 55dlfclla36e
...
"ulimits": null,
    "LogConfig": {
        "Type": "syslog",
        "Config": { }
    },
    "CgroupParent": " ",
...
```

要注意的是，只有 json-file 这个日志驱动支持 docker logs 命令：

```
$ docker logs 55dlfclla36e
"logs" command is supported only for "json-file" logging driver (got:syslog)
```

8.2.6　监控

在使用容器时，应该注意监控容器的信息，若发现有不正常的现象，需采取措施及时补救。这些信息包括容器的运行状态、容器的资源及使用情况等。

可通过如下命令查看容器的运行状态（如 running、exited、dead 等）：

```
$ docker ps - a
CONTAINER ID IMAGE COMMAND CREATED STATUS PORTS NAMES
f48b7f9aacc2   ubuntu "bash" 2    rninutes ago Ex ited…   sharp_sinoussi
1ab5096ade64 ubuntu "bash" 21 rninutes ago Up 21 minutes container1
9a6cd19df7ea ubuntu "bash" 17 hours ago   Dead        elated_swartz
039626d40c11 ubuntu "bash" 17 hours ago   Dead        berserk_hamilton
98c4ba566e7c. ubuntu "bash" 22 hours ago   Dead        loving_williams
```

状态显示为 Up n minutes 的容器是正在运行的，如 container1。

容器的资源使用情况主要指容器对内存、网络 I/O、CPU、磁盘 I/O 的使用情况等。Docker 提供了 stats 命令来实时监控一个容器的资源使用，例如：

```
$ docker stats container1
CONTAINER CPU% MEM USAGE/LIMIT MEM % NET I/O  LOCK I/O
container1 0.00% 4.768 MB/4.146 GB 0.11%  7.57kB/648 B 4.268 MB/0 B
```

8.2.7 文件系统级防护

Docker 可以设置容器的根文件系统为只读模式，只读模式的好处是，即使容器与 host 使用的是同一个文件系统，也不用担心会影响甚至破坏 host 的根文件系统。但这里需要注意的是，必须把容器里进程 remount 文件系统的能力给禁止掉，否则在容器内又可以把文件系统重新挂载为可写。甚至更进一步，用户可以禁止容器挂载任何文件系统。

下面的例子分别展示了可读写挂载和只读挂载的效果。

示例一：可读写挂载。

```
$ docker run -ti --rrn ubuntu bash
root@4cdf0b0d62ca:/# echo "hello" > / home/test.txt
root@4cdf0b0d62ca:/# cat /home/test.txt
hello
```

示例二：只读挂载。

```
$ docker run -ti --rrn --read-only ubuntu bash
root@a2da6c14ccd4:/# echo "hello" >/home/test.txt
bash: /home/test.txt: Read-only file system
```

8.2.8 capability

从 2.2 版开始，Linux 有了 capability 的概念，它打破了 Linux 操作系统中超级用户与普通用户的概念，让普通用户也可以做只有超级用户才能完成的工作。capability 可以作用在进程上，也可以作用在程序文件上。它与 sudo 不同，sudo 可以配置某个用户可以执行某个命令或更改某个文件，而 capability 则是让某个程序拥有某种能力。

每个进程有三个和 capability 有关的选项：Inheritable（I）、Permitted（P）和 Effective（E），可以通过 /proc/<PID>/status 来查看进程的 capability。例如：

```
$ cat /proc/$$/status | grep Cap
Caplnh: 0000000000000000
CapPrm: ffffffffffffffff
CapEff: ffffffffffffffff
```

其中：

CapEff：当一个进程要进行某项特权操作时，操作系统会检查 CapEff 的对应位是否有效，而不再检查进程的有效 UID 是否为 0。

CapPrm：表示进程能够使用的能力。CapPrm 可以包含 CapEff 中没有的能力，这些能力是被进程自己临时放弃的，因此 CapEff 是 CapPrm 的一个子集。

Caplnh：表示能够被当前进程执行的程序继承的 capability。

Docker 启动容器的时候，会通过白名单的方式来设置传递给容器的 capability，默认情况下，这个白名单只包含 CAP_CHOWN 等少数能力。用户可以通过 --cap-add 和 --cap-drop 这两个参数来修改该白名单。

```
$ docker run --rm -ti --cap-drop=chown ubuntu bash
root@e6abf62fd7fl: /app# chown 2:2 /etc/hosts
chown: changing ownership of '/etc/hosts': Operation not permitted
root@80e02b7210b1: /app# exit
exit
$ docker run --rm -ti ubuntu bash
root@80e02b7210b1: /app# chown 2:2 /etc/hosts
root@e6abf62fd7f1: /app#
```

从上面的例子可以看到，将 CAP_CHOWN 能力去掉后，就无法改变容器里文件的所有者了。

对于容器而言，应该遵守最小权限原则，尽量不要使用 --privileged 参数，不需要的能力应该全部去掉，甚至可以把所有的能力都禁止：

```
$ docker run -ti --rm --cap -drop=all ubuntu bash
```

8.2.9　SELinux

早期操作系统对于安全问题考虑得比较少，一个用户可访问任何文件或资源，但很快出现了访问控制机制来增强安全性，其中主要的访问控制在今天称为自主访问控制（DAC）。DAC 通常允许授权用户（通过其程序例如一个 Shell）改变客体的访问控制属性，这样就可指定其他用户是否有权访问该客体。大部分 DAC 机制是基于用户身份访问控

制属性的，通常表现为访问控制列表机制。DAC 的主要特性是，单个用户（通常指某个资源的属主）可指定其他人是否能访问其资源。

当然，DAC 也有其自身的安全脆弱性，它只约束了用户、同用户组内的用户、其他用户对文件的可读、可写和可执行权限，而这对系统的保护作用是非常有限的，为克服这种脆弱性，就出现了强制访问控制（MAC）机制。MAC 用于避免 DAC 的脆弱性问题，其访问控制决断的基本原理不是对单个用户或系统管理员进行判断，而是利用组织的安全策略来控制对客体的访问，且这种访问不被单个程序所影响。此项研究最早由军方资助，目的是保护机密政府部门数据的机密性。

SELinux（Security Enhanced Linux）是美国国家安全局（NSA）对于强制访问控制的实现，它是 Linux 历史上最杰出的安全子系统。在这种访问控制体系的限制下，进程只能访问那些在它的任务中所需要的文件。对于目前可用的 Linux 安全模块来说，SELinux 功能最全面，而且测试最充分，它是基于对 MAC 在 20 年的研究基础上建立的。

SELinux 定义了系统中每个用户、进程、应用和文件访问及转变的权限，然后使用一个安全策略来控制这些实体（即用户、进程、应用和文件）之间的交互。安全策略指定了如何严格或宽松地进行检查。

SELinux 跟内核模块一样，也有模块的概念，需要先根据规则文件编译出二进制模块，然后插入到内核中。在使用 SELinux 前，我们需要安装一些包，以 Fedora 20 为例，需要安装以下组件：checkpolicy、libselinux、libsemanage、libsepol 和 policycoreutils。

源码可以在 https://github.com/SELinuxProject/selinux 中找到，但建议不要自己来编译，因为太花时间，而且编译了也不见得好用。若要自己开发 SELinux 策略，还需要安装工具 selinux-policy-devel。

在 Fedora 20 中，可以直接用 yum 命令安装 SELinux 开发所必须的工具：

```
$ sudo yum -y install libselinux.x86_64 libselinux-devel.x86_64
libselinuxpython.x86-64 1ibselinux-utils.x86_64 selinux-policy.noarch
selinux-policy-devel.noarch selinux-policy-targeted.noarch crossfire-
selinux.x86-64 libselinux-devel.i686
checkpolicy.x86_64 policycoreutils.x86_64 policycoreutils-devel.x86_64
selinuxpolicy-devel.noarch selinux-policy-targeted.noarch
```

安装好后就可以体验 SELinux 的功能了。Github 上有个例子，可以借此学习。

获取源码：

```
$ git clone https://github.com/pcmoore/getpeercon_server.git
```

查看策略文件：

```
$ cd getpeercon_server
$ cat selinux/gpexrnple.te
policy_module(gpexmple, 1.0.0)
type gpexmple_t ;
```

```
type gpexmple_exec_t ;
application domain(gpexmple_t, gpexmple_exec_t)
type gpexmple_Log_t ;
files_tmp_file(gpexmple_log_t)
files_tmp_filetrans(gpexmple_t, gpexmple_log_t, { dir file })
unconfined_run_to(gpexmple_t, gpexmple_exec_t)
# network permissions
allow gpexmple_t self:tcp socket { create_stream_socket_perms };
corenet_tcp_bind_generic_node(gpexmple_t)
allow gpexmple_t gpexmple_log_t:file { create open append };
```

可以看到，SELinux 的策略文件是比较复杂的，第一次看到会比较茫然，基本弄不明白是什么意思。讲清楚 SELinux 的策略需要花费些篇幅，因此建议感兴趣的读者进一步研读《SELinux by Example》这本书。

然后查看测试程序的代码：

```
$ cat src/getpeercon server . c
…
srv_sock = socket(family, SOCK_STREAM, IPPROTO_TCP) ;
…
rc = bind(srv_sock, (struct sockaddr *)&srv_Sock_addr,
sizeof(srv_sock_addr) );
…
```

上面的代码中有创建 tcp socket 及 bind tcp 端口的动作，但是上面的策略文件中没有 bind tcp 端口的策略，不能成功地 bind tcp 端口。要测试这个例子，得先创建 SELinux 模块：

```
$ sudo make build
$ sudo make install
```

然后关闭 SELinux，再插入新编译的模块，重新开启 SELinux，并打上正确的标签：

```
$ sudo setenforce 0
$ sudo semodule -i selinux/gpexmple.pp
$ sudo setenforce 1
$ sudo restorecon /usr/bin/getpeercon_server
```

之后运行 getpeercon_ server：

```
$ getpeercon_server 8080
-> running as unconfined_u:unconfined_r:qpexmple_t:s0-s0:c0.c1023
-> creating socket … ok
-> listening on TCP port 8080 … bind error : -1
```

运行不成功是什么原因呢？是 SELinux 限制了它吗？查看一下日志：

```
$ cat /var/log/audit/audit.log
…
type=SYSCALL msg=audit(1439297447.748:609) : arch=c000003e syscall=49
success=no exit=-13 a0=3 a1=7fff2753d000 a2=1c a3= 7fff27 53cd40 items=0 ppid=1804
pid=2151 auid=0 uid=0 gid=0 euid=0 suid=0 fsuid=0 egid=0 sgid=0 fsgid=0 ses=l
tty=pts0 comm="qetpeercon_server" exe="/usr/bin/qetpeercon_server" subj=unconfined_u:
```

```
unconfined_r
    :gpexmple_t:s0-s0:c0.c1023 key=(null)
    ...
```

从"success=no exit=-13"可以看出 getpeercon_server 执行失败，因为 SELinux 阻止了 getpeercon_server 绑定端口。

解决方法如下：

```
$ cat /var/log/audit/audit.log | audit2allow -m local
```

上面的 audit2allow 是一个用 Python 语言写的命令，它主要用来处理日志，把日志中违反策略的动作的记录转换成 access vector。然后我们把这条命令的输出复制到 gpexmple.te 中，例如：

```
policy_module(gpexmple, 1.0.0)
require {
    type http_cache_port_t;
    class tcp_socket name_bind;
}
type gpexmple_t;
type gpexmple_exec_t ;
application_domain(gpexmple_t, gpexmple_exec_t)
type gpexmple_log_t;
files_tmp_file (gpexmple_log_t)
files_tmp_filetrans(gpexmple_t, qpexmple_log_t, {dir file })
unconfined_run_to(gpexrnple_t, gpexrnple_exec_t)
allow gpexmple_t self:tcp_socket { create_stream_socket_perms };
corenet_tcp_bind_generic_node (gpexmple_t)
allow gpexmple_t gpexmple_log_t:file { create open append };
allow gpexmple_t http_cache_port_t:tcp_socket name_bind ;
```

重复编译插入操作然后再次运行将会看到：

```
$ getpeercon_server 8080
->running as unconfined_u:unconfined_r:qpexmple_t: s0-s0:c0.c1023
->creating socket ... ok
->listening on TCP port 8080 ... ok
->waiting ...
```

启动成功。

虽然上面的例子看起来比较复杂，但要在 Docker 中使用 SELinux 实现却非常简单。

Docker 使用 SELinux 的前提是系统支持 SELinux，SELinux 功能已经打开，并且已插入了 Docker 的 SELinux 模块。目前 RHEL 7、Fedora 20 都已自带该模块。可通过如下命令查看系统是否支持 Docker 的 SELinux 环境：

```
$ sudo semodule -1 | grep docker
docker 1.0.0
```

如果有 Docker 的 SELinux 模块（即上面显示的 docker 1.0.0），说明系统已经支持 Docker 的 SELinux 环境。SELinux 的策略虽然复杂，但在 Docker 中使用非常容易，因为这个 Docker SELinux 模块已经帮我们做了那些复杂的 SELinux 策略，用户只需要在 Docker Daemon 启动的时候加上 --selinux-enabled=true 选项，就可以使用 SELinux 了：

```
$ sudo docker daemon --selinux-enabled=true
```

当然，也可以在启动容器时，使用 --security-opt 选项来对指定的文件做限制（这也需要 Docker Daemon 启动时加 --selinux-enabled=true），例如：

```
$ docker run -i -t ubuntu /bin/bash
root@44cf505f688a :/app# ls /bin/bash -z
System_u:object_r:svirt_sandbox_file_t:s0:c358, c569 /bin/bash
root@44cf505f688a: /app# exit
exit
$ docker run --security-opt label:level:s0:c100, c200 -i -t ubuntu /bin/bash
root@8c8512ff8dbf: /app# ls /bin/bash -z
system_u:object_r:svirt_sandbox_file_t:s0:c100, c200 /bin/bash
```

可以看出通过 --security-opt 传递的参数，在容器内的标签已经生效。更多关于 --security-opt 的信息，请参考 Docker 的官方文档。

8.3　Docker 的安全遗留问题

Docker 社区为 Docker 的安全做了很多的工作，但到目前为止，Docker 仍然有不少跟安全相关的问题没有解决。其中主要的问题有 User Namespace、非 root 运行 Docker Daemon、Docker 热升级、磁盘限额和网络 I/O。

8.3.1　User Namespace

User Namespace 可以将 host 的一个普通用户映射成容器里的 root 用户，不过虽然允许进程在容器里执行特权操作，但这些特权局限在该容器内。这是对容器安全一个非常大的提升，恶意程序通过容器入侵 host 或者其他容器的风险大大降低，但仍然无法让人放心地说容器已经足够安全了。另外，由于内核层面隔离性不足，如果用户在容器内的一个特权操作会影响到容器外，那么这个特权操作一般也是不被 User Namespace 所允许的。因此，User Namespace 显然也不是 Docker 容器安全的保障。

目前 Docker 还不支持 User Namespace，但社区一直在做这个工作，或许在 Docker 1.9 或 2.0 版本中将会看到这个特性。

8.3.2　非root 运行Docker Daemon

目前 Docker Daemon 需要由 root 用户启动，而 Docker Daemon 创建的容器以及容器里面运行的应用实际上也是以 root 用户运行的。实现由普通用户启动 Docker Daemon 和运行容器，当然有益于 Docker 的安全。

但是要解决这个问题很困难，因为创建容器需要执行很多特权操作，包括挂载文件系统、配置网络等。目前社区并没有一个好的解决方案。

8.3.3　Docker 热升级

Docker 管理容器的方式是中心式管理，容器由主机上的 Docker Daemon 进程统一管理。这种中心式管理方式对于第三方的任务编排工具并不友好，因为什么功能都需要跟 Docker 关联起来。更大的问题是，如果 Docker Daemon 挂掉了，重启 Daemon 后，它将无法接管容器，容器也不能运行了。不过，这对安全有什么影响呢？在实际应用中，很多业务都是不能中断的，而停止容器往往相当于停止业务，当因为安全漏洞的原因需要升级 Docker 时，用户就处于两难境地。

Docker 在这方面的讨论和进展，可以通过 Github issue 进一步了解 https: //github.com/opencontainers/runc/issues/185。

8.3.4　磁盘容量的限制

默认情况下，Docker 镜像、容器 rootfs、数据卷都存放在 /var/lib/docker 目录里，也就是说跟 host 是共享同一个文件系统的。如果不对 Docker 容器做磁盘容量大小的配额限制，容器就可能用完整个磁盘的可用空间，导致 host 和其他容器无法正常运作。

但目前 Docker 几乎没有提供任何接口用于限制容器的磁盘容量大小。唯一可以一提的是，当 graphdriver 为 devicemapper 时，容器会被默认分配一个 100GB 的空间。这个空间大小可以在启动 Docker Daemon 时设置为另一个默认值，但无法对每个容器单独设置一个不同的值：

```
$ sudo docker daemon --storage-opt dm.basesize=5G
```

除此之外，用户只能通过其他手段自行做一些隔离措施，例如为 /var/lib/docker 单独分配一个磁盘或分区。

8.3.5　网络I/O

目前同一台机器上的 Docker 容器会共享带宽，这就可能出现某个容器占用大部分带宽资源，从而影响其他需要网络资源的容器正常工作的情况。Docker 需要一个好的网络方案，除了要解决容器跨主机通信的问题，还要解决网络 I/O 限制的问题。关于 Docker 的网络管理，请参考《Docker 源码分析》一书。

第 3 部分

Docker 数据中心
高级技术

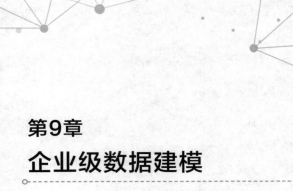

第9章
企业级数据建模

企业级数据建模的目的是帮助企业更好地运作。选择一个好的数据建模工具，对于企业决策支持系统的持续进化和稳定优化具有重要意义。虽然 Rational Rose、ERWin、Power Designer、Oracle Designer 以及青鸟建模开发工具等非常成熟，解决了许多问题，但在云时代的今天，我们应该使用云技术带来的诸多便利，解决当今面临的问题。

本章以微软 Azure 云技术为例，介绍利用云技术进行企业建模。主要介绍服务器的创建，管理服务器和用户，集成本地数据网关及连接到服务器，备份、恢复和建立高可用性，通过实例详细介绍企业数据建模的过程。

9.1　企业级数据模型概览

成功的信息管理始于最佳的数据库设计，最佳的数据库设计来自最佳的企业数据模型。可重用的企业数据模型是企业节省成本和降低实施难度的关键环节。成功的企业数据模型有利于提高企业产品质量和提高生产力，有利于分享结果和提高数据标准的执行能力。企业数据模型能够为业务人员提供一个图形化的展示，是连接业务专家和技术专家的桥梁；能够建立业务需求的共识，是建立关于组织的数据资产的知识基础；能够使不同业务处理和系统之间的数据实现整合和共享。

企业数据模型的建立是一个循序渐进的过程，可以从头做起。如果一个行业已存在行业模型，也可以在行业模型的基础上，结合企业自己的数据标准进行设计。企业数据模型的建立过程也是对企业数据进行分类、细化和标准化的过程。伴随着企业数据模型的建立过程，企业的数据标准也同时建立了起来。

9.1.1　数据模型分类

按照企业数据建模的理论和业界通行的一些数据模型框架，数据模型在层次划分上大同小异。按照数据的使用者不同，使用要求不同，数据模型一般可划分为主题域模型、概念模型、逻辑模型和物理模型四大层次。为便于组织和分工，也可以对数据模型进行更细致的层次划分，即它们是主题域模型、类关系模型、概念数据模型、逻辑数据模型、数据库设计模型和物理数据库模型六类，如图 9-1 所示。

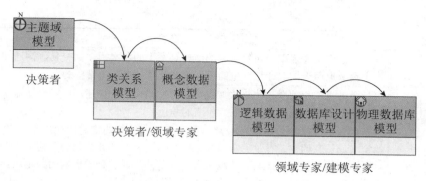

图 9-1 数据模型的层次划分

对于上述 6 种模型，根据其使用者即面向对象的不同，又可以分为高、中、低三个层级。高级层次包括主题域模型；中级层次包括类关系模型和概念数据模型。低级层次包括逻辑数据模型、数据库设计模型和物理数据库模型。其中，概念数据模型是连接高层模型和低层模型的桥梁和纽带。对于一个具体信息的开发过程而言，高级层次模型在某个领域内是高度抽象和概括的，不涉及过多的细节，独立于具体的信息系统；它对整个领域的信息化建设都具有指导意义，是信息标准化的基础。

1. 主题域模型

主题域模型包含了企业业务过程中所涉及的所有业务主题域及它们的关系，通常作为一个全局域或一个大型域（例如一个主要功能域）的模型。通常它可以被用于企业范围内的高层次数据规划和设计。

主题域模型必须具备一个强功效的机制，确保将模型的组件组织起来和分开为易于理解的业务领域。主题域包含了建模设计中某一特定阶段的关键模型元素。

以银行为例，从银行业的角度看，根据面向应用的不同，可以将主题域模型分为面向管理类应用（数据仓库）主题域模型和面向操作类应用（面向客户的实时业务系统，如业务交易柜台系统、网上银行系统等）主题域模型。面向管理类应用主题域模型：全球银行业关于面向管理类企业数据模型的最佳实践一般遵循的 13 个主题域，如表 9-1 所示，这些分类体现了银行的当前业务实际和发展远景。面向操作类应用主题域模型：全球银行业关于面向操作类企业数据模型的最佳实践一般遵循 8 个主题域，如表 9-2 所示，这些分类体现了银行的当前业务实际和发展远景。

表 9-1 面向管理类应用主题域

主题域	描述
账户	用于监控金融和非金融的业务状况。一般用于支持"约定"的履行，或是满足内部定量记录和监控变化的需要
业务方向	是对"相关群体"期望的模型化描述，并充分考虑了相关的习惯和环境
条件	描述了金融机构开展业务的特殊要求和信息，如前提条件、限制或限额等。条件可以适用于银行的各类运作，如产品销售和服务、产品购买资格认定和细分市场选择标准等

主题域	描述
事件	描述了建模企业范围内自然发生的或计划发生的各类事情如交易、沟通和指令。事件主题域也用于规划计划发生的事件这是建模后企业所希望的
相关群体	包括金融机构相关个体和组织（包括自身）的模型化描述，同时也涵盖个体和组织与模型中所有其他成员的关系、扮演的角色
约定	包括所有具有法律效应的涉及两至多个相关群体的约定，例如：雇工合约、产品约定（如贷款约定、存款约定等）、银行内约定、证券约定等。约定代表着相关群体对事物的共识所有参与者均承诺履行其责任。通常金融机构的约定还会涉及第三方约定如代理合同、经纪合同和用工合同等
资源	定义了建模企业中所有物理的、非物理的资源，如财产、文档、智力资产
分类	包含了一系列简单代码用于分类和代码化业务的某些方面，例如：相关群体分类、婚姻状况分类、约定分类、关联分类等。分类由分类项和分类值组成。在关于"婚姻状况分类"的例子中"婚姻状况"就是分类项而分类值包括单身的、已婚的、分居的、离异的等
产品	描述金融机构、竞争对手和其他相关群体在通常的商业活动中提供、销售或购买的物品、产品和服务。产品也包括非金融性产品和服务
位置	包括物理的、电子的或其他地址是银行开展业务活动的场所或是相关群体和约定所涉及的场所。位置是银行所希望记录的信息
沟通	相关群体间信息交换的记录，如收到客户临时对账单的请求，（美国）向联邦储备传送流动性报告向客户手机或邮寄地址发送有针对性的信息等等
额度	描述了实体间的约束关系。通常以对象间的限制来定义如通过约定/相关方关系限额来限制一个分销商夜间的交易最大值。另外额度部分还跟踪记录限制的变化历史信息。通过特定的结构来支持信用管理操作的限额控制及跟踪（如旅游保险中个人赔偿金的最大值）
基于活动的成本	为金融机构的活动分配费用从而可以为金融机构中负责某活动的参与方分配费用。这样可以提高收益率

表 9-2　面向操作类应用主题域

主题域	描述
客户	包含与银行客户相关的数据
存款	包含与客户存款相关的数据，如协议、账户、储蓄账户、定期存款账户、所有的交易等。由于借记卡和储蓄账户是相联系的，所有的 ATM、储蓄卡、POS 交易和活动也都在这个主题域
信用卡	信用卡或国际信用卡客户数据、卡活动、不良信息都被包括在信用卡主题域
政府债券	政府债券包含了出售这些债券的分行和详细交易的信息
贷款	贷款包含对私/对公贷款、类型、付款、还款计划等信息
外汇	包含有关固定收入、互换、外汇、OTC（场外、柜台交易）期权、总账及结算活动等信息
总账	总账计算活动，也包括结余
资金交易	资金交易记录

2. 类关系模型

类关系模型表示单个主题域或有限的几个主题域范围内的主题域及其关系。通常描述一个有限的领域（例如一个项目群所涉及的主题域范围），它被用于作为项目群层次的高层面数据分析与评估。

从银行业的角度看，类关系模型是主题域模型的实例化。在一个具体项目或项目群的实施过程中，根据项目的范围，确定其所涉及的主题域模型。例如，某银行面向管理类应用主题域模型，包括账户、业务方向、条件、事件、相关群体、约定、资源、分类、产品、位置、沟通、额度、基于活动的成本等。

3. 概念数据模型

概念数据模型是类关系模型的进一步具体化。针对主题域，概念数据模型包含其范围内所涉及的类，通常概念模型是逻辑模型的输入物。在这一步骤，模型的初始业务基础是通过清楚地定义实体和它们的关系开发出来的。

从银行业的角度看，概念数据模型主要是对银行业务的高度抽象，是对业务元素之间关系的图形化表示。通过概念数据模型，可以清晰了解某项银行业务所涉及的数据有哪些方面，但不涉及数据细节内容。概念数据模型是业务和技术人员用来交流的工具。以基于银行业务的贷款为例，其概念数据模型如图 9-2 所示。

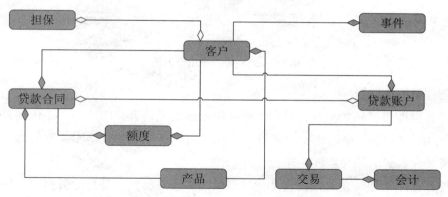

图 9-2　贷款业务的概念数据模型

4. 逻辑数据模型

针对主题域，逻辑数据模型包括其范围内的规格化的类、属性、主键和关系。这个模型不关心具体的实现方式（例如如何存储，用多少张表表示）和实现细节，而主要关心数据在系统中的各个处理阶段的状态。它表示了最详细层次数据分析的成果，标志着数据库设计活动的启动。以基于银行业务的贷款为例，其逻辑数据模型如图 9-3 所示。

5. 数据库设计模型

数据库设计模型包括表空间、表、列、主题域模型和主/外键。通常表示一个应用系统现存或者正在设计的数据库。它表示了数据库构建的开始。

从银行的角度看，数据库设计模型是银行技术人员对逻辑数据模型的进一步细化，实现从业务表达到技术语言转换的关键环节。数据库设计模型是项目开发中重要的工作之一。数据库设计模型的优劣对未来系统的效率将产生非常大的影响。

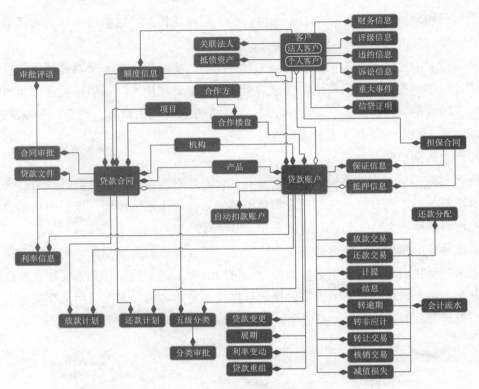

图 9-3　贷款业务的逻辑数据模型

6. 物理数据库模型

物理数据库模型包含生成表和索引所需的数据定义语言（DDL），还包括数据库管理系统（DBMS）的约束，是一个应用系统现存的或者计划的数据库处理规范，对应于数据库设计和构建的最终步骤。

物理数据库模型是企业数据模型在生产系统的最终实例，是企业数据模型从主题域到生产环境的落地。

9.1.2　企业数据模型的优势和作用

企业数据模型的优势主要表现在以下 5 个方面：

（1）企业数据模型的高阶模型（主题域模型、类关系模型、概念数据模型、逻辑数据模型）可以独立于技术之外被多部门使用。

（2）企业数据模型中的高阶模型避免了通常在创建数据库设计模型和物理数据库模型中诸如数据结构、主键和外键、字段规范等经常出现的许多技术细节问题，确保了对企业重要概念的充分描述和记录。

（3）由于企业数据模型使用了一个合理的、高层面抽象的方式来记录企业所发生的事项，所以扩展了模型的应用范围，并使得对维护的需求降到最小。

（4）企业数据模型可以找出多个系统相关和重合的信息，为系统的整合打下基础。

（5）企业数据模型可以减少多个系统之间数据的重复定义和不一致性，从而减小了应用集成的难度，降低了企业成本。

企业数据模型的作用主要体现在以下 3 个方面。

（1）由于建立了企业级的数据架构，在未来的 IT 系统进行数据模型设计时，可以从企业数据模型中进行映射并检查信息的完整性。

（2）企业数据模型明确定义了对信息的需求如何转化为数据结构。基于企业数据模型可以开发出高质量的系统，能更好地满足企业信息处理的需要，为企业管理者、业务用户和开发人员提供了一个一致的业务模型；它可以为高层管理人员清晰地定义出基本业务概念（如客户、商品、产品、服务、资源等），改善了业务部门和 IT 系统开发人员的沟通，提高了 IT 系统开发的效率。

（3）在企业购买或开发新的 IT 系统（如财务管理软件）或进行 IT 战略规划时，企业数据模型可以界定出信息需求的范围，为后续 IT 系统的开发打下良好的基础。

9.2　创建服务器

9.2.1　在 Azure 门户中创建服务器

在 Azure 门户中创建服务器，步骤如下：

（1）登录 Azure 门户。

（2）执行 New> Data+Analytics>Analysis Services 命令。

（3）在 Analysis Services 选项卡中，填写必需的字段，然后单击 Create 按钮，如图 9-4 所示。

其中，Server name：输入用于引用服务器的唯一名称；订阅 Subscription：选择此服务器计费的订阅；Resource group：这些容器旨在帮助管理 Azure 资源的集合；Location：此 Azure 数据中心位置托管该服务器，选择最接近最大用户群的位置；Pricing tier：选择定价层。最多支持 400 GB 的表格模型。

（4）单击 Create 按钮。

创建服务器一般几秒钟便可完成，通常不超过 1 分钟。如果选择 Add to Portal，请导航到门户网站查看新服务器。或者导航到 More services>Analysis Services，查看服务器是否就绪，如图 9-5 所示。

图 9-4　在 Azure 门户中创建服务器

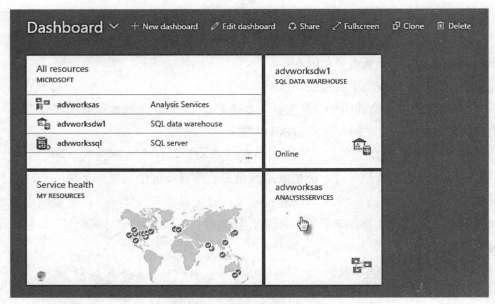

图 9-5　Azure 门户的仪表盘

9.2.2　部署SQL Server数据工具

在 Azure 订阅中创建服务器之后，便可以随时部署表格模型数据库。可以使用 SQL Server 数据工具（SQL Server Data Tools，SSDT），用于构建和部署正在处理的表格模型项目。

在 SQL Server 数据工具中部署表格模型，步骤如下：

（1）在部署之前，需要获取服务器名称。在 Azure Portal → Server → Overview → Server name 中，复制服务器名称，如图 9-6 所示。

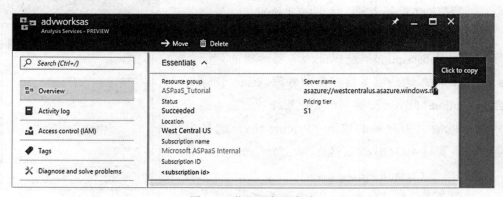

图 9-6　获取服务器名称

（2）在 SQL Server 数据工具的 Solution Explorer 中，右击 Project → Properties。然后在 Deployment >Server 中粘贴服务器名称，如图 9-7 所示。

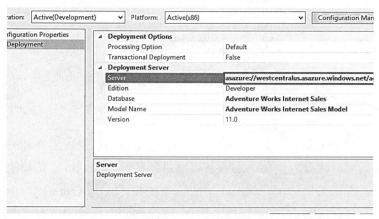

图 9-7　设置服务器名称

（3）在 Solution Explorer 中，右击 Properties，然后选择 Deploy 选项。如图 9-8 所示，系统可能会提示登录 Azure。

部署状态出现在 output window 和 Deploy 窗口中，如图 9-9 所示。

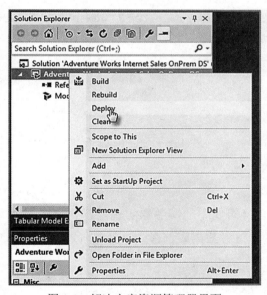

图 9-8　解决方案资源管理器界面　　　　　　图 9-9　Deploy 窗口中显示的部署状态

注意

　　如果部署元数据时失败，可能是因为 SQL Server 数据工具无法连接到指定的服务器。这时，需要先确保可以使用 SQL Server 管理工作室（SQL Server Management Studio，SSMS）连接到指定的服务器，并且确保项目的"部署服务器"属性是正确的。如果部署失败，可能是因为指定的服务器无法连接到数据源。如果指定的数据源位于组织网络的内部，请确保安装本地数据网关。

9.3　服务器和用户

9.3.1　管理服务器

在 Azure 中创建分析服务的服务器后，可能会出现一些管理工作和管理任务，需要立即执行或在需要时执行。例如，对刷新数据进行处理，控制可以访问服务器上的模型的用户，或者监视服务器的运行状况。某些管理任务只能在 Azure 门户中执行，而其他一些管理任务只能在 SQL Server 管理工作室（SSMS）中执行，还有某些任务在两者中均可执行。

1. Azure 门户

在 Azure 门户可以创建和删除服务器的位置、监控服务器资源、更改大小，以及管理谁可以访问服务器，如图 9-10 所示。如果遇到问题，还可提交支持请求。

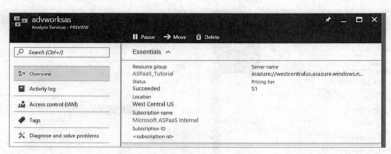

图 9-10　分析服务预览界面

2. SQL Server 管理工作室 (SSMS)

在 Azure 中连接到服务器，就像连接到自身组织中的服务器实例一样。可在 SQL Server 管理工作室中执行许多相同的任务，例如进程数据或创建一个处理脚本，管理角色和使用 PowerShell，如图 9-11 所示。

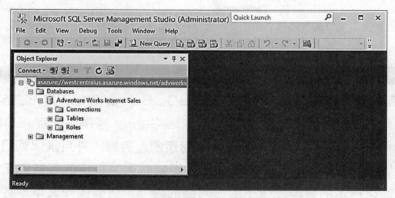

图 9-11　SQL Server 管理工作室管理员界面

1）下载并安装 SQL Server 管理工作室

若要获取所有最新功能，以及连接到 Azure 分析服务服务器时享受最流畅的体验，请确保使用最新版本的 SQL Server 管理工作室。其 SQL Server 管理工作室的下载地址是 https://docs.microsoft.com/sql/ssms/ download-sql-sever-management-studio-ssms。

2）连接 SQL Server 管理工作室

使用 SQL Server 管理工作室时，在首次连接到服务器之前，请确保用户名包含在分析服务管理员组中。具体步骤如下：

（1）在连接之前，需要获取服务器名称。在 Azure Portal> Server>Overview> Server name 中，复制服务器名称，如图 9-12 所示。

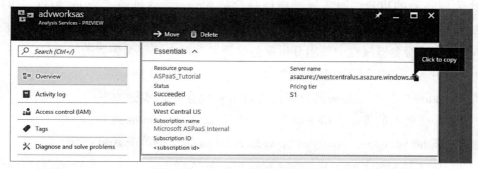

图 9-12　Azure 门户的服务器概述

（2）在"SQL Server 管理工作室"的 Object Explorer 中，单击 Connection > Analysis Services。

（3）在 Connect to Server 对话框中，粘贴服务器名称，然后在 Authentication 中选择以下选项之一：

Windows Authentication：使用 Windows 域 \ 用户名和密码凭据；Active Directory Password Authentication：使用其组织中的账户，例如从未加入域的计算机加入时；Active Directory Universal Authentication：使用非交互式或多重身份验证。这里选择 Active Directory Universal Authentication，如图 9-13 所示。

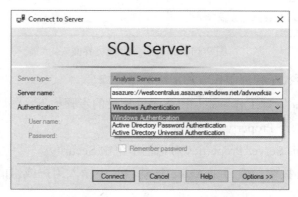

图 9-13　Connect to Server 对话框

3. 服务器管理员和数据库用户

在 Azure 分析服务中，有两种类型的用户，即服务器管理员和数据库用户。这两类用户必须存在于 Azure 活动目录中，且必须由组织电子邮件地址或用户主体名（UPN）指定。

9.3.2　管理用户

Azure 分析服务中存在服务器管理员和数据库用户两类用户。

1. 管理服务器的管理员

作为服务器的租户，服务器管理员必须是 Azure 活动目录（Azure AD）中的有效用户或组。可以在 Azure 门户中的服务器的控制刀片服务器或 SQL Server 管理工作室（SSMS）中的服务器属性中使用分析服务管理员功能来管理服务器的管理员。

1）使用 Azure 门户添加服务器管理员

使用 Azure 门户添加服务器管理员，如图 9-14 所示，步骤如下：

（1）在服务器的控制窗口中单击 Analysis Services Admins 选项。

（2）在 Server name> Analysis Services Admins 窗口中单击 Add 按钮。

（3）在 Add server administrators 窗口中，从 Azure 活动目录（Azure AD）中选择用户账户，或通过电子邮件地址邀请外部用户。

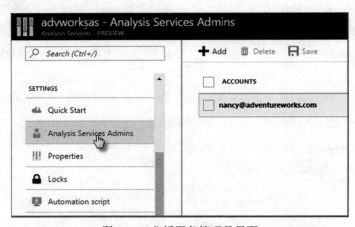

图 9-14　分析服务管理员界面

2）使用 SQL Server 管理工作室添加服务器管理员

使用 SQL Server 管理工作室添加服务器管理员的步骤如下：

（1）右击 Server> Property。

（2）在 Analysis Server Properties 对话框中单击 Security。

（3）单击 Add 按钮，然后在 Azure 活动目录中输入用户或组的电子邮件地址，如图 9-15 所示。

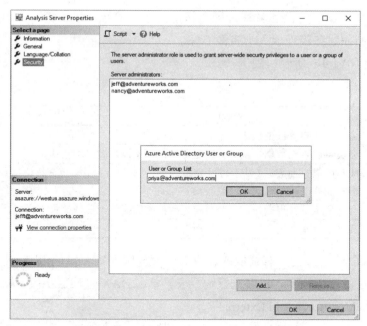

图 9-15 Analysis Server Properties 对话框

2. 管理数据库的角色和用户

在模型数据库级别，所有用户必须属于某类角色。角色定义具有模型数据库特定权限的用户。添加到角色的任何用户或安全组必须在 Azure 活动目录租户中具有与服务器相同的订阅中的账户。

根据使用的工具，定义角色的方式有所不同，但效果是一样的。

角色权限包括：

- 管理员（administrator）：用户拥有数据库的完整权限。具有管理员权限的数据库角色与服务器管理员不同。

- 流程（process）：用户可以连接到数据库并执行流程操作，还可以分析模型数据库数据。

- 读（read）：用户可以使用客户端应用程序来连接和分析模型数据库数据。

创建表格模型项目时，可以使用在 SQL Server 数据工具（SSDT）中的角色管理器创建角色并将用户或组添加到这些角色。部署到服务器时，可以使用 SQL Server 管理工作室（SSMS）、分析服务 PowerShell cmdlet 或表格模型脚本语言（Tabular Model Scripting Language，TMSL）来添加或删除角色和用户成员。

1）在 SQL Server 数据工具（SSDT）中添加或管理角色和用户

在 SQL Server 数据工具（SSDT）中添加或管理角色和用户，需要以下步骤：

（1）在 SQL Server 数据工具（SSDT）的 Tabular Model Explorer 中右击 Roles。

（2）在 Role Manager 中单击 New。

（3）输入角色的名称。

默认情况下，默认角色的名称为每个新角色递增编号。建议输入一个清楚标识成员类型的名称，例如财务经理或人力资源专家。

（4）选择如表 9-3 所示权限之一。

表 9-3　权限类型

权限	描述
没有	会员不能修改模型模式，无法查询数据
读	会员可以查询数据（基于行过滤器），但不能修改模型模式
读和流程	成员可以查询数据（基于行过滤器），可执行流程操作，可分析模型数据库数据操作，但不能修改模型模式
流程	会员可执行流程操作，可分析模型数据库数据，无法修改模型模式，无法查询数据
管理员	会员可以修改模型模式并查询所有数据

（5）如果创建的角色具有读取或读取与流程权限，则可以使用 DAX 公式添加行过滤器。单击行过滤器选项卡，然后选择一个表，单击 DAX 过滤器字段，输入 DAX 公式。

（6）单击 Members> Add External 选项。

（7）在 Add External Member 输入框中，通过电子邮件地址在所租户的 Azure 活动目录中输入用户或组。单击 OK 按钮并关闭 Role Manager 对话框，角色和角色成员将显示在 Tabular Model Explorer 窗口中，如图 9-16 所示。

（8）部署到 Azure 分析服务的服务器（Analysis Services server。

2）在 SQL Server 管理工作室中添加或管理角色和用户

要将角色和用户添加到部署的模型数据库中，必须以服务器管理员身份连接到服务器，或者已经具有管理员权限的数据库角色。具体步骤如下：

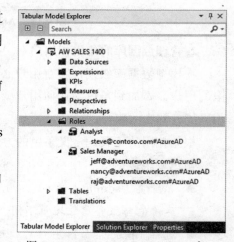

图 9-16　Tabular Model Explorer 窗口

（1）在 Object Explorer 中右击 Roles，选择 New Role。

（2）在 Create Role 输入框中输入角色名称和说明。

（3）选择 permission。各权限选项如表 9-3 所示。

（4）单击 Membership 选项，然后通过电子邮件地址在租户 Azure 活动目录中输入用户或组，如图 9-17 所示。

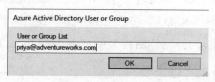

图 9-17　设置用户或组

（5）如果正在创建的角色具有读权限，则可以使用 DAX 公式添加行过滤器。单击 Row Filters，选择一个表，然后在 DAX 过滤器字段中输入 DAX 公式。

3）使用表格模型脚本语言（TMSL）为脚本添加角色和用户

可以在 SQL Server 管理工作室（SSMS）中的 XML 分析（XML for Analysis，XMLA）窗口或 PowerShell 中运行表格模型脚本语言（TMSL）的脚本，以添加角色和用户。其核心是，使用 createOrReplace 命令和 role 对象。

在下面的表格模型脚本语言（TMSL）示例中，会将一个用户和一个组添加到 SalesBI 数据库用户角色中。

```
{
  "createOrReplace": {
    "object": {
      "database": "SalesBI",
      "role": "Users"
    },
    "role": {
      "name": "Users",
      "description": "All allowed users to query the model",
      "modelPermission": "read",
      "members": [
        {
          "memberName": "user1@contoso.com",
          "identityProvider": "AzureAD"
        },
        {
          "memberName": "group1@contoso.com",
          "identityProvider": "AzureAD"
        }
      ]
    }
  }
}
```

4）使用 PowerShell 添加角色和用户

该 SQL Server 模块提供特定任务的数据库管理命令行工具 cmdlet 和接受表格模型脚本语言（TMSL）查询或脚本的通用调用。cmdlet 工具有以下命令来管理数据库角色和用户，如表 9-4 所示。

表 9-4　cmdlet 工具命令

命令	描述
Add-RoleMember	将会员添加为数据库角色
Remove-RoleMember	从数据库角色中删除会员
Invoke-ASCMD	执行 TMSL 脚本

5）行过滤器

行过滤器可定义表中的哪些行可以由特定角色的成员查询。通过使用 DAX 公式为模型中的每个表定义行过滤器。

行过滤器只能为具有读取和进程权限的角色定义。默认情况下，如果没有为特定表定义行过滤器，则成员可以查询表中的所有行，除非从其他表应用交叉过滤。

行过滤器需要 DAX 公式，它的返回值为 TRUE/FALSE，以定义可由该特定角色的成员查询的行。不包括在 DAX 公式中的行不能被查询。例如，具有以下行的 Customers 表过滤表达式 = Customers [Country] ="USA"，销售角色的成员只能在美国看到客户。

行过滤器适用于指定的行和相关行。当表具有多个关系时，过滤器将为处于活动状态的关系进行筛选过滤。行过滤器与为相关表定义的其他行文件进行相交，例如表 9-5 中定义了表及 DAX 表达：

表 9-5　DAX 表达

表	DAX 表达
Region　.	=Region[Country] = "USA"
ProductCatedory	=ProductCatedory [Name] = "Bicyles"
Transaction	= Transaction [Year] = 2017

其净效果是成员可以查询客户在 USA（美国）的数据行，产品类别是 Bicyles（自行车），年份为 2017 年。用户不能查询美国以外的交易，不是自行车的交易，以及不在 2017 年的交易。

可以使用过滤器 = FALSE() 来拒绝对整个表所有行的访问。

3. 基于角色的访问控制 （RBAC）

订阅管理员可以在控制栏中使用 Access control （访问控制）来配置角色，如图 9-18 所示。这与服务器管理员或数据库用户不同，他们是以服务器或数据库级别来配置的。

角色适用于需要执行可在门户中完成或使用 Azure Resource Manager 模板完成的任务的用户或账户。

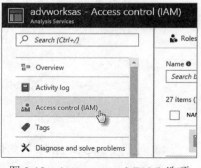

图 9-18　Access control (IAM) 选项

9.4　集成本地数据网关及连接到服务器

9.4.1　集成本地数据网关

本地数据网关的作用好似一架桥，提供本地数据源与云中 Azure 分析服务服务器之间的安全数据传输。

网关可以安装在连网的计算机上。必须为 Azure 订阅中的每个 Azure 分析服务服务器安装一个网关。例如，如果 Azure 订阅中有两个服务器连接到本地数据源，则网关必须安装在网络中的两台不同的计算机上。

1. 要求

最低要求：

- .NET 4.5 Framework。
- 64 位 Windows 7/Windows Server 2008 R2（或更高版本）。

推荐：

- 8 核 CPU。
- 8 GB 内存。
- 64 位 Windows 2012 R2（或更高版本）。

重要注意事项：

- 网关不能安装在域控制器上。
- 一台计算机上只能安装一个网关。
- 将网关安装在保持开机且不进入休眠状态的计算机上。如果计算机未启用，则 Azure 分析服务服务器无法连接到本地数据源以刷新数据。
- 不要在无线连接网络的计算机上安装网关，否则会降低其性能。
- 若要更改已配置网关的服务器名称，需要重新安装并配置新网关。
- 在某些情况下，使用本机提供程序（如 SQL Server Native Client（SQLNCLI11））连接到数据源的表格模型可能返回错误。

2. 支持的本地数据源

网关支持 Azure 分析服务服务器与以下本地数据源之间的连接：

- SQL Server。
- SQL 数据仓库。
- APS。
- Oracle。
- Teradata。

3. 下载

可以到网址 https: //aka.ms/azureasgateway 下载。

1）安装和配置

（1）运行安装程序。

（2）选择安装位置，并接受许可条款。

（3）登录 Azure。

（4）指定 Azure 分析服务器名称（Server name）。每个网关只能指定一台服务器。单击 Configure 按钮便可继续进行后续步骤，如图 9-19 所示。

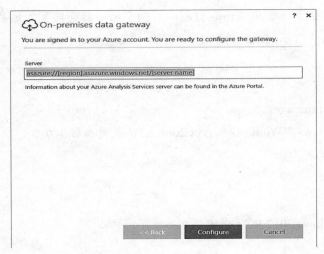

图 9-19　配置服务器

2）本地数据网关工作原理

网关程序在组织网络中的计算机上，作为 Windows 服务本地部署数据网关而运行。安装用于 Azure 分析服务的网关基于用作 Power BI 等其他服务的网关，在配置方式上与常见网关略有差异，如图 9-20 所示。

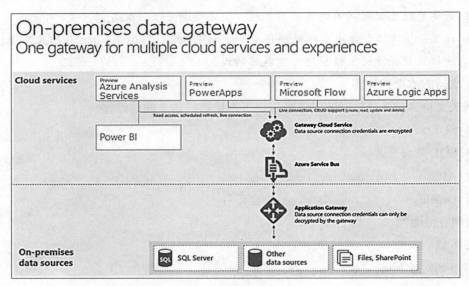

图 9-20　工作原理示意图

进行查询操作时与数据流工作原理类似，步骤如下：

（1）云服务使用本地数据源的加密凭据创建查询，然后将其发送到队列以使网关处理。

（2）网关云服务分析该查询，并将请求推送到 Azure 服务总线。

（3）本地数据网关轮询 Azure 服务总线，以获取待处理的请求。

（4）网关获取查询，解密凭据，然后使用这些凭据连接到数据源。

（5）网关将查询发送到数据源执行。

（6）结果从数据源返回到网关，然后发送到云服务。

3）Windows 服务账户

本地数据网关配置，对 Windows 服务登录凭据使用 NT SERVICE\ PBIEgwService。默认情况下，它有权作为服务登录。此凭据与用于连接到本地数据源或 Azure 账户的账户不相同。

如果代理服务器由于身份验证而遇到问题，则可能需要将 Windows 服务账户更改为域用户或托管服务账户。

4）端口

网关会创建与 Azure 服务总线之间的出站连接。它在以下出站端口上进行通信：TCP 443（默认值）、5671、5672、9350 ～ 9354。网关不需要入站端口。

建议在防火墙中将针对数据区域的 IP 地址列入白名单。可以下载 Microsoft Azure 数据中心 IP 列表，通常该列表每周都会更新。

Azure 数据中心 IP 列表中列出的 IP 地址，采用无类域间路由选择（Classless Inter-Domain Routing，CIDR）表示法。例如，10.0.0.0/24 并不是指 10.0.0.0 ～ 10.0.0.24。

本地数据网关使用的完全限定域名如表 9-6 所示。

表 9-6　网关所用的完全限定域名一览表

域名	出站端口	说明
*.powerbi.com	80	用于下载该安装程序的 HTTP
*.powerbi.com	443	HTTPS
*.analysis.windows.net	443	HTTPS
*.login.windows.net	443	HTTPS
*.servicebus.windows.net	5671、5672	高级消息队列协议 (AMQP)
*.servicebus.windows.net	443,9350 ～ 9354	通过 TCP 的服务总线中继上的侦听器（需要 443 来获取访问控制令牌）
*.frontend.clouddatahub.net	443	HTTPS
*.core.windows.net	443	HTTPS
login.microsoftonline.com	443	HTTPS
*.msftncsi.com	443	在 Power BI 服务无法访问网关时用于测试 Internet 连接
*.microsoftonline-p.com	443	用于根据配置进行身份验证

可以强制网关使用 HTTPS 而非直接用 TCP 与 Azure 服务总线进行通信，但这样做会显著降低性能。强制与 Azure 服务总线进行 HTTPS 通信需要修改 Microsoft.PowerBI.DataMovement.Pipeline.GatewayCore.dll.config 文件，如下所示，将值从 AutoDetect 更改为 HTTPS。默认情况下，此文件位于 C: \Program Files\On-premises data gateway。

```
<setting name="ServiceBusSystemConnectivityModeString" serializeAs="String">
<value>Https</value>
</setting>
```

5）故障排除

实质上，用于将 Azure 分析服务连接到本地数据源的本地数据网关与 Power BI，使用的是同一个网关。

> **注意**
>
> 遥测可用于监视和排错。启用遥测，可通过如下步骤实现：
>
> （1）查看计算机上的本地数据网关客户端目录。通常为 %systemdrive%\ Program Files\On-premises data gateway。或者可以打开服务控制台，然后检查可执行文件（本地数据网关服务的属性之一）的路径。
>
> （2）在客户端目录的 Microsoft.PowerBI.DataMovement.Pipeline. GatewayCore.dll.config 文件中，将 SendTelemetry 设置更改为 true，如下所示。
>
> ```
> <setting name="SendTelemetry" serializeAs="String">
>         <value>true</value>
> </setting>
> ```
>
> （3）保存更改并重启 Windows 服务：本地数据网关服务。

9.4.2　连接到服务器

可以使用数据建模和管理应用程序连接到服务器，例如使用 SQL Server 管理工作室（SSMS）或 SQL Server 数据工具（SSDT）连接到服务器。或者，通过使用客户端报表应用程序，如 Microsoft Excel、Power BI Desktop 或自定义应用程序，使用 HTTPS 连接到 Azure 分析服务。

1. 客户端库

与服务器的所有连接（无论任何连接类型）都需要更新后的 AMO、ADOMD.NET 和 OLEDB 客户端库，才能连接到分析服务服务器。对于 SQL Server 管理工作室（SSMS）、SQL Server 数据工具（SSDT）、Excel 2016 和 Power BI，最新的客户端库会每月发布安装或更新信息。但是在某些情况下，应用程序可能不是最新版本（例如，当策略延迟更新或 Office 365 更新在延期频道上的情况下）。

2. 服务器名称

在 Azure 中创建分析服务服务器时，可以指定唯一名称以及要在其中创建服务器的区域。在连接中指定服务器名称时，服务器命名方案为：

```
<protocol>://<region>/<servername>
```

其中，protocol（协议）是字符串 asazure，region（区域）是在其中创建服务器的 URI（例如 westus.asazure.windows.net），servername（服务器名称）是该区域中的唯一服务器名称。

若要获取服务器名称，需要在 Azure 门户网页中，单击 Server>Overview>Server Name，然后复制整个服务器名称。如果组织中的其他用户也要连接此服务器，则可以将此服务器名称与他们共享。指定服务器名称时，必须使用完整路径，如图 9-21 所示。

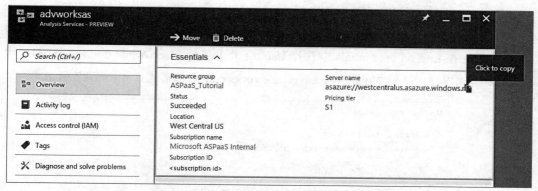

图 9-21　分析服务预览中指定服务器名称示例

3. 连接字符串

使用表格对象模型连接到 Azure 分析服务时，使用以下连接字符串格式：

■ 集成的 Azure 活动目录身份验证

集成的身份验证将选取 Azure 活动目录凭据缓存（如果可用）。如果不可用，则会显示 Azure 登录窗口。

```
"Provider=MSOLAP;Data Source=<Azure AS instance name>;"
```

■ 使用用户名和密码进行 Azure 活动目录身份验证

```
"Provider=MSOLAP;Data Source=<Azure AS instance name>;User ID=<user name>;Password=<password>;Persist Security Info=True; Impersonation Level=Impersonate;";
```

■ Windows 身份验证（集成安全性）

使用运行当前进程的 Windows 账户。

```
"Provider=MSOLAP;Data Source=<Azure AS instance name>; Integrated Security=SSPI;Persist Security Info=True;"
```

■ 使用 .odc 文件进行连接

在较旧版本的 Excel 中，用户可以使用 Office 数据连接文件（.odc）连接到 Azure Analysis Services 服务器。

9.4.3　使用 Excel 进行连接和浏览数据

在 Azure 中创建了一个服务器并为其部署了一个表格模型之后，便可以连接和浏览数据了。在 Excel 2016 中通过"获取数据"可连接到 Excel 中的服务器。不支持使用

Power Pivot 中的导入表向导进行连接。

在 Excel 2016 中连接，需要以下的步骤：

（1）在 Excel 2016 中的 Data 功能区上，单击 Get External Data >From Other Source >From Analysis Services。

（2）在 Data Connection Wizard 的 Server name 中输入服务器名称，包括协议和 URI。然后，在 Log on credentials 中选择 Use the following User Name and Password，然后输入组织的用户名（例如 nancy@ adventureworks.com）和密码，如图 9-22 所示。

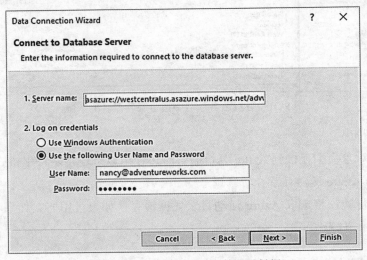

图 9-22　数据连接向导中的登录凭据

（3）在 Select Database and Table 步骤中选择 Select the Database and Table/Cube，然后单击 Finish 按钮，如图 9-23 所示。

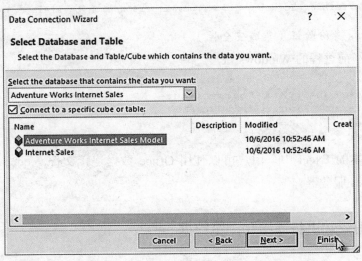

图 9-23　在数据连接向导中选择数据库和模型（或透视图）

9.4.4 使用Power BI连接和浏览数据

在 Azure 中创建了一个服务器并为其部署了一个表格模型之后,组织中的用户便可以使用 Power BI 连接和浏览数据了。

1. 使用 Power BI 桌面连接数据库

使用 Power BI 桌面连接数据库,步骤如下:

(1)在 Power BI 桌面中,单击 Get data>Azure> Azure Analysis Services Database。

(2)在 Server 中,输入服务器名称。

请确保包含完整的网址。例如 asazure://westcentralus.asazure. windows.net/advworks。

(3)在 Database 中,如果知道要连接到的表格模型数据库或透视图的名称,请将其粘贴在此处。如果不知道,可以将此字段留空,然后选择数据库或透视图。

(4)connection live 保留默认值选项,然后单击 Connection。

(5)如果出现系统提示,请输入登录凭据。

(6)在 Navigator 中,展开服务器,选择要连接到的模型或透视图,然后单击 Connection。单击模型或透视图会显示该视图的所有对象。

此时 Power BI 桌面会打开模型,并在 Report 视图中显示空白报告。Field 列表会显示所有非隐藏的模型对象。连接状态显示在右下角。

2. 使用 Power BI（服务）连接数据库

使用 Power BI（服务）连接数据库,步骤如下:

(1)创建一个 Power BI 桌面文件,该文件与服务器上的模型具有实时连接特性。

(2)在 Power BI 中,单击 Get data> Files 命令,找到并选择所需文件。

9.5　备份、恢复和建立高可用性

9.5.1　备份

在 Azure 分析服务中备份表格模型数据库与在本地分析服务中备份大致相同,主要区别在于存储备份文件的位置。备份文件必须保存到 Azure 存储账户的容器中。可以使用已有存储账户和容器,也可以在为服务器配置存储设置时创建它。需要注意的是,创建存储账户会导致新的结算服务。备份以 .abf 扩展名保存。对于内存中的表格模型将存储模型数据和元数据;对于直接查询的表格模型将仅存储模型元数据。根据选择的选项,可以对备份进行压缩和加密。

1. 配置存储设置

备份前需要为服务器配置存储设置。

配置存储设置的步骤如下：

（1）在 Azure 门户页面，单击 SETTINGS → Backups，如图 9-24 所示。

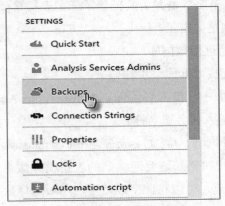

图 9-24　配置存储设置的设置选项卡

（2）单击 Enabled 按钮，然后单击 Storage Settings 选项，如图 9-25 所示。

图 9-25　启用存储设置

（3）选择存储账户或建一个新的存储账户。

（4）选择 Container 或创建一个新的容器，如图 9-26 所示。

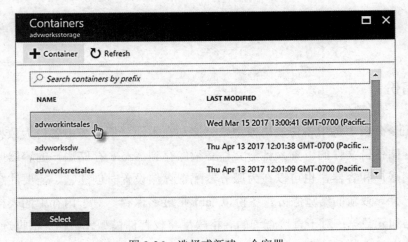

图 9-26　选择或新建一个容器

（5）单击 Save 按钮保存备份设置，如图 9-27 所示。每当更改存储设置或启用 / 禁用备份后，都必须保存更改。

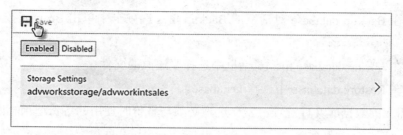

图 9-27 保存备份设置

2. 备份

使用 SQL Server 管理工作室备份数据库文件，步骤如下：

（1）在 SQL Server 管理工作室中，右击某个数据库，选择 Back Up（备份命令）。

（2）单击 Backup database> Backup File 命令，单击 Browse。

（3）在 Save file as 对话框中，验证文件夹路径，然后输入备份文件的名称。默认情况下，文件扩展名为 .abf。

（4）在 Backup database 对话框中，选择相应的选项。

其中：选中 Allow to overwrite 选项可覆盖具有相同名称的备份文件。如果未选中此选项，则要保存的文件不能与同一位置中已存在的文件具有相同的名称。选中 Apply compression 选项可压缩备份文件。压缩备份文件可节省磁盘空间，但需要较高的 CPU 利用率。选中 Encrypt backup file 选项可加密备份文件。此选项需要用户提供密码来保护备份文件。密码可防止对备份文件的读取，而不是恢复操作。如果选择加密备份，请将密码存储在安全的位置。

（5）单击 OK 按钮创建并保存备份文件。

9.5.2 还原

还原时，备份文件必须存储在已为服务器配置的存储账户中。如果需要将备份文件从本地位置移到存储账户，可使用微软 Azure 存储资源管理器或 AzCopy 命令行实用工具。

> **注意**
>
> 如果要从本地 SQL Server 分析服务服务器还原表格模型数据库，必须先从该模型的角色中删除所有域用户，然后再将这些用户作为 Azure 活动目录用户重新添加到这些角色。角色必须是相同的。

使用 SQL Server 管理工作室（SSMS）还原文件时，步骤如下：

（1）在 SQL Server 管理工作室（SSMS）中，右击某个数据库，转到 Restore 页面进行还原。

（2）在 Backup database 对话框的 Backup files 选项卡中单击 Browse 按钮对文件进行浏览。

（3）在 Locate database files 对话框中选择要还原的文件。

（4）在 Restore database 中选择 Database。

指定相应的数据库文件选项。安全选项必须与备份时使用的备份选项相匹配。

9.5.3 高可用性

Azure 数据中心可能会发生服务中断现象。虽然这种情况较为罕见，但为避免服务中断带来的风险，必须采取相应的保护措施，确保 Azure 分析服务服务器的高可用性。

服务中断发生时，会导致业务中断，这可能持续几分钟，甚至数小时。通常，通过服务器冗余实现高可用性，借助 Azure 分析服务，可以通过在一个或多个区域中创建附加的辅助服务器实现冗余。创建冗余服务器时，要确保这些服务器上的数据和元数据与区域中已脱机的服务器同步。其方法有如下两种：

- 将模型部署到其他区域中的冗余服务器。此方法要求并行处理主服务器和冗余服务器上的数据，确保所有服务器都处于同步状态。
- 从主服务器备份数据库，并在冗余服务器上还原。例如，可以在每天空闲时段（如夜间）自动将数据库备份到 Azure 存储，并还原到其他区域的冗余服务器中。

在上述任一情况下，如果主服务器发生服务中断，都必须更改报表客户端的连接字符串，以连接到不同区域数据中心的服务器。这种变化应被视为最后的手段，仅在发生灾难性区域数据中心服务中断时适用。很可能在更新所有客户端上的连接之前，托管主服务器的数据中心服务中断会恢复到联机状态。

9.6　创建示例

9.6.1　示例1：创建一个新的表格模型项目

使用 SQL Server 数据工具（SSDT）在 1400 兼容级别创建新的表格模型项目。创建新项目后，可以添加数据并创建模型。

创建一个新的表格模型项目，步骤如下：

（1）在 SQL Server 数据工具中，File 菜单上，执行 New > Project 命令。

（2）在 New Project 对话框中，执行 Installed>Business Intelligence>Analysis Services 命令，然后单击 Analysis Services Tabular Project。

（3）在 Name 输入框中输入 AW Internet Sales，然后指定项目文件的位置。

默认情况下，解决方案名称与项目名称相同；当然也可以输入不同的解决方案名称。

（4）单击 OK 按钮。

（5）在 Tabular model designer 对话框中选择 Integrated workspace。

工作区在模型创作期间托管与项目名称相同的表格模型数据库。集成工作区意味着 SQL Server 数据工具（SSDT）使用内置实例，无须安装单独的分析服务服务器实例，而仅用于模型创作。

（6）在 Compatibility level 下拉列表中选择 SQL Server 2017 / Azure Analysis Services（1400），如图 9-28 所示。

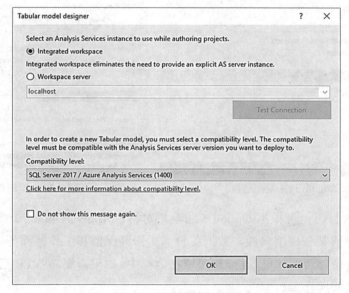

图 9-28　选择兼容性级别

如果在兼容性级别列表框中没有看到 SQL Server 2017 / Azure Analysis Services（1400）选项，则不能使用最新版本的 SQL Server 数据工具。要获取最新版本，请到下述网址下载：https://docs.microsoft.com/sql/ssdt/download-sql-server-data-tools-ssdt。

项目创建后，将在 SQL Server 数据工具（SSDT）中打开。在该窗口右侧的表格模型管理器中，可以看到模型中对象的树状视图。由于尚未导入数据，所以文件夹为空。可以右击对象文件夹来执行操作，类似于菜单栏。当完成本实例时，可以使用表格模型管理器来导航模型项目中的不同对象，如图 9-29

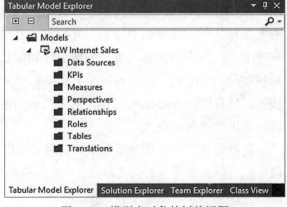

图 9-29　模型中对象的树状视图

所示。

在 Solution Explorer 窗口中，可以看到 Model.bim 文件。如果没有看到左侧的设计器窗口（带有 Model.bim 选项卡的空白窗口），则在 Solution Explorer 窗口中，双击 AW Internet Sales（AW 互联网销售项目）项下的 Model.bim 文件，其包含的模型项目的元数据就可显示出来，如图 9-30 所示。

单击 Model.bim 文件在 Properties 窗口将看到模型属性。其中最重要的是 DirectQuery Mode 属性，用于指定模型是否以内存模式或直接查询模式创建和部署模型，如图 9-31 所示。在本例中，将以内存模式创建和部署模型。

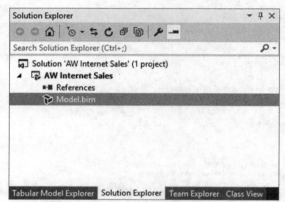

图 9-30　Solution Explorer 窗口

图 9-31　模型属性

创建模型项目时，可根据 Option（选项）对话框 Tools >Option 命令中指定的 Data modeling 自动设置某些模型属性。数据备份、工作区保留和工作区服务器属性指定工作区数据库如何备份以及在哪里备份，均保留在内存中。如果需要，可以稍后更改这些设置，但现在请保留这些属性。

在 Solution Explorer 窗口中，右击 AW Internet Sales，然后单击 Properties 选项，出现 AW 互联网销售属性页对话框，稍后可在部署模型时设置其中的某些属性。

当安装 SQL Server 数据工具时，有几个新的菜单项会被添加到 Visual Studio 环境中。单击 Model 菜单，从这里可以导入数据、刷新工作区数据、在 Excel 中浏览模型、创建透视图和角色、选择模型视图，并设置计算选项。单击 Table 菜单，从这里可以创建和管理关系、指定日期表设置、创建分区和编辑表属性。如果单击 Column 菜单，可以添加和删除表中的列、冻结列和指定排序顺序。SQL Server 数据工具还向栏中添加了一些按钮，最有用的 AutoSum 功能为选定的列创建标准聚合度量。其他工具栏按钮可以快速访问常用功能和命令。

需熟悉特定于创作表格模型的各种功能的对话框和位置。虽然一些项目尚未激活，但可以了解表格模型的创作环境。

9.6.2 示例2：获取数据

可以使用 SQL Server 数据工具（SSDT）的获取数据功能创建与 AdventureWorksDW 2014 示例数据库的连接，选择、预览和过滤数据，然后导入到模型工作区。通过使用 Get Data 功能，就可以从 Azure SQL、Oracle、Sybase、OData Feed、Teradata 等各种来源中导入数据。当然，也可以使用 Power Query 的 M 函数查询数据，M 函数是 Power Query 专用的函数语法，使用它可以自由灵活地完成数据导入、整合、加工处理等工作。

1. 创建连接

创建到 AdventureWorksDW 2014 数据库的连接，步骤如下：

（1）在 Tabular Model Explorer 窗口中，右击 Data Source 选择 Import from Data Source 命令。

这将启动 Get Data 窗口，它指导用户连接数据源，如图 9-32 所示。如果没有看到表格模型资源管理器，可在解决方案资源管理器中双击 Model.bim 文件，在设计器中打开模型。

图 9-32　选择数据源

（2）单击 Database> SQL Server database，再单击 Connect 按钮。

（3）在 SQL Server database 对话框的 Server 中，输入安装 AdventureWorksDW 2014 数据库的服务器的名称，然后单击 Connect 按钮。

（4）当提示输入凭据时，需要指定分析服务在导入和处理数据时用于连接到数据源的凭据。在 Impersonation Mode 下拉列表中选择 Impersonation Account，然后输入凭据，单击 Connect 按钮进行连接。建议读者使用不会过期的账户，如图 9-33 所示。

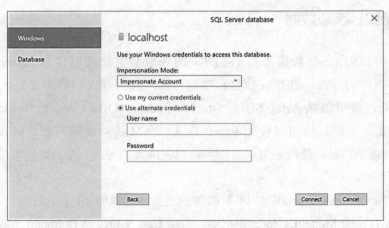

图 9-33　使用 Windows 用户账户和密码

> **注意**
>
> Windows 用户账户和密码提供了连接到数据源的最安全的方法。

（5）在 Navigator 对话框中选择 AdventureWorksDW 2014 数据库，然后单击 OK 按钮，创建与数据库的连接。

（6）然后选中以下的复选框：DimCustomer、DimDate、DimGeography、DimProduct、DimProductCategory、DimProductSubcategory 和 FactInternetSales，如图 9-34 所示。

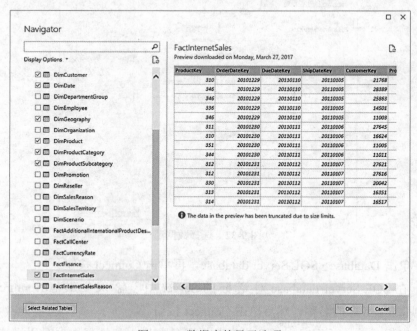

图 9-34　数据库的显示选项

单击 OK 按钮后，打开查询编辑器。

2. 过滤表数据

AdventureWorksDW 2014 示例数据库中的表，含有不需要包含在模型中的数据。如果可能，应尽可能过滤掉不必要的数据，以保存模型使用的内存空间。方法是从表中筛选出一些列，使它们不被导入到工作区数据库中，也可以在模型数据库部署之后再将其导入。

导入之前过滤表数据的步骤如下：

（1）在 Query Editor 中，选择 DimCustomer 表，出现数据源（读者的 AdventureWorksDW 2014 示例数据库）DimCustomer 表。

（2）选择（按 Ctrl + 单击可多选）"西班牙语教学" "法语教学" "西班牙语考试" "法语考试" 列，右击，然后执行 Remove Columns 命令，如图 9-35 所示。

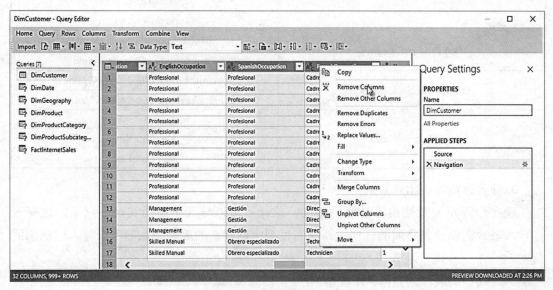

图 9-35　DimCustomer 表

由于这些列的值与 Internet 销售分析无关，因此无须导入这些列。消除不必要的列可使模型更小、更有效率。

（3）通过删除每个表中的以下列来过滤剩余的表，具体内容如表 9-7 所示。

表 9-7　删除的列

表名	删除的列
DimDate	DateKey
	SpanishDayNameOfWeek
	FrenchDayNameOfWeek
	SpanishMonthName
	FrenchMonthName
DimGeography	SpanishCountryRegionName
	FrenchCountryRegionName
	IpAddressLocator

表名	删除的列
DimProduct	SpanishProductName
	FrenchProductName
	FrenchDescription
	ChineseDescription
	ArabicDescription
	HebrewDescription
	ThaiDescription
	GermanDescription
	JapaneseDescription
	TurkishDescription
DimProductCategory	SpanishProductCategoryName
	FrenchProductCategoryName
DimProductSubcategory	SpanishProductSubcategoryName
	FrenchProductSubcategoryName
FactInternetSales	OrderDateKey
	DueDateKey
	ShipDateKey

3. 导入选定的表和列数据

现在已预览并过滤出不必要的数据，这样就可以导入所需的其余数据了。该向导将导入表数据以及表之间的任何关系，在模型中创建新的表和列，但不会导入过滤出的数据。

导入选定的表和列数据，步骤如下：

（1）查看用户的选择。如果一切正常，单击 Import 按钮。Data Processing 对话框显示从数据源导入到工作区数据库的数据状态，如图 9-36 所示。

（2）单击 Close 按钮。

4. 保存模型项目

经常保存模型项目很重要。

保存模型项目的操作非常简单，只需执行 File> Save All 命令即可。

在本节，读者导入了名为 DimDate 的维度表。在读者的模型中，这个表被命名为 DimDate。当然，它也可以被称为 Date 表，因为它包含日期和时间数据。

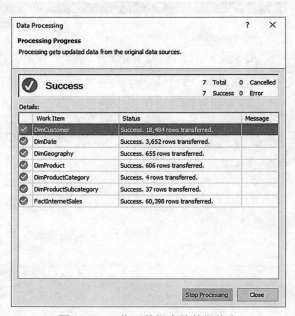

图 9-36　工作区数据库的数据状态

9.6.3 示例3：标记为日期表

在标记日期表和日期列之前，先做一些必要的准备工作，使自己的模型更容易理解。DimDate 表中有一个名为 FullDateAlternateKey 的列，包含在每个日历年的每一天的一行。此列可用于很多测量公式和报告，但是 FullDateAlternateKey 并不是这个列的一个好的标识符。若将其重命名为 Date，那么将使其更容易识别和包含在公式中。只要有可能，请重新命名表和列等对象名称，这样更容易在 SQL Server 数据工具和客户端报表应用程序（如 Power BI 和 Excel）中进行识别。

重命名 FullDateAlternateKey 列的步骤如下：

（1）在 Model Designer 中单击 DimDate 表。

（2）双击 FullDateAlternateKey 列的标题，然后将其重命名为 Date。

将标记设置为日期表，步骤如下：

（1）选择 Date 列，然后在 Properties 窗口的数据类型下，确保选择日期。

（2）执行 Date Table 命令，然后单击标记为 Date Table。

（3）在 Mark as Date Table 对话框的 Date 下拉列表框中，选择 Date 列作为唯一标识符。通常默认选择该列。单击 OK 按钮，如图 9-37 所示。

图 9-37　标记为日期表对话框

9.6.4 示例4：建立关系

关系是两个表之间的连接，用于确定这些表中的数据应如何相关。例如，DimProduct 表和 DimProductSubcategory 表具有基于每个产品属于子类别的事实的关系。

1. 查看现有关系并添加新关系

当通过使用获取数据功能导入数据时，将从 AdventureWorksDW 2014 数据库获得 7 个表。通常，从关系源导入数据时，现有关系将自动与数据一起导入。但是，在继续创建模型之前，通常应该验证表之间的关系是否正确被创建。在本示例中，将添加 3 个新的关系。

查看现有的关系，步骤如下：

（1）执行 Model >Model view>Diagram view 命令。模型设计现在出现在关系图视图中，在视图中显示出前面导入的所有表之间的关系，用连线表示导入数据时自动创建的关系，如图 9-38 所示。

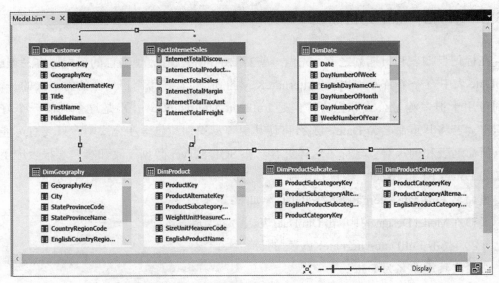

图 9-38　关系图视图中显示的表之间的关系

通过使用模型设计器右下角的迷你图控件，可尽可能多地包含表格。读者也可以单击并拖动表到不同的位置，使表靠近在一起，或将它们放在特定的顺序。移动表不影响表之间的关系。要查看特定表中的所有列，请单击并拖动表边缘，以扩大或缩小该表。

（2）单击 DimCustomer 表和 DimGeography 表之间的实线。这两个表之间的实线表示此关系是活动的，也就是说，在计算 DAX 公式时会默认使用此关系。

注意

> DimCustomer 表的 GeographyKey 列和 DimGeography 表的 GeographyKey 列在一个框中显示。这些列用于表明相互之间的关系。关系的属性现在也显示在 Property 窗口中。

（3）验证当从 AdventureWorksDW 数据库导入每个表时，创建了如表 9-8 所示的关系。

表 9-8　表之间的关系

活性	表	相关查找表
是	DimCustomer [GeographyKey]	DimGeography [GeographyKey]
是	DimProduct [ProductSubcategoryKey]	DimProductSubcategory [ProductSubcategoryKey]
是	DimProductSubcategory [ProductCategoryKey]	DimProductCategory [ProductCategoryKey]
是	FactInternetSales [CustomerKey]	DimCustomer [CustomerKey]
是	FactInternetSales [ProductKey]	DimProduct [ProductKey]

如果任何关系丢失，请验证模型是否包含以下表：DimCustomer、DimDate、DimGeography、DimProduct、DimProductCategory、DimProductSubcategory 和 FactInternetSales。

如果来自相同数据源的表在不同时间导入，则不会创建这些表之间的任何关系，此时必须手动重新创建这些关系。

2. 关注更多细节

在图 9-39 所示视图中，可以看到箭头、星号以及表之间关系连线上的数字。

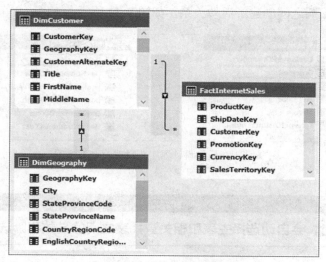

图 9-39 表关系示例

其中，箭头显示筛选器方向；星号显示此表是关系基数的多端；1 显示此表是关系中的"一"端。如果需要编辑一个关系（例如更改关系的筛选器方向或基数），请双击关系线条，以打开 Edit Relationship 对话框，如图 9-40 所示。

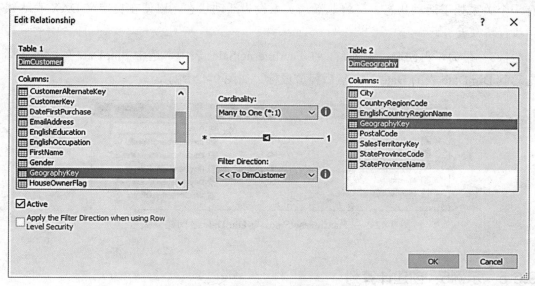

图 9-40 Edit Relationship 对话框

在某些情况下，可能需要在模型的表之间创建其他关系，以支持某些业务逻辑。对于本例，需要在 FactInternetSales 表和 DimDate 表之间创建 3 个附加关系。

在表之间添加新的关系，步骤如下：

（1）在 Model Designer 的 FactInternetSales 表中，单选 OrderDate 列，然后将光标拖动到 DimDate 表的 Date 列，然后释放。

此时两表间将显示一条实线，表示已经在 FactInternetSales 表的 OrderDate 列和 DimDate 表的 Date 列之间创建了活动关系，如图 9-41 所示。

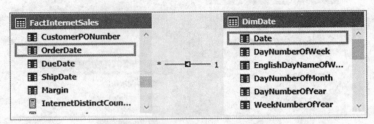

图 9-41　在模型设计器中拖动光标建立关系

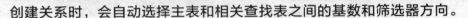

注意

创建关系时，会自动选择主表和相关查找表之间的基数和筛选器方向。

（2）在 FactInternetSales 表中，选中 DueDate 列，然后拖动光标到日期列 DimDate 表，然后释放鼠标。

此时两表间将显示一条虚线，表示已经在 FactInternetSales 表的 DueDate 列和 DimDate 表的 Date 列之间创建了非活动关系。可以在表之间创建多个关系，但每次只能有一个关系处于活动状态。可将非活动关系设为活动状态，以便在自定义 DAX 表达式中执行特殊聚合。

（3）最后，再创造一个关系。在 FactInternetSales 表中，选中 ShipDate 列，将光标拖动到 DimDate 表的 Date 列，然后释放鼠标，如图 9-42 所示。

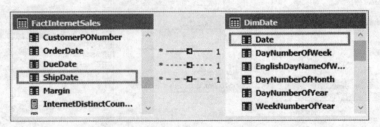

图 9-42　在 FactInternetSales 与 DimDate 之间建立关系

9.6.5　示例5：创建计算列

在本节中，我们将通过创建计算列在模型中创建数据。读者可以使用查询编辑器或模型设计器的更高版本（如本例）来实施创建计算列（作为自定义列）。例如，可以在

3 个不同的表中创建 5 个新的计算列。虽然每个任务的步骤略有不同，但这里主要展示有几种方法可以创建列，重命名它们，并将它们放在表的不同位置。

此示例首次使用了数据分析表达式（DAX）。DAX 是为表格模型创建高度可定制的公式表达式的特殊语言。在本示例中，读者可以使用 DAX 创建计算列、度量和角色过滤器。

1. 在 DimDate 表中创建 MonthCalendar 计算列

在 DimDate 表中创建 MonthCalendar 计算列，步骤如下：

（1）执行 Model> Model View >Data View 命令。计算列只能通过在数据视图中使用模型设计器来创建。

（2）在 Model Designer 中单击 DimDate 表选项卡。

（3）右击 CalendarQuarter 列标题，然后执行 Add Columns 命令。一个名为 Calculated Column 1 的列将插入到 Calendar Quarter 列的左侧。

（4）在表格上方的公式栏中输入以下 DAX 公式，AutoComplete 可以帮助读者输入列和表的全限定名称，并列出可用的功能：

```
=RIGHT(" " & FORMAT([MonthNumberOfYear],"#0"), 2) & " - " & [EnglishMonthName]
```

然后为计算列中的所有行填充值。如果向下滚动表格，可以根据每行的数据看到该列的行具有不同的值。

（5）将此列重命名为 MonthCalendar，如图 9-43 所示。

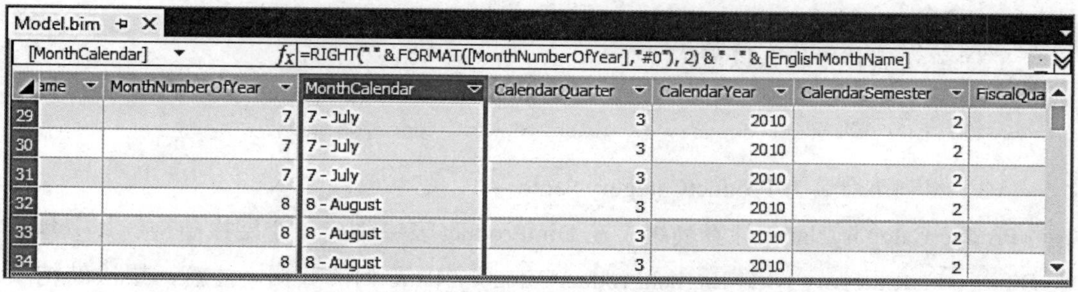

图 9-43　将列重命名为 MonthCalendar

MonthCalendar 计算列为 Month 提供了可排序的名称。

2. 在 DimDate 表中创建 DayOf Week 计算列

在 DimDate 表中创建 DayOf Week 计算列，步骤如下：

（1）在 DimDate 表仍处于活动状态时，单击 Column 菜单，然后执行 Add Columns 命令。

（2）在公式栏中输入以下公式：

```
=RIGHT("  " & FORMAT([DayNumberOfWeek],"#0"), 2) & " - " &
[EnglishDayNameOfWeek]
```

完成公式后，按 Enter 键将新列添加到表的最右侧。

（3）将列重命名为 DayOf Week。

（4）单击列标题，然后将该列拖放到 EnglishDayNameOfWeek 列和 DayNumberOfMonth 列之间。

DayOf Week 计算列提供了星期几可排序的名称。

3. 在 DimProduct 表中创建一个 ProductSubcategoryName 计算列

在 DimProduct 表中创建一个 ProductSubcategoryName 计算列，步骤如下：

（1）在 DimProduct 表中，滚动到表格的最右侧，最右边的列名为 Add Column，单击该列标题。

（2）在公式栏中输入以下公式：

```
=RELATED('DimProductSubcategory'[EnglishProductSubcategoryName])
```

（3）将列重命名为 ProductSubcategoryName。

ProductSubcategoryName 计算列用于在 DimProduct 表中创建一个层次结构，其中包括表 DimProductSubcategory 中的 EnglishProductCategoryName 列的数据。注意，层次结构不能跨越多个表。

4. 在 DimProduct 表中创建 ProductCategoryName 计算列

在 DimProduct 表中创建 ProductCategoryName 计算列，步骤如下：

（1）在 DimProduct 表仍然处于活动状态时，单击 Column 菜单，然后执行 Add Columns 命令。

（2）在公式栏中输入以下公式：

```
=RELATED('DimProductCategory'[EnglishProductCategoryName])
```

（3）将列重命名为 ProductCategoryName。

ProductCategoryName 计算列用于在 DimProduct 表中创建一个层次结构，其中包含表 DimProductCategory 中的 EnglishProductCategoryName 列的数据。注意，层次结构不能跨越多个表。

5. 在 FactInternetSales 表中创建 Margin（保证金）计算列

在 FactInternetSales 表中创建 Margin 计算列，步骤如下：

（1）在模型设计器中选择 FactInternetSales 表。

（2）在 SalesAmount 列和 TaxAmt 列之间创建一个新的计算列。

（3）在公式栏中输入以下公式：

```
=[SalesAmount]-[TotalProductCost]
```

（4）将列重命名为 Margin，如图 9-44 所示。

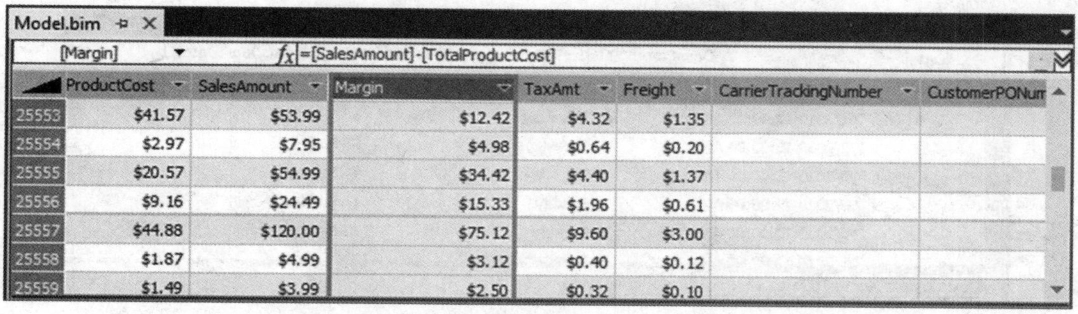

图 9-44　将列重命名

Margin 计算列用于分析每项销售的利润。

9.6.6　示例6：创建度量

在本节中，我们将创建包含在模型中的度量。与创建计算列类似，度量是使用 DAX 公式创建的计算。但是，与计算列不同的是，基于用户选择的过滤器来评估度量，例如添加到数据透视表中行标签字段的特定列或切片器。然后通过应用的度量计算过滤器中每个单元格的值。度量是强大而灵活的计算，能够包含在几乎所有的表格模型中，以对数字数据执行动态计算。

要创建度量，可以使用测量网格（Measure Grid）。默认情况下，每个表都有一个空的测量网格，但是，通常不会为每个表创建度量。在数据视图中，测量网格出现在模型设计器中表格的下方。要隐藏或显示表的测量网格，可执行 Table>Show Measure Grid 命令。

可以通过单击测量网格中的空单元格，并在公式栏中输入 DAX 公式来创建度量。当按 Enter 键完成公式后，度量将出现在单元格中。还可以使用标准聚合功能单击列创建度量，然后单击工具栏上的自动汇总按钮 Σ。使用 AutoSum 功能创建的度量可以直接显示在列下方的测量网格单元格中，并且可以移动。

在本示例中，可以通过在公式栏中输入 DAX 公式并使用 AutoSum 功能来创建度量。

1. 在 DimDate 表中创建 DaysCurrentQuarterToDate 度量

在 DimDate 表中创建 DaysCurrentQuarterToDate 度量，步骤如下：

（1）在 Model Designer 中单击 DimDate 表。

（2）在 Measure Grid 中单击左上角的空白单元格。

（3）在公式栏中输入以下公式：

```
DaysCurrentQuarterToDate:=COUNTROWS( DATESQTD( 'DimDate'[Date]))
```

请注意，左下角的单元格现在包含度量名称 DaysCurrentQuarterToDate，后跟结果 92，如图 9-45 所示。

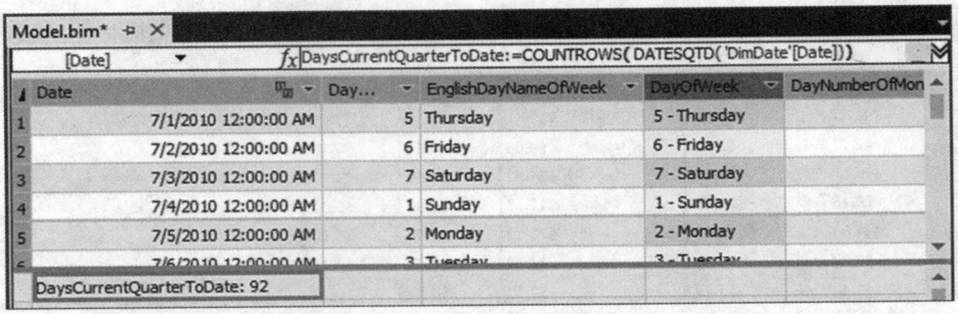

图 9-45　创建一个 DaysCurrentQuarterToDate 度量

与计算列不同，使用度量公式可以输入度量名称，后跟冒号，接公式表达式。

2. 在 DimDate 表中创建 DaysInCurrentQuarter 度量

在 DimDate 表中创建 DaysInCurrentQuarter 度量，步骤如下：

（1）模型设计时，在 DimDate 表依然活跃状态下，单击测量网格所创建的度量下方的空白单元格。

（2）在公式栏中输入以下公式：

```
DaysInCurrentQuarter:=COUNTROWS( DATESBETWEEN( 'DimDate'[Date],
STARTOFQUARTER( LASTDATE('DimDate'[Date])),
ENDOFQUARTER('DimDate'[Date])))
```

创建一个不完整期与上一期间的比较对比。公式必须计算已经过去的时期的比例，并将其与前一期间的比例进行比较。在这种情况下，[DaysCurrentQuarter ToDate] / [DaysInCurrentQuarter] 给出了当前时期的经过比例。

3. 在 FactInternetSales 表中创建 InternetDistinctCountSalesOrder 度量

在 FactInternetSales 表中创建 InternetDistinctCountSalesOrder 度量的步骤如下：

（1）单击 FactInternetSales 表。

（2）单击 SalesOrderNumber 列标题。

（3）在工具栏上，单击 AutoSum（Σ）按钮旁边的向下箭头，然后选择 DistinctCount，如图 9-46 所示。

AutoSum 功能使用 DistinctCount 标准聚合公式自动创建所选列的度量。

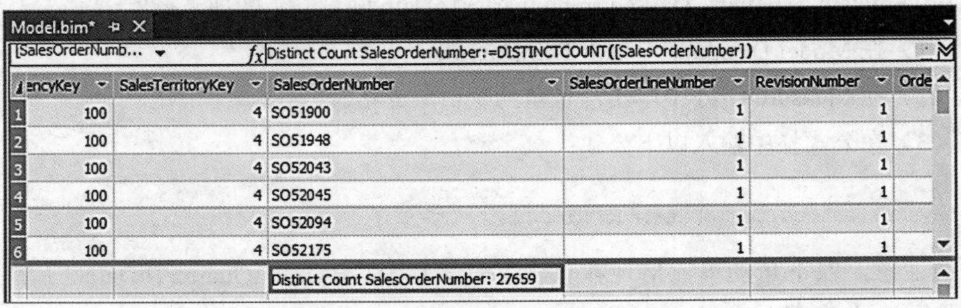

图 9-46　创建 InternetDistinctCountSalesOrder 度量

（4）在测量网格中，单击新度量，然后在属性窗口的度量名称中，将度量重命名为 InternetDistinctCountSalesOrder。

4. 在 FactInternetSales 表中创建其他度量

在 FactInternetSales 表中创建其他度量，步骤如下：

（1）通过使用 AutoSum 功能，创建并命名以下度量，如表 9-9 所示。

表 9-9 在 FactInternetSales 表中创建的其他度量

列	测量名称	AutoSum（Σ）	公式
SalesOrderLineNumber	InternetOrderLinesCount	Count	= COUNTA（[SalesOrderLineNumber]）
OrderQuantity	InternetTotalUnits	Sum	= SUM（[OrderQuantity]）
DiscountAmount	InternetTotalDiscountAmount	Sum	= SUM（[DiscountAmount]）
TotalProductCost	InternetTotalProductCost	Sum	= SUM（[TotalProductCost]）
SalesAmount	InternetTotalSales	Sum	= SUM（[SalesAmount]）
Margin	InternetTotalMargin	Sum	= SUM（Margin]）
TaxAmt	InternetTotalTaxAmt	Sum	= SUM（[TaxAmt]）
Fright	InternetTotalFreight	Sum	= SUM（[Freight]）

（2）通过单击测量网格中的空白单元格，使用公式栏创建并按顺序命名以下度量：

```
InternetPreviousQuarterMargin:=CALCULATE([InternetTotalMargin],PREVIOUSQUARTER
('DimDate'[Date]))

InternetCurrentQuarterMargin:=TOTALQTD([InternetTotalMargin],'DimDate'[Date])

InternetPreviousQuarterMarginProportionToQTD:=[InternetPreviousQuarterMargin]*
([DaysCurrentQuarterToDate]/[DaysInCurrentQuarter])

InternetPreviousQuarterSales:=CALCULATE([InternetTotalSales],PREVIOUSQUARTER('
DimDate'[Date]))

InternetCurrentQuarterSales:=TOTALQTD([InternetTotalSales],'DimDate'[Date])

InternetPreviousQuarterSalesProportionToQTD:=[InternetPreviousQuarterSales]*([
DaysCurrentQuarterToDate]/[DaysInCurrentQuarter])
```

为 FactInternetSales 表创建的度量，可用于分析用户选择的过滤器定义的项目的关键财务数据，如销售、成本和利润率。

9.6.7 示例7：创建关键绩效指标

创建关键绩效指标（Key Performance Indicator，KPI）是指通过对组织内部流程的输入端、输出端的关键参数进行设置、取样、计算、分析。衡量流程绩效的目标式量化管理指标是把企业的战略目标分解为可操作的工作目标的工具，同时也是企业绩效管理的基础。

1. 创建 InternetCurrentQuarterSalesPerformance KPI

创建 InternetCurrentQuarterSalesPerformance KPI，步骤如下：

（1）在 Model Designer 中单击 FactInternetSales 表。

（2）在 Measure grid 中，单击一个空白单元格。

（3）在表格上方的公式栏中输入以下公式：

```
InternetCurrentQuarterSalesPerformance := DIVIDE([InternetCurrentQuarterSales]/
[InternetPreviousQuarterSalesProportionToQTD],BLANK())
```

此措施作为 KPI 的基本测量。

（4）右击 InternetCurrentQuarterSalesPerformance，在弹出的快捷菜单中选择 Create KPI 命令。

（5）在弹出的 Key Performance Indicator（KPI）对话框中，在 Target 下拉列表框中选择 Absolute value，然后输入"1.1"。

（6）在左（低）滑块中输入"1"，在右（高）滑块中输入"1.07"。

（7）在 Select icon style 列表中，选择钻石（红色）、三角形（黄色）和圆形（绿色）图标，如图 9-47 所示。

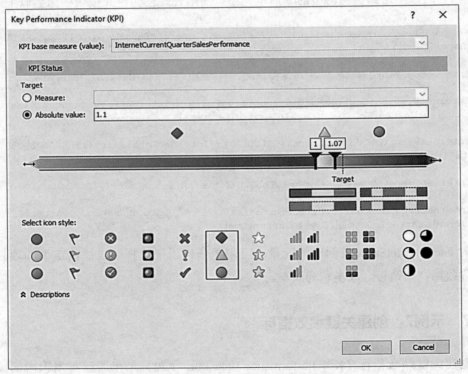

图 9-47　创建 InternetCurrentQuarterSalesPerformance KPI

（8）单击 OK 按钮完成 KPI。

在测量网格中，注意 InternetCurrentQuarterSalesPerformance 度量旁边的图标，该图

标表示此度量值作为 KPI 的基准值。

2. 创建 InternetCurrentQuarterMarginPerformance KPI

创建 InternetCurrentQuarterMarginPerformance KPI，步骤如下：

（1）在 FactInternetSales 表的度量网格中单击一个空白单元格。

（2）在表格上方的公式栏中输入以下公式：

```
InternetCurrentQuarterMarginPerformance :=IF([InternetPreviousQuarterMarginPro
portionToQTD]<>0,(([InternetCurrent
    QuarterMargin]-[InternetPreviousQuarterMarginProportionToQTD])/[InternetPrevio
usQuarterMarginProportionToQTD],BLANK())
```

（3）右击 InternetCurrentQuarterMarginPerformance，在弹出的快捷菜单中选择 Create KPI 命令。

（4）在弹出的 Key Performance Indicator（KPI）对话框中，在 Target 下拉列表框中选择 Absolute value，然后输入"1.25"。

（5）滑动左（低）滑块，直到显示"0.8"，然后滑动右（高）滑块，直到显示"1.03"。

（6）在 Select icon style 列表中，选择菱形（红色）、三角形（黄色）和圆形（绿色）图标，然后单击 OK 按钮。

9.6.8 示例8：创建透视图

本节示例将创建一个互联网销售透视图。此透视图定义了一个模型的可视子集，该模型提供了重点突出的，特定于业务或应用的观点。当用户通过透视图连接到模型时，他们仅将那些模型对象（表、列、度量、层次结构和 KPI）视为在该透视图中定义的字段。

本节创建的互联网销售透视图不包括 DimCustomer 表对象。当读者创建从视图中排除某些对象的透视图时，该对象仍然存在于模型中，但是，它在报告客户端字段列表中不可见。包含在透视图中的计算列和度量仍然可以从被排除的对象数据计算。

本节的目的是描述如何创建透视图并熟悉表格模型创作工具。如果稍后将此模型扩展为包含其他表，则可以创建其他透视图以定义模型的不同视点，例如库存和销售。

创建互联网销售透视图的步骤如下：

（1）执行 Model >Perspectives> Create and Manage 命令。

（2）在 Perspectives 对话框中单击 New Perspectives 按钮。

（3）双击 New Perspectives 列标题，然后重命名为 Internet Sales（互联网销售）。

（4）选择除 DimCustomer 之外的所有表，如图 9-48 所示。

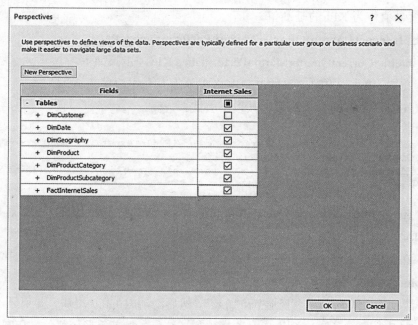

图 9-48　创建 Internet Sales 透视图

之后，可以使用 Excel 的分析功能来测试此透视图。Excel 数据透视表包括除 DimCustomer 表之外的所有表。

9.6.9　示例9：创建层次结构

在本节我们将学习创建层次结构。层次结构是排列在层次中的列组。例如，地理层次结构，可能具有国家、省、市、县的子级别。层次结构可以与报告客户端应用程序字段列表中的其他列分开显示，使客户端用户更轻松地导航并包含在报告中。

要创建层次结构，可使用图表视图的模型设计器。数据视图不支持创建和管理层次结构。

1. 在 DimProduct 表中创建类别层次结构

在 DimProduct 表中创建类别层次结构，步骤如下：

（1）在"模型设计器（关系图视图）"中，执行 DimProduct > Create Hierachy（创建层次结构）命令。新的层次结构显示在表格窗口的底部，重命名为 Category（类别）。

（2）单击并将 ProductCategoryName 列拖动到新的类别层次结构。

（3）在 Category 层次结构中，右击 ProductCategoryName，选择 Rename 命令，然后输入 Category。注意，重命名层次结构中的列，不会重命名原表中的列。层次结构中的列只是表中列的表示。

（4）单击并将 ProductSubcategoryName 列拖到 Category 层次结构中，重命名为 Subcategory。

（5）右击 ModelName 列 Add to hierachy，然后选择 Category，重命名为 Model。

（6）最后，添加 EnglishProductName 列到类别层次结构，重命名为 Product，如图 9-49 所示。

图 9-49 在 DimProduct 表中
创建类别层次结构

2. 在 DimDate 表中创建层次结构

在 DimDate 表中创建层次结构，步骤如下：

（1）在 DimDate 表中创建一个名为 Calendar 的层次结构。

（2）按顺序添加以下列：

- CalendarYear
- CalendarSemester
- CalendarQuarter
- MonthCalendar
- DayNumberOfMonth

（3）在 DimDate 表中创建 Fiscal 的层次结构，按顺序添加以下列：

- FiscalYear
- FiscalSemester
- FiscalQuarter
- MonthCalendar
- DayNumberOfMonth

（4）最后，在 DimDate 表中创建一个 ProductionCalendar 层次结构，按顺序包括以下列：

- CalendarYear
- WeekNumberOfYear
- DayNumberOfWeek

9.6.10 示例10：创建分区

在本节我们将学习创建分区，通过把 FactInternetSales 表分成较小的逻辑部分，以独立于其他分区进行处理（刷新）。默认情况下，在模型中包含的每个表都有一个分区，其中包括所有表的列和行。对于 FactInternetSales 表，我们要按年份划分数据；每个表的 1/5 划为一个分区。

1. 创建分区

1）在 FactInternetSales 表中创建分区

在 FactInternetSales 表中创建分区，步骤如下：

（1）在 Tabular Model Explorer 窗口中，展开 Tables 项，然后右击 FactInternetSales，

在弹出的快捷菜单中选择 Partitions 命令。

（2）在 Partition Manager 中，单击 Copy 按钮，然后将分区名称更改为 FactInternetSales2010。

如果用户希望分区在一定时间内仅包含那些行，就必须修改查询表达式。

（3）单击 Design 打开 Query Editor 窗口，然后单击 FactInternetSales2010 进行查询。

（4）在 Preview 窗口中，单击 OrderDate 列标题的向下箭头，单击 Date/Time Filters> Between，如图 9-50 所示。

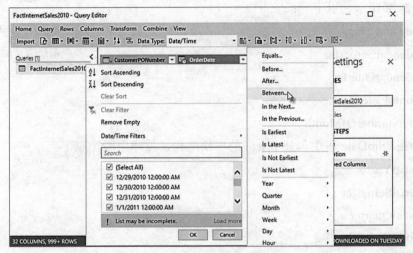

图 9-50　在 FactInternetSales 表中创建分区

（5）在 Filter Rows 对话框中显示行，其中：订购日期选择 is after or equal to，然后在日期字段中输入"1/1/2010"；选择 And 单选按钮，选择 is before 选项，在日期字段中输入"1/1/2011"；单击 OK 按钮，如图 9-51 所示。

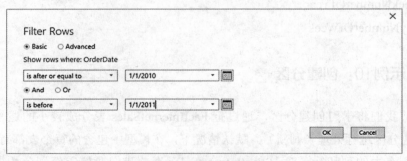

图 9-51　筛选行对话框

在 Query Editor 窗口的 APPLIED STEPS 中，可看到名为 Filtered Rows 的选项。此过滤器仅用于选择 2010 年的订单日期。

（6）单击 Import 按钮。

在分区管理器中，查询表达式现在有一个附加的过滤行子句：

```
let
    Source = #"SQL/localhost;AdventureWorksDW2014",
    dbo_FactInternetSales = Source{[Schema = "dbo",Item = "FactInternetSales"]}[Data],
    #"Removed Columns" = Table. RemoveColumns (dbo_FactInternetSales,
    {"OrderDateKey", "DueDateKey","ShipDateKey"}),
    #"Filtered Rows" = Table.SelectRows(#"Removed Columns",each[OrderDate] >=
    #datetime(2010,1,1,0,0,0) and [OrderDate] <= #datetime(2011,1,1,0,0,0))
in
    #"Filtered Rows"
```

此语句指定此分区仅包含在过滤行子句中指定的 2010 年中 OrderDate 行的数据。

2）创建 2011 年的分区

创建 2011 年的分区，步骤如下：

（1）在分区列表中单击刚创建的 FactInternetSales2010 分区，然后单击 Copy 按钮，将分区名称更改为 FactInternetSales2011。

不需要使用查询编辑器来创建一个新的过滤行子句。因为创建了 2010 年的查询副本，所以只需要在 2011 年的查询中稍加修改即可。

（2）在查询表达式中，为了使该分区只包括 2011 年度的行，可将其改为：

```
let
    Source = #"SQL/localhost;AdventureWorksDW2014",
    dbo_FactInternetSales = Source{[Schema="dbo",Item="FactInternetSales"]}[Data],
    #"Removed Columns" = Table.RemoveColumns(dbo_FactInternetSales,{"OrderDate
Key", "DueDateKey", "ShipDateKey"}),
    #"Filtered Rows" = Table.SelectRows(#"Removed Columns", each [OrderDate] >=
#datetime(2011, 1, 1, 0, 0, 0) and [OrderDate] < #datetime(2012, 1, 1, 0, 0, 0))
in
    #"Filtered Rows"
```

3）为 2012、2013 和 2014 年度的行创建分区

按照上述步骤，为 2012、2013 和 2014 年度的行创建分区，将过滤行子句中的年份更改为仅包含该年份的行。

2. 删除分区

由于现在每年都有分区，可以删除 FactInternetSales 分区了。在处理分区时选择 Process all 选项可以防止重叠。

删除 FactInternetSales 分区的步骤如下：

单击 FactInternetSales 分区，然后单击 Delete 按钮。

3. 处理分区

在分区管理器中，注意到所创建的每个新分区的最后处理列显示这些分区从未被处理过。因此创建分区时，应运行进程分区或进程表操作来刷新这些分区中的数据。

处理 FactInternetSales 分区的步骤如下：

（1）单击 OK 按钮，关闭 Partition Manager 对话框。

（2）单击 FactInternetSales 表，然后选择"模型" > "流程" > "流程分区"菜

单命令。

（3）在 Process Partitions 对话框中将 Mode 选项设置为 Process Default（流程默认值）。

（4）选择读者创建的 5 个分区中每一个 Process 列的复选框，然后单击 OK 按钮，如图 9-52 所示。

如果系统提示输入模拟凭据，请输入 Windows 用户名和密码。

此时将出现 Data Processing 对话框，并显示每个分区的进程详细信息。请注意，每个分区的行数不同。每个分区仅包含 SQL 语句中 WHERE 子句中指定的行。处理完成后，关闭 Data Processing 对话框，如图 9-53 所示。

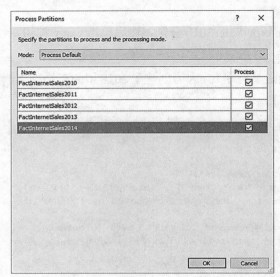
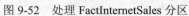
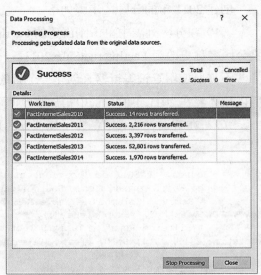

图 9-52　处理 FactInternetSales 分区　　　　图 9-53　Data Processing 对话框

9.6.11　示例11：创建角色

在本节中我们将学习创建角色。角色是指通过限制对仅作为角色成员的用户的访问来提供模型数据库对象和数据安全性。每个角色都使用单一权限定义，如无、读取、读取和处理、处理或管理员。角色可以通过使用角色管理器在模型创作过程中定义。部署模型后，可以使用 SQL Server 管理工作室（SSMS）管理角色。

默认情况下，当前登录的账户具有模型的管理员权限。但是，对于组织中其他用户使用报告客户端进行浏览，必须至少创建一个具有读取权限的角色，并将这些用户添加为成员。

本例将创建以下 3 个角色。

■ Sales Manager：组织中要有对所有模型对象和数据具有读取权限的用户。

■ Sales Analyst US：本例设置为只浏览与美国销售相关的数据。对于此角色，使用 DAX 公式定义行过滤器，并限制成员仅浏览美国的数据。

■ Administrator：具有管理员权限的用户，允许无限制的访问和在模型数据库上执行管理任务的权限。

由于组织中的 Windows 用户和组账户是唯一的，因此可以从特定组织向成员添加账户。但是，对于本示例，还可以将成员留空。可以在 9.6.12 节的 Excel 中测试每个角色的效果。

1. 创建销售经理用户角色

创建销售经理用户角色，步骤如下：

（1）在 Tabular Model Explorer 中右击 Role >Role Manager 命令。

（2）在 Role Manager 中单击 New 按钮。

（3）单击 New Role 按钮，然后在 Name 列中，将该角色重命名为 Sales Manager。

（4）在 Permissions 列中，单击下拉列表，然后选择 Read 权限，如图 9-54 所示。

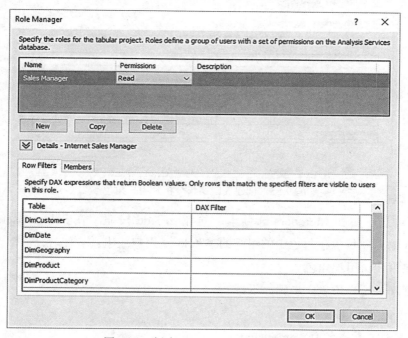

图 9-54 创建 Sales Manager 用户角色

（5）可选：单击 Members 选项卡，然后单击 Add 按钮。在 Select Users or Group 对话框中输入要包含在角色中的组织的 Windows 用户或组。

2. 创建美国销售分析师用户角色

创建美国销售分析师用户角色，步骤如下：

（1）在 Role Manager 对话框中单击 New 按钮。

（2）将角色重新命名为 Sales Analyst US。

（3）给这个角色设置 Read 权限。

（4）单击 Row Filters 选项卡，仅用于 DimGeography 表，在 DAX Filters 列中输入

以下公式：

```
= DimGeography[CountryRegionCode] = "US"
```

行过滤器公式必须解析为布尔值（TRUE / FALSE）。使用此公式，将指定只有国家 / 地区代码值为 US 的行才能对用户可见，如图 9-55 所示。

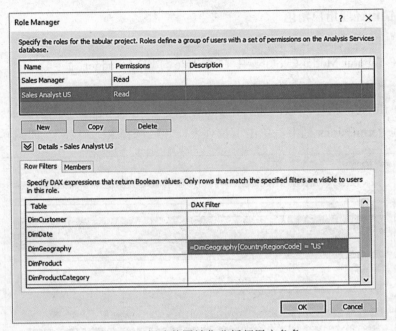

图 9-55　创建美国销售分析师用户角色

（5）可选：单击 Members 选项卡，再单击 Add 按钮，在 Select Users or Group 对话框中，输入要包含在角色中的组织的 Windows 用户或组。

3. 创建管理员用户角色

创建管理员用户角色，步骤如下：

（1）单击 New 按钮。

（2）将角色重命名为 Administrator。

（3）授予此角色 Asministrator permission。

（4）可选：单击 Members 选项卡，然后单击 Add 按钮。在 Select Users or Group 对话框中输入要包含在角色中的组织的 Windows 用户或组。

9.6.12　示例12：在Excel中分析

本节示例为使用 Excel 中的"分析"功能打开 Microsoft Excel，自动创建与模型工作区数据源的连接，并自动将数据透视表添加到工作表。Excel 中的分析功能旨在提供一种快速简单的方法在部署模型之前测试模型设计的效果，而不会进行任何数据分析。

本节的目的是让读者熟悉可以用来测试模型设计的工具。

要完成本节示例内容，Excel 必须安装在与 SQL Server 数据工具（SSDT）相同的计算机上。

1. 使用默认透视图和互联网销售透视图进行浏览

可以使用默认透视图（包括所有模型对象）以及互联网销售透视图来浏览模型。互联网销售透视图排除了互联网表对象。

1）使用默认透视图进行浏览

使用默认透视图进行浏览，步骤如下：

（1）执行 Model> Analysis in Excel 命令。

（2）在 Analysis in Excel 对话框中，单击 OK 按钮。

此时 Excel 打开一个新的工作簿。使用当前用户账户创建数据源连接，并使用"默认"透视图定义可视字段，数据透视表会自动添加到工作表中。

（3）在 Excel 的数据透视表字段列表中，DimDate 和 FactInternetSales 度量组出现。而 DimCustomer、DimDate、DimGeography、DimProduct、DimProductCategory、DimProductSubcategory 和 FactInternetSales 度量表与各自列的表也会出现。

（4）关闭 Excel 且不保存工作簿。

2）使用互联网销售透视图进行浏览

使用互联网销售透视图进行浏览，步骤如下：

（1）单击 Model>Analysis in Excel 命令。

（2）在 Analyze in Excel 对话框中选择 Current Windows User 单选按钮，然后在 Perspective 下拉列表框中选择 Internet Sales（互联网销售），然后单击 OK 按钮，如图 9-56 所示。

（3）在 Pivot Table Fields 窗格中，DimCustomer 表从字段列表中排除，如图 9-57 所示。

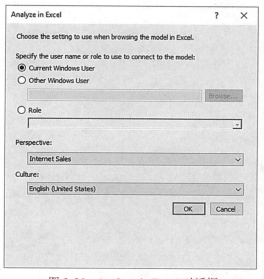

图 9-56　Analyze in Excel 对话框

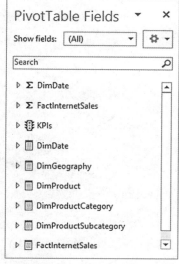

图 9-57　数据透视表字段示例

（4）关闭 Excel 且不保存工作簿。

2. 使用角色浏览

角色是任何表格模型的重要组成部分。每个角色至少需要有一个用户作为成员，否则，用户将无法使用其模型访问和分析数据。Excel 中的分析功能提供了一种方法来测试管理员定义的角色。

使用销售经理用户角色进行浏览，步骤如下：

（1）在 SQL Server 数据工具中，执行 Model>Analysis in Excel 命令。

（2）在 Analysis in Excel 对话框内，在 Specify the user name or role to use connect to the model 选择 Role，然后在其下拉列表框中选择 Sales Manager，然后单击 OK 按钮。

此时 Excel 打开一个新的工作簿，自动创建数据透视表。数据透视表字段列表包括新模型中可用的所有数据字段。

（3）关闭 Excel 且不保存工作簿。

第10章
数据库性能调优

　　调优是修改应用软件并调整底层数据库管理系统的参数以提高性能的过程。性能是以用户体验的响应时间（通常是执行一个任务的时间，例如执行一个 SQL 语句的时间）和吞吐率（单位时间内完成的工作量）来衡量的。对系统调优的第 1 步是确定瓶颈在何处。如果系统只用 1% 的时间来执行一个特定的（硬件或软件）模块，那么，无论这个模块的效率多么低，重新设计或替换这个模块最多只能使系统的性能提高 1%。应用软件与数据库管理系统结合起来构成了一个非常复杂的系统，它的许多方面都可以被调优。SQL 代码和模式处于最高层，在这一层进行调优涉及的问题包括如何表达一个查询、创建什么样的索引等。这些问题都与特定的应用密切相关。数据库管理系统处于下一层，这一层的性能问题包括磁盘中的物理数据组织、缓冲区管理等。这个层次的决策很大程度上是数据库管理员的管理范围，因此，应用程序员只能间接对其产生影响。最低层次的调优是硬件层的调优。为了提高性能，系统必须提供大量的主存空间、足够多的 CPU和二级存储设备，以及足够的通信能力。

　　本章将讨论数据库调优问题、关系型数据库的查询优化和应用程序的优化、物理资源的管理、NoSQL 数据库的调优。

10.1　调优问题概述

　　在工作中使用结构化技术时，通常数据库调优的工作不外乎系统优化（确保硬件和中间件配置妥当）、数据库性能优化（修改数据库方案）和数据访问性能优化（修改应用程序与数据库的交互方式）3 种。

　　过去常常在项目的后期才会进行数据库调优工作，因为往往要在大多数系统到位之后才能综合考虑各方面因素再做优化。然而在今天，敏捷的团队必须以一种增量的方式来实施开发，这意味着性能优化是一项渐进的工作，即持续进行识别、剖析和优化。

10.1.1　调优的目标

1. 消除系统瓶颈

系统瓶颈是限制数据库系统性能的重要因素。它可能是软件不良的结果，或者是软件没有正确配置和优化所致，它将严重地影响系统性能。通过性能调整和优化，可以消除系统瓶颈，从而更好地发挥整个数据库系统的性能。

2. 缩短响应时间，提高整个系统的吞吐量

响应时间是指完成单个任务所用的时间。吞吐量是指在一段固定时间内完成的工作量。通过优化应用程序、数据库管理系统、Web 服务器、操作系统和网络配置，减少程序运行时间，降低对数据操作的时间，减少网络流量，提高网络速度，最终减少系统的响应时间，从而提高整个系统的吞吐量。

10.1.2 识别性能问题

过度优化系统实际是浪费人力。如果发现一个性能问题，而且通过钻研解决了这个问题，那么就该停止在它上面的工作，并转向其他方向。正如人们常做的："如果鞋子没有破，就没有必要修补它。"因此，建议最好把时间放在改进自己应用程序的功能上，放在最需要的地方。优化的首要任务是确定系统环境中发生了哪些问题。这可以通过性能指标的收集和门限值的比较来实现。数据库优化需要收集操作系统数据、SQL 数据和数据库实例 3 类统计数据，这些信息需要在出现问题时即时收集，也需要定期收集并将结果保存起来。历史数据和实时数据为诊断问题和最终解决问题提供了依据。

1. 操作系统数据

操作系统资源使用的数据包括内存、CPU 和 I/O 使用等。数据收集可以通过监控工具或操作系统指令来实现，具体内容主要有：

- I/O：读写磁盘的时间，读磁盘时间（s），写磁盘时间（s），磁盘队列等待时间。
- CPU：忙时处理器使用的百分比，中断。
- 内存：可用内存大小，每秒页交换多少，Swap 时间多少等。
- 网络冲突：网络使用。

2. SQL 数据

SQL 性能收集需要在最短的时间间隔内捕获 SGA 信息。需要收集的信息包括 SQL 文件、操作系统用户、数据库用户、运行程序、逻辑读、物理读、CPU 占用率等。SQL 性能问题最初是通过系统运行异常或应用软件错误等现象而暴露的，例如，系统运行缓慢、应用功能报错、人机交互响应时间超时等。发生问题后，系统管理维护人员根据系统运行状态，通过调看系统和数据库 trace 文件、收集和分析系统统计信息等方法来判定问题是否由 SQL 的执行导致，并进一步确定发生问题的应用软件或出现异常的系统资源。

3. 数据库实例

对于 Oracle 数据库来说，与数据库相关的性能数据可以通过访问 Oracle 的 V$ 视图来实现。重要的指标如下：

- SQL*Net 统计：活动用户，活动会话，平均响应时间。
- 后台进程：DBWR，LGWR，Archiver。
- SGA：Buffer Cache 使用和命中率，Keep Pool 和 Recycle Pool 使用，Redo log buffer 使用，Shared pool 使用和排序。
- I/O：Redo Log 统计，I/O 事件，等待事件，数据库对象和文件增长，锁，Latch。
- 日志：报警日志信息。

10.1.3　剖析性能问题

定位性能问题，正确的方法是使用剖析工具（如 Profiling Tool）来追踪问题的根源。这被称为根本原因分析（Root Cause Analysis）。如果没有识别出性能问题的根本原因，则很容易得出错误的猜测，从而将大量的人力花在优化那些并不关键的地方。例如，我们发现 SQL 问题后，通过问题重现和数据环境分析等方法来定位可疑的 SQL 语句，进而利用 SQL 的计划解释工具对 SQL 的优化方法和执行路径分析寻找可能导致性能问题的原因。Oracle 等主流数据库产品为 SQL 调优提供了一系列数据库管理视图，包括数据文件读写统计视图（V$FILESTAT）、系统运行状态统计视图（V$SYSSTAT）、SQL 执行统计视图（V$SQLAREA、V$SQL、V$SQLSTATS、V$SQLTEXT、V$SQL_PLAN 以及 V$SQL_PLAN_STATISTICS）等。通过对这些视图的查询与分析，维护人员能够准确定位"热点"SQL 语句（Top SQL），并掌握其消耗或争用最多的系统资源。

诊断问题是性能优化中非常重要的一部分，它将帮助我们了解一些细节问题，从而确定为什么性能指标会超过门限值。这个阶段的工作比发现问题更加困难。因为需要了解数据库每个组件的作用以及如何影响其他组件。诊断工作需要丰富的专业知识和实践经验，在诊断数据库瓶颈时需要考虑以下因素。

- Latch 和 Locks：阻塞锁，Latch 活动，会话锁。
- I/O：逻辑 I/O，物理 I/O。
- 数据库等待信息：会话等待事件。
- 会话信息：会话 SQL，会话活动。
- Rollback 活动：Rollback 段信息。
- Network 活动：数据库 SQL*Net 状态和用户活动。
- Caching：Library cache，Dictionary cache，Buffer cache 命中率和 Miss 比率。
- Redo logs：大小和数量。
- 内存：排序，内存使用和分配，SGA 详细信息。
- 磁盘：排序，读，写。
- 报警日志：Parallel Server 活动，Cursor 使用。

■ 空间管理：空间分配，空间使用和可用性，Extent 信息，数据库对象分配和使用，索引和键值。

关联上述信息非常消耗时间，下面概略说明诊断的 3 个主要类别。

1. 诊断 SQL 问题

诊断 SQL 问题有许多方法。V$ SQL 视图中存储了所有内存中的 SQL 语句信息，可以从中找到消耗大部分 buffer get 或 buffer_gets/execution 很高的 SQL 语句，然后检查这些 SQL 的执行计划和相关的分析统计信息，诊断是否存在 SQL 方面的问题。

2. 诊断争用

诊断争用问题可以从检查 $system_event 表开始。根据等待事件的等待时间，确定系统是否在某一方面存在争用。调查这个表的信息时应该排除空间事件，如 SQL * Net waiting for client 等，然后计算其他等待事件的时间，并进行有针对性的调整。

3. 诊断 I/O 问题

如果已经对 SQL 进行了优化，数据库逻辑 I/O 比较正常但物理 I/O 很多，这表明需要减少磁盘读的 I/O。优化工作首先要识别出哪些磁盘较忙，具体数据可以通过管理工具、虚谷数据库的 utlbstat、utlestat 以及 UNIX 系统的 iostat 程序获得。举例来说，如果在一个有着 12 个磁盘的系统中有一个磁盘占用了 25% 的 I/O（读写的数量），这个磁盘可能过忙，需要进行 I/O 优化。识别过热的磁盘后，可以将相关的文件和数据库对象转移到其他磁盘中。

尽管大多数数据库管理系统（DBMS）会同时提供一个剖析工具，有些集成开发环境（IDE）也会这样做，但是用户可能还会发现自己需要购买或下载一些单独的工具。表 10-1 给出了一些工具的样本。

表 10-1　常用分析工具一览表

工具名称	描述	URL
DBFlash for Oracle	数据库剖析工具，能够持续监控 Oracle 数据库以揭示内部瓶颈（如库缓存等待）和外部瓶颈（如网络或 CPU）问题。它也能显示行级别的数据竞争，使用户能够发现并发控制问题	www.confio.com
DevPartnerDB	能够在多种数据库平台（Oracle、SQL Server、Sybase、虚谷）上工作的数据库和访问剖析工具套件。能够剖析各种范围的元素，包括 SQL 语句、存储过程、锁和数据库对象	www.compuware.com
JunittPerf	一组 Junit（www.junit.org）测试修饰器，这些修饰器被用来测量 Java 应用程序功能的性能和扩展性	www.clarkware.com
PerformaSure	通过重新构造最终用户事务的执行路径来高亮显示潜在的性能问题，PerformaSure 能够剖析多层的 J2EE 应用程序	java.quest.com
Rational quantify	一个应用程序性能剖析工具，能够瞄准一个应用程序的所有部分，而不只是有源代码的部分。有 Windows 和 UNIX 两个版本	www.rational.com

10.1.4　优化解决问题

优化问题通常可以分为系统优化、数据库访问优化、数据库优化和应用程序优化4类。

1. 系统优化

数据库不但是整个技术环境的一部分，而且还依赖于其他组件能正确工作。从软件这方面来说，操作系统、中间件、事务监视器（Transaction Monitor）和缓存的安装与配置不当都会造成性能问题。同样，硬件也能够引发性能的挑战。数据库服务器内存和磁盘空间的大小，对于其性能也是至关重要的。笔者曾经多次看到，通过安装价值几千元的内存能够显著地改善价值数万元的计算机的性能。网络硬件也是如此。几年前笔者对一个遭受严重性能问题的系统做过架构评估，非常惊讶地发现这个应用有一个显著的设计缺陷，就是数据库服务器的网络接口卡（Network Interface Card，NIC）是个10Mb/s的低速卡，换成1000Mb/s的网卡后性能迅速提升。

2. 数据库访问优化

在系统优化之后，最有可能成为性能问题的是数据库的访问方式。其解决之道包括选择正确的访问策略、优化应用的SQL代码和优化应用的映射3种基本的策略。

- 选择正确的访问策略：在关系数据库中数据访问可能有诸多选择（如索引式访问、持久化框架、存储过程、表扫描、视图等），每种皆有其优缺点。大多数应用程序将会根据需要综合使用这些策略，有些非常复杂的应用程序甚至可能会全部用到。

- 优化应用的SQL代码：这通常是一种非常有效的策略。然而，在有些情况下可能无法直接优化应用的SQL代码，而只能改变配置变量，这取决于数据库的封装策略。

- 优化应用的映射：现在有不止一种对象方案映射到数据方案的方式。例如，有4种映射继承结构的方式、两种映射一对一关系（取决于外键的位置）的方式和4种映射类作用范围特征的方式。由于有多种映射方式可供选择，而且每种映射皆有其优缺点，因此通过改变映射选择，就有可能提高应用程序的数据访问性能。或许应用实现了一类一表的方式来映射继承，只有当发现其太慢的时候才会促使我们对其进行重构，以使用每个层次体系一表的方式。

3. 数据库优化

数据库优化专注于改变数据库方案本身。需要考虑的策略包括非规范化数据方案、重新改造数据库日志、更新数据库配置、重新组织数据存储、重新改造数据库架构/设计等。

1）非规范化数据方案

规范化的数据方案常常会遇到性能问题。其实这并不难理解，因为数据规范化的规则关注的是降低数据冗余，而不是改善数据访问的性能。需要注意的是，只有在以下一种或多种情形下才应该借助于非规范化数据方案：①性能测试显示系统出现问题，接下来的剖析揭示出需要缩短数据库的访问时间，并且非规范化通常是我们最后的选择。②正在开发一个报表数据库（Reporting Database），报表需要不同的数据视图，这些视图往往需要非规范化的信息。③常用的查询需要来自多个表的数据，包括常用的数据重复组（Repeating Groups of Data）和基于多行的运算型图表（Calculated Figure）。④需要同时以各种方式对表进行访问。

2）重新改造数据库日志

数据库日志（Database Log）也称为事务日志（Transaction Log），用于提交和回滚事务，以及恢复（restore）数据库。数据库日志毫无疑问是非常重要的。不幸的是，支持日志需要性能和复杂性的开销，在日志中记录的信息越多，其性能就越差。因此，我们需要非常谨慎地考虑日志的内容。一个极端情况是，我们或许希望记录"每件事情"，但当我们真正这样做时，很快就会发现其对性能的影响将使我们无法忍受。另一个极端情况则是，如果我们选择记录最低限度的内容，可能发现自己没有足够的信息从不利的情形下恢复以前的内容。找到这两种极端的最佳点很难，但却对改进数据库性能至关重要。

3）更新数据库配置

尽管为数据库配置默认值是一个好的开端，但它们很可能无法反映出当前情形下具体的细微差别。此外，即使我们已经正确配置了自己的数据库，但环境可能随时变化，例如，或许新增需要处理的事务比最初的想法更多，或许数据库的数据量会以与预期的不同速度增长等，这将促使我们改变数据库配置。

4）重新组织数据存储

随着时间推移，数据库中的数据会变得越来越缺少组织性，从而导致性能下降。常见的问题包括数据范围（extent）、碎片（fragmentation）、行链接/迁移（Row Chaining/ Migrating）、非集群化数据（Unclustered Gata）等。数据重组设施（Data Reorganization Utility）是数据库管理系统中常见的特性，而且它还会提供配套的管理工具。通常在非高峰期，敏捷数据库管理员往往会自动运行数据库重组设施，以保持物理数据存储尽可能的高效。

5）重新改造数据库架构/设计

除了对数据方案进行非规范化来改善性能以外，在优化数据库时还应该考虑内嵌的触发器调用、分布式数据库、键、索引、剩余空间、分页大小（Page Size）、安全选项（Security Option）等问题。

4. 应用程序优化

应用程序代码同数据库一样，都有可能成为性能问题的根源。事实上，在数据库作为共享资源的情形下，改变应用程序代码要比改变数据库方案容易得多。

1）共享通用的逻辑

许多系统都有这样一个通病：在多个层中实现相同的逻辑。例如，在业务对象和数据库中，都实现了引用完整性的逻辑，可能"仅仅出于安全考虑"，就在每个层上实现安全访问逻辑。在两个地方做相同的事情，显然有个地方做了多余的工作。为此应先找出问题的根源所在，然后解决这些冗余的、效率低下的"罪魁祸首"。

2）合并细粒度的功能

一个常见的错误是在应用程序内实现了非常细粒度的功能，例如，应用程序可能实现了各自的 Web 服务来更新客户的名称、地址以及电话号码。尽管这些服务内聚性很高，但如果业务上常常需要把这 3 件事情放到一起来做，它们的性能并不是很高。相反，用一个 Web 服务来更新客户的名称、地址和电话号码会更好，因为这比调用 3 个单独的 Web 服务运行得更快。

10.2　关系型数据库的查询优化

在数据库系统中，最基本、最常用和最复杂的数据操作是数据查询。关系数据库的查询效率是影响关系数据库管理系统性能的关键因素。用户的查询通过相应查询语句提交给数据库管理系统执行，该查询首先要被数据库管理系统转化成内部表示。而对于同一个查询要求，通常可对应多个不同形式但相互等价的表达式。这样，相同的查询要求和结果存在着不同的实现策略，系统在执行这些查询策略时所付出的开销会有很大差别。从查询的多个执行策略中进行合理选择的过程就是"查询处理过程中的优化"，简称为查询优化。

查询优化的基本途径可以分为用户手动处理和机器自动处理两种。在关系数据库系统中，用户只需要向系统表述查询的条件和要求，查询处理和查询优化的具体实施即完全由系统自动完成。关系数据库管理系统可自动生成若干候选查询计划并且从中选取较优的查询计划的程序称为查询优化器（Query Optimizer）。

查询优化器的作用是：用户不必考虑如何较好地表达查询即可获得较高的效率，而且系统自动优化可以比用户的程序优化做得更好。

10.2.1　查询处理的架构

用户提交一个查询后，这个查询首先被数据库管理系统解析，在解析过程中要验证查询语法及类型的正确性。作为一种描述性语言，SQL 没有给出关于查询执行方法的建议。因此，一个查询被解析后不得不被转化成关系代数表达式，而这个表达式可以用前面介绍的算法直接执行。例如，一个典型的 SQL 查询：

```
select distinct targetlist
     from R_{EL1} V_1, ···, R_{ELn} V_n
     where condition
```

通常被转换成如下形式的关系代数表达式：

$$\pi_{targetilist}\left(\sigma_{condition'}\left(R_{EL1}\times\cdots\times R_{ELn}\right)\right)$$

其中，*condition'* 是 SQL 查询的条件（*condition*）的关系代数形式。

上面的关系代数表达式是非常直接的，也非常容易生成；但是，执行起来需要很长时间，其主要原因在于这个表达式包含笛卡儿积。例如，连接 4 个每个占据 100 个磁盘块的关系，将生成一个具有个磁盘块的中间关系。如果磁盘速度为 10ms/ 页，把这个中间关系写入磁盘就需要 50h。即使设法把笛卡儿积转换成等值连接，对于上述查询，我们可能仍旧不得不忍受较长的周转时间（几十分钟）。把这个查询的执行时间降到几秒（或者，对于非常复杂的查询降到几分钟）是查询优化器的预期目标，也可以说是基本职责。

一个典型的基于规则的查询优化器（Rule-Based Query Optimizer）利用规则集合构建一个查询执行计划（Query Execution Plan），例如，一个基于索引的访问路径优于表扫描等。基于代价的查询优化器（Cost-Based Query Optimiser）除利用规则外，还利用数据库管理系统维护的统计信息来估计查询的执行开销，以此作为选择查询计划的依据。基于代价的查询优化器的两个最重要的组件是查询执行计划生成器（Query Execution Plan Generator）和计划开销估计器（Plan Cost Estimator）。一个查询执行计划可以被看成是一个关系表达式，并且，这个关系表达式中的每个关系操作的每次出现都给出了求解方法（或者访问路径）。因此，查询优化器的主要职责就是给出一个独立的执行计划；并且，根据开销估计的结果，利用这个执行计划执行给定的关系表达式是"相当廉价"的。然后，这个执行计划被传送给查询计划解释器，这是一个直接负责根据给定的查询计划执行查询的软件模块。图 10-1 描述了查询处理的整体架构。

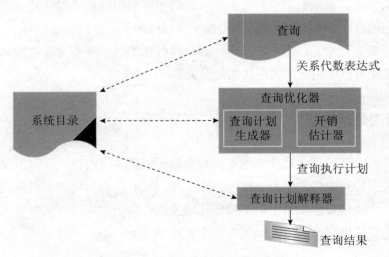

图 10-1　查询处理整体架构示意图

10.2.2　基于关系代数等价性的启发式优化

关系查询的启发式优化在很大程度上基于一些简单的基本结论。例如，较小关系的连接优于较大关系的连接，执行等值连接优于计算笛卡儿积；在对关系的一遍扫描过程中执行多个操作优于对关系进行多遍扫描而每遍扫描只执行一个操作等。大多数启发式规则都可以以关系代数转换的方式来表达，转换后，生成一个不同但等价的关系代数表达式。并不是所有的转换都是优化的，有些情况下，可能生成低效的表达式。但是，将关系转换与其他转换过程结合起来，可以生成总体上较优的关系表达式。

根据关系数据库理论的发展和主流关系数据库的实践，目前查询优化器对关系表达式进行转换的启发式规则主要有基于选择和投影的转换、叉积和连接转换、把选择和投影沿着连接或笛卡儿积下推、利用关系代数等价性规则 4 种。

1. 基于选择和投影的转换

（1）　$\sigma_{cond_1 \wedge cond_2}(R) \equiv \sigma_{cond_1}(\sigma_{cond_2}(R))$

$\sigma_{cond_1 \wedge cond_2}(R) \equiv \sigma_{cond_1}(\sigma_{cond_2}(R))$ 被称为选择级联（Cascading of Selection），它单独使用并没有太大的优化价值，但常与选择和投影沿着连接下推等其他转换结合起来使用，体现其优化价值。

（2）　$\sigma_{cond_1}(\sigma_{cond_2}(R)) \equiv \sigma_{cond_2}(\sigma_{cond_1}(R))$

$\sigma_{cond_1}(\sigma_{cond_2}(R)) \equiv \sigma_{cond_2}(\sigma_{cond_1}(R))$ 被称为选择的可交换性（Commutativity of Selection），与选择级联相似，常与选择和投影沿着连接下推等其他转换结合起来使用，体现其优化价值。

（3）如果 $attr \subseteq attr'$ 且 $attr'$ 是 R 的属性集的一个子集，则 $\pi_{attr}(R) = \pi_{attr}(\pi_{attr'}(R))$。这个等价性被称为投影级联（cascading of projection），主要与其他转换结合起来使用。

（4）如果 $attr$ 中包含 $cond$ 中用到的所有属性，则 $\pi_{attr}(\sigma_{cond}(R)) \equiv \sigma_{cond}(\pi_{attr}(R))$。这个等价性被称为选择和投影的可交换性（Commutativity of Selection and Projection）。在把选择和投影沿着连接下推的准备阶段经常用到这个转换。

2. 叉积和连接转换

叉积和连接用到的转换规则，就是通常情况下这些操作的可交换性规则和可结合性规则，即：

- $A \bowtie B \equiv B \bowtie A$
- $A \bowtie (B \bowtie C) \equiv (A \bowtie B) \bowtie C$
- $A \times B = B \times A$
- $A \times (B \times C) \equiv (A \times B) \times C$

与各种嵌套循环执行策略结合起来，这些规则是很有用的。通常情况下，外层循环扫描较小的关系是较好的，利用这个规则，可以把关系移动到恰当的位置。例如，

$Smaller \bowtie Bigger$ 可以被重写为 $Bigger \bowtie Smaller$，直觉上对应着查询优化器决定把 $Smaller$ 用于外层循环。

可交换性规则和可结合性规则，可以有效减少多关系连接的中间关系的大小。例如，$S \bowtie T$ 可能比 $R \bowtie S$ 小很多，这时，计算 $(S \bowtie T) \bowtie R$ 可能比计算 $(R \bowtie S) \bowtie T$ 所需的 I/O 操作少很多。可交换性规则和可结合性规则，可以用于把后面的表达式转换成前面的表达式。

实际上，一个查询的多数执行计划，都是通过利用可交换性规则和可结合性规则得到的。一个对 N 个关系进行连接的查询有 $T(N) \times N!$ 个查询计划，$T(N)$ 是有 N 个叶结点的二叉树的数量（$N!$ 是 N 个关系的排列数，$T(N)$ 是对一个特定排列加括号的方法数）。这个数增长非常快，即使对非常小的 N 值，这个值也会非常大。其他可交换和可结合操作（例如集合并）也都有类似结果，但是，我们主要关注连接，因为它是最昂贵的操作。

查询优化器的任务是估计这些查询计划的开销（开销变化可能很大）并选择一个"好的"查询计划。由于查询计划数非常大，寻找一个好的查询计划所耗费的时间，可能比强行执行一个没有经过优化的查询所需的开销还要大（执行 10^6 次 I/O 操作比执行次内存操作快）。通常，为了使查询优化更加切实可行，查询优化器只在所有可能的查询计划的一个子集里进行搜索，而且，开销估计也只是一个近似值。因此，查询优化器非常有可能丢失最优的查询计划，而实际上只是在所有"合理的"查询计划中选择一个。换句话说，"查询优化器"的"优化"应该有保留地执行。

3. 把选择和投影沿着连接或笛卡儿积下推

（1）$\sigma_{cond}(R \times S) \equiv R \bowtie_{cond} S$。

当 $cond$ 中既涉及 R 的属性又涉及 S 的属性时，可以利用这个规则。这个启发式规则的基础在于笛卡儿积绝对不应该被物化。而是应该把选择条件与笛卡儿积合并，并利用计算连接的技术执行。当一行 $R \times S$ 生成后，立刻对其应用选择条件可以节省一遍扫描，并避免存储大的中间关系。

（2）如果 $cond$ 中用到的属性都属于 R，则 $\sigma_{cond}(R \times S) \equiv \sigma_{cond}(R) \times S$。

这个启发式规则的基本考虑是，如果我们必须进行笛卡儿积计算，那么应该使参与笛卡儿积运算的关系尽可能地小。通过把选择条件下推到 R，则有可能在 R 参与笛卡儿积运算前减少其包含的数据量。

（3）如果 $cond$ 中用到的属性都属于 R，则 $\sigma_{cond}(R \bowtie_{cond'} S) \equiv \sigma_{cond}(R) \bowtie_{cond'} S$。

这个启发式规则的基本考虑是，如果我们必须进行笛卡儿积计算，那么应该使参与笛卡儿积运算的连接关系的数量尽可能地少。注意，如果 $cond$ 是比较条件的合取，只要每个合取部分包含的属性都属于同一个关系，那么就可以把每个合取部分独立地推到关系 R 或关系 S 上。

（4）如果 $attributes(R) \supseteq attr' \supseteq (attr \cap attributes(R))$（其中，$attributes(R)$ 为关

系 R 包含的所有属性构成的集合），则 $\pi_{attr}(R \times S) \equiv \pi_{attr}(\pi_{attr'}(R) \times S)$。

这个规则的基本原理在于，通过在笛卡儿积操作内部添加投影操作，减少了参与笛卡儿积运算的关系的数据量。由于连接操作（笛卡儿积是其特殊情况）的 I/O 复杂度是与参与连接的关系所占据的页数成正比的，因此我们必须尽早执行投影操作，这样可以减少执行笛卡儿积操作所需传输的页数。

（5）如果 $attr' \subseteq attributes(R)$，并且 $attr'$ 包含 R 与 $attr$ 和 $cond$ 共有的属性，则
$$\pi_{attr}(R \bowtie_{cond} S) \equiv \pi_{attr}(\pi_{attr'}(R) \bowtie_{cond} S)。$$

这里的基本原理与上述笛卡儿积的原理是一样的。不过，其一个非常重要的额外要求是：$attr'$ 包含中必须涉及的关系中的属性，如果这些属性被投影操作过滤掉了，那么从语法上讲，表达式 $\pi_{attr'}(R) \bowtie_{cond} S$ 就是错误的。在笛卡儿积的情况下，没有这个要求，因为笛卡儿积没有连接条件。

如果我们把选择级联和投影级联进行结合，那么把选择和投影沿着连接或笛卡儿积下推将非常有用。例如，考虑表达式 $\sigma_{c_1 \wedge c_2 \wedge c_3}(R \times S)$，其中，$c_1$ 既包含 R 中的属性也包含 S 中的属性，c_2 只包含 R 中的属性，c_3 只包含 S 中的属性。那么，我们可以把这个表达式转换成执行效率更高的表达式，首先进行选择级联，然后将其下推，最终消除笛卡儿积：

$$\sigma_{c_1 \wedge c_2 \wedge c_3}(R \times S) \equiv \sigma_{c_1}\left(\sigma_{c_2}\left(\sigma_{c_3}(R \times S)\right)\right) \equiv \sigma_{c_1}\left(\sigma_{c_2}(R) \times \sigma_{c_3}(S)\right)$$
$$\equiv \sigma_{c_2}(R) \bowtie_{c_1} \sigma_{c_3}(S)$$

我们可以按照同样的方式对包含投影的表达式进行优化。例如，考虑表达式 $\pi_{attr}(R) \bowtie_{cond} S$。假设 $attr_1$ 是 R 中包含的属性集的子集，并且 $attr_1 \supseteq attr \cap attributes(R)$，$attr_1$ 就包含了 $cond$ 中涉及的所有属性。$attr_2$ 为对应 S 的类似属性集，则有：

$$\pi_{attr}(R \bowtie_{cond} S) \equiv \pi_{attr}\left(\pi_{attr_1}(R \bowtie_{cond} S)\right) \equiv \pi_{attr}\left(\pi_{attr_1}(R) \bowtie_{cond} S\right)$$
$$\equiv \pi_{attr}\left(\pi_{attr_2}\left(\pi_{attr_1}(R) \bowtie_{cond} S\right)\right) \equiv \pi_{attr}\left(\pi_{attr_1}(R) \bowtie_{cond} \pi_{attr_2}(S)\right)$$

不难看出，结果表达式更高效，因为它对较小的关系进行连接。

4. 利用关系代数等价性规则

典型情况下，可以用上面讲述的规则将用关系代数表达式表达的查询转换成比最初的表达式更好的表达式。这里面的“更好”不能单从字面上来理解，因为用于指导转换的标准是启发式的。实际上，按照所有建议的转换对表达式进行转换，不一定能生成我们期望的最好结果。因此，在关系转换阶段可能生成很多候选的查询计划，还需进一步利用基于代价的技术对其进行考察。

下面是一个典型的应用关系代数等价性的启发式算法：

（1）用选择级联打散选择条件的合取部分。结果是一个独立的选择被转换成选择操作的序列，并可以独立地考虑每个选择操作。

（2）第 1 步为把选择沿着连接或笛卡儿积下推提供了更大的自由度。现在，我们可以利用选择的可交换性把选择沿着连接下推，把选择尽可能地推向查询内部。

（3）把选择操作和笛卡儿积操作合并以形成连接操作。虽然计算连接有很多有效的技术，但是要真正提高计算笛卡儿积的性能却很难。因此，把笛卡儿积转换成连接潜在地节省了很多时间和空间。

（4）利用连接和笛卡儿积的可结合性规则重新布置连接操作的顺序，目的是给出一个顺序，利用这个顺序可以生成最小的中间关系（注意：中间结果的大小直接影响开销，因此，减少中间结果的大小加速了查询处理的速度）。

（5）利用级联投影把投影尽可能地推向查询内部。由于减少了参与连接的关系包含的数据量，这潜在地加速了连接的计算速度。

（6）分辨可以在一趟中同时处理的操作，以节省把中间结果写回磁盘的开销。

10.2.3　查询执行计划的开销估计

查询执行计划给出了每个操作的执行方法（访问路径）的关系表达式。为了深入讨论估计一个查询执行计划的执行开销的方法，这里把查询表示成"树"。在一个查询树（Query Tree）中，每个内部结点被标记为一个关系操作，每个叶结点被标记为一个关系名。一元关系操作只有一个孩子，二元关系操作有两个孩子。图 10-2 分别给出了对应如下 4 个等价关系表达式的查询树。

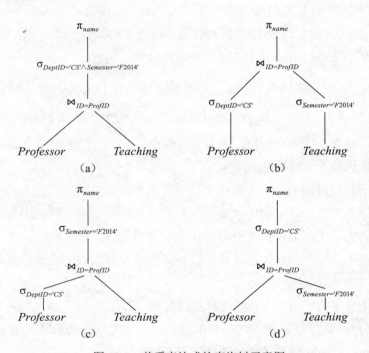

图 10-2　关系表达式的查询树示意图

$$\pi_{name}\left(\sigma_{DeptID='cs'\wedge Semester='F2014'}\left(Professor \bowtie_{ID=ProfID} Teaching\right)\right) \tag{10-1}$$

$$\pi_{name}\left(\sigma_{DeptID='cs'}\left(Professor\right) \bowtie_{ID=Prof\,ID} \sigma_{Semester='F2014'}\left(Teaching\right)\right) \tag{10-2}$$

$$\pi_{name}\left(\sigma_{Semester='F2014'}\left(\sigma_{DeptID='cs'}\left(Professor\right) \bowtie_{ID=ProfID} Teaching\right)\right) \tag{10-3}$$

$$\pi_{name}\left(\sigma_{DeptID='cs'}\left(Professor \bowtie_{ID=Prof\,ID} \sigma_{Semester='F2014'}\right)\left(Teaching\right)\right) \tag{10-4}$$

Professor、*Teaching* 的关系如图 10-3 所示。

Professor	ID	Name	DeptID
	200100001	张明根	CS
	200100005	李玉兰	MGT
	199900003	欧阳元鹏	CS
	198500021	张大为	MAT
	199300047	黄晓明	EE
	199600005	葛大江	CS
	199300032	滕明贵	MAT
	199800111	马大华	MGT
	198800009	许华	MGT
	199000002	陈明	EE
	199000003	章颖	MAT
	199000008	杨得清	MAT
	199000012	施展	CS
	199000034	莫秋里	EE
	199000045	宁江涛	EE

（a）

Teaching	ProfID	CrsCode	Semester
	200100001	CS201	F2014
	200100005	MGT101	F2015
	199900003	CS203	F2012
	198500021	MAT105	S2013
	199300047	EE405	F2014
	199600005	CS202	F2013
	199300032	MAT108	F2011
	199800111	MGT203	F2011
	198800009	MGT206	F2013
	199000002	EE403	S2013
	199000003	MAT107	S2014
	199000008	MAT106	S2014
	199000012	CS205	F2014
	199000034	EE404	S2013
	199000045	EE403	F2012

（b）

图 10-3 *Professor*、*Teaching* 的关系图

式（10-1）对应查询树如图 10-2（a）所示，可能是查询处理器从一个 SQL 查询生成的（把选择条件"*ID=ProfID*"与叉积合并以后的）最初表达式。

```
select P.Name
FROM Professor P, Teaching T
WHERE P.ID = T.ProfID AND T.Semester == 'F2014'
AND P.DeptID = 'CS'
```

式（10-2）对应的查询树如图 10-2（b）所示，该表达式源自式（10-1），它采用启发式规则，沿着连接把选择全部下推。式（10-3）和式（10-4）对应的查询树分别如图 10-2（c）、图 10-2（d）所示，它们都源自式（10-2），并采用启发式规则，把选择条件的一部分下推到实际的关系。

接下来，我们对查询树进行扩张，向其中添加计算连接、选择等操作的特定方法，从而创建查询执行计划。然后，对每个计划的开销进行估计，选择最优计划。

假设系统目录中具有的关系信息为：

■ *Professor*

* 大小：200 页，1000 条记录（5 个元组／页），记录了 50 个系的教授信息。

　　　　*　索引：属性 *DeptID* 上有聚集的 2 级 B$^+$ 树索引，属性 *ID* 上有散列索引。
　　■　*Teaching*
　　　　*　大小：1000 页，10000 条记录（10 个元组 / 页），记录了 4 个学期的授课信息。
　　　　*　索引：属性 *Semester* 上有聚集的 2 级 B$^+$ 树索引，属性 *ProfID* 上有散列索引。

　　首先要给出属性 *ID* 和 *ProfID* 的合理权值，对于 *Professor* 的 *ID* 属性，权值必为 1，因为 *ID* 为属性码。对于 *Teaching* 的 *ProfID* 属性，假设每个教授可能教同样数量的课，由于有 1000 个教授记录而有 10000 个授课记录，*ProfID* 的权重大约为 10。我们现在考虑图 10-2 所示的 4 种情况，假设有一个 52 页的缓冲区用于计算连接，并有少量的额外主存空间用于存储索引块和其他辅助信息（在必要的时候给出准确的数量）。

1. 选择没有被下推的情况

　　执行连接的一种可能是利用嵌套循环连接，例如，可以把较小的 *Professor* 关系放在外层循环。由于 *ID* 和 *ProfID* 上的索引都是聚集的，而且 *Professor* 中的每个元组可能匹配 *Teaching* 中的多个元组（通常，每个教授教多门课），开销估计如下：

　　（1）扫描 *Professor* 关系：200 次页传输。

　　（2）查找 *Teaching* 关系中的匹配元组：我们可以利用 50 页缓冲区来存储 *Professor* 关系的页。由于每页可以存储 5 个 *Professor* 元组，每个 *Professor* 元组匹配 10 个 *Teaching* 元组，故平均情况下，缓冲区中 *Professor* 关系的 50 页能够匹配 *Teaching* 关系的 50×5×10=2500 个元组。*Teaching* 关系的 *ProfID* 属性上的索引是非聚集的，因此，获取的记录 *ID* 不可能是有序的。结果是，从数据文件中获取这 2500 个匹配元组所需的开销（不算从索引中获取记录 *ID* 的开销）可能达到 2500 次页传输。然而，通过先对匹配元组的记录 *ID* 进行排序，可以确保通过不超过 1000 次（*Teaching* 关系的大小）页传输获取匹配的元组[①]。由于这个过程必须被重复 4 次（每次对应 *Professor* 关系的 50 页），因此获取 *Teaching* 关系中的匹配元组共需 4000 次页传输。

　　（3）对索引进行搜索：*Teaching* 关系有一个 *ProfID* 上的散列索引，可以假设每次索引搜索需要 1.2 次 I/O 操作。对于每个 *ProfID*，搜索可以找到一个容器，这个容器包含所有匹配元组（平均为 10 个）对应记录的 *ID*，可以用一次 I/O 操作获取所有这些记录的 *ID*。这样，对于 *Teaching* 关系中 10000 个匹配记录的 *ID*，可以通过每次 I/O 操作获取 10 个记录 *ID* 的方式获取到，一共需要 1000 次 I/O 操作。因此，对所有记录进行索引搜索的开销为 1200 次页传输。

　　（4）总体开销：200+4000+1200=5400 次页传输。

　　其他可选的方法是利用块嵌套循环连接或归并连接。对于一个利用 52 页缓冲区的块嵌套循环连接，内层循环对应的 *Teaching* 关系需要被扫描 4 次，这需要较少的页传输：200+4×1000=4200 次。当然，如果 *Teaching* 关系中 *ProfID* 属性的权值比较低，索引嵌

---

① 为了对记录 *ID* 进行排序，需要额外的存储空间。由于总共是 2500 个元组的 *rid*，每个 *rid* 典型情况下是 8B，这需要在主存中有 5 个 4KB 的页来存储这些 *rid*。

套循环连接与块嵌套循环连接的比较结果可能迥然不同，因为索引对于减少 I/O 操作的数量变得更加有效。

连接结果可能包含 10000 个元组（因为 ID 是 Professor 的码，并且每个 Professor 元组大概匹配 10 个 Teaching 元组）。由于 Professor 元组的大小是 Teaching 元组大小的 2 倍，结果文件的大小为 Teaching 大小的 3 倍，也就是 3000 页。

接下来进行选择和投影操作。由于连接结果没有任何索引，所以只能选择用文件来扫描这个访问路径。我们可以在扫描的过程中完成所有选择和投影操作。顺序检查每个元组，如果它不满足选择条件，就丢弃它；如果它满足选择条件，就只丢弃没有出现在 SELECT 子句中的属性并将其输出。

我们可以把连接阶段和选择 / 投影阶段分割开来，把连接结果输出到一个中间文件中，然后输入这个文件来执行选择 / 投影操作。还有一个更好的方法，即通过把这两个阶段交叠起来，以省去创建和访问中间文件的 I/O 操作。这项技术被称为流水线（pipelining）技术，因其连接操作与选择 / 投影操作运行起来像是在协同工作。连接阶段执行到所有主存缓冲区被填满为止，然后，选择 / 投影操作接管执行过程，清空缓冲区并输入结果。接下来恢复至连接阶段，填充缓冲区，让这个过程继续下去，直到选择 / 投影操作输出最后的元组为止。在流水线中，一个关系操作的输出被"流水"到下一个关系操作的输入，省去了在磁盘上存储中间结果的开销。

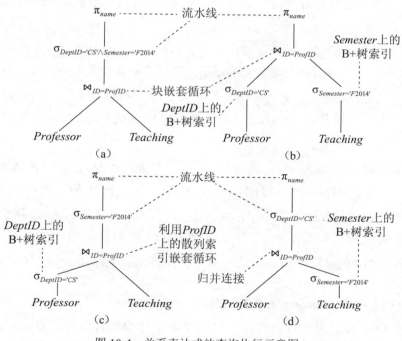

图 10-4 关系表达式的查询执行示意图

图 10-4（a）所示为关系表述式的查询执行计划示意图。利用块嵌套循环的连接策略，执行这个计划需要 $4200+\alpha \times 3000$ 次页 I/O；其中，3000 是连接结果的大小（前面已经

计算过），α 为一个 0 ～ 1 的数，是选择和投影对应的缩减因子。α×3000 是把查询结果写回磁盘的开销。由于这个开销对所有的查询计划（如图 10-4（a）～图 10-4（d）所示）都是相同的，在后续的分析中，我们将忽略这个开销。

2. 选择被完全下推的情况

图 10-2（b）所示的查询树对应多个可选的查询执行计划。首先，如果我们把选择推到树的叶子结点（关系 *Teaching* 和关系 *Professor*），那么可以利用 *DeptID* 和 *Semester* 上的 B$^+$ 树索引计算 $\sigma_{DeptID='CS'}(Professor)$ 和 $\sigma_{Semester='F2014'}(Teaching)$，但不幸的是，结果关系没有任何索引（除非数据库管理系统认为在结果关系上创建索引是值得的，但是即使如此也会带来很多额外开销）。尤其是，我们不能利用 *Professor.ID* 和 *Teaching.ProfID* 上的散列索引。这样，我们只能用块嵌套循环或归并来计算连接。然后，在连接结果被输出到磁盘前对其执行投影操作。换句话说，我们再次利用了流水减少了执行投影操作的开销。

我们估计这个查询计划的开销如图 10-4（b）所示，用块嵌套循环作为连接的执行策略。由于 50 个系有 1000 个教授，*Professor* 关系中的 *DeptID* 属性的权值为 20；因此，$\sigma_{DeptID='CS'}(Professor)$ 的大小应该为 20 个元组，或者说是 4 页。*Teaching* 关系中的 *Semester* 属性的权值为 10000/4=2500，或者说是 250 页。由于 *DeptID* 和 *Semester* 上的索引都是聚集的，因此计算选择需要的 I/O 开销为：4（访问两个索引）+4（访问 *Professor* 关系中满足条件的元组）+250（访问 *Teaching* 关系中满足条件的元组）。

两个选择的结果不必被写回磁盘，可以把 $\sigma_{DeptID='CS'}(Professor)$ 和 $\sigma_{Semester='F2014'}(Teaching)$ 流水到连接操作，用块嵌套循环策略对其进行连接。由于第 1 个关系只有 4 页，我们就把它全部放入主存中，当计算第 2 个关系的时候，我们将其与 4 页的 $\sigma_{DeptID='CS'}(Professor)$ 关系相连接，并把结果流水到操作 π_{name}。当所有对 *Teaching* 关系的选择执行完毕后，无须额外 I/O，就可以结束连接过程。因此，总体开销为 4+4+250=258 页。

需要注意的是，如果 $\sigma_{DeptID='CS'}(Professor)$ 太大，以至于无法放入缓冲区，那么不把 $\sigma_{Semester='F2014'}(Teaching)$ 写回磁盘是不可能计算连接的。因此，实际上，对 $\sigma_{DeptID='CS'}(Professor)$ 的扫描以及对 $\sigma_{Semester='F2014'}(Teaching)$ 的最初扫描仍旧可以通过流水的方式执行，但是，$\sigma_{Semester='F2014'}(Teaching)$ 将不得不被扫描多次，每次对应 $\sigma_{Semester='F2014'}(Teaching)$ 的一段。为此，第 1 次扫描后，$\sigma_{Semester='F2014'}(Teaching)$ 将不得不被写回磁盘。

3. 选择被下推到 *Professor* 关系的情况

对于图 10-2（c）所示查询树，可以构建如下查询执行计划：首先，用 *Professor.DeptID* 上的 B$^+$ 树索引计算 $\sigma_{DeptID='CS'}(Professor)$。像选择被完全下推的情况一样，在后续的连接计算过程中，我们无法再用 *Professor.ID* 上的散列索引。然而，与选择被完全下推的情况不同的是，*Teaching* 关系没有任何变化，因此，我们仍旧可以利用索引嵌套循环的方法（用 *Teaching.ProfID* 上的索引）来计算连接。其他可用的连接方法包括块嵌套循环连接和归并连接。最终，我们把连接结果流水到选择操作 $\sigma_{Semester='F2014'}$，在扫描的同时执行投影操作，其查询执行计划如图 10-4（c）所示。现在，我们给出这个计划的开销估计。

（1）$\sigma_{DeptID='CS'}(Professor)$。有 50 个系共 1000 个教授。因此，这个选择的结果可能包含 20 个元组，或者说是 4 页。由于 *Professor.DeptID* 上的索引是聚集的，获取这 20 个元组大概需要 4 次 I/O 操作。对于 2 级树索引，索引搜索需要两次 I/O 操作。由于通常倾向于把选择结果流水到接下来的选择阶段，因此，这里无输出开销。

（2）索引嵌套循环连接。我们利用上面选择操作的结果，将结果直接流水到连接操作，作为连接操作的输入。需要特别注意的是，由于索引嵌套循环利用了 *Teaching. ProfID* 上的散列索引，因此即使选择的结果很大，也无须将其存入磁盘。一旦对 *Professor* 的选择生成的元组足以填满缓冲区，我们便立刻把这些元组与匹配的 *Teaching* 元组连接起来，连接的过程利用散列索引，连接结果被输出。然后恢复选择过程，再次填充缓冲区。由于每个 *Professor* 元组匹配可能被存储在同一个容器的 10 个 *Teaching* 元组中，因此，为了找到 20 个元组的所有匹配，不得不搜索索引 20 次，每次开销约为 1.2 次 I/O 操作。由于索引是非聚集的，还需额外 200 个 I/O 操作来从磁盘中获取实际匹配的元组，总的来说，这需要 1.2×20+200=224 次 I/O 操作。

（3）总体开销。由于连接结果被流水到后续的选择操作和投影操作，后续操作无任何 I/O 开销。因此，总体开销为：4+2+224=230 次 I/O 操作。

4. 选择被下推到 *Teaching* 关系的情况

这种情况与选择被下推到 *Professor* 关系的情况类似，只不过是选择被应用到 *Teaching* 关系而不是 *Professor* 关系中。由于对 *Teaching* 关系执行选择后丢失了其上的索引，因此我们不能把这个关系作为索引嵌套的内层关系。然而，可以将其作为索引嵌套的外层关系，内层循环可以利用 *Professor* 关系的 *Professor.ID* 上的散列索引。也可以利用块嵌套循环和归并来计算这个连接。在这个例子里，我们选择归并连接。像前面的例子一样，后续利用选择和投影的过程可以通过流水线的方式实现。结果的查询计划如图 10-4（d）所示。

（1）连接－排序阶段。第 1 步是对 *Professor* 关系利用 *ID* 排序以及对 $\sigma_{Semester='F2014'}(Teaching)$ 利用 *ProfID* 排序。

（2）为了对 *Professor* 排序，我们首先要对其进行扫描并创建归并段。由于 *Professor* 包含 200 个磁盘块，也就包含 4 个（即 200/50=4）归并段。这样，创建 4 个有序归并段并将其存入磁盘，需要 2×200 次 =400 次磁盘 I/O 操作。归并这些归并段只需额外一趟扫描，但是，通过延迟这个归并过程可将其与归并连接的归并过程合并起来。

（3）为了对 $\sigma_{Semester='F2014'}(Teaching)$ 进行排序，我们必须先计算这个关系。由于 *Teaching* 包含 4 个学期的信息，选择结果包含约 10000/4=2500 个元组。由于索引是聚集的，这 2500 个元组存储在文件的连续 250 块中。因此，选择的开销约为 252 次磁盘 I/O 操作

（其中，2 次磁盘 I/O 操作用于对索引进行搜索）。然而，选择结果并不马上被写回磁盘，而是每当缓冲区的 50 页满后，才会立刻对其排序，然后把排序结果作为一个归并段写回磁盘。按照这种方法创建了 5 个（即 250/50=5）归并段。这个过程需要 250 次磁盘 I/O 操作。

$\sigma_{Semester='F2014'}(Teaching)$ 的 5 个归并段可以通过一趟归并完成排序。然而，我们不单独执行这个归并过程，而是把这个过程与归并连接的归并过程（还包括对 *Professor* 关系进行归并的过程，这个过程已经在前面被延迟了）结合起来。

（4）连接－归并阶段。没有把 *Professor* 关系的 4 个有序归并段和 $\sigma_{Semester='F2014'}(Teaching)$ 的 5 个有序归并段归并成两个有序关系，而是把有序归并段直接流水到归并连接的归并阶段，无须把有序的中间关系写入磁盘。按照这种方法，就可以把对关系进行排序的最后归并阶段与连接的归并阶段结合起来了。

集成的归并阶段首先为 *Professor* 关系的 4 个有序归并段各自分配一个输入缓冲区，共 4 个输入缓冲区。然后，为 $\sigma_{Semester='F2014'}(Teaching)$ 的 5 个有序归并段各自分配一个输入缓冲区，共 5 个输入缓冲区。还要分配 1 个输出缓冲区用于缓冲连接结果。p 为 *Professor* 关系的 4 个有序归并段的 4 个头元组中 $p.ID$ 最小的元组，t 为 $\sigma_{Semester='F2014'}(Teaching)$ 的 5 个有序归并段的 5 个头元组中 $t.ProfID$ 最小的元组，把和进行匹配；如果 $p.ID=t.ProfID$，把 t 从对应的归并段中移除，连接后的元组被放入输出缓冲区（这里移除了 t 而没有移除 p，是因为同一 *Professor* 元组可以匹配多个 *Teaching* 元组）。如果 $p.ID < t.ProfID$，丢弃 p，否则丢弃 t。重复这个过程直到所有的输入归并段都被穷尽为止。

这个集成的归并过程的开销，就是读两个关系的有序归并段的开销，即读 *Professor* 的有序归并段需要 200 次 I/O 操作，读 $\sigma_{Semester='F2014'}(Teaching)$ 的有序归并段需要 250 次 I/O 操作。

（5）其他开销。连接结果被直接流水到后续的选择（在 *DeptID* 属性上的选择）和投影（对 name 属性的投影）操作。由于没有中间结果被写入磁盘，这一阶段的 I/O 开销为零。

（6）总体开销。把每个独立操作的开销加起来，结果是：400+252+250+200+250=1352。

5. 最优查询计划分析

对比分析上面的各种结果，不难看出：最优的查询计划是对应图 10-4（c）所示选择被下推到 *Professor* 关系的那个计划。然而，在我们考虑的计划中，这仅仅是所有可能计划的一个很小的子集。不过，值得高兴的是，从这里面可以观察到非常有趣的现象：尽管选择被完全下推的计划中参与连接的关系更小（因为选择被全部下推了），但选择被下推到 *Professor* 关系的计划比选择被完全下推的计划要好。对这个非常明显的矛盾，通常的解释是：把选择下推到 *Teaching* 关系使其丢失了索引。令人欣喜的是，这再次证明了启发式规则，也只不过是"启发式"的。尽管利用启发式规则倾向于生成较好的查询计划，但是，还要用更加通用的代价模型对查询计划进行评估。

10.2.4 选择一个计划

上节给出的一些查询执行计划，其计划的数量可能非常庞大，这就需要一种有效的方法，从所有可能的查询执行计划构成的集合中，选择一个较小的子集，这个子集中的计划都较好。然后，对这个子集中每个计划的开销进行估计，选择开销最小的一个作为最终查询执行计划。

1. 选择一个逻辑计划

定义查询执行计划时，给出了每个内部节点的关系实现方法的查询树。构建这样一棵查询树包括两个任务：选择一棵树以及选择其内部结点的实现方法。选择恰当的树相对更加困难，可选的树的数量有可能非常多，因为双目可交换可结合操作符（例如连接、叉积、集合并等）可以按照很多不同的方式被处理。如果一个查询树的子树对应的 N 个关系被这种可交换可结合操作组合在一起，这个子树有 $T(N) \times N!$ 种构成方式。如果把这种指数级复杂度的工作独立开来，就可以先集中精力研究逻辑查询执行计划（Logical Query Execution Plan）。如图 10-5 所示，通过把这种连续的双目操作组合成一个结点，暂时避免了考虑这种具有指数级复杂度的问题。

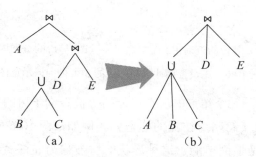

图 10-5 把查询树转换成逻辑查询执行计划示意图

同一个"主计划"（如图 10-2（a）所示）能够生成多个不同的逻辑查询执行计划，在构建逻辑查询执行计划的过程中把选择和投影操作下推，并把选择操作和笛卡儿积操作组合成连接操作。在所有可能的逻辑查询执行计划中，只有很少的一部分被保留下来以进一步考察。通常，保留下来的是被完全下推的树（因为其可能创建的中间结果是最小的）以及所有"接近"被完全下推的树。保留"接近"被完全下推的树的原因，是基于这样的考虑：即把选择或投影下推到查询树的叶子结点，有可能消除在计算连接的过程中利用索引的可能性。

根据这个启发式规则，不可能选择图 10-2（a）所示的查询树，因为它没有执行任何下推。剩余的树可能被选择，包括图 10-4（c）所示的查询树，它的估计开销是最小的，甚至优于图 10-4（b）所示的被完全下推的查询计划。在这个例子中，所有的连接都是双目的，因此，图 10-5 所示的转换并没有涉及。

2. 缩减搜索空间

在给出候选的逻辑查询执行计划后，查询优化器必须决定如何执行包含可交换可结合操作的表达式。例如，图 10-6 给出了几个把一个包含多个关系的可交换可结合结点的逻辑计划的可选方法。

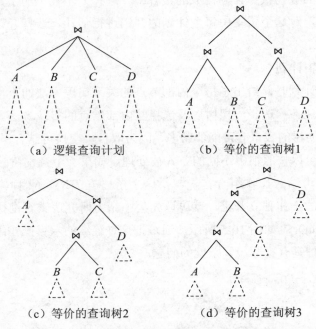

图 10-6　逻辑查询计划与等价的 3 个查询树示意图

对应逻辑查询计划，一个结点的所有可能的等价查询子树的空间是二维的。首先，我们必须选择树的形状（忽略对结点的标记）。例如，图 10-6 所示的树具有不同的形状，图 10-6（d）所示是最简单的，这种形状的树被称为左深查询树（Left-Deep Query Tree）。一个树的形状对应着对一个包含可交换可结合操作的关系子表达式。这样，图 10-6(a)对应的逻辑查询执行计划对应的表达式为 $A \bowtie B \bowtie C \bowtie D$，查询树，如图 10-6(b)～图 10-6（d）所示对应的表达式分别为 $(A \bowtie B) \bowtie (C \bowtie D)$、$A \bowtie ((B \bowtie C) \bowtie D)$ 和 $((A \bowtie B) \bowtie C) \bowtie D$。左深查询树对应的关系代数表达式具有的形式永远为 $(\cdots((E_{i1} \bowtie E_{i2}) \bowtie E_{i3}) \bowtie \cdots) \bowtie E_{in}$。

通常，查询优化器只考虑一类具有特定形状的查询树，那就是左深查询树。这是因为，即使固定了树的形状，查询优化器还是要做很多工作。实际上，对于图 10-6（d）所示的左深树，仍有种可能的连接顺序。例如，$((B \bowtie D) \bowtie C) \bowtie A$ 是形如图 10-6（d）所示的左深树的另外一个可能的连接顺序，它对应一个不同的左深查询执行计划。看上去 4! 查询执行计划的开销似乎并不大，但有资料表明，几乎所有的商业查询优化器都放弃对 16 个以上关系进行连接的优化。

除了缩减搜索空间外，选择左深树而不是如图 10-6（b）所示的树的原因，是可以利用流水线技术。例如，在图 10-6（d）中，我们可以先计算 $A \bowtie B$，把连接结果流水到下一个连接操作与 C 进行连接。第 2 个连接的结果继续向上流水，无须把中间关系在磁盘中物化。流水对于大关系是非常重要的，因为一个连接的中间输出可能非常大。例如，如果关系 A、B 和 C 的大小为 1000 页，中间关系可能包含 10^9 页，而与 D 连接后可能缩减为几页。在磁盘中存储这样的中间结果，其开销将是非常大的。

3. 启发式搜索算法

选择左深树已经极大地缩减了搜索空间，但进一步为左深树的每个叶子结点赋予关系将进一步地压缩搜索空间。然而，为左深树的每个叶子结点赋予关系会有 N! 种方法，估计所有可能方法中每一个方法的开销将难以企及，或者极其复杂。因此，还需要一个启发式的搜索算法，可以通过只查找搜索空间的一小部分就能找到合理的查询计划。基于动态规划的启发式搜索算法目前已被应用于很多商业数据库管理系统中，如 DB2、虚谷等。动态规划的启发式搜索算法的一个简化版本如图 10-7 所示。

输入：逻辑计划 $E_1 \bowtie E_2 \bowtie \cdots \bowtie E_N$

输出："好"左深计划 $(\cdots((E_{i1} \bowtie E_{i2}) \bowtie E_{i3}) \bowtie \cdots) \bowtie E_{in}$

所有的单关系计划

所有代价最低的单关系计划

$for(i := 1; i < N; i++) do$

$Plans := \{best \overset{meth}{\bowtie} 1\text{-}plan \mid best \in Best; 1\text{-}Plans, best$ 中尚未用到的某些 E_i 的计划 $\}$

$Best := \{plan \mid plan \in Plans, plan$ 中代价最低的 $\}$

end

$return\ Best;$

图 10-7　查询执行计划空间的启发式搜索示意图

为了构建一个左深查询树，首先计算一个 N 路连接 $E_1 \bowtie E_2 \bowtie \cdots \bowtie E_N$ 中的每个单关系表达式的所有查询计划（称其为单关系计划）的开销（每个 E_i 是一个单关系表达式）。注意，每个 E_i 可能有几个查询计划（因为有不同的访问路径。例如，一个访问路径可能利用扫描，而另外一个访问路径可能利用索引），因此，可能的单关系计划的数量为 N 或更大的值。这样，所有计划中最优的计划（也就是开销最小的计划）被扩展成双关系计划，然后是三关系计划。为了把最优的单关系计划 p 扩展成双关系计划，这里假设 p 是 E_{i1} 的查询计划，p 与除 E_{i1} 的查询计划以外（因为我们已经选择 p 为 E_{i1} 的查询计划）的所有单关系计划进行连接；然后，我们估计所有这样的计划的开销，保留最优的双关系计划。每个最优的双关系计划 q（假设它为 $E_{i1} \bowtie E_{i2}$ 的查询计划）被扩展为一个三关系计划的集合，这是通过把 q 与除 E_{i1} 的查询计划之外（因为这两者已经在 q 中了）的所有单关系计划进行连接实现的。再次，只有最低开销的计划被保留下来进入下一阶段。这个过程持续下去，直到完全构建了对应 $E_1 \bowtie E_2 \bowtie \cdots \bowtie E_N$ 的逻辑计划的左深表达式。

一旦执行连接的最优计划被选定，就可以将连接结果看成一个单关系表达式 E，接下来的任务是为 $\pi_{name}\left(\sigma_{Semester='F2014'}(E)\right)$ 寻找一个计划。由于 E 的结果不是有序的、没有索引且不需要消除重复，因此选择顺序扫描作为访问路径，在扫描的过程中同时计算选择和投影。并且，由于 E 的结果被存储在主存中，所以可以利用流水线技术避免在磁盘上存储中间结果。

10.3　应用程序的优化

应用程序代码同数据库一样，都有可能成为性能问题的根源。事实上，在数据库作为共享资源的情形中，改变应用程序代码要比数据库方案容易得多。特定应用的数据库模式处于应用的核心。如果模式设计得好，可能会设计出高效的 SQL 语句。所以，在应用层的调优策略首先就应该是设计一个规范化的数据库，并估计表的大小、属性值的分布、查询的特征及其执行频率，以及可能对数据库执行的更新等。对规范化的模式进行调整以提高执行频率最高的操作的执行效率是依赖于上述这些估计的。添加索引是最重要的调优方法。此外，反向规范化是另外一种重要的调优技术。

10.3.1　SQL语句的优化

SQL 无所不在。尽管如此，SQL 却难以使用，因为它是复杂的、令人困惑且易出错的。在笔者近 30 年的实践中，看到了当前 SQL 使用中存在着的大量的糟糕实践，甚至有的作者在教材或类似出版物中还推荐这些糟糕实践，重复行和 null 就是典型例子。

1. SQL 中的类型检查和转换

SQL 只支持弱形式的强类型化，具体包括：

- BOOLEAN 值只能赋到 BOOLEAN 变量，并只能和 BOOLEAN 值比较。
- 数字值只能赋值给数值变量，并且与数字值比较（"数字"（numeric）指的是 SMALLINT、BIGINT、NUMERIC、DECIMAL 或者 FLOAT）。
- 字符串值只能赋值给字符串变量，并且只能与字符串进行比较（"字符串"指的是 CHAR、VARCHAR 或者 CLOB）。
- 位串值只能赋值给位串变量，并且只能与位串值进行比较（"位串"指的是 BINARY、BINARY VARYING 或者 BLOB）。

因此，像数值与字符串这样的比较就是非法的。然而，即使两个数的类型不同，它们之间的比较也是合法的，例如分别属于 INTEGER 和 FLOAT 类型的两个数（此时，整型值会在进行比较之前强制转为 FLOAT。这就涉及类型转换问题。在通常的计算领域中，一个广为认可的原则就是要尽量避免类型转换，因为容易出错，尤其是在 SQL 中。允许类型转换的一个怪异后果就是某些集合并、交、差运算会产生一些在任何运行中都没有出现过的行，例如图 10-8 中的 SQL 表 Table1 和 Table2。假设 Table1 表中的 X 列为 INTEGER 型，Table2 表中的 X 列为 NUMERIC(5, 1) 型；Table1 表中的 Y 列为 NUMERIC(5, 1) 型，Table2 表中的 Y 列为 INTEGER 型。如果我们进行如下的 SQL 查询：

```
select X, Y from Table1 union select X, Y from Table2
```

得到的结果将是图 10-8 右侧所示的 a。在结果中的 X 列和 Y 列都是 NUMERIC(5, 1) 类型，且这些列中的值实际上是由 INTEGER 转换为 NUMERIC(5, 1) 类型。因此，结果是由未在 Table1 和 Table2 中出现的行组成的一个非常奇怪的并运算。虽然看上去结果并没有丢失信息，但并不能说明它不会导致问题。

Table1			Table2			a	
x	Y		x	Y		x	Y
0	1.0		0.0	0		0.0	1.0
0	2.0		0.0	1		0.0	2.0
			1.0	2		0.0	0.0
						1.0	2.0

图 10-8 奇怪的并运算示例图

因此，无论是在 SQL 还是其他上下文中，要确保同名列始终具有同一类型，只要可能就尽量避免类型转换。如果类型转换无法避免时，强烈建议使用 CAST 或 CAST 的等价物进行显式类型转换。例如前述的这个查询，可以转化为：

```
select cast(X as NUMERIC(5,1)) as X, Y from Table1
union
select X, cast(Y as NUMERIC(5,1)) as Y from Table2
```

2. SQL 中的字符序

SQL 中涉及的类型检查和类型转换的规则，尤其是在字符串场合下的规则，要远比假设的复杂。因为，任何确定的字符串都由取自相关字符集（Character Set）的字符组成，并且都有一个关联的字符序（Collation）。字符序是与特定字符集相关，并决定着由特定字符集的字符所组成的字符串的比较规则，也做核对序列（Collation Sequence）。设 C 是对应于字符集 S 的字符序，a 和 b 是字符集 S 中的任意字符，则 C 必使比较表达式 a<b，a=b，a<b 之一为真，其余为假。然而，有一些变数值得注意：

（1）任何确定的字符序都有 PAD SPACE 或 NO PAD 之分。假设"str"和"str"具有相同的字符集和字符序，虽然第 2 个字符串比第 1 个字符串多了一个空格，但如果使用 PAD SPACE 则认为两者是"比较上相等的（Compare Equal）"。因此，强烈建议，如果可能就一直用 NO PAD。

（2）对于确定的字符序，即使字符 a 和 b 不同，比较表达式 a=b 也可能返回

TRUE。例如，字义名为 CASE_INSENSITIVE 的字符序，其中每个小写字母都定义为与对应的大写字母比较上相等。因此，明显不同的字符串有时也产生比较上的相等。所以，可以看到 SQL 中的某些形式上的比较表达式，即使是在和不同的情况下，也可以返回 TRUE（即使它们是不同的类型也可能比较上相等，这是因为 SQL 对类型转换的支持造成的）。所以，建议使用"相等但可区分（Equal But Distingshable）"来表示这样的值对（Pair of Value）。这样，相等比较在很多上下文（例如 MATCH、LIKE、UNION 和 JOIN）中执行（常常是隐式地执行），所用的相等性实际上是"即使可区分且也相等（Equal Even If Distingshable）"。例如，假设 CASE_INSENSITIVE 字符序如上所述定义，并将 PAD SPACE 用于此字符序，那么，如果表 P 及表 SP 的 SNO 列都使用此字符序，且表 P 和表 SP 中某行的值分别是"C3"和"c3"，则这两行会被认为满足 SP 到 P 的外键约束，而无视外键值中的小写"c"以及其尾部的空格。而且，当计算表达式包含 UNION、INTERSECT、EXCEPT、JOIN、GROUP BY、DISTINCT 等运算符时，系统可能不得不从众多相同但可区分的值中选出一个作为结果中某行某列的值。不幸的是，SQL 本身对此种情况没有给出完整的解决方案。结果是，在 SQL 没有完全说明该如何计算的情况下，一些表达式无法得到确定的值。SQL 的术语是"可能非确定性的（Possibly Nondeterministic）"。例如，如果字符序 CASE_INSENSITIVE 用于表 Table 的列 C，那么即使 Table 不发生任何变化，select max（C）from table 也可能视情况返回"ZZZ"或"zzz"。

强烈建议，尽可能避开"可能非确定性的"表达式。

3. 不要重复，不要 null

假设 SQL 是真正关系化的，那么一些本应有效的表达式变换及对应的优化才会因为"重复"的存在而不再有效。例如，图 10-9 所示的数据库（非关系型，且表没有键，表中没有双下画线）。

Table1			Table2	
PNO	PNAME		SNO	PNO
SE001	Translator		S1	SE001
SE001	Translator		S1	SE001
SE001	Translator		S1	SE001
SE005	Translator			

图 10-9　具有重复的数据库（非关系化）示例图

Table1 中存在 3 个（SE001，Translator），可能有某种意义。那么，业务决策基于表 Table1 和 Table2 进行查询，获得的 Translator 及对应的 Table2 供应商或者是零件编号可能产生的结果如下：

```
(1)    SELECT Table1.PNO
       FROM Table1
       WHERE Table1.PNAME = 'Translator'
                OR Table1.PNO IN (SELECT Table2.PNO
```

```
                                             FROM Table2
                                             WHERE Table2.SNO = 'S1')
        结果: SE001*3, SE005*1。

(2)    SELECT Table2.PNO
       FROM Table2
       WHERE Table2.SNO = 'S1'
                  OR Table2.PNO IN (SELECT Table1.PNO
                                    FROM Table1
                                    WHERE Table1.PNAME = 'Translator')
        结果: SE001*2, SE005*1。

(3)    SELECT Table1.PNO
       FROM Table1, Table2
       WHERE (Table2.SNO = 'S1' AND
                  Table2.PNO = Table1.PNO )
                  OR Table1.PNAME = 'Translator'
        结果: SE001*9, SE005*3。

(4)    SELECT Table2.PNO
       FROM Table1, Table2
       WHERE (Table2.SNO = 'S1' AND
                  Table2.PNO = Table1.PNO )
                  OR  Table1.PNAME = 'Translator'
        结果: SE001*8, SE005*4。

(5)    SELECT Table1.PNO
       FROM Table1
       WHERE Table1.PNAME = 'Translator'
       UNION ALL
       SELECT Table2.PNO
          FROM Table2
          WHERE Table2.SNO = 'S1'
        结果: SE001*5, SE005*2。

(6)    SELECT DISTINCT Table1.PNO
       FROM Table1
       WHERE Table1.PNAME = 'Translator'
       UNION ALL
       SELECT Table2.PNO
          FROM Table2
          WHERE Table2.SNO = 'S1'
        结果: SE001*3, SE005*1。

(7)    SELECT Table1.PNO
       FROM Table1
       WHERE Table1.PNAME = 'Translator'
       UNION ALL
       SELECT DISTINCT Table2.PNO
          FROM Table2
          WHERE Table2.SNO = 'S1'
        结果: SE001*4, SE005*2。

(8)    SELECT DISTINCT Table1.PNO
       FROM Table1
       WHERE Table1.PNAME = 'Translator'
                  OR Table1.PNO IN
                     (SELECT Table2.PNO
                      FROM Table2
```

```
                            WHERE Table2.SNO = 'S1')
        结果: SE001*1, SE005*1。

(9)   SELECT DISTINCT Table2.PNO
      FROM Table2
      WHERE Table2.SNO = 'S1'
                OR Table2.PNO IN
                    (SELECT Table1.PNO
                     FROM Table1
                     WHERE Table1.PNAME = 'Translator')
      结果: SE001*1, SE005*1。

(10)  SELECT Table1.PNO
      FROM Table1
      GROUP BY Table1.PNO, Table1.PNAME
      HAVING Table1.PNAME = 'Translator'
      OR Table1.PNO IN
             (SELECT Table2.PNO
              FROM Table2
              WHERE Table2.SNO = 'S1')
      结果: SE001*1, SE005*1。


(11)  SELECT Table1.PNO
      FROM Table1, Table2
      GROUP BY Table1.PNO, Table1.PNAME, Table2.SNO, Table2.PNO
      HAVING (Table2.SNO = 'S1' AND
                    Table2.PNO = Table1.PNO
      OR Table1.PNAME = 'Translator')
      结果: SE001*2, SE005*2。

(12)  SELECT Table1.PNO
      FROM Table1
      WHERE Table1.PNAME = 'Translator'
      UNION
      SELECT Table2.PNO
      FROM Table2
      WHERE Table2.SNO = 'S1'
      结果: SE001*1, SE005*1。
```

　　上述 12 种情况也许有一些问题，因为它们实际上是假设每种情况要查询的转换器（Translator）都至少由一个供应商提供。不过，这一事实不会对后面的结论产生实际影响。

　　综合上述 12 种情况，产生了 9 种不同的结果。这里的不同，指的是它们的重复度（Degree of Duplication）不同。因此，如果业务工作在意结果的重复，那么为了得到确实想要的结果，就需要格外仔细地表述查询。当然，类似的说明也适用于数据库系统本身。因为不同的表述方式可以产生不同的结果，优化器也必须对其表达式转换任务非常小心。①优化器代码本身比看起来更加难以编写和维护，可能也更加容易出错，这些综合起来就使得产品更为昂贵，也更难以投放到市场中；②系统的性能可能少于其本应达到的水平；③用户不得不花费时间和精力来确定问题的所在。

　　关系模型是禁止重复的。要想关系化地使用 SQL 就应采取措施避免出现重复。如果每个基表都至少有一个键，那么在这样的基表中就永远不会出现重复。在 SQL 查询中指定 DISTINCT，就可以有效地把结果中的重复去除。当然，一些 SQL 表达式仍会具有重复的结果表，如 SELECT ALL、UNION ALL、VALUES 等。因此，强烈建议，总是指定 DISTINCT；宁可显式地做，永远不要指定 ALL。

SQL 中的 null 概念容易导致三值逻辑（即 3VL，TRUE、FALSE 和 UNKNOWN），与关系模型中常用的二值逻辑（2VL）矛盾。以 $A>B$ 为例，如果不知道 A 的值，那么不管 B 的值是多少（比较特殊的情况是 B 的值也是 UNKNOWN），A 是否大于 B 都是 UNKNOWN（注意：这也是三值逻辑一词的来源）。

无论是布尔表达式或是查询，依照三值逻辑其结果无疑是正确的，但在现实世界中肯定是错误的。图 10-10 所示的含有 null 的非关系化数据库，对于零件型号为 P0001 的 MANUFACTURERS 存放位置的阴影表示没有任何东西。概念上，在那个位置不存在任何东西，甚至连只包含空白的字符串或空字符串也不是（即对应于零件型号为 P0001 的"元组"不是真正的元组）。

表1		表2	
SNO	MANUFACTURERS	PNO	MANUFACTURERS
S0001	成都	P0001	

图 10-10　含有 null 的数据库（非关系化）示例图

在这种情况下，如果一个 SQL 表述是：

```
select Table1.sno, Table2.pno
from Table1, Table2
where Table1.MANUFACTURERS<>Table2.MANUFACTURERS
    or Table2.MANUFACTURERS<>"昆明"
```

那么，where 子句中的布尔表达式（Table1.MANUFACTURERS <> Table2.MANUFACTURERS）or（Table2.MANUFACTURERS <> "昆明"），对于仅有的数据，这个表达式的值是 UNKNOWN OR UNKNOWN，简化为 UNKNOWN。我们知道，该例 SQL 查询检索的目标，是那些使 where 子句中表达式为 TRUE（不是 FALSE 也不是 UNKNOWN）的数据，因此，它将检索不到任何东西。

但是，现实中，零件型号 P0001 确实有对应的供应商，零件型号 P0001 的"null MANUFACTURERS"确实代表某个真实的值，如果我们把其设为 c，那么，c 要么是昆明，要么不是。如果 c 是昆明，那么表达式由：

```
(Table1.MANUFACTURERS <> Table2.MANUFACTURERS)
or  (Table2.MANUFACTURERS <> "昆明")
```

变为（对于我们仅有的数据）：

```
("成都" <> "昆明") or ("昆明" <> "昆明")
```

此式的值为 TRUE，因为第 1 项的值为 TRUE。另一方面，如果 c 不是昆明，那么表达式变为（还是对于我们仅有的数据）

```
("成都" <> c) or (c <> "昆明")
```

此式的值也是 TRUE，因为第 2 项的值为 TRUE。因此，此布尔表达式在现实世界中总是为真。所以，查询也应该不管 null 到底代表什么值都返回（S0001，P0001）。换句话说，三值逻辑正确的结果与现实世界中的正确结果是不同的。

再如，对于图 10-10 所示的同一个 Table2，如果进行下面的查询：

```
select pno
from Table2
where MANUFACTURERS= MANUFACTURERS
```

现实世界中答案当然是当前出现在 Table2 中的零件型号集合，然而 SQL 根本不会返回任何零件编号。因此，如果数据库中有 null，一些查询就会得到错误答案。而且我们无从知晓到底哪个查询会得到错误的答案，而哪些又不会。所以，整个结果变得可疑了，永远不能相信从包含 null 的数据库中得到的答案。数据库权威戴特（C.J.Date）认为，这种情况完全是致命的。

要关系化地使用 SQL，必须采取措施防止 null 出现。首先，应该对每张基表的每列都显式或隐式地指定 NOT NULL 约束，这样 null 就永远不会在基表中出现。不幸的是，一些 SQL 表达式仍会产生包含 null 的结果表。一些可以生产 null 的情况如下：

- 类似 SUM 这样的 SQL "集函数" 在参数为空（empty）时（COUNT 和 COUNT（*）除外，它们在此种情况下会正确返回 0）。
- 如果一个标量查询的值为空表，则空表通过类型转换为 null。
- 如果行子查询的结果为空表，则空表通过类型转换为全是 null 的行。注意，从逻辑上讲，全为 null 的行和一个 null 行不是一回事（一个逻辑区别），而 SQL 却认为它们是一回事，至少某些时候如此。
- 外连接和 "并连接"（Union Joins）明确设计为会在结果中产生 null。
- 如果忽略了 CASE 表达式中的 ELSE 子句，则会假设 ELSE 子句为 ELSE NULL 形式。
- 如果 x=y 为 TRUE，则表达式 NULLIF（x,y）返回 null。
- ON DELETE SET NULL 和 ON UPDAE SET NULL 的 "参照触发动作" 都能产生 null。

当然，如果禁止了 null，就必须采用其他方法处理遗失信息。不过，其他方法非常复杂，读者可自行参考，这里不再讨论。

4. 基关系变量和基表

关系值（Relation）与关系变量（Relvar）是重大的逻辑区别。但在 SQL 中的对应部分可能让人思路混乱，因SQL没有明显区分关系值与关系变量，而是用同一个术语"表"（Table）来指"表值"或"表变量"。例如，CREATE TABLE AAA 中的关键字 TABLE 指的是"表变量"，但当我们说"表 AAA 有 5 条记录"时，"表 AAA"指的是一个"表值"，即名为 AAA 的表变量的当前值。因此，这里进一步明确：①关系变量指的是允许值为关系的变量，SQL 中 INSERT、DELETE 和 UPDATE 操作的目标对象都是关系变量，而不是关系；②若 R 是关系变量，r 是赋值给 R 的关系，则 R 和 r 必须是同一（关系）类型的。

　　1）更新是集合级别的

　　关系模型中的所有运算都是集合级别的，即它们的运算元是整个关系或整个关系变量，而非单独元组。因此，INSERT 是将目标关系变量插入到一个元组集合；DELETE 是从目标关系变量中删除一个元组集合；而 UPDATE 是在目标关系变量中更新一个元组集合。例如，关系变量 Table1 服从完整性约束：供应商 S0001 和 S0004 总是位于同一个城市，那么试图更改两者中的任何一城市的"单一元组 UPDATE"都必然会失败。相反，我们必须对两者进行更改，方法可能如下：

　　方法 1
```
UPDATE Table1
   WHERE SNO = 'S0001'
      or SNO = 'S0004' :
      {CITY :=   '成都'}
```

　　方法 2
```
UPDATE Table1
  SET CITY := '成都'
  WHERE SNO = 'S0001'
  or SNO = 'S0004'
```

　　"更新是集合级别的"这一事实暗示着，在显式请求的更新没有完成之前，类似 ON DELETE CASCADE 这样的"参照触发操作"是肯定不能执行的（更一般的，所有类型的触发操作都是如此）。

　　"更新是集合级别的"这一事实还说明，完整性约束在所有的更新（也包括触发操作，如果有的话）完成之前也是不能进行检查的。

　　2）关系赋值

　　一般的关系赋值通过向一个（由一个关系变量引用代表的）关系变量指派关系值（由关系表达式表示）的方式执行。例如：

```
S := S WHERE NOT (CITY = "北京")
```

这个赋值逻辑等价于下述 DELETE 语句：

```
DELETE S WHERE CITY = '北京'
```

再如:

```
DELETE R WHERE bx;
```

(其中,R 是关系变量名称,bx 是布尔表达式),是如下关系赋值的简写,两者逻辑等价:

```
R := R WHERE NOT (bx);
```

或者,我们可以说 DELETE 语句是下面运算的简写(注意,无论哪种方式都会得到相同的结果):

```
R := R MINUS ( R WHERE bx);
```

在 SQL 中,INSERT 的数据源是通过表达式的方式指定的,其 INSERT 插入的其实是表,而不是行,尽管插入的表(源表)可能经常只包含 1 行,甚至根本没有行。SQL中的 INSERT 定义既不采用 UNION,也不采用 D_UNION,而是采用 SQL 的“UNION ALL”运算符。如果目标表遵守键约束,那么就无法插入一个已经存在的行,反之则可以成功插入重复行。SQL 中的 INSERT 提供一个选项,可以将目标表名后的列名称的列标识插入值的目标列;第 i 个目标列对应于源表的第 i 个列。忽略此项等于从左至右依次对应目标表中的方式,指定目标表的所有列。建议千万不要忽略此选项。例如下面的INSERT 语句:

```
INSERT INTO TABLE2 VALUES ('S0005', 'P0006',1000);
```

就不如下面的 INSERT 语句好:

```
INSERT INTO TABLE2(PNO, SNO,QTY) VALUES ('S0005', 'P0006',1000);
```

因为,前者的表述方式依赖于表 TABLE2 中的列排序,而后者的语句则不依赖。

下面的例子说明 INSERT 插入的是表而不是行:

```
INSERT INTO
TABLE2 ( PNO, SNO,QTY )
VALUES ('S0005', 'P0006', 1000 ),
('S0006', 'P0007', 800 ),
('S0007', 'P0009', 1800 );
```

3)关于键

一个键是一个属性的集合,而且一个属性应该是一个属性名/类型名对:①键的概念是用于关系变量而不是关系。因为,说某个对象是键,也就是说某个完整性约束生效了;而完整性约束是用于变量的,不是用于值的。②对于基关系变量,通常要指定一个键作为主键(Primary)(关系变量中的其他键称为替换键)。至于选择哪个键作为主键,不在关系模型的范畴之内。③如果 R 是关系变量,那么 R 必须至少有一个键。因为,R 所有可能的值都是关系，而根据定义可知，这些关系都至少应不包含重复元组。在 SQL 中，不管是什么基表，强烈建议使用 UNIQUE 或 PRIMARY KEY，保证每个表都至少有一个键。④键值是元组（SQL 中的行），而不是标题。

5. 关系表达式要表示什么

每一个关系变量都有确定的关系变量谓词。可以说，这个谓词的含义就是对应关系变量。例如，供应商关系变量 Table1 的谓词是：供应商 SNO 签订了合同，其名称为 SNAME，状态是 STATUS，位于城市 CITY。那么，除了 CITY 之外的所有供应商属性上的投影为：

```
Table1 { SNO, SNAME, STATUS }
```

这个表达式表示一个关系，此关系包含的元组采用的形式为：

```
TUPLE { SNO s, SNAME n, STATUS t }
```

这样，如下形式的元组存在于关系变量 Table1 中，对应的 CITY 取值为 c。

```
TUPLE { SNO s, SNAME n, STATUS t, CITY c }
```

其结果表示如下的谓词扩展：存在某个 CITY 满足供应商 SNO 签订了合同，其名称为 SNAME，状态为 STATUS，所在城市正是 CITY。

这个谓词表示关系表达式 TABLE1{SNO，SNAME，STATUS} 的含义。可见，此谓词只有 3 个参数，而其对应的关系也只有 3 个属性（CITY 并不是谓词的参数，而是逻辑学家所谓的"约束变元"）。

6. SQL 中的类型约束

SQL 不支持类型约束，不过允许我们创建自定义类型。例如下面的语句：

```
CREATE TYPE QTY AS INTEGER FINAL;
```

这里的 FINAL 关键字就是用于指明自定义的 QTY 类型不能有任何子类型。根据 SQL 的定义，所有的可用整数（包括负整数）都被认为是有效的数量。如果我们想将数量限制在某个特定的区间，那么必须在每次使用类型时都指定相应的数据约束。实践中，这可能是一个基表约束。例如，如果基表 Table2 中的 QTY 列定义为 QTY 类型而不是 INTEGER 类型，那么应该对表的定义进行如下扩展：

```
CREATE TABLE SP(
SNO            VARCHAR(5)      NOT NULL,
PNO            VARCHAR(6)      NOT NULL,
QTY            QTY             NOT NULL,
UNIQUE ( SNO, PNO ),
FOREIGN KEY ( SNO ) REFERENCES TABLE1 (SNO),
FOREIGN KEY ( PNO ) REFERENCES TABLE2 (PNO),
CONSTRAINT SPQC CHECK ( QTY >= QTY(0) AND
```

```
QTY <= QTY(10000)));
```

在 CONSTRAINT 声明中的表达式 QTY（0）和 QTY（10000）可以认为是对 QTY 选择器的调用。选择器并不是 SQL 的术语，描述在 SQL 中如何使用选择器非常复杂，已经超出本书的范围，请读者自行参考相关资料。

下面展示 POINT 类型的 SQL 定义：

```
CREATE TYPE POINT AS
(X NUMERIC (5,1), Y NUMERIC(5,1)) NOT FINAL;
```

这里使用 NOT FINAL，而不是上例中的 FINAL。

需要特别注意的是，由于 SQL 并不真正支持类型约束，所以只要可能，就用如 QTY 示例的方式使用数据库约束，弥补这个缺失。当然，如果按照这个建议做了，就要付出代价，即大量的重复工作。但这个代价是值得的，远比数据库中出现坏数据所付出的代价低。

7. 相关子查询

从性能角度看，要尽量避免相关子查询。因为相关子查询必须对外层表的第 1 行进行重复计算，而不是对所有的行仅计算 1 次。例如，查询"既供应了 P00001 型号器件，也供应了 P00002 型号器件的供应商的名字"，其逻辑表述方式为：

```
{A.SNAME} WHERE EXISTS B (B.SNO = A.SNO
                AND B.PNO = 'P00001')
                AND (B.SNO = A.SNO AND B.PNO = 'P00002')
```

等价的 SQL 表述方式是很直接的：

```
SELECT DISTINCT A.SNAME
    FROM S AS A
    WHERE EXISTS (SELECT *
                    FROM SP AS B
                    WHERE B.SNO = A.SNO
                    AND B.PNO = 'P00001')
    AND EXISTS (SELECT *
                    FROM SP AS B
                    WHERE B.SNO = A.SNO
                    AND B.PNO = 'P00002')
```

可以变换为：

```
SELECT DISTINCT A.SNAME
    FROM S AS A
    WHERE A.SNO IN (SELECT B.SNO
                    FROM SP AS B
                    WHERE B.PNO = 'P00001')
        AND A.SNO IN (SELECT B.SNO
                    FROM SP AS B
                    WHERE B.PNO = 'P00002')
```

8. SELECT *

在 SQL 中，SELECT 子句对"SELECT *"的使用，在所涉及列不相关并且列的自左向右排序也不相关的情况下，是可以接受的。然而，这种用法在其他情况下却是危险的。因为"*"的含义在已有表中增加新列的情况下会发生改变。因此强烈建议，时刻警惕这种情况的发生，尤其是不要在游标定义的最外层使用"SELECT *"，应该明确地显式命名相关列。这个说明，也适用于视图定义。

9. 避免排序

排序的开销很大，所以应该尽量避免排序。需要详细了解哪些类型的查询可能导致查询优化器在查询计划中引入排序，如果可能的话，避免执行这些类型的查询。除了归并连接外，消除重复也包含排序操作。因此，除非对业务来说非常重要，否则不要用 DISTINCT 关键字。集合操作（如 UNION 和 EXCEPT）也会引入排序操作以消除重复，但这可能是无法避免的（然而，某些数据库管理系统提供了 UNION ALL 操作，这个集合操作不需要消除重复，因此也就不需要排序）。

对于处理 ORDER BY 子句来说，排序是不可避免的（因此应该仔细考虑，对结果进行排序是不是必需的）。GROUP BY 子句通常也会引入排序。如果排序是不可避免的，可以考虑利用聚集索引进行预排序。

10.3.2　索引

对索引的调整是数据库性能优化的重要任务之一。索引是表的一个或多个列的键值的有序列表，在表上创建索引可以快速检索数据在数据库中的位置，减少查阅的行数，同时索引也是关系数据库中强制唯一性约束的一种方法。不管是 Oracle 数据库还是 DB2 数据库、虚谷数据库，都可分为聚集索引和非聚集索引两种结构。索引带来的好处是显而易见的，但索引的存在同时带来了相关的存储开销，更为严重的是，额外的索引可能极大地增加对数据库进行修改的语句的处理时间。由于每当索引对应的表被更新的时候，其索引也要更新，因此，如果在一个经常被插入、删除的表上创建索引，而创建的索引对应的搜索码包含一个经常被更新的列时，创建索引所带来的处理查询的性能增益就需要仔细斟酌。例如下述查询：

```
SELECT P.DeptId
    FROM PROFESSOR AS P
    WHERE P.Name = :name
```

由于 PROFESSOR 的主键为 ID，我们可以认为数据库管理系统已经在这个属性上创建了聚集索引。但是，这个索引对于该查询没有任何用处，因为我们需要的是找到所有具有特定名字的教授。一个可能是显式地在 Name 属性上创建一个非聚集索引。如果同名的教授很少，这个索引可以极大地加快查询的执行速度。但是，在同名的教授非常多的情况下，一个较好的解决方案是使 Name 属性上的索引为聚集的，而 ID 属性上的索引为非聚集的。结果是，具有相同名字的行被组合在一起，可以通过一次 I/O 操作获取满足条件的所有记录。这个索引可以是 B^+ 树索引，也可以是散列索引（由于 Name 上的条件是等值条件）。

上述示例说明，由于一个表最多只能有一个聚集索引，所以不能将这个索引浪费在不能利用聚集索引优势的属性上。数据库管理系统通常在主键上创建了一个聚集索引，但是，我们不应该受此局限。主键上的非聚集索引也能确保键值的唯一性，并且，至多有一行能具有一个特定的键值，聚集不能把具有相同搜索键值的行组合在一起。因此，如果我们不想按照主键对行进行排序，在主键上创建聚集索引是没有理由的。此外，用一个聚集索引替换一个已经存在的聚集索引是一件非常耗时的工作，因为这个过程中包含对存储结构的完全重组；当然，我们不可能每执行一个查询，就创建一个新的聚集索引。正确的做法是，事先对应用进行分析，考虑应用可能会执行哪些查询以及每个查询的执行频率，创建一个可能带来最大收益的聚集索引，直到性能分析显示需要对系统进行再次调优为止，都不应对其进行修改。

如果两个不同的查询受益于同一个表的两个不同的聚集索引，那么将面临难题：同一个表上只能创建一个聚集索引。一个可能的解决方案是利用唯独索引策略（Index-Only Strategy）。假设 TEACHING 表的 Semester 属性上存在一个聚集的 B^+ 树索引；但是，另外一个非常重要的查询受益于 TEACHING 表的 ProfID 属性上的聚集索引，其目的是快速访问与一个教授相关的课程代码（给出 ProfID，查找相关的 CrsCode）。可以通过创建一个搜索码为 <ProfID, CrsCode> 的非聚集 B^+ 树索引来回避这个问题，查询涉及的所有信息都被包含在这个索引中（这种索引通常被称为覆盖索引）。处理查询根本不需要访问 TEACHING 表，我们只需按照 ProfID 属性值沿着索引到达叶级即可。由于对应一个 ProfID 属性值的页级 CrsCode 属性值都是聚集在一起的，因此只需沿着索引的叶级向前扫描，利用索引条目即可获取整个结果集。这种方法的效果与在 TEACHING 表上创建搜索码为 <ProdID, CrsCode> 的聚集索引的效果是一样的（实质上，这种方法的效率更高，因为索引更加小巧，扫描叶级的一个片段比扫描 TEACHING 表的同一片段所需的 I/O 次数更少）。

唯独索引查询包括两种情况。在这个例子中，我们利用 ProfID 对索引进行搜索以快速定位相关的课程代码（CrsCode）。然而，假设还有一个查询，这个查询需要给出讲授一门特定课程的所有教授的 ProfID。不幸的是，尽管这个查询需要的所有信息都包含在上面创建的索引中，但不能对其进行搜索，因为 CrsCode 属性不是搜索码的第 1 个属性。但这并不等于没有办法，给出这个查询结果集的一个办法是扫描索引的整个叶级。与搜索相比，这是低效的，但是这种方法比扫描整个数据文件效率高（索引是小的），也比在 CrsCode 属性上再创建一个非聚集索引的方法效率高。

嵌套是 SQL 最强大的特征之一。然而，嵌套查询非常难优化。例如下述的 SQL表述：

```
SELECT P.Name, C.CrsName
    FROM PROFESSOR AS P, COURSE AS C
    WHERE P.Department == 'CS' AND
        C.CrsCode IN (SELECT T.CrsCode
            FROM TEACHING AS T
            WHERE T.Semester == '62003' AND T.ProfID == P.ID)
```

这个查询返回一个行集，其第 1 个属性的属性值是一个计算机科学系（CS）教授的名字，而且这个教授在 2013 年春季讲授过一门课程（62003）。第 2 个属性的属性值就是这门课程的名字。

典型情况下，查询优化器将这个查询分隔成两个独立的部分。内部查询被作为一个独立的语句来优化；外部查询也被独立优化（把内部 SELECT 语句的结果集看作一个数据库关系）。在这种情况下，子查询（内部查询）与外部查询是相关的；因此，高效地执行子查询是非常重要的，因为子查询需要被执行多次。例如，利用 TEACHING 表上搜索码为 <ProfID, Semester> 的聚集索引，可以快速地获取特定教授在特定学期讲授的所有课程（这非常可能是一个很小的集合）。如果可能的话，搜索码应该包含 WHERE子句中包含的所有属性，这样可以避免不必要地获取数据库中的行。

由于嵌套查询中内外层查询是独立优化的，优化器可能忽略某些替代的执行策略。例如，不可能用到 TEACHING 表上的搜索码值为 <ProfID, CrsCode> 的聚集索引；因为嵌套子查询只是根据外层查询提供的 P.ID 值创建课程代码（CrsCode）集。然而，非常容易想到，上面的查询等价于下面的查询：

```
SELECT C.CreName, P.Nam
    FROM PROFESSOR.P, TEACHING.T, COURSE.C
    WHERE T.Semester = '62003' AND P.Department = 'CS'
        AND P.ID = T.ProfID AND T.CrsCode = C.CrsCode
```

在对这个查询进行优化的过程中，将会考虑到利用这个索引。

10.3.3　反向规范化

反向规范化（Denormalization）是指通过向一个表中添加冗余信息来设法提高只读查询的性能。这个过程是关系规范化的逆过程，结果导致了违反范式条件。

反向规范化采取添加冗余信息的形式。例如，为了打印一个包含学生姓名的班级花名册，需要对 STUDENT 表及 TRANSCRIPT 表进行连接。我们可以通过在TRANSCRIPT 表上添加一个 Name 属性列来避免连接。与上面的例子相比，STUDENT表仍旧包含其他信息（例如 Address），因此，反向规范化没有消除保留 STUDENT 表的必要性。

　　另一个例子是对 STUDENT 表及 TRANSCRIPT 表进行连接来构建一个结果集，以便把一个学生的名字与其平均绩点关联起来。如果这个查询执行得非常频繁，我们可能需要在 STUDENT 表上添加一个 GPA 列来提高这个查询的性能。尽管修改前 GPA 没有被存储在数据库中，但这仍旧是冗余信息，因为可以通过 TRANSCRIPT 表计算 GPA。这是反向规范化的一个非常有吸引力的例子，因为额外的存储空间是有名无实的。

　　但是，不要无限制地进行反向规范化。除了需要额外的存储空间外，反向规范化还需要额外的开销来维护一致性。在这个例子中，每当发生一次成绩变更或者向 TRANSCRIPT 表添加一个新行，都要更新对应的 GPA 值。这个过程可能是由执行修改的事务来完成的，反向规范化在增加这个事务的复杂度的同时还降低了这个事务的性能。一个较好的方法是添加一个触发器，每当发生更新的时候，触发器被触发来更新 STUDENT 表。尽管性能损失不可避免，但是这个方法降低了事务的复杂度，并且避免了发生事务没有恰当维护一致性的情况。

　　关于何时进行反向规范化没有通用的规则。如下是一些可能相互冲突的不完整的关于反向规范化的指导性意见，在应用中包含一个特定的事务集的时候，需要综合考虑这些指导性意见。

　　（1）规范化可以降低存储空间的开销，因为规范化通常消除了冗余数据及空值；同时，表和行比较小，减少了必须执行的 I/O 操作的数量，允许更多的行被存储在高速缓存中。

　　（2）反向规范化增加了存储开销，因为添加了冗余信息。然而，在冗余度比较低的情况下，规范化也可能增加存储开销。

　　（3）规范化通常使复杂查询（例如 OLAP 系统中的某些查询）的执行效率较低，因为查询执行的过程中必然要涉及处理连接操作。

　　（4）规范化通常使简单查询（例如 OLTP 系统中的某些查询）的执行效率更高，因为这种查询通常只涉及包含在一个表中的少量属性。由于关系分解后每个关系包含的元组较少，因此在执行一个简单查询的过程中需要扫描的元组就较少。

　　（5）规范化通常使简单的更新型事务的执行效率更高，因为规范化倾向于减少每个表包含的索引数量。

10.3.4　实现惰性读取

　　对应用系统的一个重要的性能考虑是，当对象被获取时，是否应该自动读入属性。如果一个属性占用的空间非常大并且很少被访问，则需要考虑是否采取惰性读取（Lazy Read）的方式。例如，在人力资源管理系统中，员工的身份证照片是一个基本属性，它的平均大小可能为 100KB，很少会有操作实际用到这个数据。当读取该对象时，无须自动跨网络去获取这个属性，可以仅当实际用到该属性时再去获取它。这可以通过 getter()方法完成，该方法是为了提供一个单独属性的取值，而且它会查看该属性是否已被初始化，如果没有，这时再从数据库中获取它。

惰性读取的其他常见用法是，把要获取的对象作为查询结果在对象代码内实现报表。在这两种情形下，只需要对象的一个小的数据子集。

10.3.5　引入缓存

缓存（Cache）指的是在内存中临时保存实体备份的地方。由于数据库访问常常占用业务应用程序中大部分的处理时间，因此缓存能够急剧降低应用程序对数据库的访问数量。缓存包括：

- **对象缓存**（Object Cache）。该方式会在内存中维护业务对象的副本。应用程序服务器可以把某些或所有业务对象放进共享的缓存中，以使它支持的所有用户能够使用该对象的相同副本。这降低了它与数据库交互的次数，因为现在其只需要获取一次对象，并且在更新数据库之前合并多个用户的改动即可。另外一种方式是，每个用户都有一个缓存，这样可在非高峰期间对数据库进行更新，胖客户端应用程序也会采用这种方式。可以轻松地将对象缓存实现成 Identity Map 模式，该模式建议使用一个集合并通过它的标识域（表示数据库内主键的属性，这是一种影子信息）来支持对象的查找。
- **数据库缓存**（Database Cache）。数据库服务器会将数据缓存在内存中，从而减少磁盘访问的次数。
- **客户端数据缓存**（Client Data Cache）。客户端的机器可以有自己的小型数据库副本，从而减少网络流量，并以离线模式（Disconnected Mode）运行。这些数据库的副本是根据数据库记录（公司数据库）复制而来，用以获取更新后的数据。

10.3.6　充分利用工具

数据库管理系统供应商提供了各种用于对数据库进行调优的工具。这些工具通常情况下需要创建一个试验数据库，在这个数据库里对各种查询执行计划进行试验。在大多数数据库管理系统中，一个这样的典型工具是 EXPLAIN PLAN 语句，它允许用户查看数据库管理系统生成的查询计划。这个语句不是 SQL 标准的一部分，因此，在不同数据库管理系统供应商提供的数据库产品中，这个语句的语法可能会有所差别。基本的用法就是先执行一个如下形式的语句：

```
EXPLAIN PLAN SET queryno = 20130002 FOR
    SELECT P.Name
```

```
        FROM PROFESSOR AS P, TEACHING AS T
        WHERE P.ID = T.ProfID AND T.Semester = 'F2014'
            AND T.Semester = 'CS'
```

这个语句使数据库管理系统生成一个查询执行计划，并把这个查询执行计划当成一个元组集存储在 PLAN TABLE 关系（queryno 是这个关系的一个属性，有些数据库管理系统用不同的属性名，例如 ID）中。然后，可以通过执行如下对 PLAN_TABLE 关系的查询来获取这个查询执行计划。

```
        SELECT * FROM PLAN_TABLE WHERE queryno = 20130002
```

基于文本的查询执行计划的检测功能非常强大，但是，目前只有热衷于这种方式的人才会使用。一个繁忙的数据库管理员通常把基于文本的方法作为最后的手段，因为大多数数据库管理系统供应商都提供了图形界面的调优工具。例如，IBM 的 DB2 有一个 Visual Explain 工具，Oracle 提供了 Oracle Diagnostic Pack 工具，微软提供了 Query Analyzer 工具。这些工具不仅显示查询计划，而且能够建议我们创建索引以提高各种查询的执行速度。

通过考察查询执行计划，我们可以确认数据库管理系统是否忽略了我们所提供的"暗示"以及细心创建的索引。如果对当前的查询执行策略不满意，我们可以设法尝试其他执行策略。更重要的是，很多数据库管理系统提供了跟踪工具，我们可以利用跟踪工具跟踪查询的执行，并输出 CPU 和 I/O 资源利用情况以及每步处理的行数这些信息。利用跟踪工具，我们可以使数据库管理系统耐心地尝试各种查询执行计划，并评估每个执行计划的性能，从而使我们的应用系统处于最优的状态。

这里需要特别提及的是跨平台数据库调优利器 DB Optimizer（DBO）。DBO 是美国英巴卡迪诺公司的 7×24 小时快速数据库性能调优工具，是一款数据库性能数据采集、分析以及优化 SQL 语句的集成环境，可以帮助 DBA 以及开发人员快速发现、诊断和优化执行效率差的 SQL 语句。DBO 具有中文版，支持 Oracle、Sybase、IBM DB2、MS SQL Server 等数据库平台。

DBO 为绿色免安装软件，在数据库服务器端无须安装代理，通过 JDBC 驱动连接到数据库，无须安装数据库客户端驱动，连接用户只需有权访问动态性能视图即可。DBO 在运行时仅采集与性能相关的数据，给数据库服务器带来的系统压力小于 1%，因而适合用于关键的生产系统。

DBO 的典型工作流程包括发现和分析问题、解决问题、验证结果。此外，还包括一个用来编写 SQL 语句的 SQL 编辑器。

DBO 包含 Profiler、Tuner、SQL Editor 和 Load Editor 四大组件。通过 Profiler 组件可以发现和分析问题，判断数据库是否存在瓶颈以及瓶颈的具体所在。Profiler 组件持续地对数据库进行数据采集，以构建数据库的负载统计模型。采集数据时会过滤掉执行性能良好的 SQL 语句，仅收集"重量级"的 SQL 语句信息[①]。

通过 Profiler 组件发现需要优化的 SQL 语句后，就可以选择该 SQL 语句，从弹出菜单中选择 Tune，把该 SQL 语句导入到 DBO 的另一组件调优器（Tunner）中，从而开始调优。

DBO 不仅可以从 Profiler 组件中获得要优化的 SQL 语句，还可直接撰写 SQL 语句，或从数据源浏览器中拖拽要优化的数据库对象；或选择 SQL 文件执行批量优化，或从 Oracle 的 SGA 中查找要优化的 SQL 语句。

用户可通过 Hints 告知数据库优化器执行 SQL 语句的最优方式。DBO 的优化器可以自动地使用 Hints 生成 case，从而得出最优的执行方式。并且，DBO 的 Hints 是可配置的。SQL 重写可以在不改变 SQL 语句语义的情况下，将其修改成语义上等价、运行效率更高的形式。

10.4　物理资源的管理

承载数据库管理系统运行的物理资源（CPU、I/O 设备等）的性能，无疑在一定程度上决定着业务应用系统的性能。但是，按照目前的精细化分工，应用程序员通常无权控制这些资源。然而，某些数据库管理系统向程序员或数据库管理员提供了控制这些可用的物理资源的使用方式的机制。

一个磁盘单元只有一条独立的通路，对一个表或索引的每个读写请求必须按序通过这条通路。因此，如果许多常用的数据项驻留在磁盘上，就会生成一个很长的等待被处理的访问队列，响应时间就会受到负面影响。从中得到的教训是，多个小磁盘的性能可能优于一个独立的大磁盘，因为数据项可以分布在多个小磁盘上，从而可以在多个磁盘上并行地执行 I/O 操作。由于数据在磁盘间的分配策略可能对性能产生非常大的影响，数据库管理系统提供了一种机制，用户可以利用这种机制指定特定的数据项存储在哪个磁盘上。

把一个表划分成多个片段并将其分散存储在不同的磁盘上，可以实现对一个独立的表的并发访问。例如，STUDENT 表可以被分成 COLLEGE_STUDENTS、MASTER_STUDENTS 和 DOCTOR_STUDENTS 三个片段。注意，在这种情况下，所有片段都包含被频繁访问的行。片段被分布在不同的磁盘上可以提高性能，因为对学生信息的多个 I/O 请求可以并发执行。此外，还要注意的一点是顺序读取一个文件（例如表扫描）通常比随机读取文件更加高效。因为数据库管理系统设法把属于同一个文件的页保存在一起，结果是省去了读取两个连续页之间的寻道时间。但是，实现对文件的顺序 I/O 访问是不容易的，因为通常情况下磁盘中存储了多个文件，不同进程对不同文件的访问交叠在一起，磁头将从一个柱面移动到另一个柱面。这样，尽管一个进程顺序访问一个文件，

---

① "重量级"包括两类，一类是运行时间较长的，另一类是运行频度很高的 SQL 语句。

来自同一进程的两个连续访问间可能还有寻道的开销，因为来自其他进程的访问请求可能插在这两个请求之间。即使磁盘中的所有文件都被顺序访问，这也是一个无法避免的事实。从中得到的教训是，如果我们想利用顺序文件访问来提高性能，应该把这个文件放在一个独立的磁盘上。关于这个情况的一个比较好的例子是数据库管理系统维护的用于保证原子性的日志文件。

除了设法影响应用程序利用 I/O 设备的方式外，程序员还可以影响 CPU 的使用方式。通常情况下，数据库管理系统分配一个特定的进程（或线程）来执行一个 SQL 语句对应的执行计划。进程是顺序的（在每一时间点只做一件事，可能利用 CPU 执行代码，也可能请求 I/O 传输直到其完成），因此，在每一时间点它只用一个物理设备。结果是，在具有很少并发用户的联机分析处理环境中，吞吐率受到了负面影响，因为资源利用率很低。在具有很多并发用户的联机分析处理环境中，资源利用率提高，但是，在利用一个独立进程来执行一个查询计划的时候，响应时间可能是不可接受的。

通常，可以利用并行查询处理（Parallel Query Processing）技术来缩短一个查询的响应时间，在并行查询处理环境中，多个并发进程执行一个查询计划的不同组成部分。如果系统有多个 CPU（因此进程可以被并行执行），或者查询计划包含表扫描、查询访问非常大的表（因此需要仔细考虑 I/O 优化），以及数据分布在多个磁盘上（因此多个进程可以并行地利用多个磁盘）的情况下，可能带来响应时间的性能增益。

10.5　NoSQL 数据库的调优

10.5.1　NoSQL数据库调优的原则

NoSQL 数据库有多种，每一种 NoSQL 数据库的调优方法也不尽相同。不过，数据库调优的原则基本相同。在制定一个性能优化总体方案时，应当考虑下列 6 个原则。

原则 1：牢记最大的性能收益，通常来自最初所做的努力。以后的修改一般只产生越来越小的效益，并且需要付出更多的努力。

原则 2：不要为了优化而优化。优化的目的是解除性能问题，如果优化的不是引起性能问题的主要原因，那么这种优化对响应时间产生的提升甚微，而且实际上这种优化可能会使后续优化工作变得更加困难。

原则 3：站在全局角度宏观考虑问题。要优化的系统永远不是孤立存在的，在进行任何优化之前，务必考虑它对整个系统带来的影响。

原则 4：一次只修改一个参数。即使肯定所有的更改都有好处，也没有任何办法来评估每个更改所带来的影响。如果一次更改多个参数，那么很难判断哪个参数对系统的性能影响最大。如果每次优化一个参数以改进某一方面，那么改进之后的效果就很容易判断。

原则 5：检查是否存在软、硬件环境以及网络环境问题。

原则 6：在开始优化之前，确保支持修改过程回退。由于修改是作用在现有的系统之上的，如果优化没有取得预期的效果，甚至带来负面影响时，需要撤销那些改动，因此必须对此有所准备。

10.5.2　文档型数据库MongoDB的常用优化方案

1. 创建索引，但要到处使用索引

一般情况下，在查询条件字段上或者排序条件的字段上创建索引，可以显著提高执行效率。例如，我们经常把 papers 表的 name 字段作为查询条件，那么，在 papers 表的 name 字段上建立一个索引，可以显著提高查询效率。其示例代码如下：

```
db.papers.ensureIndex({name:1});
```

索引一般用在返回结果只是总体数据一小部分的时候。根据经验，一旦要返回大约集合一半的数据就不要使用索引了。

若是已经对某个字段建立了索引，又想在大规模查询时不使用它（因为使用索引可能会较低效），可以使用自然排序，用 { "$natural" : 1} 来强制 MongoDB 禁用索引。自然排序就是"按照磁盘上的存储顺序返回数据"，这样 MongoDB 就不会使用索引了：

```
>db.foo.find().sort({"$natural":1})
```

如果某个查询不用索引，MongoDB 会做全表扫描，即逐个扫描文档，遍历整个集合，以找到结果。

2. 限定返回结果条数

使用 limit() 限定返回结果集的大小，可以有效减少数据库服务器的资源消耗，以及网络传输的数据量，快速响应用户的请求。例如，假设 papers 表的数据量非常大，我们可以分批显示，每批显示的数量可以定制，默认情况下只查询最新的 10 篇文章的属性数据。为了提高查询效率，通过执行"db.papers.find().sort({name: -1}).limit(10)"命令，以获取最新的 10 条数据，而不必将 papers 表的数据都放到结果集中，这样可以显著减少数据库服务器的负载。其示例代码如下：

```
articles = db.papers.find().sort({name:-1}).limit(10);
```

3. 只查询必须的字段

只查询必须的字段，也可以有效减少数据库服务器的资源消耗，以及网络传输的数据量，快速响应用户的请求。假设被查找的论文库的论文数量非常大，那么只查询必须

的字段比查询所有字段效率更高。其示例代码如下：

```
articles = db.papers.find().sort({ },
          {name:1, title:1, author:1, abstract:1}).sort({name:-1}).limit(10);
```

这里，通过执行"db.papers.find"命令查询 papers 表的数据。请注意，这个命令有 2 个参数，其中第 2 个参数显式地指明只需要返回字段 name、title、author 和 abstract，而不必将所有的字段都选择出来。这样可以节省查询时间，节约系统内存，最重要的是查询效率很高。

4. 采用读写效率高的 Capped Collection 进行数据操作

在 MongoDB 中，Capped Collection 的读写效率比普通 collection 的读写效率更高，但使用 Capped Collection 须注意如下几点：

（1）Capped Collection 必需事先创建，并设置大小。其示例代码如下：

```
db.createCollection("newcoll", {capped: true, size: 100000});
```

这里，创建一个名为 newcoll 的 Capped Collection，指定它的初始大小是 100000B。

（2）Capped Collection 可以使用 insert 和 update 操作，但不能使用 delete 操作，只能用 drop 方法删除整个 collection。

（3）默认基于 insert 的次序排序。如果查询时没有排序，则总是按照 insert 的顺序返回。

（4）如果超过 collection 的限定大小，会自动采取 FIFO 算法，新记录将替代最先插入的记录。

5. 采用 Server Side Code Execution 命令集

在 MongoDB 中，对于常用的或复杂的工作，可用预先的命令写好，并用一个指定名称存储起来，在需要时即可自动完成命令，这就是 Server Side Code Execution。它是一组命令集，能够完成特定功能，由 JavaScript 语句书写，经编译和优化后存储在数据库服务器中，可由应用程序通过一个调用来执行，而且允许用户声明变量。可以接收输入参数、返回执行存储过程的状态值，也可以嵌套调用。其示例代码如下：

```
>db.system.js.save{"_id": "echo", "value":function(x){return x;}}
>db.eval("echo('mytest') ")
mytest
```

MongoDB 中 Server Side Code Execution 都存储在 system.js 表中。上述示例中，首先定义了一个名为 echo 的 Server Side Code Execution，它可以接收一个参数，并将这个参数的值返回给客户端。接下来，通过 db.eval 命令调用这个 Server Side Code Execution，并指定一个输入参数 mytest。调用之后，此 Server Side Code execution 返回给客户端一个与输入参数相同的值 mytest。

6. 使用 hint

通常情况下，MongoDB 的查询优化器都是自动工作的。但在某些情况下，如果我们强制使用 hint，那么可以提高工作效率。因为 hint 可以强制要求查询操作使用某个索引。

例如，要查询多个字段的值，并且在其中一个字段上有索引，可以通过 hint 指明使用这个索引，其示例代码如下：

```
db.collection.find({name: u, abstract: d}).hint({name: 1});
```

在本例中，collection 表的 user 列上有一个索引，但需要对 collection 表按 name 和 abstract 字段进行查询。如果不强制指定索引，将会做全表扫描；如果指定了索引，将会比全表扫描效率更高。

7. 尽可能减少磁盘访问

内存访问比磁盘访问要快得多。所以，很多优化的本质就是尽可能地减少对磁盘的访问。有几种简单实用的办法：①使用 SSD（固态硬盘）。SSD 在很多情况下都比机械硬盘快很多，但容量小，价钱高，难以安全清除数据，与内存读取速度的差距依旧明显。但是，还是可以尝试使用的。一般来说 SSD 与 MongoDB 配合得非常完美，但这也不是包治百病的灵丹妙药。②增加内存。增加内存可以减少对硬盘的读取。但是，增加内存也只能解决燃眉之急，总有内存装不下数据的时候。需要注意的是，访问新数据比老数据更频繁，一些用户比其他用户更加活跃，特定区域比其他地方拥有更多的客户。这类应用可以通过精心设计，让一部分文档缓存在内存中，极大减少硬盘访问。

8. 通过建立分级文档加速扫描

将数据组织得有层次，不仅可以让其看着更有条理，还可让 MongoDB 在某些条件下没有索引时也能快速查询，例如，假设有个查询并不使用索引。如前文所述，MongoDB 需要遍历集合中的所有文档来确定是否有什么能匹配查询条件。这个过程可能相当耗时，且文档结构至关重要，会直接影响效率的高低。

例如下述的文档结构：

```
{
  "_id": id,
  "name": username,
  "email": email,
  "facebook": username,
  "phone": phone_number,
  "street": street,
  "city": city,
  "state": state,
  "zip": zip,
  "fax": fax_number
}
```

当执行如下查询：

```
>db.users.find({"zip", "610021"})
```

MongoDB 将遍历每个文档的每个字段来查找 zip 字段，而使用内嵌文档则可以建立自己的"树"，从而让 MongoDB 的执行速度比上述查询时更快。其文档结构改变如下：

```
{
  "_id": id,
  "name": username,
  "omline": {
    "email": email,
    "facebook": username
  },
  "address": {
    "street": street,
    "city": city,
    "state": state,
    "zip": zip
  },
  "tele": {
    "phone": phone_number,
    "fax": fax_number
  }
}
```

文档结构改变后，其查询相应地改变为：

```
>db.users.find({"address.zip": "620021"})
```

这样，MongaDB 在找到匹配的 address 之前，仅查看 _id、name 和 online，而后在 address 中匹配 zip。合理使用层次，可以减少 MongoDB 对字段的访问，提高查询速度。

9. AND 型查询要点

假设要查询满足条件 A、B、C 的文档。若满足 A 的文档有 80000，满足 B 的文档有 18000，满足 C 的文档有 400。如果以 A、B、C 的顺序，让 MongoDB 进行查询，其查询效率将非常低下，如图 10-11 所示，图中深色部分表示每步都必须搜索的查询空间。显然，按照结果数量由大到小的顺序进行查询，多做了很多额外的工作。

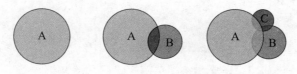

图 10-11 含有 null 的数据库（非关系化）示例

而如果把 C 放在最前，然后是 B，最后是 A，那么针对 B 和 C 只需要查看（最多）400 个文档，如图 10-12 所示。显然，相对于图 10-11 所示的查询，图 10-12 所示的按照结果数量由小到大的顺序进行查询，避免了很多不必要的工作。

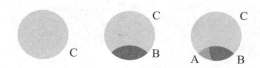

图 10-12　按数量从小到大进行查询的查询空间示例

可以看出，要是已知某个查询条件更加苛刻，那么将其放置在最前面（尤其是在它有对应索引的时候），则可以显著提高查询效率。

10.5.3　列族数据库Cassandra的优化

1. 不要盲目使用 Super Column

Cassandra 将客户端插入的数据写入 SSTable 文件中时，会对每一个 Key 对应的所有 Column 的名称建立索引，所以，如果某一个 Key 中包含了大量的 Column，那么这个索引就可以极大地提高对 Column 查找的速度。但是对于 Super 类型的 ColumnFamily，Cassandra 只会对 Super Column 的名称建立索引，当查找某一个 Super Column 下的 Column 时，就没有索引可以使用，需要依次遍历所有的 Column，直到找到所有合适的 Column 为止。如果某个 Super Column 下有大量的 Column，那么读取这个 Super Column 下的某个 Column 就将耗费大量的时间。

所以在设计 Cassandra 的数据模型时，不要盲目使用 Super Column，要仔细考虑项目的实际数据情况，如果采用 Super column 后，在 Super Column 中将存在大量的 Column，就需要考虑是否采取另外一种思路来设计 Cassandra 的数据模型了。

2. 硬盘的容量大小限制

Cassandra 中每一个 Key 对应的所有数据都需要完整地保存在一个 SSTable 文件中，即一块硬盘中。如果某一个 Key 对应的数据超过了这个大小限制，系统就会出现硬盘空间不足的错误。

3. 使用合理的压缩策略

使用合理的压缩策略，能有效地提高集群的稳定性和性能。在实际使用中，Cassandra 频繁地进行数据压缩会导致系统出现不稳定。原因是数据压缩将消耗大量的磁盘 I/O 和内存。如果关闭数据压缩功能，将导致数据文件夹下出现大量的 SSTable 文件，占用过多的磁盘空间，同时降低读取的效率。

4. 谨慎使用二级索引

在 Cassandra 0.7.x 版本中，提供了二级索引的功能，使得用户可以按照 Column 的值进行查询。这种特性虽然非常实用，但是也为 Cassandra 带来了额外的开销。对于需要建立二级索引的字段，Cassandra 除了要完成正常数据写入的操作，同时还要建立索引，相当于二次写入。这会延长数据写入的时间。如果某一个 Column Family 中有大量的字段需要建立二级索引，那么这个数据写入的额外消耗就显得非常可观了。所以在实际应用中，需要谨慎考虑是否真的需要使用二级索引。

5. 合理调整 JVM 启动参数

Cassandra 是基于 Java 的应用，可以通过修改启动 Cassandra 的 JVM 参数来达到性能调优的目的。

Cassandra 中 配 置 JVM 的 启 动 参 数 的 文 件 为 $CASSANDRA_ HOME/conf/cassandraenv. sh，在这个文件中修改 JVM_OPTS 变量的值，然后重启 Cassandra，就可以修改 Cassandra 的 JVM 启动参数并使其生效。

在 Linux 系统中，Cassandra 默认的 JVM 启动参数如下：

```
-ea
-xx: +UseThreadPriorities
-XX: ThreadPriorityPolicy=42
-Xms $ MAX_HEAP_SIZE
-Xmx $ MAX_HEAP_SIZE
-XX: + HeapDumpOnOutOfMemoryError
-Xss128k
-XX:+UseParNewGC
-XX:+UseConeMarkSweepGC
-XX:+CMSParallelRemarkEnabled
-XX:SurvivorRation = 8
-XX:MaxTenuringThreshold=1
-XX:CMSInitiatingOccupancyFraction=75
-XX:+UseCMSInitiatingOccupancyOnly
```

Sun 的官网网站中有完整 JVM 参数的详细说明，可以参考。

在设置 JVM 的启动参数时，有两个最为重要的参数 Xms 和 Xmx。在进行 JVM 参数调优时，可以先从 Xms 和 Xmx 这两个参数开始，然后再根据实际的应用运行情况调整其他的参数。例如，假设 Cassandra 集群中实际的服务器内存大小为 16GB，可以尝试使用如下 JVM 启动参数：

```
-da
-Xms12G
-Xmx12G
-XX:+UseParallelGC
-XX:+CMSParallelRemarkEnabled
-XX:SurvivorRatio=4
-XX:MaxTenuringThreshold=0
```

数据库重构是企事业单位在信息化进程中的一个热点和难点问题，是渐进式开发必备的重要工作，是从事数据库开发及管理的高级技能。

本章讨论数据库的结构、数据质量、参照完整性重构，展示了如何运用重构、测试驱动及其他敏捷技术进行渐进式数据库开发。并通过许多实例，详细说明了数据库重构的过程、策略以及部署。书中的示例代码是用 Java、Hibernate 和 Oracle 代码编写的，非常简洁，可以很容易地将它们转换成 C# 或 C++ 的代码。

11.1　数据库重构的重要性

现代的软件开发过程，包括 Rational 统一过程（RUP）、极限编程（XP）、敏捷统一过程（AUP）、Scrum、动态系统开发方法（DSDM）等，在本质上都是演进式的。众多软件开发的实践表明，数据库工作者也可以采用类似开发者使用的现代演进式技术，并从中受益，数据库重构就是数据专家需要的重要技能之一。

软件开发的伟大之处，就在于它们传达了许多有用的设计思想。模式曾经帮助笔者开发灵活的框架，构建坚固、可扩展的软件系统，不过，唯模式却导致笔者在工作中犯过过度设计的错误。随着不断总结和提高，笔者开始"通过重构实现模式、趋向模式和去除模式（refactoring to，towards，and away from pattern）"，而不再是在预先设计中使用模式，也不再过早地在代码中加入模式。这种使用模式的新方式，既避免了过度设计，又不至于设计不足。

对于过度设计，笔者曾经有过深刻的教训，那就是，如果预计错误，浪费的将是宝贵的时间和金钱。花费几天甚至更长时间对设计方案进行微调，仅仅是为了增加过度的灵活性或者不必要的复杂性。事实上，这种情况并不罕见，而且这样只会减少用来添加新功能、排除系统缺陷的时间。如果预期中的需求根本不会成为现实，那么按此编写的代码又将怎样处置呢？那就是删除不现实的。删除这些代码并不方便，何况我们还指望着有一天它们能派上用场。无论原因如何，随着过度灵活、过分复杂的代码的堆积，项目负责人以及团队中的其他程序员，尤其是那些新成员，就得在毫无必要的更庞大、更复杂的代码基础上工作了。过度设计总是在不知不觉中出现，许多架构师和程序员在进行过度设计时甚至自己都不曾意识到。而当工程负责人发现团队的生产效率下降时，又很少有人知道是过度设计在作怪。

设计不足会使软件开发节奏越来越慢，甚至导致：①系统的 1.0 版很快就交付了，但是代码质量很差；②系统的 2.0 版也交付了，但质量低劣的代码使我们不得不慢了下来；③在打算交付未来版本时，随着劣质代码数量的增加，开发速度也越来越慢，最后用户甚至程序员都对项目失去信心；④最后意识到这样肯定不行，开始考虑推倒重来。虽然这种事情在软件行业司空见惯，但对它熟视无睹，无疑将为此付出高昂的代价，更为严重的是，这会极大地降低企业的竞争力。

演进式数据库开发是一个适时出现的概念。不是在项目的前期试图设计数据库模式（schema），而是在整个项目生命周期中逐步地形成它，以反映项目涉众确定的不断变化的需求。不论读者是否喜欢，需求会随着项目的推进而变化。传统的方式是忽略这个基本事实并试图以各种方式来"管理变更"，这实际上是对阻止变更的一种委婉的说法。现代开发技术的实践者们选择接受变化，并使用一些技术，从而能够随着需求的变化演进他们的工作。以演进的方式进行数据库开发，好处是显而易见的：

- 将浪费减至最少。演进的、即时（JIT）的生产方式能够避免一些浪费，在串行式开发方式中，如果需求发生变化，这些浪费是不可避免的。如果后来发现某项需求不再需要，所有对详细需求、架构和设计工件方面的早期投资都会损失掉。如果有能力事先完成这部分工作，那肯定也有能力以 JIT 的方式来完成同样的工作。
- 避免了大量返工。当然，以演进的方式进行数据库开发，仍需要进行一些初始的建模工作，将主要问题前期想清楚，如果在项目后期才确定这些问题，可能会导致大量返工。事实上，这里只是不需要过早涉及其中的细节。
- 总是知道系统可以工作。通过演进的方式，定期产生能够工作的软件，即使只是部署到一个演示环境中，它也能工作。如果每一两周就得到一个系统的可工作版本，就会大大地降低项目的风险。
- 总是知道数据库设计具有最高的品质。这就是数据库重构所关注的"每次改进一点"模式设计。
- 与开发人员的工作方式一致。开发人员以演进的方式工作，如果数据专业人员希望成为现代开发团队中的有效成员，那么也需要以演进的方式工作。
- 减少了总工作量。以演进的方式工作，只需要完成今天真正需要完成的工作，没有其他工作。

演进式数据库开发的优势是明显的，不过也有一些不足之处：

- 存在文化上的阻碍。许多数据专业人员喜欢按串行式的方式进行软件开发，他们常持这样的观点：在编程开始之前，必须创建某种形式的详细逻辑和物理数据模型。不过，现代方法学已经放弃了这种方式，因为它效率不高，风险较大。
- 学习曲线。需要花时间来学习这些新技术，甚至需要花更多的时间将串行式的思维方式转变成演进式的思维方式。

30多年的实践使笔者明白，要想成为一名非常优秀的软件设计师，了解优秀软件设计的演变过程比学习优秀设计本身更有价值，因为设计的演变过程中隐藏着真正的大智慧。演变所得到的设计结构当然也有帮助，但是不知道设计是怎么发展而来的，在下一个项目中将很可能犯同样的错误，或陷入过度设计的误区。

通过学习不断改进设计，可以成为一名出色的软件设计师。测试驱动开发和持续重构是演进式设计的关键实践。将"模式导向的重构"的概念注入如何重构的知识中，就会发现自己如有神助，能够不断地改进并得到优秀的设计。

11.2 数据库重构的概念

11.2.1 数据库重构的定义

所谓重构就是一种"保持行为的转换"。Martin Fowler 在 *Refactoring* 一书中这样定义："是一种对软件内部结构的改善，目的是在不改变软件的可见行为的情况下，使其更易理解，修改成本更低。"

关于数据库重构，Joshua Kerievsky 在 *Refactoring to Patterns* 一书中这样定义："对已有的数据库模式做简单修改的行为过程。可以将数据库重构看作事后再规范物理数据库模式的一种方式。"我们可以这样理解，数据库重构是对数据库模式的一个简单变更，在保持其行为语义和信息语义的同时改进了它的设计，既没有增加新功能，也没有破坏原有的功能，既没有增加新的数据，也没有改变原有数据的含义。这里的数据库模式，既包括结构方面（如表和视图的定义），也包括功能方面（如存储过程和触发器）等。

例如，拆分列（Split Column）的数据库重构，可以将一个表中单独的列替换成两个或多个其他的列。假设一个数据库内有一张 Person 表，其中的 FirstDate 列已经被用于两种意图：①当这个人是客户时，该列存储这个客户的出生日期；②当这个人是雇员时，存储这个雇员的受雇佣日期。系统运行之初，完全可以满足业务需要，因为这是按业务需要设计的。但随着发展，出现了最初没有想到的新情况：一个人既是客户又是雇员，这时数据库系统就不能提供支持。经理要求对此进行修改，以满足新的需求。一个常见的传统的方案是：将 FirstDate 列修改成 BirthDate 和 HireDate 列，以修复已有的数据库模式。但为了维护已有数据库模式的行为语义，就需要更新所有访问 FirstDate 列的源代码，使之能够与两个新列一起工作。为了维护信息语义，需要编写迁移脚本（Migration Script），该脚本会往返穿梭（Loop Through）于各个表间，确定其类型，然后将现有的日期复制到适当的列中。尽管这听上去很容易，而且有时候的确如此，但实践经验是，这种修改在实际操作中并不容易。

数据库重构在概念上比代码重构要困难得多，代码重构只需要保持行为语义，而数据库重构不仅要保持行为语义，还必须保持信息语义。并且由于数据库架构所导致的耦合度，数据库重构可能变得非常复杂。更为严重的是，在数据库涉及的理论中，基本忽略了耦合的概念。尽管大多数数据库理论的书籍会极其详尽地论述数据规范化，却常常对降低耦合的方式鲜有提及。所幸只有实施数据库重构时，耦合才会成为一个严重的问题。客观上讲，这也是传统数据库理论没有涉及的东西，是一个新的挑战。

图 11-1（a）描述了数据库重构中最容易但较少见的场景，这种情形下只有应用程序的代码与数据库模式耦合。这种情形，在传统上称为烟囱（Stove Pipe），它们是单独运行的已有应用程序，或者是新建的项目。图 11-1（b）描述了数据库重构中困难但常见的场景，在这里各种类型的软件系统都与已有数据库模式发生耦合，这在已有的信息系统中较为常见。

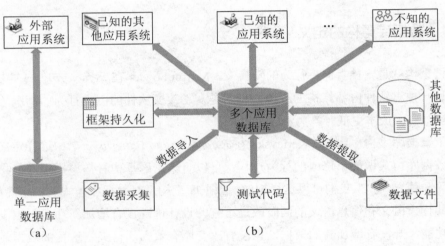

图 11-1　数据库重构场景示意图

对于图 11-1（a）所示的单一应用数据库环境，将一个列从一个表移动到另一个表是非常简单的，因为我们可以完全控制数据库模式和访问数据库的应用源代码。这意味着可以同时重构数据库模式和应用源代码，而不必同时支持原有的方案和新的方案，因为只有一个应用访问被重构的数据库。

对于图 11-1（b）所示的多个应用数据库环境，为了实现数据库重构，不仅需要完成与单应用数据库环境下同样但不能进行立即删除原表被移出的列之类的工作，而且需要在一定的"转换期"中同时保持这两个列，让开发团队有时间来更新并重新部署他们所有的应用。只有在足够的测试可以确保安全时，才能删除被移出的列等。此时，数据库重构才算完成。

总之，数据库重构是简单地变化数据库的模式以改进其设计，同时保持其行为和信息语义不变。对已有数据库模式做小的改造以进行扩展，如增加一个新列或新表，并不是数据库重构，因为这种改变是对设计的扩展。即使同时对已有数据库模式做大量的微小改动，如重命名 10 个列，都不能算作数据库重构，因为这不是一种单一的、微小的改变。数据库重构是对数据库模式做微小的变动，在保持行为和信息语义不变的同时改进其设计。

11.2.2 数据库重构的内涵是保持语义

重构数据库模式时，必须同时保持信息语义和行为语义。信息语义是指数据库内部信息的含义，这是从使用该信息的用户角度来看的。信息语义保持，意味着在语义上不应该增加或减少任何东西，当重构改变保存在一个列中的数据值时，该信息的客户端不应该受到此种改进的影响。例如，对一个字符类型的电话号码列进行了"引入通用格式（Introduce Common Format）"的数据库重构，将（028）8577-6666 和 023.6127.3678 这样的数据分别转换为 02885776666 和 02361273678。虽然格式得到了改进，处理该数据的代码要求更简单，但从实际的角度来看，真正的信息内容没有变化。请注意，在显示电话号码时还是会选择采用（×××）××××-×××× 的格式，但在存储该信息时却不会以这种方式进行。再如，假设有一个 FullName 列，其取值如"李三友"和"欧阳，晰书"，而且决定应用引入通用格式对其重新格式化，以使所有名字被存储成像"欧阳，晰书"这样的格式。将名字存储成字符串，会出现相同的数据，而且原来的格式仍在沿用，尽管其中一种格式已不再支持。要做到这一点，任何无法处理新标准格式的应用程序代码都要被重写。从严格意义上来说，语义事实上已经发生变化（不再支持老的数据格式），但从业务角度来说，它们并未变化，依然能够成功存储一个人的全名。

类似地，在行为语义方面，目标是要保持黑盒功能性不变，所有与数据库模式变更部分打交道的源代码都必须改造，从而实现与原来同样的功能。例如，重构中进行了"引入计算方法"重构，希望对原有的存储过程进行改造，让它们调用该方法，而不是实现相同的计算逻辑。总体上看，在数据库上还是实现了同样的逻辑，但现在计算逻辑上只在一个地方出现。

重要的一点是要认识到数据库重构是数据库转换的子集。数据库转换可能改变语义，也可能不改变语义，但数据库重构不会改变语义。

从表面上来看，"引入列"像是一种相当好的重构；在表中加入一个空列并没有改变表的语义，直到有新的功能开始使用这个列为止。但事实上，这是一种转换，而不是重构，因为它将不可避免地改变应用的行为。例如，如果你在表的中间引入该列，所有使用列位置来访问表（例如，代码引用第 8 列而不是其列名）的程序逻辑都会失败。而且，即使该列加在了表的末尾，与一个 DB2 表捆绑的 COBOL 程序也会失败，除非与新的方案再次捆绑。

11.2.3　数据库重构的类别

数据库重构主要有数据质量重构和结构重构之分，大体有以下 5 类：

（1）数据质量型。其特征是数据库重构专注于提高数据库内数据的质量。例如引入列约束（Introduce Column Constraint）和使用布尔值替代类型码（Replace Type Code with Boolean）。

（2）结构型。其特征是数据库重构会改变已有的数据库模式。例如重命名列（Rename Column）和分离只读数据（Separate Read Only Data）。当一种数据库重构不属于架构型、性能或引用完整性之一时，应当将其看作是结构型重构。

（3）架构型。其特征是一些数据库的列或表等项目会被重构成另外的存储过程或视图的项目。例如使用方法封装运算（Encapsulate Calculation with a Method）和使用视图封装表（Encapsulate Table with a View）。

（4）性能。这是一种结构型数据库重构，其特征是重构致力于提高已有数据库的性能。例如引入运算型数据列（Introduce Calculated Data Column）和引入备选索引（Introduce Alternate Index）。

（5）引用完整性。这是一种结构型数据库重构，其特征是致力于保证引用完整性。例如引入级联删除（Introduce Cascading Delete）和为运算型列引入触发器（Introduce Triggers for Calculated Column）。

11.2.4　重构工具

20 世纪 90 年代中期，开始出现重构工具。目前，主流的 Java IDE，如 Eclipse、JBuilder、IntelliJ、NetBeans 等已经支持或部分支持自动重构。目前的重构工具功能或许还不够强大，不过，坚信在不久的将来，新的重构工具能够对更多低层次重构的自动化提供支持，能够为特定代码段的重构提出建议，能够对同时应用几个重构的设计进行详细查看。

11.3　数据库重构的过程

图 11-2 所示为一个数据库重构过程的 UML 活动图。这个过程的动机，是希望实现修复在用系统的一个缺陷的新需求。在当前的数据库中，余额 Balance 列实际上是描述账户 Account 实体，而不是客户 Customer 实体，只有通过重构，才能为应用加入一种新的财务事务。

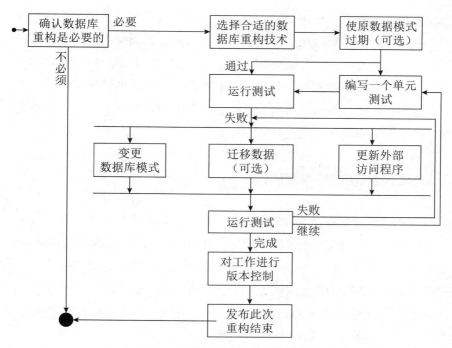

图 11-2　数据库重构过程示意图

11.3.1　确认数据库重构是必要的

重构是否需要进行，主要考虑以下 3 个问题。

（1）重构是必须的吗？

只有在必要的情况下才进行重构。如果原有的表结构是正确的，只是开发者不同意原有的数据库设计，或者误解了原有的设计，这种在实际情况中极为常见的情况需要重构数据库吗？数据库管理员通常对项目团队的数据库和其他有关的数据库非常了解，并且知道这样的问题应该去找谁。因此，他们更适合来决定原有的数据库模式是否是最佳。而且，数据库管理员常常了解整个企业的全局视图，这为他们提供了深刻的见解，避免了部门意见的偏见性。对于图 11-2 所示的例子，显然数据库模式需要改变。

（2）变更真的需要现在进行吗？

变更是否需要现在进行，常常源自于以往的经验。张工程师要求进行数据库模式变更有很好的理由吗？张工程师能解释该变更所支持的业务需求吗？这样的需求正确吗？张工程师过去建议过好的变更吗？张工程师的建议慎重吗？根据这些评估，企业经理定夺是否现在进行数据库重建。

（3）值得这样去做吗？

企业经理需要评估这项重构的总体影响。为了做到这一点，企业经理需要了解外部程序是怎样与数据库的这一部分耦合的。这方面的知识是企业经理通过长期与企业架构师、操作型数据库管理员、应用开发者以及其他数据库管理员一起工作而获得的。如果企业经理不能确定影响，他（她）就需要决定是按内心的感觉走，还是建议应用开发者等待，直到他（她）与合适的人员沟通之后。他（她）的目标是确保数据库重构会成功。即使只有一个应用访问该数据库，该应用也有可能与想改变的这部分数据库模式高度耦合在一起，导致不值得进行这次数据库重构。对于图 11-2 所示的例子，这个设计问题显然很严重，所以尽管有许多应用会受影响，企业经理还是决定要进行这次重构。

11.3.2　选择最合适的数据库重构

选择正确的途径是实现数据库重构的基本前提。敏捷数据库管理员需要的一个重要技能，就是理解能力。实现一个数据库内部的新数据结构和新逻辑，往往会有诸多选择，可以对数据库模式进行多种重构。在确定对数据库进行重构后，就要确定哪一种重构最适合当前所面临的情况，首先必须分析并理解当前所面临的问题。当张工程师第一次找到滕经理时，他可能进行过分析，也可能没有。例如，他可能找到滕经理说，Account表需要存放当前的余额，所以我们需要一个新的列（通过"引入列"转换）。但是他并不知道，这个列已经存在于 Customer 表中了，只是其位置有可能不对。滕经理正确地识别出了这个问题，但他的解决方案并不正确。基于滕经理对原有数据库模式的知识面，以及他对张工程师识别出的问题的理解，他建议张工程师应该进行"移动列"重构。

11.3.3　确定数据清洗的需求

基于正确的数据，才能得出正确的结论。在对一个结构型数据库重构或其中一个子分类重构时，首先需要确定数据本身是否足够整洁地可以进行重构。如果数据本身质量很差（如有很多坏数据），则在后续测试阶段将难以得出正确结论，影响重构的进程。根据已有数据的质量，通常可以快速发现清洗源数据的需要。在继续结构型重构之前，这需要一个或多个单独的数据质量重构。数据质量问题比较常见于那些随着时间的推移而大打折扣的遗留数据库设计，常见的数据质量问题如表 11-1 所示。

表 11-1　常见与遗留数据相关问题

问题	示例	对应用程序的潜在影响
多用途的列	一个日期型的列，用于存储某人的生日，如果此人是顾客的话。但如果此人是公司雇员，这个列就用于存储此人进公司的日期	如果一个列被用于多种用途，那么就需要额外的代码来确保源数据以"正确的方式"使用，这些代码常常会检查一个列或更多其他列的值
多用途的表	一个通用的 Customer 表中同时存放了人和公司的信息	由于人和公司的数据结构不一样，属性不同，必然在一些行中的一个或几个列为空，而另外一些列不空。这样一个列被用于存放几种类型的实体，就需要复杂的映射来处理该列所存储的值

问题	示例	对应用程序的潜在影响
数据的取值不一致	一个人的出生年份 BirthDate 列，有的值含世纪（如 2000 年以后的），有的不含世纪（如 43 年出生的）	其应用需要实现验证代码，以确保数据的基本取值是正确的；可能需要定义和实现针对不正确取值的替换策略；需要开发错误处理策略来处理坏数据
数据格式化不一致 / 不正确	一个人的名称在一个表中的存储格式为"姓 名"，而在另一个表中则为"姓，名"	获取和存储数据需要适当的解析代码
数据丢失	在某些记录中没有记录一个人的出生日期	可参见处理不一致数据取值的策略
列丢失	需要一个人的曾用名（formername），但是却不存在这样一列	可能需要在现有的遗留方案中增加该列；可能不需要对数据做任何处理；标识一个默认数值，直到数据可用；可能需要寻找一种备选的数据源
存在附加的列	数据库内存储了一个人联系过的另外一个人的电话号码，而业务上并不需要它	如果其他应用程序需要这些列，可能需要在自己的对象中实现它们，以确保其他应用程序能够使用应用程序所生成的数据；当插入一条新的记录时，可能需要向数据库中写入适当的默认值；为了更新数据库，可能需要读取原来的值，然后将其重新写回去
存在多个相同数据的来源	客户信息被存放于几个独立的遗留数据库中，或者客户名称被存放于同一数据库的多个表中	为信息标识一个单独的来源，并且只使用它；对于相同信息，做好访问多个来源的准备；当发现同一信息被存放在多处时，标识最优来源的选取规则
针对相同类型的实体存在多种键策略	一个表使用社会保险号（SSN）作为键存储客户信息，另外一个表则使用客户 ID 作为键，而其他表则使用一个代理键	需要做好通过多种策略对类似数据进行访问的准备，这意味着在一些类中需要有类似的查找器操作；一个对象的某些属性可能是非可变的：即它们的取值不能被修改，因为它们表示的是关系数据库中键的一部分
特殊字符的使用不一致	日期使用连字符来分隔年、月和日，而数字取值则被存储成用连字符标示负数的字符串	增加了解析代码的复杂性；需要附加文档来标示字符的用法
相似的列的数据类型不同	在一个表中，客户 ID 被存储成数字，而在另一个表中则为字符串	可能需要确定对象想要处理什么样的数据，然后再在它和数据源之间进行适当的相互转换；如果外键的类型不同于其所代表的原始数据，那么就需要进行表连接，因此任何嵌入到对象中的 SQL 会变得更为困难
存在不同的详细级别	一个对象需要月总销售额，而数据库中存储的是每个订单单独的总计金额，或者对象需要一件物品的各个部件（如一个汽车的车门和发动机）的重量，而数据库只记录了总的重量	可能需要复杂的映射代码来处理多种详细的级别
存在不同的操作模式	一些数据是只读的信息快照，而其他数据则是可读可写的	对象的设计必须反映它们所映射的数据的特征。对象可能是基于只读数据，因此无法更新或删除它们

续表

问题	示例	对应用程序的潜在影响
数据的时效性不同	客户数据是实时变化的,地址数据是一天一变的,而与国家和省、市、县、乡有关的数据则是精确到前一季度末,因为需要从一个外部的渠道来获取该信息	应用程序必须能够反映和(可能)报告它们所基于的信息的及时性
存在不同的默认值	对象为一个给定的值使用默认的值(如10),而另外一个应用程序已经使用了另一个默认的值(如30),这就造成了在数据库中存储 30 的先入为主的局面(以用户的观点)	可能需要同读者的用户商讨一个新的默认值;可能会被禁止存储自己的默认值(例如,在数据库某列中存储数值 10,可能是一个非法值)

11.3.4 使原数据库模式过时

如果有多个应用访问已有的数据库,那么重构数据库就需要一个转换期,让老模式和新模式同时工作一段时间,以便为其他应用程序的负责团队留出时间来重构和重新部署他们的系统。当然,在开发者的沙箱中工作时,这实际上并不是问题,但如果将重构的代码移至其他环境便会产生这个需要。通常,把这个并行运行的时间称为过期时段(Deprecation Period),该时期必须反映出工作沙箱的现实情况。例如,当数据库重构位于开发集成沙箱内时,过期时段可能只是几个小时,只要够测试数据库重构即可。当数据库重构处于其项目集成沙箱内时,过期时段可能是几天,只要够负责项目的团队成员更新和重新测试代码即可。当其处于其测试和生产沙箱内时,过期时段可能是几个月或甚至几年。

图 11-3 描述了在多应用的情况下一次数据库重构的生命周期。先在项目的范围内实现它,如果成功的话,再将它部署到产品环境。在转换期中,原来的模式和新的模式同时并存,有足够的支持性的代码来确保所有的数据更新都能正确进行。在转换期中,需要假定两件事情:首先,某些应用会使用原来的模式,而另一些应用会使用新的模式;其次,应用应该只需要与一种模式打交道,而不是两个版本的模式。在图 11-2 所示的示例中,某些应用将使用 Customer.Balance,而另一些应用将使用 Account.Balance,但没有应用会同时使用两者。不论它们用到的是哪一个列,应用都应该正常运行。当转换期结束时,原来的模式和支持性的代码将被移除,数据库会被重新测试。此时,我们的假定是所有的应用都使用 Account.Balance。

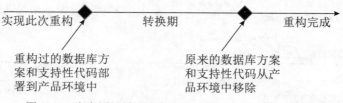

图 11-3 多应用场景一次数据库重构的生命周期示意图

11.3.5　编写单元测试进行前测试、中测试和后测试

同代码重构类似，拥有全面的测试套件才能确保数据库重构的有效进行。如果能够很容易地验证数据库在变更之后仍能与应用一起工作，那么就有信心对数据库模式进行变更。迄今为止，做到这一点的唯一途径，就是采用测试驱动开发（TDD）的方式。如果没有当前数据库修改部分的单元测试，那么必须编写适当的测试。即使有适当的单元测试套件，可能仍然需要编写新的测试代码，尤其是在结构型数据库重构的情形下。测试的内容包括测试数据库模式、测试应用使用数据库模式的方式、检验数据迁移的有效性和测试外部程序代码。

1. 测试数据库模式

测试数据库模式主要包括以下内容：

（1）存储过程和触发器。应该对存储过程和触发器进行测试，就像对待应用代码那样。

（2）参照完整性（RI）。对于参照完整性规则，应予以测试，特别是在层叠式删除的情况，即在父行被删除的同时，也删除与之高度耦合的子行。在 Account 表插入数据时，一些存在性规则必须确保存在，例如一个客户行对应一个账户行。虽然这些存在性规则很容易测试，但是却不能忽略。

（3）视图定义。视图常常实现了业务逻辑。需要检查的内容包括过滤 / 选择逻辑是否正常工作，是否退回了正确的行数，是否返回了正确的列，以及列与行是否按正确的顺序排列。

（4）默认值。列常常定义了默认值。默认值是否确实已指定？（有时候会不小心从表定义中删除了这一部分。）

（5）数据不变式。列常常会定义一些不变式，以约束的形式实现。例如，一个数字列可能限制只能包含 1 ～ 7 的值。应该对这些不变式进行测试。

图 11-4 所示的是两个处于转换期的方案变更验证。第 1 个变更是向 Account 表加入 Balance 列。这个变更，涉及数据迁移和外部程序测试。第 2 个变更是增加 SynchronizeAccountBalance 和 SynchronizeCustomerBalance 两个触发器，用于保持两个数据列的同步。要实现这一目的，就需要通过测试来确保当 Customer.Balance 列更新时，Account.Balance 也得到更新，反之亦然。

2. 检验数据迁移的有效性

为确保数据库重构成功，一些数据库重构技术要求对源数据进行迁移，有时甚至还要求净化源数据。图 11-4 所示的示例中，必须将数据值从 Customer.Balance 复制到 Account.Balance，这是实现重构的一部分工作。此时就需要检验每个顾客的正确余额数据确实被进行了复制。

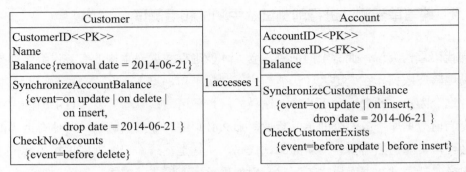

图 11-4　两个处于转换期的方案变更验证示意图

在"应用标准编码"和"统一主键策略"重构中，实际上是"净化"了数据值。不过，对于这种净化逻辑必须进行检验。在"应用标准编码"重构技术中，需要将数据库中所有"USA"和"U.S."这样的编码值全部转换成标准值"US"。无疑，这就需要编写一些测试来检验老的编码不再使用，并且被转换成了相应的正规编码。在"统一主键策略"重构技术中，可能发现顾客在有些表中是通过顾客 ID 来标识的，另一些表中是通过社会保险号（SSN）来标识的，还有一些表是通过电话号码来标识的。如果我们希望选择一种方式来标识顾客，也许是顾客 ID，然后对其他表进行重构，使用这个列。此时，就需要编写一些测试来检验各行之间的关系是否仍然正确（例如，如果电话号码 028-85771234 引用了顾客王大力的记录，那么当采用顾客 ID 5301024621 作为主键后，王大力的记录仍然应该被引用）。

3. 测试外部访问程序

被重构的数据库至少有一个甚至多个应用程序对其访问。对这些应用程序，也必须进行检验，就像企业中的其他 IT 资产一样。要成功地重构数据库，就需要能引入最终的方案，如图 11-5 所示，并观察最终的方案是否破坏了外部访问程序。要做到这一点，唯一的方法就是对这些程序进行完整的回归测试。这需要有完整的回归测试套件，如果没有这样的套件，就需要立刻开发这样的测试套件。当然，这样的套件应包括对所有的外部访问程序的测试单元，并且随着时间的推移，项目组会逐步建立起所需的全部测试套件。

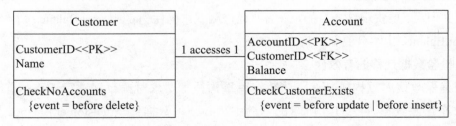

图 11-5　数据库重构后的方案示意图

编写数据库测试的一个重要方面，就是创建测试数据，可以采用以下多种策略：

（1）具有源测试数据。可以只维护一个数据库实例，或装满测试数据的文件，使应用程序团队对此进行测试。开发者需要从该实例中导入数据，以在他们的沙箱中组装（Populate）数据库，而且同样地，需要把数据装载到自己的项目集成和测试/QA沙箱中。这些装载程序（Routine）会被看作是其他沿图 11-1（b）所示的线与企业的数据库耦合的应用程序。

（2）测试数据生成脚本。这实际上是一个迷你应用程序，它能够将数据清除，然后使用已知信息来组装成企业在用的数据库。该应用程序需要随时演变，从而与企业在用的数据库保持一致。

（3）自包含式（self-contained）测试案例。各个测试，能够建立它们自己需要的数据。对于单个测试而言，一个好的策略是将数据库放到一个已知的状态里面，针对这个状态进行测试，然后回退任何的变更，让数据库回到它最初的状态。该方式需要对编写单元测试的人员进行训练，其明显的优点是，当测试结果不符合预期时，能够简化分析工作。

11.3.6　实现预期的数据库模式变化

实现数据库重构的一个重要方面是，必须确保数据库方案变更的部署严格遵守了企业的数据库开发指南。这些指南由数据库管理小组提供并支持，至少应该包含命名和文档编写方面的指南。在前述的例子中，加入了 Account.Balance 列和 Synchronize AccountBalance 与 SynchronizeCustomerBalance 两个触发器。其 DDL 代码如下：

```
ALTER TABLE  Account  ADD Balance Numeric;
COMMENT ON Account.Balance "移动Customer表的Balance列,
生效日期为2014-06-21";
CREATE OR REPLACE TRIGGER SynchronizeCustomerBalance
  BEFORE INSERT OR UPDATE
  ON Account
  REFERENCING OLD AS OLD NEW AS NEW
  FOR EACH ROW
  DECLARE
  BEGIN
    IF :NEW.Balance IS NOT NULL THEN
        UpdateCustomerBalance;
  END IF;
END;

COMMENT ON SynchronizeCustomerBalance "移动Customer表
的Balance列到Account 中，生效日期为: 2014-06-21";

CREATE OR REPLACE TRIGGER SynchronizeAccountBalance
  BEFORE INSERT OR UPDATE OR DELETE
  ON Customer
  REFERENCING OLD AS OLD NEW AS NEW
  FOR EACH ROW
  DECLARE
  BEGIN
  IF DELETING THEN
     DeleteCustomerIfAccountNotFound;
```

```
      END IF;
      IF(UPDATING OR INSERTING) THEN
        IF :NEW.Balance IS NOT NULL THEN
            UpdateAccountBalanceForCustomer;
        END IF;
      END IF;
    END;

    COMMENT ON SynchronizeAccountBalance "移动Customer表
    的Balance列到Account 中, 生效日期为: 2014-06-21";
```

　　修改数据库方案的成功经验是，为每个脚本设置一个唯一的递增编号。最容易的做法就是从 1 号开始，每次定义一个新的数据库重构时增量计数，最简单的方法是采用应用的构建号（Build Number）。需要特别注意的是，每次重构都应采用一个小脚本，这样做的好处如下：

　　（1）简单且易实现。与包含许多步骤的脚本相比，小的变更脚本更容易维护。例如，如果实施过程中发现由于一些未能预见的原因，某次重构不应该执行（也许不能更新一个主要应用，而该应用会访问变更部分的方案），希望能简单地不去执行它。

　　（2）容易把握正确性。希望能够以正确的顺序对数据库方案执行每次重构，从而按定义的方式对它进行演进。重构可以建立在其他重构的基础上。例如，可能对一个列进行改名，接着在几周后将它移动到另一个表。第二次重构将依赖于第一次重构，因为它的代码会引用列的新名字。

　　（3）容易进行版本控制。不同的数据库实例会拥有数据库方案的不同版本。

11.3.7　迁移源数据

　　数据库重构常常要求以某种方式操作源数据。例如，有些情况下，需要将数据从一个地方移动到另一个地方，我们称之为"移动数据"。在另一些情况下，则需要净化数据的值，这在数据质量重构时是很常见的，例如"采用标准类型"和"引入通用格式"。与修改数据库模式类似，可以创建一个脚本来执行所需的数据迁移工作。这个脚本应该与其他脚本一样拥有标识号，以便管理。在将 Customer.Balance 列移动到 Account 表的例子中，数据迁移脚本将包含以下数据操作语言（DML）代码：

```
    /* 从customer.Balance到Account.Balance的一次数据迁移 */
    UPDATE Account SET Balance =
        (SELECT Balance FROM Customer
        WHERE CustomerID = Account.CustomerID);
```

　　根据现有数据的质量，项目组可能很快发现需要对源数据进行进一步净化。这可能需要应用一项或多项数据质量重构技术。需要注意的是，在进行结构性数据库重构和架构性数据库重构时，最好是暂时不要考虑数据质量问题。数据质量问题在遗留的数据库设计中很常见，这些设计问题将随时间的推移而逐步被解决。

11.3.8 更新数据库管理脚本

实现数据库重构的一个关键部分就是要更新遗留数据库管理脚本，主要内容包括：

（1）数据库变更日志。该脚本包含了实现所有数据库方案变更的源代码，并且是根据整个项目过程中这些变更的应用次序进行的。在实现一个数据库重构时，该日志中要只包含当前的变更。

（2）更新日志。该日志包括对数据库方案以后变更的源代码，它会在过期时段之后运行，用于数据库重构。在图 11-4 所示的例子中会包含移动 Account.Balance 列和引入 SynchronizeAccountBalance、SynchronizeCustomerBalance 触发器所需的源代码。

（3）数据迁移日志。该日志包含了数据操纵语言（DML），以重新格式化或清洗整个项目过程中的源数据。

11.3.9 重构外部访问程序

当数据库方案发生变更时，常常需要重构原有的外部程序，这些外部程序需要访问这部分变更过的方案，包括了遗留应用、持久框架、数据复制代码、报表系统等。

如果有许多程序访问这个遗留数据库，重构必然会遇到一些风险，因为某些程序不会被负责它们的开发团队更新，或者情况更糟，目前也许不能指派一个团队来负责它们，更为极端的情况是，一个应用的外包单位已经倒闭，无法找到原始代码。这意味着需要指派某人负责更新这个（些）应用，需要有人承担费用。对于这种情况，有两种基本策略可以选择。第 1 种策略是进行数据库重构并为它指定一个数十年的转换期。通过这种方式，那些无法改变的或不能改变的外部程序仍然能工作，但其他应用可以访问改进过的部分。这种策略的不足之处在于，支持两种方案的支持性代码将长期存在，显然降低了数据库的性能，使数据库变得混乱。第 2 种策略是放弃这次重构。

11.3.10 进行回归测试

一旦完成对应用程序代码和数据库方案的改变，就需要运行自己的回归测试套件。这个工作应该能自动运行，包括测试数据的安装或生成、实际运行的测试本身、实际测试结果和预期结果的比对，以及根据合理的方式重新设置数据库。成功的测试能够发现问题，从而可以再次修改，直到正确为止。由于可以按小步快走的方法，测试一点，改变一点，再测试一点，如此下去直至重构完成，所以当测试失败时，项目组能够清楚地知道问题就出在刚刚进行过的改动中。反之，如果每次变化越大，那么捕捉问题的难度就会越高，开发工作就会变得越慢和越低效。

11.3.11 为重构编写文档

由于遗留数据库是一个共享资源，也是重要的 IT 资产，数据库管理员需要记录数据库变化的过程。无论是在重构团队内部传达变化，或者向其他所有感兴趣的各方传达建议性的变化，都是重要的。同时，更新任何相关的文档，对于以后把此次变更提交测试 /QA 沙箱和以后投入生产时，都是重要的，因为其他团队需要知道数据库方案是如何演变的。企业管理员有可能需要该文档，从而能够更新相关的元信息。在编写敏捷文档时，要切记简单性和充分够用性，建议遵循实效主义程序设计（Pragmatic Programming，Hunt and Thomas 2000）的原则。

更为简单的办法是，编写数据库发布版声明，在其中总结所做的变更，按顺序列出每项数据库重构。例如对前述的例子重构，在列表中可能是"121：将 Customer. Balance 列移动到 Account 表中"。

文档和源代码一样，都是系统的一部分。拥有文档的好处必须大于其创建和维护的成本。

11.3.12 对工作进行版本控制

将所有工作都录入到版本控制工具里面，从而置于配置管理（Configuration Management，CM）控制之下。对于数据库重构工作的版本控制，包括任何此项工作所创建的 DDL、变更脚本、数据迁移脚本、测试数据、测试案例、测试数据生成代码、文档和模型。

11.4　数据库重构的策略

笔者所带领的团队先后对数百个复杂程度不同的数据库进行过重构，本节汇集了我们的经验教训，希望对读者进行数据库重构有所帮助。

11.4.1　通过小变更降低变更风险

采取一些必要的步骤，每次只进行一小步，完成指定的工作，这样可以有效地控制风险。通常，变更越大，就越有可能引入缺陷，发现引入的缺陷也就越困难。如果在进行了一个小变更之后，发现引起了破坏，没有达到预期目的，那么，我们会很清楚哪个变更导致了问题的出现，从而确定相应的对策。

11.4.2 唯一地标识每一次重构

在软件开发项目中，可能对数据库方案进行了数百次的重构和转换。因为这些重构常常存在依赖关系，例如，可能对一个列改名，然后几周后将它移到了另一个表中，所以我们需要确保重构以正确的顺序进行。为了做到这一点，应该以某种方式标识每一次重构，并标识出它们之间的依赖关系。表 11-2 列出了标识方法的基本策略。

表 11-2　数据库重构版本标识策略

版本标识策略	说明	优点	缺点
构建编号	应用构建编号通常是由构建工具（如 CruiseControl）分配的一个整数值，当应用进行变更，编译成功并通过所有的单元测试后会生成构建编号（即使这次变更是一次数据库重构）	①简单策略；②一系列的重构可以被看作一个先进先出（FIFO）队列，按构建编号的顺序执行；③数据库版本直接与应用版本关联起来	①假定所用的数据库重构工具与构建工具是集成在一起的，或者每次重构都是一个或在配置管理控制之下的多个脚本；②许多构建不包括数据库变更。因此版本标识符对数据库来说是不连续的（例如，它们可能是 1、7、9、12……而不是 1、2、3、4……）；③当同一个数据库中有多个应用在开发时，管理起来很困难，因为每个项目团队将有相同的构建编号
日期 / 时间戳	当前的日期 / 时间被分配给这次重构	①简单策略；②一系列重构被作为一个 FIFO 队列进行管理	①采用基于脚本的方式来实现重构，使用日期 / 时间戳作为文件名看起来有点怪；②需要一种方法来关联重构和相应的应用构建
唯一标识符	为重构分配一个唯一的标识符，诸如 GUID 或一个增量值	存在产生唯一值的策略（例如，可以使用全球唯一标识符（GUID）生成器）	① GUID 作为文件名有点怪；②使用 GUID 时，仍然需要确定执行重构的顺序，需要一种方法来关联重构和相应的应用构建

注：这里的策略是假定在一个单应用、单数据库环境中。

11.4.3 转换期触发器优于视图或批量同步

在重构时，多数情况下都是几个应用访问相同的数据库表、列或视图，因此不得不设置一个转换期。在这个转换期中，新旧方案在生产环境中同时存在。这样，就需要有一种方法来确保不论应用访问哪一个版本的方案，都能访问到一致的数据。表 11-3 列出了用于保持数据同步的主要策略。根据我们的经验，触发器在绝大多数情况下都是最好的方法。视图的方法能实现同步，批量处理的方法也可以实现同步，但在实际应用中的效果都不如基于触发器的同步方式。

表 11-3　数据库重构转换期数据同步策略

同步策略	说明	优点	缺点
触发器	实现一个或多个触发器,对另一个版本的 schema 进行相应的更新	实时更新	①可能成为性能瓶颈; ②可能引起触发器循环; ③可能引起死锁; ④常常引入重复的数据(数据同时存储在新旧 schema 中)
视图	引入代表原来表的视图,用这种方式同时更新新旧 schema 的数据	①实时更新; ②不需要在表/列之间移动物理数据	①某些数据库不支持可更新的视图,或者不支持可更新视图的连接操作; ②引入视图和最后删除视图时带来了额外的复杂性
批更新	一个批处理任务处理并更新数据,定期执行(例如每天)	数据同步带来的性能影响在非峰值负载时消除了	①极有可能带来参照完整性问题; ②需要追踪以前版本的数据,来确定对记录做了哪些变更; ③如果在批量处理时发生了多个变化(例如,某人同时更新了新旧 schema 中的数据),就会难以确定哪些变化需要接受常常引入重复的数据(数据同时保存在新旧 schema 中)

11.4.4　确定一个足够长的转换期

数据库管理员必须为重构指定一个符合实际要求的转换期。转换期的长短,要足够所有团队完成他们的工作。我们发现一个最容易的办法,就是对不同类型的重构,分别达成一个一致同意的转换期,然后一致地采用它。例如,结构重构可能有两年的转换期,而架构重构可能有三年的转换期。

这种方法的主要不足在于,它要求采用最长的转换期,即使访问重构方案的应用不多,而且这些应用经常重新部署。不过,可以通过积极移出生产数据库中不再需要的方案来缓解这个问题,即使转换期还没有结束。此外,还可以通过数据库“变更控制委员会”协商一个更短的转换期,或者直接与其他团队进行协调。

11.4.5　封装对数据库的访问

大量实践表明,数据库访问封装得越好,就越容易重构。最低限度,即使应用程序包含硬编码的 SQL 语句,也应该将这些 SQL 代码放在明确标识的一个地方,这样在需要的时候就能容易地找到它们并进行更新。可以按一种一致的方式来实现 SQL 逻辑,如对每个业务类提供 save()、delete()、retrieve() 和 find() 操作。或者可以实现数据访问对象(DAO),实现数据访问逻辑的类与业务类分离。例如,企事业单位的 Customer 和 Account 业务类分别拥有 CustomerDAO 和 AccountDAO 类。更好的做法是,可以完全放弃 SQL 代码,从映射元数据生成数据库访问逻辑。

11.4.6 使建立数据库环境简单

IT 企业的人员变化是常态化的。在数据库重构项目的生命周期中，经常会有人加入项目组，又有人会离开项目组。团队成员需要能创建数据库的实例，而且是在不同的机器上使用不同版本的方案，如图 11-6 所示。最有效的方法就是通过一个安装脚本，运行创建数据库方案的初始 DDL 以及所有相应的变更脚本，然后运行回归测试套件以确保安装成功。

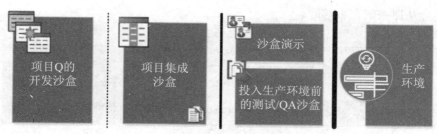

图 11-6　沙盒[①] 示意图

11.4.7 将数据库资产置于变更控制之下

笔者见过一些小团队，曾经有过沉痛的教训，那就是数据库管理员不进行变更控制，有时甚至开发者也不进行变更控制。最终导致当需要把应用部署到生产前的测试环境或生产环境中去时，这些小团队常常疲于确定数据模型或变更脚本的正确版本。因此，数据库资产和其他关键的项目资产一样，应该有效地进行管理。我们的经验是，将数据库资产与应用放在同一个配置库（Repository）里是很有帮助的，这样可使我们能够看到是谁进行了变更，而且支持回滚功能。

在线资源 groups.yahoo.com/group/agileDatabases/ 有这方面的讨论，读者可以从中学到许多有益的经验。

11.5　数据库重构的方法

11.5.1 结构重构

结构重构改变了数据库方案的表结构，主要包括删除列、删除表、删除视图、引入

---

① 沙盒是一个完整的工作环境，在这个环境中可以对系统进行构建、测试和运行。出于安全的考虑，不同的沙盒之间通常保持分离，不仅开发者能在自己的沙盒中工作而不必担心会破坏别人的工作，而且其质量保证 / 测试小组也能够安全地运行他们的系统集成测试，而最终的用户还能够运行系统而不必担心开发者会造成源数据或系统功能上的冲突。

计算列、移动列、列改名等。

1. 删除列

从现有的表中删除一个列，如图 11-7 所示。

1）引发"删除列"重构的动因

当发现表中的某些列并没有真正被使用的时候，最好是删除这些列，以免误用。应用"删除列"的首要原因，是为了重构数据库的表设计，或者是由于外部应用重构引起的，例如该列已不再使用。此外，"删除列"常常作为"移动列"数据库重构的一个步骤，因为该列会从原来的表中移除。

图 11-7　删除 Customer.FormerName 列示例图

2）表结构更新的方法

通过删除一个列来更新方案，需要执行以下步骤：

（1）选择一种删除策略。有些数据库产品不允许删除一个列，则可以创建一个临时表，将所有数据移到临时表里，删除原来的表，用原来的表名重新创建一个不包含该列的表，将数据从临时表移动到新建的表，再删除临时表。如果所用的数据库产品提供了删除列的方法，那么只需使用 ALTER TABLE 命令的 DROP COLUMN 选项。

（2）删除列。有时候，如果数据量很大，我们需要确保执行"删除列"的时间是合理的。为了将影响降到最低，可以将列的物理删除安排在该表最少使用的时间段。另一种策略是将该列标识为未使用，这可以通过 ALTER TABLE 命令的 SET UNUSED 选项来实现。SET UNUSED 命令执行的速度很快，可以将删除列的影响降到最低。然后就可以在计划好的非峰值时间删除这些未使用的列。在使用这个选项时，数据库不会对该列进行物理删除，但会对所有人隐藏该列。

（3）处理外键。如果 FormerName 是主键的一部分，那么必须同时删除其他表中对应的列，这些表使用该列作为外键连接到 Customer。注意，还需要重新创建这些表上的外键约束。在这种情况下，可能需要考虑先进行"引入替代键"或"用自然键取代替代键"重构，再进行"删除列"重构，以此来简化工作。

3）数据迁移的方法

为了支持从表中删除列，可能需要保留原有的数据，或者可能需要考虑"删除列"的性能。如果从生产环境的一个表中删除一列时，那么在业务上通常要求保留原有的数据，"以防万一"在将来的什么时候会用到它。最简单的方法就是创建一个临时表，其中包含源表的主键和打算删除的列，然后将相应的数据移到这个新的临时表中，此后就可以选择其他方法来保留数据，例如将数据保存在外部文件中。

下面的代码描述了删除 Customer.FormerName 列的步骤。为了保留数据，创建了一个名为 CustomerFormerName 的临时表，它包含了 Customer 表的主键和 FormerName 列。

```
CREATE TABLE CustomerFormerName
AS SELECT CustomerID, FormerName FROM Customer;
```

4）访问被删除列数据的应用程序的更新方法

确定并更新所有引用 Customer.FormerName 的外部程序，并考虑以下问题：

（1）重构代码，使用替代的数据源。某些外部程序可能包含一些代码，会用到包含在 Customer.FormerName 列中的数据。如果出现这种情况，必须找到替代的数据源，修改代码使用这些替代数据源，否则这次重构就应该取消。

（2）对 SELECT 语句瘦身。某些外部程序可能包含一些查询，读入了该列的数据，然后又忽略了取到的值。

（3）重构数据库的插入和更新。某些外部程序可能包含一些代码，在插入数据时将"假值"放入这一列中，这种代码需要删除。或者程序可能包含一些代码，在插入或更新数据库时阻止写入 FormerName。在另一些情况下，可能在应用中使用 SELECT * FROM Customer，预期得到一定数量的列，并通过位置引用的方法从结果集中取出列的值。这样的应用代码可能被破坏，因为 SELECT 语句的结果集现在少了一列。一般来说，在应用中对任何表使用 SELECT * 都不是一个好方法。当然，这里的真正问题是应用使用了位置引用，这是我们重构必须考虑的一个问题。删除对 FormerName 的引用的示例代码如下：

```
//重构前的示例代码
public Customer findByCustomerID(Long customerID) {
    stmt = DB.prepare("SELECT CustomerID, Name, FormerName "+
        "FROM Customer WHERE CustomerID = ?");
    stmt.setLong(1, customerID.longValue());
    stmt.execute( );
    ResultSet rs = stmt.executeQuery( );
    if (rs.next( )) {
        customer.setCustometID(rs.getLong("CustomerID"));
        customer.setName(rs.getString("Name"));
        customer.setFavoritePet(rs.getString("FormerName"));
    }
    return customer;
}
public void insert(long customerId, String Name, String formerName) {
    stmt = DB.prepare("INSERT into customer " +
        "(CustomerID, Name, FormerName)" +
        "values(?, ?, ?)");
    stmt.setLong(1, customerID);
    stmt.setString(2, name);
    stmt.setString(3, formerName);
```

```
    stmt .execute( );
}

public void update(long customerId, String Name, String formerName) {
    stmt = DB.prepare("UPDATE Customer  SET Name = ?, " +
            "FormerName = ? WHERE CustomerID =?");
    stmt.setString(1, name);
    stmt.setString(2, formerName);
    stmt.setLong(3, customerID);
    stmt .executeUpdate( );
}

//重构后的示例代码
public Customer findByCustomerID(Long customerID) {
    stmt = DB.prepare("SELECT CustomerID, Name " +
      "FROM Customer WHERE CustomerID = ?");
    stmt.setLong(1, customerID.longValue());
    stmt.execute( );
    ResultSet rs = stmt.executeQuery( );
    if (rs.next( )) {
        customer.setCustometID(rs.getLong("CustomerID"));
        customer.setName(rs.getString("Name"));
    }
    return customer;
}

public void insert(long customerId, String name) {
    stmt = DB.prepare("INSERT into customer " +
            "(CustomerID, Name ) values(?, ?)");
    stmt.setLong(1, customerID);
    stmt.setString(2, Name);
    stmt .execute( );
}

public void update(long customerId, String name) {
    stmt = DB.prepare("UPDATE Customer " +
            "SET Name = ? WHERE CustomerID = ?");
    stmt.setString(1, name);
    stmt.setLong(2, customerID);
    stmt .executeUpdate( );
}
```

2. 删除表

从数据库中删除一个现有的表。

1）引发“删除表”重构的动因

在遗留数据库中，当表被其他类似的数据源（如另一个表或视图）代替时，或者这个特定的数据源不再需要时，就需要对这个表进行删除，以保持数据库的瘦身和高效。此时，我们需要进行“删除表”重构。

2）模式更新的方法

在进行“删除表”重构时，必须解决数据完整性问题。如果 Pets 被其他表引用到，那么必须删除相应的外键约束，或者将外键约束重新指向其他表。图 11-8 展示了一个例子，说明如何删除 Pets 表：只需将这个表标识为已过时的，并在转换期结束后删除即可。

下面的代码是删除该表的 DDL。

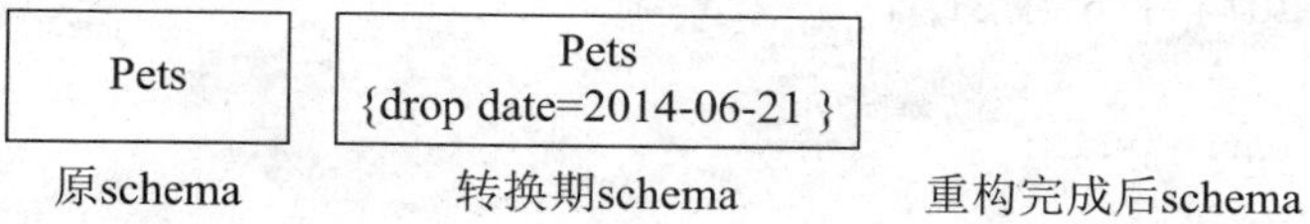

Pets	Pets {drop date=2014-06-21 }
原schema	转换期schema 重构完成后schema

图 11-8 删除 Pets 表示例图

■ 删除日期 =2014 年 6 月 21 日

```
DROP TABLE Pets;
```

当然，我们可以选择对这个表进行改名。这样，一些数据库产品会自动将所有对 Pets 的引用改为对 PetsRemoved 的引用。在删除表 Pets 后，我们不能引用一个将要删除的表，那么就需要通过"删除外键"重构来删除参照完整性约束。

■ 改名日期 =2014 年 6 月 21 日

```
ALTER TABLE Pets RENAME TO PetsRemoved;
```

3）数据迁移的方法

"删除表"重构时，需要将原有的数据备份，以备需要时进行恢复。我们可以通过 CREATE TABLE Pets Removed AS SELECT 命令来完成。以下的代码是选择保留 Pets 表中数据，然后再删除表的 DDL。

■ 在删除表之前复制数据

```
CREATE TABLE PetsRemoved AS SELECT * FROM Pets;
```

■ 删除日期= 2014 年 6 月 21 日

```
DROP TABLE Pets;
```

4）对被删除表访问程序的更新方法

所有访问 Pets 表的外部程序，都必须进行重构。如果没有替代 Pets 表的数据源，并且仍然需要 Pets 表中的数据，那么在找到替代数据源之前，不能删除这个表。

3. 删除视图

删除一个现有的视图。这类数据库重构相对简单，它不需要迁移数据。

1）引发"删除视图"重构的动因

当视图被其他类似的数据源（如另一个表或视图）代替时，或者这个特定的查询就不再需要，此时需要进行"删除视图"重构工作。

2）模式更新的方法

为了删除图 11-9 中的 AccountDetails 视图，必须在转换期结束时对 AccountDetails 执行 DROP VIEW 命令。事实上，删除 AccountDetails 视图的代码非常简单，只要将该视图标识为已过时，然后在转换期结束时删除它就可以了。

■ 删除日期=2014 年 6 月 21 日

```
DROP VIEW AccountDetails;
```

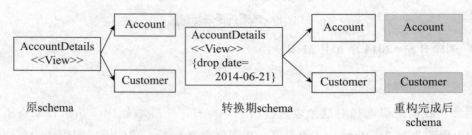

图 11-9   删除 AccountDetails 视图示例图

3）访问被删除视图的应用程序的更新方法

删除 AccountDetails 视图前，我们需要确定并更新所有引用 AccountDetails 的外部程序。需要重构以前使用 AccountDetails 的 SQL 代码，让它直接从源表中访问数据。类似地，一些元数据被用于生成访问 AccountDetails 的 SQL 代码，也需要更新。修改应用的示例代码如下：

```
//重构前的示例代码
stmt.prepare("SELECT * FROM AccountDetails " +
    "WHERE CustomerID = ?");
stmt.setLong(1, customer.getCustomerID);
stmt.execute( );
ResultSet rs = stmt.executeQuery( );
//重构后的示例代码
stmt.prepare("SELECT * FROM Account " +
    "WHERE Customer.CustomerID = Account.CustomerID " +
    "AND Customer.CustomerID = ? ");
stmt.setLong(1, customer.getCustomerID);
stmt.execute( );
ResultSet rs = stmt.executeQuery( );
```

4. 引入新的计算列

引入一个新的列，该列基于对一个或多个表中数据的计算。图 11-10 所示的是基于两个表的计算，事实上这种计算可以是对一个或多个表中数据的计算。

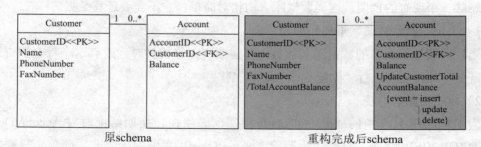

图 11-10   基于两个表数据的计算

1）引发"引入计算列"重构的动因

进行"引入计算列"的主要原因，是通过预先计算由其他数据推导出的值来改善应用的性能。例如，由于业务的扩展，可能需要引入一个计算列来说明一个客户的信用风险等级（例如楷模、低风险、高风险等），这个风险级别是基于该客户对贵公司的付款历史情况的。

2）表结构更新的方法

进行"引入计算列"重构的步骤相对较为复杂，因为数据间存在依赖关系，需要保持计算列的值与它基于的数据值同步。具体步骤如下：

（1）确定同步策略。基本选择包括批处理任务、应用负责更新或数据库触发器。如果不需要实时地更新计算列的值，可以先用批处理任务的方式；否则需要在另两种方式中进行选择。如果应用负责进行相应的更新，那么不同的应用可能以不同的方式实现，这其中存在风险。触发器的方式可能是两种实时策略中比较安全的一种，因为更新逻辑只需在数据库中实现一次。图 11-10 所示为假定采用触发器的方式。

（2）确定如何计算该值。必须确定源数据，以及如何使用这些源数据来确定 TotalAccountBalance 的值。

（3）确定包含该列的表。必须确定 TotalAccountBalance 应该包含在哪个表中。为了确定这一点，项目组必须决定这个计算列最适合描述哪个业务实体。例如，顾客的信用风险指示符最适合放到 Customer 实体中。

（4）加入新的列。通过"引入新列"转换来加入图 11-10 中的 Customer.TotalAccountBalance 列。

（5）实现更新策略。需要实现并测试在步骤 1 中选择的策略。

加入 Customer.TotalAccountBalance 列和 Update CustomerTotalAccountBalance 触发器的代码如下，当 Account 表被修改时就会执行该触发器。

■ 创建新列 TotalAccountBalance

```
ALTER TABLE Customer ADD TotalAccountBalance NUMBER;
```

■ 创建触发器以保持数据同步

```
CREATE OR REPLACE TRIGGER
UpdateCustomerTotalAccountBalance
BEFORE UPDATE OR INSERT OR DELETE
ON Account
REFERENCING OLD AS OLD NEW AS NEW
FOR EACH ROW
DECLARE
NewBalanceToUpdate NUMBER :=0;
CustomerIDToUpdate NUMBER;
BEGIN
CustomerIDToUpdate := :NEW.CustomerID;
```

```
IF UPDATING THEN
    NewBalanceToUpdate := :NEW.Balance - :OLD.Balance;
END IF;
IF INSERTING THEN
    NewBalanceToUpdate := :NEW.Balance;
END IF;
IF DELETING THEN
    NewBalanceToUpdate := -1*:OLD.Balance;
    CustomerIDToUpdate := :OLD.CustomerID;
END IF;
UPDATE Customer SET TotalAccountBalance =
    TotalAccountBalance + NewBalanceToUpdate
    WHERE CustomerID = CustomerIDToUpdate;
END;
```

3）访问程序更新的方法

当引入计算列时，就需要确定在外部应用中所有用到这个计算的地方，然后将原来的代码改为利用 TotalAccountBalance 列的数据。当然，这需要用访问 TotalAccountBalance 的值来取代原有的计算逻辑。以下是通过循环顾客所有的账户来计算总的余额的代码。在重构后的版本中，如果顾客对象已从数据库中取出，则只需简单地从内存中读取该值即可。

```
//重构前的示例代码
stmt.prepare("SELECT SUM(Account.Balance) " +
    "FROM Customer, Account " +
    "WHERE Customer.CustomerID =
    Account.CustomerID" + "AND Customer.CustomerID = ? ");
stmt.setLong(1, customer.getCustomerID);
stmt.execute( );
ResultSet rs = stmt.executeQuery( );
return rs.getBigDecimal("Balance");

//重构后的示例代码
return customer.getBalance( );
```

5. 合并列

合并一个表中的两个或多个列。

1）引发"合并列"重构的动因

引发"合并列"重构，通常有以下原因。

（1）等价的列。由于团队缺乏管理，两名甚至多名开发者间缺乏必要的沟通，在描述表的方案的元数据库不存在时，常常在互不知道的情况下加入了某些列，这些列都被用于存放同样的数据。例如，FeeStructure 表有 17 个列，其中 CA_INIT 和 CheckingAccountOpeningFee 两列都被用于存放新开支票账户时银行收取的初始费用。

（2）这些列是过度设计的结果。原来加入这些列的目的是确保信息按照它的构成形式来存放，但实际使用时表明，并不需要当初设想的这些详细信息。例如，图 11-11 中的 Customer 表包含 PhoneCountryCode、PhoneAreaCode 和 PhoneLocal 等列，它们代表一个电话号码的属性。

（3）这些列的实际用法是一样的。一些列是原来加入表中的，但随着时间的推移，这些列的用法发生了变化，使得它们都被用于同一个目的。例如，Customer 表中包含 PreferredCheckStyle 和 SelectedCheckStyle 列（图 11-11 中没有显示）。第 1 列被用来记录顾客下一季的支票寄送方式，第 2 列被用于记录支票以前寄送给顾客的方式。这在 20 世纪 70、80 年代前是有用的，那时需要花数月的时间订购新支票，但现在连夜就能打印出支票，我们已经自然地在这两个列中存放了相同的值。

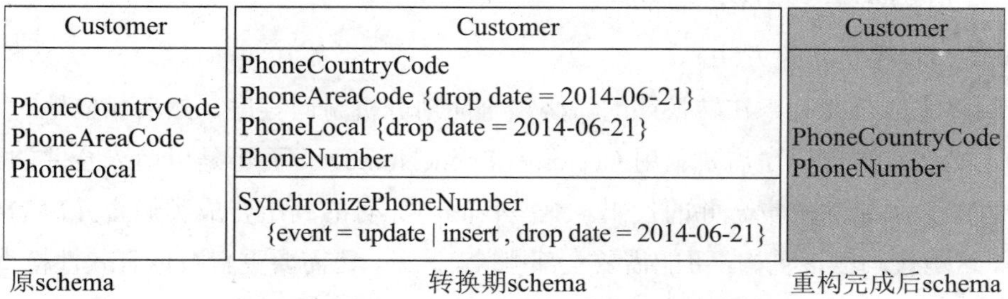

Customer	Customer	Customer
PhoneCountryCode PhoneAreaCode PhoneLocal	PhoneCountryCode PhoneAreaCode {drop date = 2014-06-21} PhoneLocal {drop date = 2014-06-21} PhoneNumber SynchronizePhoneNumber {event = update | insert , drop date = 2014-06-21}	PhoneCountryCode PhoneNumber
原schema	转换期schema	重构完成后schema

图 11-11　合并 Customer 表中与电话相关的列

2）表结构更新的方法

进行"合并列"重构有两项必需的工作：①引入新的列。通过 SQL 命令 ADD COLUMN 在表中加入新列。在图 11-11 中这个列是 Customer. PhoneNumber。但是，如果表中有一个列可以存放合并后的数据，就可以不做这项工作。②引入一个同步触发器，确保这些列彼此间保持同步。触发器必须在这些列的数据发生变化时触发。

图 11-11 所示的例子中，Customer 表将一个人的电话号码存放在 PhoneCountryCode、PhoneAreaCode 和 PhoneLocal 三个独立的列中。这也许最初是合理的，但发展到目前，几乎没有应用对国别代码感兴趣，因为它们只在北美范围内使用。而所有的应用，都同时使用区域代码和本地电话号码。因此，保留 PhoneCountryCode 列，同时将 PhoneAreaCode 和 PhoneLocal 合并为 PhoneNumber 列是合理的，这样可以反映应用对数据的实际用法。我们引入了 SynchronizePhoneNumber 触发器来保持 4 个列中的数据同步。

下面的 SQL 代码展示了引入 PhoneNumber 列并最后删除两个原有列的 DDL。

```
COMMENT ON Customer.PhoneNumber "合并Customer表的PhoneAreaCode列和PhoneLocal列,
最终日期为: 2014-06-21";

ALTER TABLE Customer ADD PhoneNumber NUMBER(12);

//在2014年06月21日

ALTER TABLE Customer DROP COLUMN PhoneAreaCode;
ALTER TABLE Customer DROP COLUMN PhoneLocal;
```

3）数据迁移的方法

要成功完成"合并列"重构，必须将被合并的原有列中的所有数据转换到合并列中，在示例中就是将 Customer.PhoneAreaCode 和 Customer.PhoneLocal 的数据转换到 Customer.PhoneNumber 中。下面的 SQL 语句展示了最初将 PhoneAreaCode 和 PhoneLocal 的数据合并到 PhoneNumber 中去的 DML。

```
/*  从Customer.PhoneAreaCode和Customer.PhoneLocal到
    Customer.PhoneNumber的一次性的数据迁移。当这些列同时启用时，
     需要一个触发器保持这些列同步   */
UPDATE Customer SET PhoneNumber =
        PhoneAreaCode*100000000 + PhoneLocal;
```

4）访问程序更新的方法

为最终完成合并列，在转换期间，必须全面地分析访问程序，然后相应地对它们进行更新。显然，访问程序需要利用 Customer.PhoneNumber，而不是以前未合并的列，这样，有可能必须删除负责合并的代码。这些代码将原有的列组合成类似合并后的列那样的数据。这些代码应该重构，可能需要全部删除。此外，还需要更新数据有效性检查代码，以使其可利用合并后的数据。某些数据有效性检查代码存在的原因，是因为此前这些列还没有合并在一起。例如，如果一个值存储在两个独立的列中，那么可能有一些有效性检查代码，验证这两个列的值是正确的。在两个列合并之后，显然这段代码就不再需要了。

下列代码片断展示了当 Customer.PhoneAreaCode 和 Customer.PhoneLocal 列被合并时，getCustomerPhoneNumber() 方法所发生的改变：

```
//重构前的示例代码
public String getCustomerPhoneNumber(Customer customer) {
    String phoneNumber = customer.getCountryCode( );
    phoneNumber.concat(phoneNumberDelimiter( ));
    phoneNumber.concat(customer.getPhoneAreaCode( ));
    phoneNumber.concat(customer.getPhoneLocal( ));
    return phoneNumber;
}

//重构后的示例代码
public String getCustomerPhoneNumber(Customer customer) {
    String phoneNumber = customer.getCountryCode( );
    phoneNumber.concat(phoneNumberDelimiter( ));
    phoneNumber.concat(customer.getPhoneNumber( ));
    return phoneNumber;
}
```

6. 移动列

将一个列及其所有数据从一个表迁移至另一个表。

1）引发"移动列"重构的动因

进行"移动列"重构的常见动因包括：

（1）规范化。原有的某些列破坏了某项规范化原则，这是极为常见的现象。通过将该列移至另一个表，可以增加源表的规范化程度，从而减少数据库中的数据冗余。

（2）减少常用的连接操作。在遗留数据库中，存在对某个表的连接仅仅是为了访

问它的一个列。如果将这个列移动到其他表中，那么就消除了连接的必要，从而有效地改善了数据库的性能。这似乎与第1条矛盾，但重构是按实际情况进行的。

（3）重新组织一个拆分后的表。如果刚刚进行了"拆分表"重构，或者该表在原来的设计中实际上就是被拆分的，则需要对一个或多个列进行移动。也许该列所处的表需要经常访问，但该列却很少需要，或者该列所处的表很少被访问，但该列却常常需要。在第1种情况下，当不需要该列时，不选择该列的数据并传到应用程序可以改善网络性能。在第2种情况下，由于需要的连接操作更少，所以数据库性能会得到改善。

2）模式更新的方法

（1）确定删除和插入规则。在表中的某些列被列出后，当删除或插入记录时，有可能引发其他表的变化，我们通过创立触发器进行控制。

（2）引入新列。通过 SQL 命令 ADD COLUMN 在目标表中引入新列。在图 11-12 所示的例子中，这个列就是 Account.Balance。

（3）引入触发器。在转换期中，在原来的列和新的列上都需要触发器，实现从一个列复制数据到另一个列。当任何一行数据发生变化时，这些触发器都要调用。

图 11-12 所示的例子是将 Customer 表的 Balance 列移动到 Account 表中。在转换期中，Customer 表和 Account 表中都会有 Balance 列。

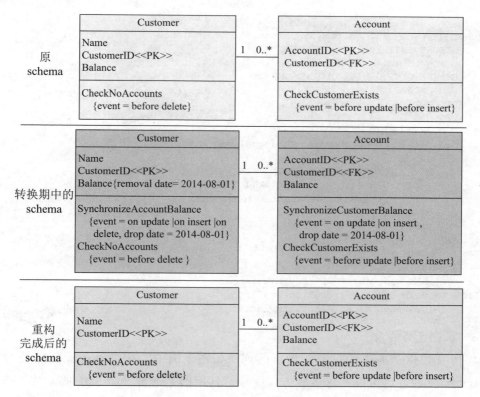

图 11-12　将 Balance 列从 Customer 表移动到 Account 表中

原有的触发器是我们感兴趣的。Account 表中已经有一个触发器，它会在插入和更新时检查对应的列是否在 Customer 表中存在，这是一个基本的参照完整性（RI）检查。这个触发器就让它留在那里。Customer 表中有一个删除触发器，确保如果有 Account 表中的行引用到 Customer 表中的这一行，则这一行不被删除，这是另一个参照完整性检查。

下列代码中引入了 Account.Balance 列以及 SynchronizeCustomerBalance 和 SynchronizeAccountBalance 触发器，来保持与 Balance 列同步。代码中还包括了在转换期结束时删除支持性代码的脚本。

```
COMMENT ON Account.Balance "从Customer表中移出
    Balance，移出日期为：2014-06-21";
ALTER TABLE Account ADD Balance NUMBER(32,7);
COMMENT ON Customer.Balance "Balance 列移入到
    Account表，移入日期为：2014-06-21";
CREATE OR REPLACE TRIGGER SynchronizeCustomerBalance
    BEFORE INSERT OR UPDATE
    ON Account
    REFERENCING OLD AS OLD NEW AS NEW
    DECLARE
    BEGIN
        IF :NEW.Balance IS NOT NULL THEN
            UpdateCustomerBalance;
        END IF;
    END;

CREATE OR REPLACE TRIGGER SynchronizeAccountBalance
    BEFORE INSERT OR UPDATE DELETE
    ON Customer
    REFERENCING OLD AS OLD NEW AS NEW
    FOR EACH ROW
    DECLARE
    BEGIN
        IF DELETING THEN
            DeleteCustomerIfAccountNotFound;
        END IF;
        IF (UPDATING OR INSERTING) THEN
            IF :NEW.Balance IS NOT NULL THEN
                UpdateAccountBalanceForCustomer;
            END IF;
        END IF;
    END;

—在2014年6月21日
ALTER TABLE Customer DROP COLUMN Balance;
DROP TRIGGER SynchronizeCustomerBalance;
DROP TRIGGER SynchronizeAccountBalance;
```

3）数据迁移的方法

将所有数据从原来的列复制到新的列，如在上例中，从 Customer.Balance 复制到 Account.Balance。这可以通过多种方式完成，常用的是通过一个 SQL 脚本或一个 ETL 工具完成。下面的代码展示了将 Balance 列中的数据从 Customer 移动到 Account 中去的 DML。

```
/*    从Customer.Balance到Account.Balance的一次性数据迁移。当这些列同时启用时，需要一个
触发器保持这些列的同步  */
UPDATE Account SET Balance =
      (SELECT Balance FROM Customer
      WHERE CustomerID = Account.CustomerID);
```

4）访问程序更新的方法

在转换期中，我们需要全面地分析所有的访问程序，然后对它们进行相应更新。可能需要的更新包括：

（1）修改连接操作，使用移动后的列。不论是硬编码在 SQL 中的连接还是通过元数据定义的连接，都必须进行重构，来使用移动后的列。我们必须修改取得余额信息的查询，从 Account 表中获取信息而不是从 Customer 表中。

（2）在连接中加入新表。如果连接不包括 Account 表，现在就必须加入它。这可能会降低性能。

（3）从连接中删除原来的表。有些连接可能包含 Customer 表，仅仅是为了取得 Customer.Balance 列的数据。既然这个列已被移走，Customer 表也就可以从这些连接中移除，这有可能改善性能。

下列代码展示了原来的代码如何访问 Customer.Balance 列，及修改后的代码如何访问 Account.Balance 列。

```java
//重构前的示例代码
public BigDecimal getCustomerBalance(Long customerID)
      throws SQLException {
   PreparedStatement stmt =null;
   BigDecimal customerBalance = null;

   stmt = DB.prepare("SELECT Balance FROM Customer " +
         " WHERE CustomerID = ?");
   stmt.setLong(1, customerID.longValue( ));
   ResultSet rs = stmt.executeQuery( );
   if (rs.next( )) {
      customerBalance = rs.getBigDecimal("Balance");
   }
   return CustomerBalance
}

//重构后的示例代码
public BigDecimal getCustomerBalance(Long customerID)
      throws SQLException {
   PreparedStatement stmt =null;
   BigDecimal customerBalance = null;

   stmt = DB.prepare("SELECT Balance "
         " FROM Customer, Account " +
         " WHERE Customer.CustomerID =   " +
             " Account.CustomerID  AND CustomerID = ? ");
   stmt.setLong(1, customerID.longValue( ));
   ResultSet rs = stmt.executeQuery( );
   if (rs.next( )) {
```

```
    customerBalance = rs.getBigDecimal("Balance");
    }
    return CustomerBalance;
}
```

7. 列改名

列改名就是对一个已有的列进行改名。

1）"列改名"重构的动因

进行"列改名"的首要原因是为了增加数据库方案的可读性，从而满足企业所接受的数据库命名标准，或使数据库可移植。例如，当从一个数据库产品移植到另一个数据库产品时，可能发现原来的列名不能使用了，因为新的数据库将它作为了保留的关键字。

2）表结构更新的方法

（1）引入新的列。在图 11-13 所示的例子中，通过执行 SQL 命令 ADD COLUMN 加入了 FormerName 列。

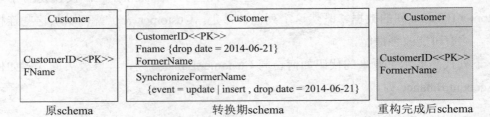

图 11-13　为 Customer 表的 FName 列改名示例图

（2）引入一个负责同步的触发器。负责将数据从一个列复制到另一个列。当数据发生变化时，必须调用该触发器。

（3）对其他一些列进行改名。如果 FName 在其他表中被用作外键（或外键的一部分），那么需要递归地进行"列改名"，确保命名的一致性。例如，如果 Customer.CustomerNumber 被改名为 Customer.CustomerID，可能需要修改其他表中所有 CustomerNumber 的名字。因此，Account.CustomerNumber 也会被改名为 Account.CustomerID，以保持列名的一致性。

下列的代码展示了一些 DDL，将 Customer.FName 改名为 Customer.FormerName，创建了名为 SynchronizeFormerName 的触发器，负责在转换期中对数据进行同步，并在转换期结束后删除原来的列和触发器。

```
COMMENT ON Customer.FormerName "重命名Customer表
    的Fname列，执行日期为: 2014-06-21";
ALTER TABLE Customer ADD FormerName VARCHAR(8);

COMMENT ON Customer.FName "重命名为FirstName,
    删除日期为: 2014-06-21";
UPDATE Customer SET FormerName = FName;
CREATE OR REPLACE TRIGGER SynchronizeFormerName
```

```
    BEFORE INSERT OR UPDATE
    ON Customer
    REFERENCING OLD AS OLD NEW AS NEW
    DECLARE
    FOR EACH ROW
    BEGIN
      IF INSERTING THEN
          IF :NEW.FormerName IS NULL THEN
              :NEW.FormerName := :NEW.FName;
          END IF;
          IF :NEW.FName IS NULL THEN
              :NEW.FName := :NEW.FormerName;
          END IF;
        END IF;
        IF UPDATING THEN
          IF NOT(:NEW.FormerName = :OLD.FormerName) THEN
                  :NEW.FName := :NEW.FormerName;
          END IF;
          IF NOT(:NEW.FName = :OLD.FName) THEN
                  :NEW.FormerName := :NEW.FName;
          END IF;
        END IF;
    END IF;
```

```
//在2014年6月21日
DROP TRIGGER SynchronizeFormerName;
ALTER TABLE Customer DROP COLUMN FName;
```

3）数据迁移的方法

将全部数据从原来的列复制到新的列中，在上例是从 FName 复制到 FormerName 中，方法与"移动列"重构相同。

4）访问程序更新的方法

访问 Customer.FName 的外部程序必须进行修改，改为访问新名称的列，只需要修改嵌入的 SQL 和映射元数据即可。下列代码所示的 hibernate 映射文件展示了 FName 列改名时映射文件应该如何变化。

```
//重构前的映射
<hibernate-mapping>
<class name="Customer" table="Customer">
    <id name="id" column="CUSTOMERID">
        <generator class="CustomerIDGenerator"/>
    </id>
    <property name="FName">
</class>
</hibernate-mapping>

//转换其中的映射
<hibernate-mapping>
<class name="Customer" table="Customer">
    <id name="id" column="CUSTOMERID">
        <generator class="CustomerIDGenerator"/>
    </id>
    <property name="FName"/>
```

```
    <property name="FormerName"/>
</class>
</hibernate-mapping>

//重构后的映射
<hibernate-mapping>
<class name="Customer" table="Customer">
    <id name="id" column="CUSTOMERID">
        <generator class="CustomerIDGenerator"/>
    </id>
    <property name="FormerName"/>
</class>
</hibernate-mapping>
```

8. 结构重构必须关注的几个问题

（1）避免触发器循环。在实现触发器时，要确保不发生循环。如果一个原来列中的值发生了改变，Table.NewColumn 1 ~ Table.NewColumnN 应该更新，但这个更新不应该再次触发对原来列的更新。

（2）修复被破坏的视图。视图与数据库的其他部分耦合在一起，所以当进行结构重构时，有时会不可避免地破坏一个视图。如果出现这种情况，那么就要修复被破坏的视图。

（3）修复被破坏的触发器。触发器与表定义耦合在一起，因此，像列改名或移动列这样的结构性变更可能会破坏触发器。例如，一个插入触发器可能会检查存储在特定列中的数据的有效性，如果这个列被改动了，该触发器就可能被破坏，此时就要修复被破坏的触发器。

（4）发现被破坏的存储过程。存储过程会调用其他存储过程并访问表、视图和列。因此，任何结构重构都有可能破坏原有的存储过程。以下代码可以在虚谷中发现被破坏的存储过程，应该将它加入到测试套件中。当然，我们可能还需要其他测试来发现业务逻辑缺陷。

```
SELECT Object_Name, Status
    FROM User_Objects
    WHERE Object_Type = 'PROCEDURE' AND Status = 'INVALID'
```

（5）发现被破坏的表。表与其他表中的列是通过命名习惯间接耦合在一起的。例如，如果对 customer 表的 CustomerNumber 列进行了改名，那么应该同时对 Account 表的 CustomerNumber 列和 Policy 表的 CustomerNumber 列改名。以下代码可以在 Oracle 中找出所有列名包含"CUSTOMERNUMBER"的表：

```
SELECT Table_Name, Column_Name
    FROM User_Tab_Columns
    WHERE Column_Name LIKE '%CUSTOMERNUMBER%';
```

（6）确定转换期。结构重构务必要设置一个转换期。在此期间，可在多应用环境中实现这些重构。对被重构的原来的方案以及列和触发器必须指定相同的废弃日期。废弃日期必须考虑到更新外部程序所需的时间，这些外部程序会访问数据库被重构的部分。

11.5.2 参照完整性重构

参照完整性重构是一种变更，它确保参照的行在另一个表中存在，并确保不再需要的行被相应地删除。参照完整性重构包括增加外键约束、为计算列增加触发器、删除外键约束、引入层叠删除、引入硬删除、引入软删除等。

1. 增加外键约束

为一个已有的表增加一个外键约束，强制实现到另一个表的关系。

1）"增加外键约束"重构的动因

引发"增加外键约束"重构的主要原因，是在数据库层面上强制数据依赖关系，确保数据库实现某种参照完整性业务规则，防止持久无效的数据。如果多个应用访问同一个数据库，这一点就特别重要，因为我们不能指望这些应用能强制实现一致的数据完整性规则。例如，在图 11-14 中，如果 AccountStatus 中没有对应的行，那么就不能在 Account 中增加一行数据。许多数据库允许在事务提交时强制实现数据库约束，这使得我们能够以任意顺序进行插入、更新或删除行，只要在事务提交时保持数据的完整性就可以了。

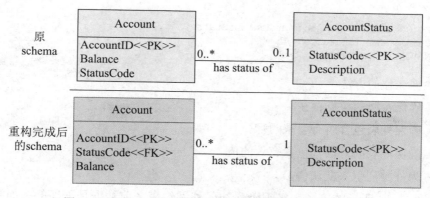

图 11-14 将 Balance 列从 Customer 表移动到 Account 表中

2）模式更新的方法

（1）选择一种约束检查策略。目前主流的数据库产品均支持一至两种方式来强制实现外键约束：①按照立即检查的方式，在数据插入、更新或删除时会检查外键约束。这种立即检查的方式会更快地侦测到失败，并迫使应用考虑数据库变更（插入、更新和删除）的顺序。②按照延迟检查的方式，在应用提交事务时会检查外键约束。这种方式提供了一定的灵活性，应用不必担心数据库变更的顺序，因为约束会在事务提交时检查。这种方法使应用能够缓存所有的脏对象，并以批处理的方式将它们写入数据库，只要确保在事务提交时数据库处于干净的状态就可以了。不论哪种方式，当第 1 次（可能有多次）

外键约束失败时数据库都会返回异常。

（2）创建外键约束。通过 ALTER TABLE 命令的 ADD CONSTRAINT 子句在数据库中创建外键约束。为了让数据库能清晰有效地报告错误，应该根据企业的数据库命名惯例为数据库的外键约束命名。如果所使用的是提交时检查约束，可能会引起性能降低，因为数据库会在事务提交时检查数据的完整性，这对于数百万行的表来说是一个大问题。

（3）为外表的主键引入索引（可选）。数据库在参照的表上使用 SELECT 语句来检查子表中输入的数据是否有效。如果 AccountStatus.StatusCode 列上没有索引，那么可能会遇到严重的性能问题，需要考虑进行引入索引重构。如果创建了索引，就会改善约束检查的性能，但是会降低 AccountStatus 表的更新、插入和删除的性能，因为数据库现在必须维护新增的索引。

下面的代码展示了在表中增加外键约束的步骤。在这个例子中，我们将约束创建为在数据变动时立即进行外键约束检查。

```
ALTER TABLE Account
    ADD CONSTRAINT FK_Account_AccountStatus
    FOREIGN KEY (StatusCode)
    REFERENCES AccountStatus;
```

如果希望将约束创建为在事务提交时进行外键约束检查，其示例代码如下：

```
ALTER TABLE Account
    ADD CONSTRAINT FK_Account_AccountStatus
    FOREIGN KEY (StatusCode)
    INITIALLY DEFERRED;
```

3）数据迁移的方法

（1）确保参照的数据存在。

（2）确保外表包含所有要求的行。

（3）确保源表的外键列包含有效的值。

（4）为外键列引入默认值。

对于图 11-14 所示的例子，必须确保加入外键约束之前数据是干净的；如果不是，那么就必须更新数据。假定在 Account 表中有一些行没有设置，或者不是 AccountStatus 表中的值，这时必须更新 Account.Status 列，使它包含 AccountStaus 表中存在的值。

```
UPDATE Account SET Status = 'DORMANT'
    WHERE Status NOT IN (SELECT StatusCode
    FROM AccountStatus) AND Status IS NOT NULL;
```

另外，也可以让 Account.Status 包含空值，这时需要更新 Account.Status 列，使它包含一个已知的值，如下所示：

```
UPDATE Account SET Status = 'NEW'
    WHERE Status IS NULL;
```

4）访问程序更新的方法

（1）类似的 RI 代码。某些应用程序会实现 RI 业务规则，这些规则现在由数据库的外键约束来处理。这样的应用代码应该删除。

（2）不同的 RI 代码。某些应用程序会包含一些代码，强制实现不一样的 RI 业务规则，这是这次重构中没有列入计划而需要实现的。这意味着在实现中，要么需要重新考虑是否应该加入这个外键约束，因为在这条业务规则上企业的机构中没有一致意见；要么需要修改这些代码，使其基于新版本（从它的角度来看）的业务规则工作。

（3）不存在的 RI 代码。某些外部程序甚至没有注意到这些数据表中包含的 RI 业务规则。

下列代码所示，修改应用代码增加外键约束以处理数据库抛出异常的问题。

```
//重构前的代码
stmt = conn.prepare("INSERT INTO Account(" +
    " AccountID, StatusCode, Balance) VALUES(?, ?, ?)");
stmt.setLong(1, accountID);
stmt.setString(2, statusCode);
stmt.setBigDecimal(3, balance);
stmt.executeUpdate( );

//重构后的代码
stmt = conn.prepare("INSERT INTO Account( "
    " AccountID, StatusCode, Balance) VALUES(?, ?, ?)");
stmt.setLong(1, accountID);
stmt.setString(2, statusCode);
stmt.setBigDecimal(3, balance);
try {
    stmt.executeUpdate( );
}
catch (SQLException exception) {
    int errorCode = exception.getErrorCode( );
    if (errorCode = 2291) {
        handleParentRecordNotFoundError( );
    }
    if (errorCode = 2292) {
        handleParentDeletedWithChildFoundError( );
    }
}
```

2. 为计算列增加触发器

引入一个新的触发器来更新计算列中包含的值。计算列可能是以前通过"引入计算列"重构时引入的。

1）"为计算列增加触发器"重构的动因

进行"为计算列增加触发器"重构的主要动因，通常是确保在源数据改变时，计算列中包含的值能正确地更新。一般来说，这项工作应该由数据库来完成，而不是由应用程序完成。

2）模式更新的方法

由于计算列的数据依赖关系，进行"为计算列增加触发器"重构可能会较复杂。在图 11-15 中，TotalPortfolioValue 列是经过计算得到的。注意，这里的名称前面有一个斜杠，这是 UML 惯例。如果 TotalPortfolioValue 和源数据在同一个表中，那么有可能不能使用触发器更新数据值。

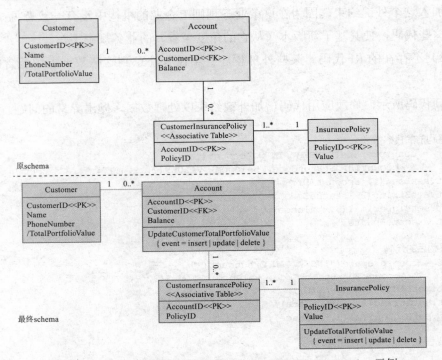

图 11-15　增加一个触发器来计算 Customer.TotalPortfolioValue 示例

因此，更新方案的步骤如下：

（1）确定是否可以用触发器来更新计算列。

（2）确定源数据。

（3）确定包含该列的表。

（4）加入该列。

（5）加入触发器。

本例中 TotalPortfolioValue 源数据存在于 Account 表和 InsurancePolicy 表中，因此，为每个表增加一个触发器，分别是 UpdateCustomerTotalPortfolioValue 和 UpdateTotalPortfolioValue，下列代码展示了如何加入这两个触发器。

```
//用触发器更新TotalPortfolioValue
CREATE OR REPLACE TRIGGER UpdateCustomerTotalPortfolioValue
    AFTER UPDATE OR INSERT OR DELETE
    ON Account
    REFERENCING OLD AS OLD NEW AS NEW
```

```
    FOR EACH ROW
    DECLARE
      BEGIN
        UpdateCustomerWithPortfolisValue;
      END;
    END;
/

CREATE OR REPLACE TRIGGER UpdateCustomerTotalPortfolioValue
    AFTER UPDATE OR INSERT OR DELETE
    ON InsurancePolicy
    REFERENCING OLD AS OLD NEW AS NEW
    FOR EACH ROW
    DECLARE
      BEGIN
        UpdateCustomerWithPortfolisValue;
      END;
    END;
/
```

3）数据迁移的方法

这类重构没有数据需要迁移。不过，在我们的例子中，必须计算出 Account.Balance 和 Policy.Value 的和，对 Customer 表中所有的行更新 Customer.TotalPortfolioValue 列，即必须根据计算来填充相应的列。这通常是通过一个或多个脚本，以批处理的方式完成的。示例代码如下：

```
UPDATE Customer SET TotalPortfolioValue =
    (SELECT SUM(Account.Balance)+SUM(Policy.Balance)
    FROM Account, CustomerInsurancePolicy, InsurancePoliCy
    WHERE Account.AceountID = CustomerInsurancePolicy.AccountID
     AND CustomerInsurancePolicy.PolicyID = Policy.PolicyID
     AND Account.CustomerID = Customer.CustomerID);
```

4）访问程序更新的方法

最终完成这种类型的重构，需要在外部程序中确定目前所有执行这种计算的地方，然后修改代码使其访问重构的计算列。本例中，这一计算列就是 TotalPortfolioValue，通常包括删除计算代码并用读取数据库操作来替代原来的代码。当然，在不同的应用中，其计算执行的方式可能不一样，或者是因为应用中存在缺陷，或者是因为情况确实不同，无论如何都需要协商关于这部分业务的正确的计算方法。

3. 删除外键约束

删除外键约束从一个已有的表中删除一个外键约束，使数据库不再强制实现对另一个表的关系。

1）"删除外键约束"重构的动因

进行"删除外键约束"重构的主要动因是不再在数据库层面上强制实现数据依赖关系，而是由外部程序强制实现数据完整性。当数据库不能承担强制实现 RI 对性能的影响时，或者 RI 规则在不同的应用中有变化时，这一点尤为重要。

2）模式更新的方法

删除外键约束有两种方法，第 1 种是执行 ALTER TABLE DROP CONSTRAINT 命令，第 2 种是执行 ALTER TABLE DISABLE CONSTRAINT 命令。使用后一种方法的好处是它确保了表的关系仍然记录在案，不过它不再强制实现约束。在图 11-16 所示的示例中，Account.StatusCode 与 AccoutStatus.StatusCode 之间存在外键约束。第 1 种方法删除了约束，第 2 种方法禁用了约束，从而记录下了对这个约束的曾经需要。建议使用第 2 种方法。

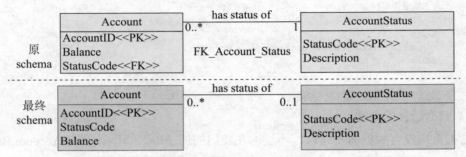

图 11-16　从 Account 表中删除外键约束示例

下面的代码展示了这两种方法：

```
ALTER TABLE Account DROP CONSTRAINT FK_Account_Status;
ALTER TABLE Account DISABLE CONSTRAINT FK_Account.Status;
```

3）数据迁移的方法

这类重构不需要进行数据迁移。

4）访问程序更新的方法

外部程序会修改定义外键约束的数据列，因此必须确定并更新所有这些外部程序。在更新外部程序中需要注意两个问题：①每个外部程序都需要更新，以确保相应的 RI 规则仍然强制实现。这些规则可能不一样，但一般来说，需要在每个应用中加入一些代码，以确保当 Account 表参照 AccountStatus 表时，AccountStatus 表中存在相应的行。②涉及异常处理。因为数据库不再抛出与这个外键约束有关的 RI 异常，所以需要相应地修改所有的外部程序。

4. 引入层叠删除

当"父记录"被删除时，数据库自动地删除相应的"子记录"。

请注意，另一种删除子记录的方法就是在子记录中除去对父记录的引用。这种方法只有当子表中的外键列允许空时才能用，但是这种方法会造成许多"孤儿"行。

1）"引入层叠删除"重构的动因

进行"引入层叠删除"重构主要是为了保持数据的参照完整性，在父记录被删除时确保与它相关的子记录也被删除。

2）模式更新的方法

（1）确定要删除什么。确定当父记录删除时，应该删除的子记录。例如，在网店管理项目中，如果删除了一条订单记录，就应该删除与该订单相关联的所有订单项记录。这种活动是递归式的，子记录还有它自己的子记录，也需要删除，这促使需要对它们也进行"引入层叠删除"重构。

（2）选择层叠机制。可以通过触发器或参照完整性约束的 DELETE CASCADE 选项来实现层叠删除。需要注意的是，不是所有数据库产品都支持这一选项。

（3）实现层叠删除。根据上一步选择的层叠机制进行实施，如果选择第 1 种方式，那么编写一个触发器，在删除父记录时删除所有的子记录。如果希望精确地控制删除父记录时删除哪些子记录，那么采用这种方式最合适。这种方式的不利之处在于，必须编写代码来实现这项功能。如果没有完全考虑清楚同时执行的多个触发器之间的相互关系，也可能引起死锁。如果选择第 2 种方法，那么在定义 RI 约束时打开 DELETE CASCADE 选项，通过 ALTER TABLE MODIFY CONSTRAINT 这条 SQL 命令就可完成。但是，选择这种方式，就必须在数据库定义参照完整性约束，这将是一项很大的任务（因为需要对数据库中大量的关系进行"增加外键约束"重构）。这种方式的主要好处是不需要编写代码，因为数据库会自动地删除子记录。采用这种方式的挑战在于调试可能会很困难。图 11-17 所示的是利用触发器的方式对 Policy 表进行"引入层叠删除"重构。

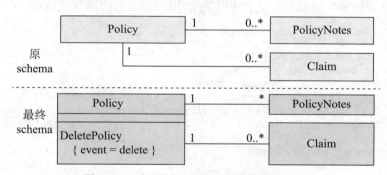

图 11-17 在 Policy 表上引入层叠删除示例

下列代码展示了 DeletePolicy 触发器，它删除了 PolicyNotes 和 Claim 表中所有与 Policy 表中被删除的记录有关系的记录。

```
//创建触发器，删除PolicyNotes和Claim
CREATE OR REPLACE TRIGGER DeletePolicy
    AFTER DELETE ON Account
    FOR EACH ROW
    DECLARE
      BEGIN
        DeletePolicyNotes( );
        DeletePolicyClaim( );
      END;
    END;
```

通过带 DELETE CASCADE 选项的 RI 约束来实现"引入层叠删除"重构的示例代码，如下所示。

```
ALTER TABLE POLICYNOTES ADD
CONSTRAINT FK_DELETEPOLYCYNOTES
FOREIGN KEY (POLICYID)
REFERENCES POLICY (POLICYID) ON DELETE CASCADE
ENABLE;

ALTER TABLE CLAIMS ADD
CONSTRAINT FK_DELETEPOLYCYCLAIM
FOREIGN KEY (POLICYID)
REFERENCES POLICY (POLICYID) ON DELETE CASCADE
ENABLE;
```

3）数据迁移的方法

这类重构不需要进行数据迁移。

4）访问程序更新的方法

在进行这类重构时，必须删除目前应用代码中实现子记录删除功能的部分。也许有些应用实现了这种删除，而另一些应用却没有。在数据库中实现层叠删除，需要非常小心，不应该假定所有的应用都实现了相同的 RI 规则，不论对我们来说这些 RI 规则有多么的明显。如果层叠式删除不能进行，那么也要处理数据库返回的新的错误。下列代码展示了在"引入层叠删除"重构进行之前和之后，相应的应用代码变化情况。

```
//重构前的示例代码
private void deletePolicy (Policy policyToDelete) {
    Iterator policyNotes =
        policyToDelete.getPolicyNotes( ).iterator( );
    for (Iterator iterator = policyNotes; iterator.hasNext( ); ) {
        PolicyNote policyNote = (PolicyNote) iterator.next( );
        DB.remove(policyNote);
    }
    DB.remove(policyToDelete);
}

//重构后的示例代码
private void deletePolicy (Policy policyToDelete) {
    DB.remove(policyToDelete);
}
```

5. 引入软删除

在一个已有的表中引入一个标记列，表明该行已删除，这被称为软删除/逻辑删除。这种删除，不是物理地删除该行（俗称硬删除）。这类重构与"引入硬删除"相对。

1）"引入软删除"重构的动因

进行"引入软删除"的主要动因是为了保留所有的应用数据，通常是为了保留历史数据。

2）模式更新的方法

在图 11-18 所示的"引入软删除"重构中，需要完成以下工作：

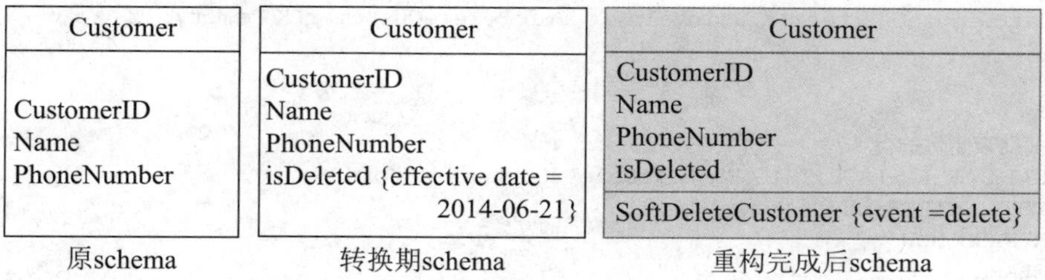

Customer	Customer	Customer
CustomerID Name PhoneNumber	CustomerID Name PhoneNumber isDeleted {effective date = 2014-06-21}	CustomerID Name PhoneNumber isDeleted
		SoftDeleteCustomer {event =delete}
原schema	转换期schema	重构完成后schema

图 11-18 为 Customer 表引入软删除示例

（1）引入标识列。必须为 Customer 表引入一个新的列，用于标识该行是否已被删除。该列通常是一个布尔字段，用 TRUE 和 FALSE 来表明记录是否已被删除。该列也可以是一个日期 / 时间戳类型的字段，表明记录何时被删除。在上例中，引入了一个布尔型字段 isDeleted。该列不允许为空。

（2）确定如何更新这个标记列。Customer.isDeleted 列既可以由应用程序进行更新，也可以在数据库中通过触发器进行更新。建议使用触发器方式更新，因为它很简单，并能避免应用不更新该列的风险。

（3）编写删除代码。删除记录时更新这个删除标识列的代码需要编写并测试。如果采用布尔类型的列，将它的值设为 TRUE；如果采用日期 / 时间戳类型的列，将它的值设为当前的日期和时间。

（4）编写插入代码。在插入时必须正确设置删除标识列，布尔列设置为 FALSE，日期 / 时间戳列设置为一个预先确定的日期（例如 2030 年 12 月 31 日）。这可以通过"引入默认值"重构或一个触发器很容易地实现。

下面的代码展示了怎样增加 Customer.isDeleted 列，并为其设置一个默认值。

```
ALTER TABLE Customer ADD isDeleted BOOLEAN;
ALTER TABLE Customer MODIFY isDeleted DEFAULT FALSE;
```

下列代码展示了创建这样一个触发器：该触发器截取 SQL 命令 DELETE，并将 Customer.isDeleted 标记置为 TRUE。这段代码在删除之前先复制数据，更新删除标识列，然后在原来的记录删除后再将这条记录插回去。

```
//创建一个数组来保存被删除的顾客记录
CREATE OR REPLACE PACKAGE SoftDeleteCustomerPKG
AS
  TYPE ARRAY IS TABLE OF Customer%ROWTYPE INDEX
  BY BINARY_INTEGER;
  oldvals ARRAY;
  empty ARRAY;
END;
/
```

```
//初始化该数组
CREATE OR REPLACE TRIGGER SoftDeleteCustomerBefore
BEFORE DELETE ON Customer
BEGIN
  SoftDeleteCustomerPKG.oldvals := SoftDeleteCustomerPKG.empty;
END;
/

//捕捉被删除的行
CREATE OR REPLACE TRIGGER SoftDeleteCustarnerStore
BEFORE DELETE ON Customer
FOR EACH ROW
DECLARE
i NUMBER DEFAULT
    SoftDeleteCustomerPKG.oldvals.COUNT + 1;
BEGIN
  SoftDeleteCustomerPKG.oldvals(i).CustomerID := :old.CustomerID;
  deleteCustomer.oldvals(i).Name = old.Name;
  deleteCustomer.oldvals(i).PhoneNumber = old.PhoneNumber;
END;
/

//将isDeleted标记设为TRUE，插回顾客表
CREATE OR REPLACE TRIGGER SoftDeleteCustomerAdd
AFTER DELETE ON Customer
DECLARE
BEGIN
  FOR i IN 1..SoftDeleteCustomerPKG.oldvals.COUNT LOOP
    insert into Customer(
      CustomerID, Name, PhoneNumber, isDeleted)
      values(deleteCustomer.oldvals(i).CustomerID,
            deleteCustorner.oldvals(i).Name,
            deleteCustomer.oldvals(i).PhoneNumber,
            TRUE);
    END LOOP;
END;
/
```

3）数据迁移的方法

这类重构不需要进行数据迁移，但需要设置一些行值。在上面的例子中，所有行中 Customer.isDeleted 的值必须正确设置。不过，这通常是由一个或多个脚本以批处理的方式完成的。

4）访问程序更新的方法

进行"引入软删除"重构必须修改访问数据的外部程序。

（1）必须修改读取查询，确保从数据库中读出的数据不是被标识为已删除的。应用程序必须为所有 SELECT 查询加上 WHERE 子句（如 WHERE isDeleted=FAISE）。除了修改所有的读查询之外，还可以使用"用视图封装表"重构，视图返回的是 Customer 表中 isDeleted 列为 FALSE 的记录。另一种方法是进行"增加读取方法"重构，这样相应的 WHERE 子句只需在一个地方实现。

（2）必须修改删除方法。所有的外部程序都必须将物理删除改为更新 Customer.

isDeleted 列。例如，DELETE FROM Customer WHERE PKColumn=nnn 将修改为 UPDATE Customer SET isDeleted=TRUE WHERE PKColumn=nnn。另外，像前面所说的那样，可以引入一个删除触发器来防止物理删除并将 Customer.isDeleted 设置为 TRUE。

下面的代码展示了如何为 Customer.isDeleted 列设置初始值：

```
UPDATE Customer SET isDeleted = FALSE
      WHERE isDeleted IS NULL;
```

下列代码展示了"引入软件删除"重构进行之前和之后，Customer 对象的读取方法所发生的变化。

```
//重构前的示例代码
stmt.prepare("SELECT CustomerID, Name, PhoneNumber " +
             " FROM Customer WHERE CustomerID = ? ");
stmt.setLong(1, customer.getCustomerID);
stmt.execute( );
ResultSet rs = stmt.executeQuery( );

//重构后的示例代码
stmt.prepare("SELECT CustomerID, Name, PhoneNumber " +
             " FROM Customer " +
             " WHERE CustomerID = ? AND isDeleted = ?");
stmt.setLong(1, customer.getCustomerID);
stmt.setBoolean(2, false);
stmt.execute( );
ResultSet rs = stmt.executeQuery( );
```

下列代码展示了"引入软件删除"重构进行之前和之后，删除方法所发生的变化。

```
//重构前的示例代码
stmt.prepare("DELETE FROM Customer " +
             " WHERE CustomerID = ? ");
stmt.setLong(1, customer.getCustomerID);
stmt.executeQuery( );

//重构后的示例代码
stmt.prepare("UPDATE Customer SET  isDeleted = ? " +
             " WHERE CustomerID = ?");
stmt.setLong(1, true);
stmt.setBoolean(2, customer.getCustomerID);
stmt.execute( );
ResultSet rs = stmt.executeQuery( );
```

6. 引入硬删除

硬删除就是物理地删除被软删除或逻辑删除标识为已删除的记录。这种重构与"引入软删除"相对应。

1）"引入硬删除"重构的动因

进行"引入硬删除"的主要动因是不再需要检查记录是否标识为已删除，删除了已经标识的行，就有效地减小了表的体积，相应地提升了对该表查询的速度。

2）模式更新的方法

为了进行"引入硬删除"重构，首先需要删除标识列，如图 11-19 所示例子中的 Customer.isDeleted 列。其次，需要删除更新 Customer.isDeleted 列的代码，通常是一些触发器代码，但在一些应用中也包括这类代码。这些代码可能为布尔类型的标识列设置初值 FALSE，或者在使用日期/时间戳时设置预先确定的值。大多数情况下只需删除这个触发器即可。下面的代码展示了删除 Customer.isDeleted 列的方法：

```
ALTER TABLE Customer DROP COLUMN isDeleted;
```

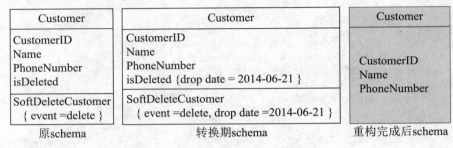

图 11-19　为 Customer 表引入硬删除示例

3）数据迁移的方法

在图 11-19 所示的例子中，必须删除 Customer 表中所有 isDeteted 列为 TRUE 的数据行，因为这些行已经被逻辑删除了。在删除这些行之前，需要更新或者删除一些数据，这些数据引用了那些已经被逻辑删除的数据。这一般是通过一个或多个脚本以批处理的方式来完成的。需要注意的是，在删除之前，应该将这些已标识为删除的记录归档，这样在需要的时候还能够撤销这次重构。下面的代码展示了如何从 Customer 表中删除那些 Customer.isDeleted 标记（flag）被设置为 TRUE 的记录：

```
DELETE FROM Customer WHERE isDeleted = TRUE;
```

4）访问程序更新的方法

进行"引入硬删除"重构，必须从两个方面修改访问这些数据的外部程序：① SELECT 语句必须不再访问 Customer.isDeleted 列；②所有的逻辑删除代码都必须更新。其示例代码如下：

```
//重构前的示例代码
public void customerDelete(Long customerIdToDelete)
    throws Exception {
  PreparedStatement stmt = null;
  try {
    stmt = DB.prepare("UPDATE Customer " +
        "SET isDelete = ? WHERE CustomerID = ? ");
    stmt.setLong(1, Boolean.TRUE);
    stmt.setLong(2, customerIdToDelete);
```

```
            stmt.execute( );
        }
        catch (SQLException SQLexc) {
            DB.HandleDBException(SQLexc);
        }
        finally {DB.cleanup(stmt);}
    }

//重构后的示例代码
public void customerDelete(Long customerIdToDelete)
        throws Exception {
    PreparedStatement stmt = null;
    try {
        stmt = DB.prepare("DELETE FROM Customer " +
                " WHERE CustomerID = ? ";
        stmt.setLong(1, customerIdToDelete);
        stmt.execute( );
    }
    catch (SQLException SQLexc) {
        DB.HandleDBException(SQLexc);
    }
    finally {DB.cleanup(stmt);}
}
```

11.5.3　数据质量重构

数据质量重构是通过变更一些数据库的方案，来改进数据库中包含的信息的质量。数据质量重构改进并确保了数据库中数据的一致性和用途。这些数据质量重构包括增加查找表、采用标准代码、采用标准类型、引入通用格式、统一主键策略、删除默认值、引入默认值、使列不可空等。

1. 增加查找表

为已有的列创建查找表。

1）"增加查找表"重构的动因

进行"增加查找表"重构，主要有以下动因：

（1）引入参照完整性。例如，在已有的 Address.StateID 列上引入参照完整性约束，确保其数据质量。

（2）提供代码查找。在数据库中提供一个预定的代码列表，而不是在每个应用中使用一个枚举变量。这种查找表常常是缓存在内存中的。

（3）取代一个列约束。在最初设计或上一次重构时，我们对一个列加上了一个列约束。但是，随着应用的演变，可能需要引入更多的代码值。现在可以确认，如果在一个查找表中保存这些值，比更新列约束更加容易。

（4）提供详细的描述。除了定义允许的代码之外，可能还需要保存这些代码的描述信息。例如，在 State 表中，需要将代码 CD 与 Chengdu（成都）联系起来，如图 11-20 所示。

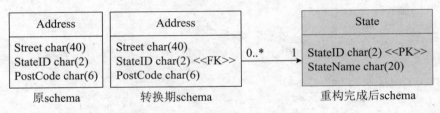

图 11-20　加入一个 State 查找表示例

2）模式更新的方法

对于图 11-20 所示的重构，更新数据库的方案步骤如下：

（1）确定表结构。必须确定查找表（State）中的列。

（2）引入该表。通过 CREATE TABLE 命令在数据库中创建 State 表。

（3）确定查找数据。必须确定需要将哪些行插入 State 表中。考虑采用"插入数据"重构。

（4）引入参照完整性约束。为了确保源表中代码列到 State 表的参照完整性约束，必须进行"加入外键"重构。

下列代码展示了引入 State 表以及在 State 表和 Address 表之间加入外键约束的 DDL。

```
//创建查找表
CREATE TABLE State(
  StateID CHAR(2) NOT NULL,
  StateName CHAR(20),
  CONSTRAINT PKState PRIMARY KEY(StateID)
);

//引入指向查找表外键
ALTER TABLE Address ADD CONSTRAINT FK_Address_State
  FOREIGN KEY(StateID) REFERENCES State;
```

3）数据迁移的方法

对于图 11-20 所示的例子，必须确保 Address.StateID 中的数据值在 State 表中都有对应的值。填充 State.StateID 最容易的办法就是复制 Address.StateID 中唯一的值。采用这种自动化的方式，需要检查得到的数据行，确保没有引入无效的数据值。如果发现有无效的值，就需要对 Address 表和 State 表进行相应的更新。如果有记录描述信息的列，如 State.StateName，则必须提供相应的值，这常常是通过数据管理工具或脚本以手工的方式完成的。另一种策略是从一个外部文件中载入 State 表中的数据。

下列代码展示了用来自 Address.StateID 列的唯一数据填充 State 表的 DDL。在这个示例中，是使用代码 CD 而不是 Cd、cd 或 Chengdu。最后一步是提供对应每个地（州）代码的（地）州名称（本例仅填充了 3 个地（州）的名称）。

```
//在查找表中填充数据
INSERT INTO State(State)
  SELECT DISTINCT UPPER(State) FROM Address;
```

```
//将Address.StateCode更新为有效的值并清理数据
UPDATE Address SET State = 'CD'
        WHERE UPPER(State) = 'CD';

//现在提供地(州)名称
UPDATE State SET StateName = 'chengdu'
        WHERE   State = 'CD';
UPDATE State SET StateName = 'mianyang'
        WHERE   State = 'MY';
UPDATE State SET StateName = 'xichang'
        WHERE State = 'XC';
```

4）访问程序更新的方法

如果加入了 State 表，那么必须确保外部程序使用来自查找表中的数据值。下面的代码展示了外部程序如何从 State 表中取得地（州）的名称（以前可能是通过内部硬编码的集合来取得州名的）。

```
//重构之后的代码
ResultSet rs = statement.executeQuery(
    "SELECT State, StateName FROM State");
```

有些程序可能选择缓存这些数据值，而另一些程序会在需要时访问 State 表，缓存可以工作得很好，因为 State 表中的数据很少改动。如果在查找表上引入了外键约束，那么外部程序还需要处理数据库抛出的异常。

2. 采用标准代码

对一个列采用一组标准的代码值，以确保它符合数据库中其他类似列里存放的值。

1）"采用标准代码"重构的动因

进行"采用标准代码"重构，主要有以下动因：

（1）整理数据。如果数据库中不同的代码有相同的语义，那么最好是将它们标准化，这样就能够在所有数据属性上采用标准的逻辑。例如，在图 11-21 中，Country. CountryID 中的值是 USA，而 Address.CountryID 中的值是 US，这里就可能会遇到问题，因为不能准确地连接这两个表。在整个数据库中采用一致的值，任选其中一个都可以。

Address			
Street	City	State	CountryID
西安路11号	乐山市	SC	CHN
23 Kun St.	Hickton	CA	USA
117 Lane	New York	NY	US

Country	
CountryID	Name
CHN	CHINA
USA	United States

原schema

Address			
Street	City	State	CountryID
西安路11号	乐山市	SC	CHN
23 Kun St.	Hickton	CA	US
117 Lane	New York	NY	US

Country	
CountryID	Name
CHN	CHINA
US	United States

重构完成后schema

图 11-21 采用标准地（州）代码示例

（2）支持参照完整性。如果需要对基于代码的列进行"加入外键约束"重构，就需要先将这些代码值标准化。

（3）加入查找表。如果进行"加入查找表"重构，常常需要先将查找所基于的代码值标准化。

（4）符合国家标准或行业（企业）标准。许多机构有详细的数据标准和数据建模标准，希望开发团队能遵守。当进行"使用正式数据源"重构时，常常会发现当前的数据方案不符合机构的标准，因此需要重构，以反映正式数据源的值。

（5）减少代码的复杂性。如果同样语义的数据有几种不同的值，那么就需要编写额外的代码来处理这些不同的值。例如，原来程序代码中的 CountryID="us" 或者 CountryID="USA"……需要简化为 CountryID="USA"。

2）模式更新的方法

（1）确定标准值。对代码的"官方"值达成一致意见。这些值是由国家编码中心或行业颁布的代码、原有的应用表提供，还是由业务用户提供？不管是哪种方式，这些值都需要被项目涉众所接受。

（2）确定存放代码的表。必须确定包含代码列的表。这可能需要进行扩展分析和多次迭代，然后才能发现所有有代码的表。需要注意的是，这种重构一次只应用于一列，可能需要多次进行这种重构，以确保整个数据库的一致性。

（3）更新存储过程。如果将代码值标准化，那些访问受影响列的存储过程可能也需要更新。例如，如果 getUSCustomerAddress 有一个 WHERE 子句是 Address. CountryID="USA"，就需要改成 Address.CountryID="US"。

3）数据迁移的方法

如果我们对特定的代码进行标准化，那么必须更新那些没有使用标准化代码的行，让它们使用标准的代码。如果要更新的行数比较少，使用简单的 SQL 脚本来更新目标表就足够了。如果必须更新大量的数据，或者在一个支持事务的表中代码发生改变，可进行"更新数据"重构。

下面的代码展示了更新 Address 表和 Country 表，使用标准代码值的 DML：

```
UPDATE Address SET CountryID='CA' WHERE CountryID='CAN'
UPDATE Address SET CountryID='US' WHERE CountryID='USA'
UPDATE Country SET CountryID='CA' WHERE CountryID='CAN'
UPDATE Country SET CountryID='US' WHERE CountryID='USA'
```

4）访问程序更新的方法

（1）硬编码的 WHERE 子句。可能需要更新 SQL 语句，在 WHERE 子句中使用正确的值。例如，如果 Country. CountryID 的值从 "US" 变为 "USA"，需要改变 WHERE 子句以使用这个新值。

（2）有效性检查代码。类似地，可能需要更新用于数据属性值的有效性检查的源代码。例如，像 CountryID="US" 这样的代码必须修改，使用新的代码值。

（3）查找结构。代码的值可能作为常量、枚举值和集合定义在各种编程"查找结构"中，在应用的各处使用。这些查找结构的定义必须修改，以使用新的代码值。

（4）测试代码。在测试逻辑和测试数据生成逻辑中常常对这些代码进行硬编码，需要修改这些逻辑以使用新的代码值。

下列代码展示了读取 US 地址的方法，包括重构之前和重构之后的。

```
//重构前的示例代码
stmt=DB.prepare("SELECT addressId, city, state, countryID " +
    "FROM address WHERE countryID = ?");
stmt.setString(1, "USA");
stmt.execute( );
ResultSet rs = stmt.executeQuery( );

//重构后的示例代码
stmt=DB.prepare("SELECT addressId, city, state, countryID " +
    "FROM address WHERE countryID = ?");
stmt.setString(1, "US");
stmt.execute( );
ResultSet rs = stmt.executeQuery( );
```

3. 采用标准类型

确保列的数据类型与数据库中其他类似列的数据类型一致。

1）"采用标准类型"重构的动因

进行"采用标准类型"重构，主要有以下动因：

（1）确保参照完整性。如果想对保存相同语义信息的所有表进行"加入外键"重构，就需要将这些列数据类型标准化。例如，图 11-22 展示了所有的电话号码列被重构为以整数类型存储。

（2）加入查找表。如果进行"加入查找表"重构，需要让两个代码列的类型一致。

（3）符合国家标准或行业（企业）标准。许多机构有详细的数据标准和数据建模标准，希望开发团队能够遵守。通常，当进行"使用正式数据源"重构时，常常会发现当前的数据方案不符合机构的标准，因此需要重构以反映正式数据源的值。

（4）减少代码的复杂性。如果同样语义的数据有几种不同的数据类型，那么就需要编写额外的代码来处理这些不同的类型。例如，对 Customer、Branch 和 Employee 中的电话号码有效性检查代码可以重构，使用同一个共享方法。

2）模式更新的方法

实施这类重构必须先确定标准的数据类型。需要对列的"官方"数据类型达成一致意见。这一数据类型必须能处理所有原有的数据，外部访问程序也必须能处理它（较老的语言有时候不能处理较新的数据类型）。然后必须确定哪些表包含了需要改变数据类型的列。这可能需要进行扩展分析和多次迭代，然后才能发现所有需要改变列类型的表。请注意，这种重构一次只应用于一列，可能需要多次进行这种重构，以确保整个数据库的一致性。

图 11-22 所示的是改变 Branch.Phone、Branch.FaxNumber 和 Employee. PhoneNumber 列，以使用同样的整型数据类型。Customer.PhoneNumber 列已经是整型的，所以不需要重构。

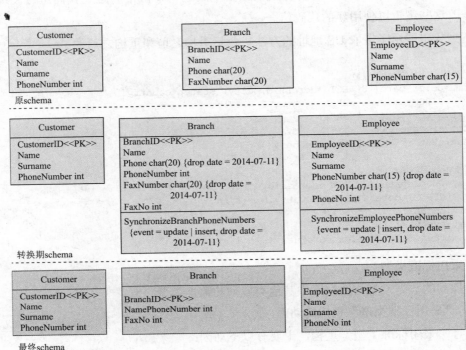

图 11-22　在 3 个表中采用标准数据类型示例

下列代码描述了变更 Branch.Phone、Branch.FaxNumber 和 Employee.Phone 列所需的 3 次重构。当然，可以通过"引入新列"在表中加入一个新列进行重构。在具体实施中，为了给所有的应用留出一些时间迁移到新的列上，在转换期间，需要维护新旧的列并同步它们的数据。

```
ALTER TABLE Branch ADD COLUMN PhoneNumber INT;
COMMENT ON Branch.PhoneNumber "替换 Phone，废弃日期=2014-07-11";
ALTER TABLE Branch ADD COLUMN FaxNo INT;
COMMENT ON Branch.FaxNo "替换 FaxNumber，废弃日期=2014-07-11";
ALTER TABLE Employee ADD PhoneNo INT;
COMMENT ON Employee.PhoneNo "替换 PhoneNumber，" +
    "废弃日期 = 2014-07-11";
```

下列的代码展示了如何同步 Branch.Phone、Branch.FaxNumber 和 Employee.Phone 列与原有的列所发生的变更。

```
CREATE OR REPLACE TRIGGER SynchronizeBranchPhoneNumbers
  BEFORE INSERT OR UPDATE
  ON Branch
```

```
    REFERENCING OLD AS OLD NEW AS NEW
    FOR EACH ROW
    DECLARE
    BEGIN
      IF :NEW.PhoneNumber IS NULL THEN
         :NEW.PhoneNumber := :NEW.Phone;
      END IF;
      IF :NEW.Phone IS NULL THEN
         :NEW.Phone := :NEW.PhoneNumber;
      END IF;
      IF :NEW.FaxNumber IS NULL THEN
         :NEW.FaxNumber := :NEW.FaxNo;
      END IF;
      IF :NEW.FaxNo IS NULL THEN
        :NEW.FaxNo := :NEW.FaxNumber;
      END IF;
    END;
/

CREATE OR REPLAC TRIGGER SynchronizeEmployeePhoneNumbers
   BEFORE INSERT OR UPDATE
   ON Employee
   REFERENCING OLD AS OLD NEW AS NEW
   FOR EACH ROW
   DECLARE
   BEGIN
     IF :NEW.PhoneNumber IS NULL THEN
        :NEW.PhoneNumber := :NEW.Phone;
     END IF;
     IF :NEW.PhoneNo IS NULL THEN
        :NEW.PhoneNo := :NEW.PhoneNumber;
     END IF;
   END;
/
```

第 1 次更新现有数据代码如下：

```
UPDATE Branch SET PhoneNumber = formatPhone(Phone),
  FaxNo = formatPhone(FaxNumber);
UPDATE Employee SET PhoneNo = formatPhone(PhoneNumber);
```

2014 年 7 月 11 日删除旧的列代码如下：

```
ALTER TABLE Branch DROP COLUMN Phone;
ALTER TABLE Branch DROP COLUMN FaxNumber;
ALTER TABLE Employee DROP COLUMN PhoneNumber;
DROP TRIGGER SynchronizeBranchPhoneNumbers;
DROP TRIGGER SynchronizeEmployeePhoneNumbers;
```

3）数据迁移的方法

如果数据库中的数据较少，要更新的行数比较少，那么使用简单的 SQL 脚本来更新目标表就足够了。如果数据库中的数据较多，必须更新大量的数据，或者需要转换复杂的数据，那么应该考虑进行"更新数据"重构。

4）访问程序更新的方法

在进行"采用标准类型"重构时，外部程序应该以下面的方式进行修改：

（1）改变应用变量的数据类型。需要修改程序代码，使它的数据类型与列的数据类型匹配。

（2）数据库交互代码。向这个列保存、删除和获取数据的代码必须修改，使用新的数据类型。例如，如果 Customer.Zip 从字符型改为数字型，那就必须将应用代码中的 customerGateway.getString（"ZIP"）改为 customerGateway.getLong（"ZIP"）。

（3）业务逻辑代码。类似地，需要更新应用代码，使用新的列。

下列代码片断展示了当 PhoneNumber 的数据类型从 String 变为 Long 时，一个类重构之前和之后的状态，该类通过指定的 BranchID 找到 Branch 表中的一行。

```
//重构前的示例代码
stmt =DB.prepare("SELECT BranchID, Name, " +
     "PhoneNumber, FaxNumber " +
     "FROM Branch WHERE BtanchID = ? ");
stmt.setLong(1, findBranchID);
stmt.execute( );
ResultSet rs = stmt.executeQuery( );
if (rs.next( )) {
    rs.getLong("BranchID");
    rs.getString("Name");
    rs.getString("PhoneNumber");
    rs.getString("FaxNumber");
}

//重构后的示例代码
stmt =DB.prepare("SELECT BranchID, Name, " +
     "PhoneNumber, FaxNumber " +
     "FROM Branch WHERE BtanchID = ? ");
stmt.setLong(1, findBranchID);
stmt.execute( );
ResultSet rs = stmt.executeQuery( );
if (rs.next( )) {
    rs.getLong("BranchID");
    rs.getString("Name");
    rs.getLong("PhoneNumber");
    rs.getString("FaxNumber");
}
```

4. 统一主键策略

为实体选择键策略，并在数据库中保持一致。

1）"统一主键策略"重构的动因

进行"统一主键策略"重构，主要有以下动因：

（1）改善性能。可能在每个键上都需要有一个索引，这样数据库在插入、更新和删除时性能会更好。

（2）符合国家标准或行业标准。许多机构有详细的数据标准和数据建模标准，希望开发团队能遵守。通常，当进行"使用正式数据源"重构时，常常会发现当前的数据方案不符合机构的标准，因此需要重构，以反映正式数据源的值。

（3）改进代码一致性。如果单个实体有不同的键，访问表的代码实现就会有不同的方式。这增加了使用这些代码的人的维护负担，因为他们必须理解每一种用法。

统一键策略重构通常比较复杂，甚至非常困难。例如图 11-23 所示的情况，不仅需要 Policy 表的 schema，而且还需要其他表的 schema，当然，这种情况是指当这些表包含了指向 Policy 外键并且没有使用所选择的键策略的情况。为了做到这一点，就需要进行"取代列"重构。因此，需要进行"引入替代替"或"引入索引"重构。

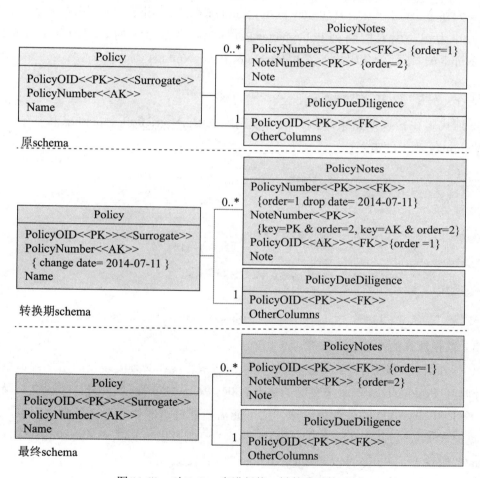

图 11-23　对 Policy 表进行统一键策略重构示例

2）模式更新的方法

（1）确定合适的键。需要在实体的"官方"键列上达成一致意见。理想情况下，这也反映了行业或公司的数据标准。

（2）更新源表的 schema。最简单的方法就是使用当前的主键并停止使用其他的键。如果采用这种方式，只要删除支持这些键的索引即可。如果选择使用其他键而放弃当前的主键，这种方法也能生效。但是，如果原有的键都不可取，那么就可能需要进行"引入替代键"重构。

（3）将不需要的键标记为已过时。非主键的其他键（在本例中是 PolicyNumber），都应该进行标记，说明它们在转换期结束后将不再被用作键。请注意，可能需要保留这些列上的唯一性约束，尽管不再打算将它们作为键。

（4）加入新索引。如果键上还没有索引，需要通过"引入索引"为 Policy 表引入基于键列的索引。

图 11-23 所示的例子为对 Policy 表进行统一键策略重构，只使用 PolicyOID 作为键。为了实现这一点，在 Policy.PolicyNumber 列上说明了它在 2014 年 07 月 11 日将不再作为键，引入的新列 PolicyNotes.PolicyOID 将作为新的键列取代 PolicyNotes.PolicyNumber。下面的代码加入了 PolicyNotes.PolicyNumber 列。

```
ALTER TABLE PolicyNotes ADD PolicyOID CHAR(12);
```

下列代码在转换期结束时执行，用于删除 PolicyNotes.PolicyNumber 和基于 Policy.PolicyNumber 列上的索引。

```
COMMENT ON Policy "统一键，只使用PolicyOID作为键，" +
    "生效日期=2014-07-11";
DROP INDEX PolicyIndex2;

COMMENT ON PolicyNotes "统一键，只使用PolicyOID作为" +
    "键，所以删除PolicyNumber列，生效日期=2014-07-11";
ALTER TABLE PolicyNotes ADD
  CONSTRAINT PolicyNotesPolicyOID_PK
  PRIMARY KEY (PolicyOID, NoteNumber);

ALTER TABLE PolicyNotes DROP COLUMN PolicyNumber;
```

3）数据迁移的方法

一些表通过外键保持与 Policy 表的关系，这些表现在必须实现反映所选键策略的外键。例如，PolicyNotes 表原来实现了基于 Policy.PolicyNumber 的外键，但现在必须实现基于 Policy.PolicyOID 的外键。显然，这可能需要通过"取代列"来做到这一点，并且这类重构要求从源列（Policy.PolicyOID 中的值）复制数据到 PolicyNotes.PolicyOID 列。下面的代码设置了 PolicyNotes.PolicyNumber 列的值。

```
UPDATE PolicyNotes SET PolicyNotes.PolicyOID=Policy.PolicyOID
  WHERE PolicyNotes.PolicyNumber = Policy.PolicyNumber
```

4）访问程序更新的方法

实施这类重构，主要的目的是确保原有的 SQL 语句在 WHERE 子句中使用正式的主键列，确保连接的性能至少像以前一样好。例如，以前的代码通过组合 PolicyOID 和 PolicyNumber 列来连接 Policy、PolicyNotes 和 PolicyDueDiligence，而重构之后的代码只使用 PolicyOID 列对它们进行连接。其示例代码如下：

```
//重构前的代码
stmt.prepare("SELECT Policy.Note FROM Policy, PolicyNotes " +
             "WHERE Policy.PolicyNumber = " +
               "PolicyNotes.PolicyNumber " +
               " AND Policy.PolicyOID = ?");
stmt.setLong(1, policyOIDToFind);
stmt.execute( );
ResultSet rs = stmt.executeQuery( );

//重构后的代码
stmt.prepare("SELECT Policy.Note FROM Policy, PolicyNotes " +
             "WHERE Policy.PolicyOID = PolicyNotes.PolicyOID " +
             "AND Policy.PolicyOID = ?");
stmt.setLong(1, policyOIDToFind);
stmt.execute( );
ResultSet rs = stmt.executeQuery( );
```

5. 删除默认值

从一个已有的列中删除数据库提供的默认值。

1）"删除默认值"重构的动因

如果应用没有为某些列分配数据，而我们又希望数据库在这些列中存储一些数据时，常常会进行"引入默认值"重构。如果由于应用提供了所需的数据，不再需要数据库来插入这些列的数据时，就可能不再需要数据库来持久保持这些默认值，因为我们希望应用能提供这些列的值。在这种情况下就需要进行"删除默认值"重构。

2）模式更新的方法

实施"删除默认值"重构，必须使用 ALTER TABLE 命令的 MODIFY 子句，从数据库表的这一列上删除默认值。下面的代码展示了图 11-24 中 Customer.Status 列上的默认值的步骤。从数据的角度来说，用 NULL 作为默认值和没有默认值是一样的。

```
ALTER TABLE Customer MODIFY Status DEFAULT NULL;
```

图 11-24 删除 Customer.Status 列上的默认值的步骤

3）数据迁移的方法

"删除默认值"重构，不需要进行数据迁移。

4）访问程序更新的方法

如果某些访问程序依赖于表所使用的默认值，那么对于表的这种变化，要么需要加入数据有效性检查代码，要么考虑取消这次重构。下列代码展示了现在应用代码如何提供列的值，而不是依赖于数据库来提供默认值。

```
//重构前的代码
public void createRetailCustomer(long customerID, String Name) {
    stmt = DB.prepare("INSERT INTO customer ( " +
        "CustomerID, Name)  VALUES(?, ?)");
    stmt.setLong(1, customerID);
    stmt.setString(2, Name);
    stmt.execute( );
}
//重构后的代码
public void createRetailCustomer(
        long customerID, String Name) {
    stmt = DB.prepare("INSERT INTO customer ( " +
        "CustomerID, Name, Status) VALUES(?, ?, ?)");
    stmt.setLong(1, customerID);
    stmt.setString(2, Name);
    stmt.setString(3, RETAIL);
    stmt.execute( );
}
```

6. 引入默认值

让数据库为一个已有的列提供默认值。

1）"引入默认值"重构的动因

当在表中加入一行时，常常希望某些列的值由一个默认值填充，如图11-25所示。但是，插入语句并不总是会填充该列，这通常是因为该列是在插入语句写好之后才加入的，或者只是因为发出插入语句的应用不需要该列。一般来说，如果我们想让该列不可空，会发现对该列引入默认值是有用的。

图 11-25　在 Customer.Status 列上引入默认值示例图

2）模式更新的方法

引入默认值是单步骤的重构。相对来说很简单，只需要使用 SQL 命令 ALTER TABLE 为列定义默认值。可以说明这次重构的实际发生日期，告诉人们这个默认值是何时引入到 schema 中的。下面的代码展示了如何在 Customer.Status 列上引入一个默认值。

```
ALTER TABLE Customer MODIFY Status DEFAULT 'NEW';
COMMENT ON Customer.Status  '在插入数据时，如果没有指明该列的数据，将使用新的默认值。生效日期 = 2014-07-11';
```

3）数据迁移的方法

原有的行可能在该列上有空值，虽然为列加上了默认值，但这些行不会自动更新。而且，某些行中可能还有无效的值。因此，需要检查该列中包含的数据，找出那些需要确定是否进行更新的值的列表。如果需要，可以编写一个脚本，遍历整个表，为这些行引入默认值。

4）访问程序更新的方法

引入默认值，在表面上看似乎不会影响到任何访问程序，但这可能是某种假象。如果遇到的下列问题，必须采取相应的对策。

（1）新的值使不变式被破坏。例如，一个类可能假定颜色列的值是红、绿或蓝三基色，但现在定义的默认值是红。

（2）原来存在采用默认值的代码。可能存在多余的源代码，在程序中检查空的值并引入默认值。这些代码可以删除。

（3）原有的源代码假定使用不同的默认值。例如，原有的代码可能会寻找作为默认值的空值，这是程序以前设置的，如果它发现值为空，就会让用户有机会选择颜色。现在默认值是红色，这些代码就永远不会调用到了，用户不能设置。

在为列引入默认值之前，必需全面地分析访问程序，然后对它们进行相应的更新。

7. 实施数据质量重构的常见问题

因为数据质量重构改变了数据库中存储的数据，它们有一些共同的问题需要解决，具体步骤如下：

（1）修复被破坏的约束。可能在受影响的数据上定义了一些约束。如果是这样，就可以先通过"删除列约束"重构删除约束，再通过"引入列约束"加上约束，反映改进后的数据值。

（2）修复被破坏的视图。视图常常在它们的 WHERE 子句中引用硬编码的数据值，一般是选择出数据的一个子集。因此当数据值发生改变时，这些视图可能被破坏。因此，需要通过运行测试套件，检查视图定义（这些视图引用了数据发生改变的列）来发现被破坏的视图。

（3）修复被破坏的存储过程。存储过程中定义的变量、传递给存储过程的参数、存储过程计算出的返回值以及存储过程用使用的 SQL 都有可能与被改进的数据耦合在一起。希望原有的测试能揭示出数据质量重构所引发的业务逻辑问题，否则，只要这些存储过程访问了保存变化后数据的列，就需要检查所有存储过程的源代码。

（4）更新数据。需要在更新数据过程中锁定源数据行，这会影响应用的性能和应用对数据的访问。这个问题，可以采用两种策略加以解决：①可以锁住所有的数据，然后对数据进行更新。②可以锁住数据的一个子集，甚至一次只锁住一行数据，然后对这个子集进行更新。第一种方法确保了一致性，但是由于更新数百万个数据需要一些时间，这可能会降低数据库的性能，使应用在这一段时间中不能更新数据。第二种方法确保应用在更新过程中能够访问源数据，但可能影响行之间数据的一致性，因为有些行会拥有旧的、"低质量"的数据值，而另一些行已进行了更新。

第12章
可编程数据中心

随着互联网与云计算的发展，越来越多的应用被从本地迁移到云端，这些应用最终被运行在共享的数据中心。受到数据中心应用复杂并且需求多变特征的影响，传统体系结构中的部分硬件部件（如共享末级缓存、内存控制器、I/O 控制器等）固定功能的设计不能很好地满足这些混合多应用的场景需求。为解决这一问题，计算机体系结构需要提供一种可编程硬件机制，使得硬件功能能够根据应用需求的变化进行调整，即数据中心管理员可以通过编程的方式来控制数据中心的运转。

本章设计了一种可编程数据中心模型，该模型的建立充分考虑了能源消耗等问题，重点关注基于大数据有效放置的大数据智能放置方法等。

12.1　概述

当前数据中心正面临着资源利用率与服务质量相冲突的挑战。使用虚拟化、容器等负载融合的方法将多个应用运行在同一服务器中，可以有效地提高服务器的资源利用率；但是在这一过程中，无管理的软硬件资源共享带来了不可预测的性能波动。为了保障延迟敏感型应用的服务质量，在共享的数据中心环境下，管理员或开发者通常会为这些应用独占或过量分配资源，造成了非常低的数据中心资源利用率，一般只有 6% ~ 12%。针对这种由于共享软硬资源竞争所带来的干扰问题，一些现有工作在软件层次，通过分析应用的竞争点，使用调度、隔离等方案尝试解决该问题。但由于数据中心中海量应用的特点，对海量的应用组合进行竞争点的判别与消除是不切实际的；同时由于数据中心应用不断变化的动态性特点，资源竞争点也随时在发生变化，因此这些软件技术很难在通用数据中心发挥作用。另一些研究提出在硬件层次上实现资源隔离与划分（如末级缓存容量划分、内存通道划分等），但由于缺少统一的接口，这些工作通常只关注单一的资源，而没有考虑到资源之间的相关联；同时由于当前体系结构在共享硬件层次的应用语义信息缺失，使得其在硬件层次无法区分不同的应用需求，造成在硬件层次很难实现硬件资源的细粒度管理。

构建高效的数据中心需要一种软硬件协调的机制，而传统计算机体系结构所提供的指令集架构（ISA）抽象不能满足这一需求，正如白皮书 21st *Century Computer Architecture* 中所指出的：我们需要一种高层接口将程序员或编译器信息封装并传递给下层硬件，以获得更好的性能或实现更多应用相关的功能。在学术界中，已有一些研究通过在硬件上增加可编程机制，实现根据应用需求对硬件策略进行调整的功能，如体系结构领域已经提出在内存控制器、Cache 与一致性协议上使用可编程逻辑来提供更灵活的功能，但这些只考虑了如何为单一应用提供更多的可编程支持，不能很好地在数据中心这种多应用场景下使用。

软件定义数据中心是近年来提出的一个新概念，类似于软件定义网络，是指通过软件来定义数据中心的运转状况等。例如，通过软件定义数据中心的节能措施、维修检修措施，等等。软件定义数据中心最直接的应用就是通过软件控制数据中心的云状态，例如，在数据交换冷时期（晚上 9 点到第 2 天早晨 7 点），让服务器自动运行在节能状态，从而实现节省能耗的目标。

可编程数据中心属于软件定义数据中心一种。它是软件定义数据中心的最高级阶段，即数据中心管理员可以通过编程的方式来控制数据中心的运转。它包括数据备份策略、数据节能策略等。可编程数据中心将是云计算发展的终态，同时也是云计算发展的必然需要。可编程数据中心将大大提升数据中心弹性资源的分配能力，大大节省能耗，同时为大数据的后期计算和分析的智能化提供基础。

12.2 可编程数据中心体系架构

图 12-1 展示了可编程数据中心的体系架构。云数据中心的管理人员可以编写数据中心资源管理程序，该程序主要包含数据分配管理、异构数据节点分配管理及规则管理。通过这 3 个模块可以实现数据中心的各种软硬件资源的管理和分配，同时对它们实行监控。

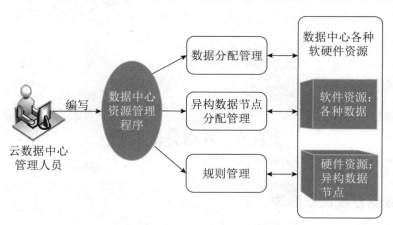

图 12-1 可编程数据中心的体系架构示意图

【案例】

若某个数据中心有 100 台普通计算机，其中 60 台是新购的计算机，每台计算机的存储容量是 2TB。另外 40 台是保护已有投资重用的旧计算机，每台计算机的存储容量是 500GB。现有 30TB 的数据资源需要放入该数据中心，其中 22TB 数据资源访问频繁，3TB 的数据资源较少访问，另外有 5TB 的数据资源从来不会被访问，仅作为数据资源备份使用。

若为可编程数据中心，则会充分利用这 100 台计算机，让资源能够有效存储在合适的计算机上。

首先，计算资源总容量为 60 台新计算机共有 120TB 的存储容量。40 台重用旧计算机有 20TB 的存储容量。假设每台计算机的存储上限为 90%，则 60 台新计算机最多的存储容量为 108TB，40 台重用旧计算机最多可用存储容量为 18TB。

其次，计算现有数据资源需要的数据存储容量。22TB 频繁访问的数据资源按照存储因子为 3（HDFS 与 GFS 等默认的存储因子均为 3）的策略实施，所需存储的实际容量为 66TB。按照 90% 的存储上限，至少需要 66TB/90%=73.34TB 存储容量。3TB 较少访问的数据资源也按照存储因子为 3 的策略实施，所需存储的实际容量为 9TB。同样按照 90% 的存储上限，至少需要 9TB/90%=10TB 存储容量。5TB 从来不会被访问的数据资源将按照存储因子为 2 的策略实施，所需存储的实际容量为 10TB。同样按照 90% 的存储上限，至少需要 10TB/90%=11.12TB 存储容量。

可编程数据中心，需要能够编写程序来管理上述的硬件资源和软件资源。具体策略如下：

（1）37 台新计算机用来存储频繁访问的数据资源，计算机处于正常运转状态；

（2）5 台新计算机用来存储较少访问的数据资源，计算机处于节能运行状态（节省能源）；

（3）23 台重用旧计算机用来存储从不访问的数据资源，计算机关机（节省、能源）；

（4）18 台新计算机关机不存放任何东西，待后面有新数据再利用（主要存放访问数据）；

（5）17 台重用旧计算机关机不存放任何东西，待后面有新数据再利用（主要存放从不访问数据）。

12.3 数据分配管理

12.3.1 数据分配管理原理

当前，对数据放置策略的研究主要集中在对数据中心某一方面的分析研究，而非针对整个数据中心，也没有形成一套完善的基于数据中心的云环境下大数据的放置模型。对单方面的研究主要集中在以下 5 个方面：副本策略、基于异构数据节点的数据放置策略、基于数据访问热点的数据放置策略、基于 MapReduce 的 Join 连接查询计算的数据放置策略及基于节能的数据放置策略。有关副本数量的问题，现有方法的一般思路是对于那些访问次数十分频繁的数据复制多个数据副本（大于 Hadoop 默认的 3 个），对于那些访问次数很少的数据只存储 2 个副本。有关副本存放位置的问题，现有研究一般都围绕当一个副本失效时，如何较快地取得另一个副本的问题展开。

图 12-2 展示了数据中心的云数据分配方法，基本实现原理为：根据数据集的历史处理记录或者根据预先的定义得到数据关系网。利用数据集关系网，可以得到数据集无计算关系子网、数据集孤立计算子网及其数据集有关联计算子网 3 个子网。通过数据集无计算关系子网得到相应的无计算关系数据集，对于无计算关系数据集，需要先判断，如果该数据集属于静态数据集（死数据，数据不会再改变），则对它们采用数据放置策略 1，按照数据放置策略 1 的方法将它们放置到数据放置集群 1 中；如果该数据集属于动态数据集（活数据，数据会不断增加），则对它们采用数据放置策略 2，按照数据放置策略 2 的方法将它们放置到数据放置集群 2 中。通过数据集孤立计算子网（该数据集只发生针对自身单个数据集的计算）得到的孤立计算数据集，按照数据放置策略 3 的方法将它们放置到数据放置集群 3 中。对于数据集有关联计算子网，需要进行相应的优化修正得到数据集修正关系网。根据数据集修正关系网，可以得到数据集无计算关系子网（修正后）、数据集孤立计算子网（修正后）及数据集有关联计算子网（修正后）3 个子网。通过数据集无计算关系子网（修正后）得到相应的无计算关系数据集（修正后）。对于无计算关系数据集（修正后），采用数据放置策略 2，按照数据放置策略 2 的方法将它们放置到数据放置集群 2 中。通过数据集孤立计算子网（修正后）得到的孤立计算（修正后）数据集，按照数据放置策略 3 的方法将它们放置到数据放置集群 3 中。通过数据集有关联计算子网（修正后）得到的有关联计算子网（修正后）数据集，按照数据放置策略 4 的方法将它们放置到数据放置集群 3 中。其中异构数据节点分配方法将决定数据放置集群 1、数据放置集群 2 及其数据放置集群 3 的具体分配实施。

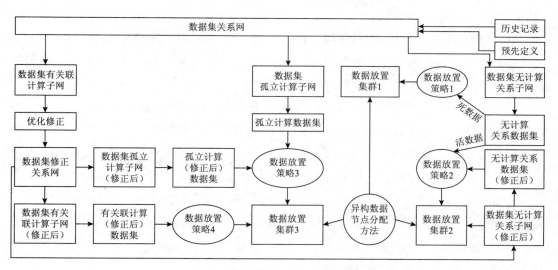

图 12-2　数据中心的云数据分配方法示意图

12.3.2 数据分配管理案例

【案例】

数据中心云数据分配方法实施案例。

1. 第一步：形成数据集关系网

根据数据集的历史处理记录或者根据预先的定义，得到数据关系网。图 12-3 为一个具有 n 个数据集的数据集关系网。

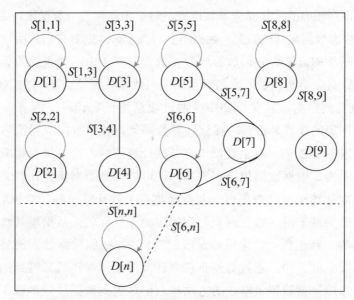

图 12-3　数据集关系示意图

在图 12-3 中，需要特别说明的是：

（1）在云计算中共使用了 n 个数据集合：$D[1]$，$D[2]$，$D[3]$，$D[4]$，$D[5]$，$D[6]$，$D[7]$，$D[8]$，$D[9]$，…，$D[n]$。

（2）$S[i,j]$ 表示数据集 $D[i]$ 与 $D[j]$ 之间的计算关联度，主要分为如下 4 种情况：

①如果 $i=j$，并且 $S[i,j]=0$。$i=j$ 表明为同一个数据集。如果 $S[i,j]=0$，表明针对该数据集自身没有任何计算操作（如查询等）。

②如果 $i=j$，并且 $S[i,j]>0$。$i=j$ 表明为同一个数据集。如果 $S[i,j]>0$，表明针对该数据集自身有计算操作（如针对该单个数据集的查询等）。

③如果 $i\neq j$，并且 $S[i,j]=0$。$i\neq j$ 表明涉及两个不同的数据集。如果 $S[i,j]=0$，表明这两个不同的数据集之间没有任何计算操作（如 Join、Union 及笛卡儿积等）。

④如果 $i\neq j$，并且 $S[i,j]>0$。$i\neq j$ 表明涉及两个不同的数据集。如果 $S[i,j]>0$，表明这两个不同的数据集之间有计算操作（如 Join、Union 及笛卡儿积等）。

（3）根据（2）及历史计算关系或者预先定义，得到相应的含数值的数据集历史计算关系图，如图 12-4 所示。其中：

$S[1, 1]=200$；$S[1, 3]=200$；$S[2, 2]=5$；$S[3, 3]=50$；$S[3, 4]=4$；$S[5, 5]=100$；$S[6, 6]=200$；$S[5, 7]=78$；$S[6, 7]=88$；$S[8, 8]=60$；$S[9, 9]=0$；$S[6, n]=1$；$S[n, n]=120$；

①从图12-4可以得到图12-2中所提及的3个子网：数据集有关联计算子网、数据集孤立计算子网和数据集无计算关系子网。

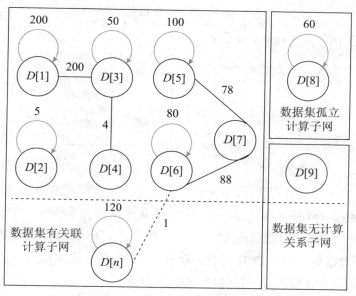

图12-4 含数值的数据集关系网

②从图12-4可以得到图12-2中所提及的两个子网分别对应的数据集：孤立计算数据{D[8]}及其无计算关系数据集{D[9]}。

2. 第二步：形成数据集修正关系网

Hadoop自身的数据放置策略的最大优势是通过分区函数让所有的数据块能够实现自由流动，从而达到一种较好的负载平衡。第二步对来自第一步的数据集有关联计算子网进行相应的修正，让一部分数据集的数据放置遵循Hadoop本身的数据放置策略，从而实现较好的负载均衡。其中最关键的是需要设定相应的修正因子（该修正因子可以由云数据中心管理人员自行编程设定），然后对数据集有关联计算子网进行相应的修正得到一个数据集修正关系网。具体子步骤如下：

（1）获取来自第一步的数据集有关联计算子网，如图12-5所示。

（2）优化修正。进行优化修正的一个重要因素是需要设置一个优化修正因子。优化修正因子的设置可以由数据中心管理人员设定（编程实现）。假设数据中心管理人员设定的修正因子为6，则计算关系小于或等于6的计算因子全部去掉，而保留那些计算关系大于6的计算因子。经过修正因子的修正之后，提到的数据集修正关系网如图12-6所示。

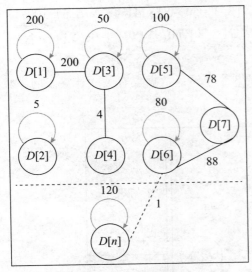

图 12-5　数据集有关联子网

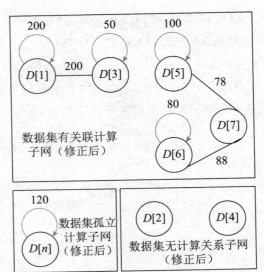

图 12-6　数据集修正关系网

（3）从图 12-6 中可以得到图 12-2 中所提及的 3 个子网：数据集有关联计算子网（修正后）、数据集孤立计算子网（修正后）和数据集无计算关系子网（修正后）。

（4）从图 12-6 中可以得到图 12-2 中所提及的 3 个子网分别对应的数据集：有关联计算（修正后）数据集 $\{D[1], D[3], D[5], D[6], D[7]\}$，孤立计算（修正后）数据集 $\{D[n]\}$ 和无计算关系数据集（修正后）$\{D[2], D[4]\}$。

3. 实施数据放置

根据第一步和第二步的结果，实施具体的数据集的放置，主要包含以下 5 个步骤：

1）对于第一步得到的无计算关系数据集的数据放置

对于该部分数据集需要先进行如下判断：

（1）如果无计算关系数据集属于静态死数据（永远不会再被使用的数据，仅作为档案存储），则将该部分数据按照数据放置策略 1 进行数据放置，将它们放入数据放置集群 1 中。

（2）如果无计算关系数据集属于动态活数据（该部分数据会继续增加，如来自云数据库表的数据，会不断有新数据增加），则将该部分数据按照数据放置策略 2 进行数据放置，将它们放入数据放置集群 2 中。

2）对于第一步得到的孤立计算数据集的数据放置

将该部分数据按照数据放置策略 3 进行数据放置，将它们放入数据放置集群 3 中（具体实现见下节）。

3）对于第二步得到的无计算关系数据集（修正后）的数据放置

将该部分数据按照数据放置策略 2 进行数据放置，将它们放入数据放置集群 2 中（具体实现见下节）。

4）对于第二步得到的孤立计算（修正后）数据集的数据放置

将该部分数据按照数据放置策略 3 进行数据放置，将它们放入数据放置集群 3 中（具体实现见下节）。

5）对于第二步得到的有关联计算（修正后）数据集的数据放置

将该部分数据按照数据放置策略4进行数据放置，将它们放入数据放置集群3中（具体实现见下节）。

12.4　异构数据节点分配管理

数据中心中的数据节点主要来源有两种：利旧的数据节点和新购置的数据节点。利旧的数据节点是指将各种已有的数据节点硬件资源搜集到一起放到数据中心，成为集群中的一部分。新购置的数据节点是指为扩展而新购买且配置到数据中心的一些数据节点。不管来自利旧的数据节点还是新购置的数据节点，这些数据节点大都是异构的数据节点，也就是说每个数据节点的服务能力（如标称计算能力、实际计算能力、存储能力、使用年限等）都是不一样的。例如，内存不同、CPU不同，则单核/多核的数据节点的服务能力就不同：内存大、CPU多、多核的数据节点的服务能力要强于那些内存小、CPU少、单核的数据节点的服务能力。同样，同行配置的数据节点使用年限不一样，其能力也不一样。服务年限长的数据节点明显要弱于服务年限短的数据节点的服务能力，这不仅体现在计算效率上，还体现在能源消耗上。新购置的数据节点的计算能力和能耗明显要比同等配置的使用了多年的数据节点计算能力强、能耗低。

12.4.1　异构数据节点分配管理方法

原始的Hadoop数据放置策略并没有考虑数据节点服务能力的差异，所以在进行数据放置的时候也不会考虑异构数据节点的服务能力问题。但是在实际应用中，如果数据放置不恰当，会对数据计算的效率产生很大的影响。例如，Node[1]和Node[2]两个节点的服务能力分别为Service[N1]和Service[N2]，假设Service[N1]=5×Service[N2]，那么对于传统的Hadoop机制，分配同样的数据给这两个节点进行计算，显然节点Node[1]能很快完成计算，而节点Node[2]则需要较长的时间才能完成计算。按照Hadoop的调度机制，将数据节点Node[2]的数据传输到计算速度快的数据节点Node[1]中去执行计算。此时，就涉及大量数据从数据节点Node[2]到数据节点Node[1]的迁移（可能是普通的非MapReduce的原始数据的迁移，也可能是MapReduce的中间数据Shuffle阶段的迁移），进而会大大影响集群的执行效率。如果我们在进行数据放置的时候能够考虑到数据的服务能力，将大大提高集群的整体服务能力。基于此理念，可编程数据中心云数据放置方法的异构数据节点分配模块如图12-7所示。

从图12-7中可以看出，异构数据节点分配方法的基本原理为：对于所有的异构节点（含利旧的数据节点及新购的数据节点）需要通过异构数据节点服务能力计算模块进行计算。数据节点服务能力的计算包括数据节点标称计算能力、数据节点实际计算能力、存储能力、使用年限等。当得到了所有异构数据节点服务能力之后,使用异构数据节点分配算法将所有异构数据节点逻辑划分为 4 个数据放置集群:数据放置集群 1、数据放置集群 2、数据放置集群 3 和数据放置集群 4。其中,数据放置集群 1 用于存储无计算关系数据集(静态死数据);数据放置集群 2 用于存储无计算关系数据集(动态活数据)及无计算关系数据集(修正后);数据放置集群 3 用于存储孤立计算数据集、孤立计算(修正后)数据集及有关联计算(修正后)数据集;数据放置集群 4 是那些备用异构数据节点所组成的数据放置逻辑集群。

　　这里的数据放置集群都是逻辑上的数据放置集群,也就是说数据放置集群 1、数据放置集群 2 和数据放置集群 3 属于同一个物理数据节点集群。如图 12-7 所示,凡是带有语意标记 SemanDCFlag1(Semantic Data Node Flag 1)的所有异构数据节点,都属于数据放置集群 1;凡是带有语意标记 SemanDCFlag2 的所有异构数据节点,都属于数据放置集群 2;凡是带有语意标记 SemanDCFlag3 的所有异构数据节点,都属于数据放置集群 3;凡是带有语意标记 SemanDCFlag4 的所有异构数据节点,都属于数据放置集群 4。但是,与其他 3 个数据放置集群不同的是,数据放置集群 4 是那些备用的异构数据节点所组成的一个逻辑集群。这个集群并没有连接到实际的物理的数据中心,只有当数据中心的数据节点不够时,才会从它们中间选择合适的数据节点补充到其他 3 个逻辑数据放置集群中去。

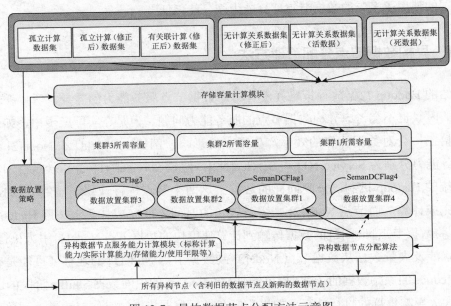

图 12-7　异构数据节点分配方法示意图

　　异构数据节点分配算法是异构数据节点分配方法中最核心的部分,主要包括以下 9 个步骤。

　　(1)通过异构数据节点服务能力计算模块获得每台数据机构节点的能力。

　　(2)通过存储容量计算模块获取集群 1～集群 3 的所需容量。集群 1～集群 3 所需容量由以下公式决定：

■ 集群1所需容量

集群1所需容量=无计算关系数据集（静态死数据）实际大小 × 数据放置策略1采用的副本因子 × （1+ 数据放置集群1的容量冗余阈值设置因子 $f(1)$）。

其中，数据放置策略1的副本因子参见本章第5节相关内容；数据放置集群1的容量冗余阈值设置因子 $f(1)$ 的大小由数据中心管理员设定。

■ 集群2所需容量

集群2所需容量=（无计算关系数据集（动态活数据）实际大小+无计算关系数据集（修正后））× 数据放置策略2采用的副本因子 × （1+ 数据放置集群2的容量冗余阈值设置因子 $f(2)$）。

其中，数据放置策略2的副本因子，参见数据放置策略一节；数据放置集群2的容量冗余阈值设置因子 $f(2)$ 的大小由数据中心管理员设定。

■ 集群3所需容量

集群3所需容量=（孤立计算数据集实际大小+孤立计算（修正后）数据集实际大小）× 数据放置策略3采用的副本因子 × （1+ 数据放置集群3的容量冗余阈值设置因子 $f(3)$）+ 有关联计算（修正后）数据集实际大小 × 数据放置策略4采用的副本因子 × （1+ 数据放置集群3的容量冗余阈值设置因子 $f(3)$）。

其中，数据放置策略3的副本因子及其数据放置策略4的副本因子，参见数据放置策略一节；数据放置集群3的容量冗余阈值设置因子 $f(3)$ 的大小由数据中心管理员设定。

（3）获取不同类型数据的数据放置策略，包括数据放置策略1、数据放置策略2、数据放置策略3和数据放置策略4。

（4）将步骤（1）～（3）的计算结果作为异构数据节点分配算法的输入，通过异构数据节点分配算法的基本原则实施对所有异构节点进行分配。对凡是即将分配到数据放置集群1的所有异构数据节点打上语意标记记号 SemanDCFlag1；对凡是即将分配到数据放置集群2的所有异构数据节点打上语意标记记号 SemanDCFlag2；对凡是即将分配到数据放置集群3的所有异构数据节点打上语意标记记号 SemanDCFlag3；对凡是即将分配到数据放置集群4的所有异构数据节点打上语意标记记号 SemanDCFlag4。具体实现思路包含以下4个步骤：

①对于数据放置集群1的分配策略。在满足存储容量需求的前提下，将所有异构节点中服务能力最差的数据节点分配给数据放置集群1。这样做的理由很简单，因为数据放置集群1仅仅用来存储静态死数据，不需要进行任何计算。

②对于数据放置集群2的分配策略。在满足存储容量需求的前提下，将所有异构节点中除去分配给数据放置集群1后，从剩下的所有异构节点中将服务能力最差的数据节点分配给数据放置集群2。这样做的理由是，数据放置集群2中存储的数据集需要很少的计算。

③对于数据放置集群 3 的分配策略。在满足存储容量需求的前提下，将所有异构节点中服务最好的数据节点分配给数据放置集群 3。这样做的理由是，数据放置集群 3 需要大量的计算，对异构节点的服务能力要求最高。

④对于数据放置集群 4 的分配策略。数据放置集群 1、数据放置集群 2 及其数据放置集群 3 分配完成后，剩下的所有数据节点均为数据集群 4 中的数据节点。

（5）将所有带有 SemanDCFlag1 标记的异构数据节点，在逻辑上划分成数据放置集群 1。

（6）将所有带有 SemanDCFlag2 标记的异构数据节点，在逻辑上划分成数据放置集群 2。

（7）将所有带有 SemanDCFlag3 标记的异构数据节点，在逻辑上划分成数据放置集群 3。

（8）将所有带有 SemanDCFlag4 标记的异构数据节点，在逻辑上划分成数据放置集群 4。

（9）将所有的无计算关系数据集（静态死数据），按照数据放置策略 1 的方法存储到数据放置集群 1 中；将所有的无计算关系数据集（动态活数据）及无计算关系数据集（修正后），按照数据放置策略 2 的方法存储到数据放置集群 2 中；将所有的孤立计算数据集及其孤立计算（修正后）数据集，按照数据放置策略 3 的方法存储到数据放置集群 3 中；将所有的有关联计算（修正后）数据集，按照数据放置策略 4 的方法存储到数据放置集群 3 中。

12.4.2　异构数据节点服务能力计算方法

通过对异构节点的 CPU、内存、外存、I/O、使用年限等进行分析，建立一个异构节点的能力计算模型。通过该模型，可计算出数据中心异构节点的服务能力。

西部某数据中心通过以下计算公式来实现异构节点服务能力的计算：

SERVICECAPABILITY[1]

　　　　=CPU.CAPABILITY[1]×WEIGHTS[CPU]+MEMORY.CAPABILITY[1]

　　　　×WEIGHTS[MEMORY]+STORAGE.CAPABILITY[1]

　　　　×WEIGHTS[STORAGE]+I/O.CAPABILITY[1]×WEIGHTS[I/O]

　　　　+USINGYEAR.CAPABILITY[1]×WEIGHTS[USINGYEAR]+OTHERS

式中：SERVICECAPABILITY[1]——节点的整个服务能力；

　　　CPU.CAPABILITY[1]——CPU 的服务能力；

　　　WEIGHTS[CPU]——CPU 部分所占的权重；

　　　MEMORY.CAPABILITY[1]——内存的服务能力；

　　　WEIGHTS[MEMORY]——内存部分所占的权重；

STORAGE.CAPABILITY[1]——外存的服务能力;

WEIGHTS[STORAGE]——外存部分所占的权重;

I/O.CAPABILITY[1]——I/O 的服务能力;

WEIGHTS[I/O]——I/O 部分所占的权重;

USINGYEAR.CAPABILITY[1]——使用年限;

WEIGHTS[USINGYEAR]——使用年限部分所占的权重;

OTHERS——其他因素的服务能力。

12.5 数据放置策略

谈到数据放置策略,不能不谈谷歌的数据放置策略。这里先介绍一下谷歌的数据放置策略,再介绍语意数据放置策略。

12.5.1 谷歌的数据放置策略

谷歌研发 GFS(Google File System)的最初目标是因为谷歌的各种应用,如搜索引擎等需要处理越来越多的数据,例如,BigTable 中存储的一个索引表就可能达到 PB 级别。为了高效处理这些大数据,谷歌使用上百万台服务器同时对所需处理的大数据进行并行计算。而并行计算实现的一个重要前提就是需要让数据分散在不同地方,同时对外提供服务。因此,谷歌的数据放置策略遵循以下原则:

- 数据尽量均衡分散在不同的存储节点中,主要目标是尽量让每台服务器能够存储尽量相等的数据量,并进行计算,提高效率,同时避免出现部分存储节点和计算节点负载过大,而另外一些却负载很小的情况。
- 数据副本数目为 3 个。为了数据安全起见,默认的副本数量为 3 个。一旦其中一个副本出现问题,可以立即调用其他副本。
- 尽量将 2 个副本存储在一个机架上,而将另外一个副本存储在另外一个机架上。大数据计算中面临的一个巨大问题就是数据迁移需要占用巨大的带宽,它将是制约大数据计算的一个巨大瓶颈。因此,为了便于数据迁移和保证安全。谷歌的副本放置策略是尽量让两个副本放在同一个机架上,以减小数据迁移。将另外一个副本放入另外一个机架,主要是为了安全起见,一旦存储两个副本的机架出现故障,另外一个机架的副本可以继续使用,提高可靠性。

12.5.2 Hadoop的数据放置策略

Hadoop 的 HDFS(Hadoop Distribute File System)是 GFS 的开源产品,它的数据放

置策略和 GFS 一样，遵循同样的原则。

12.5.3　其他常用的数据放置策略

GFS 和 HDFS 采用了同样的副本放置策略。另外，还有人提出了一些不同的数据放置策略，基本上可以简单地概括为根据不同的应用采用不同的副本放置策略。

（1）波形数据中心。有些公司数据规模不是很大，只有一个机架，因此，它们直接采用将 3 个副本放在同一个机架的方式来实现。

（2）根据数据重要性进行副本放置。

对于极其不重要的数据存储 2 个副本，按照自由的方式进行放置。

对于一般的数据存储 3 个副本，按照 HDFS 的方式进行放置。

对于非常重要的数据存储 4 个副本，在按照 HDFS 的方式进行放置的基础上，再在第 3 个机架上存放一个副本，保障数据的可靠性。

（3）根据数据的冷热度进行副本放置。

对于访问频率较低的数据，按照 HDFS 方式进行放置。

对于访问频率极其频繁的数据，在按照 HDFS 的方式进行放置的基础上，增加 1 或 2 个副本，从而实现更多的副本访问支持，提高并行度，从而实现提高访问效率的目标。

12.5.4　语意数据放置策略

1. 放置策略

可编程数据中心采用了 4 种不同的数据放置策略：数据放置策略 1、数据放置策略 2、数据放置策略 3 和数据放置策略 4。

- 数据放置策略 1。使用 Hadoop 默认的数据放置方案（即副本数为 2），一旦数据分配完成，立即关机，达到节省能源的目的。数据策略 1，主要是针对那些死数据的数据放置，这种数据直接使用两个副本，可以确保安全，同时数据存储完成后，直接关机，节省能源。
- 数据放置策略 2。使用 Hadoop 默认的数据放置方案（副本数为 3），让其处于节能运行状态。
- 数据放置策略 3。使用 Hadoop 默认的数据放置方案（副本数为 3）。
- 数据放置策略 4。基于 Hadoop 的一种改进的数据放置方案。

其主要实现步骤描述如下：

（1）将所有有数据关联的数据集形成一个数据关联子集。

（2）对该数据关联子集进行数据划分。将每个数据集按照 Hadoop 的划分方式，划分成每块 64MB 的数据块。

（3）将具有关联计算关系的所有数据块打上不同的语意标记记号，如 SemanDFlag[1]、SemanDFlag[2] 及 SemanDFlag[3] 等。

（4）将没有关联计算的所有数据块打上统一的语意标记记号 SemanDFlag0。

（5）将具有相同语意标记记号（语意标记记号为 SemanDFlag0 的除外）的所有数据块，按照数据放置策略 4 的机制放到数据放置集群 3 中的同一个数据节点。其放置原则可以描述如下：

①将具有相同语意标记记号的数据块形成一个语意表（语意标记记号为 SemanDFlag0 的除外），如表 12-1 所示。

表 12-1 数据语意标记表

语意标记记号	数据块	数据块数量
SemanDFlag[1]	$D[i].j,\ \cdots$	Num[1]
SemanDFlag[2]	$D[k].j,\ \cdots$	Num[1]
$\cdots$	$\cdots$	$\cdots$
SemanDFlag[m]	$D[p].k,\ \cdots$	Num[m]

②从表 12-1 中找出数据块数量最大的语意标记记号。

③从数据放置集群 3 中找出服务能力最好的数据节点。

④将②找到的语意标记记号所对应的全部数据块放到步骤③所找到的服务能力最好的数据节点中。

⑤删除③找到的语意标记记号在表 12-1 中所对应的行，得到新的表。

⑥重复②～⑤，指导所有的语意标记记号对应的数据块全部分配到数据放置集群 3 中。

（6）将所有语意标记记号为 SemanDFlag0 的所有数据块按照数据放置策略 3 的机制放置到数据放置集群 3 中（这些语意标记记号为 SemanDFlag0 的数据块，其实不和任何其他数据块发生计算关系（如 Join、Union 及笛卡儿积等），这样我们可以按照 Hadoop 提供的数据放置机制进行放置）。

2. 实施案例

下面的案例展示了一个具体的基于数据放置策略 4 的方法，是西部某数据中心的一个实际案例。

【案例】

（1）将所有有数据关联的数据集形成一个数据关联子集。如图 12-8 展示了两个数据关联子集：数据关联子集 [1] 和数据关联子集 [2]。

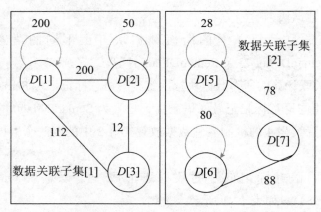

图 12-8　数据关联子集示意图

（2）对该数据关联子集进行数据划分。将每个数据集按照 Hadoop 的划分方式，划分成每块 64MB 的数据块。

（3）将具有关联计算关系的所有数据块打上不同的语意标记记号，如 SemanDFlag1 及 SemanDFlag2。

（4）将那些没有关联计算关系的所有数据块打上统一的语意标记记号 SemanDFlag0。

经过上述步骤（2）～（4）之后，得到如图 12-9 所示的带语意标记的数据块示意图。

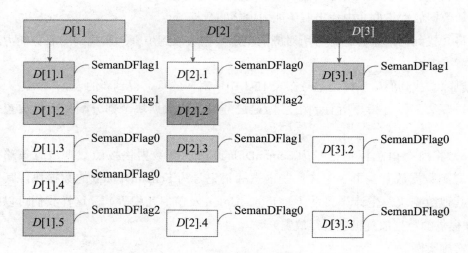

图 12-9　带语意标记的数据块示意图

（5）将那些具有相同语意标记号（语意标记为 SemanDFlag0 的除外）的所有数据块按照数据放置策略 4 的机制放到数据放置集群 3 中的同一个数据节点。其放置原则可以描述如下：

①将具有相同语意标记记号的数据块形成一个语意表（语意标记记号 SemanDFlag0 的除外），如表 12-2 所示。

表 12-2 数据语意标记表

语意标记记号	数据块	数据块数量
SemanDFlag1	$D[1].1$，$D[1].2$，$D[2].3$，$D[3].1$	4
SemanDFlag2	$D[1].5$，$D[2].2$	2

②从表 12-2 中找出数据块数量最大的语意标记记号。表 12-2 中数据块数量最大的语意标记记号为 SemanDFlag1，它的数据块数量为 4，而语意标记记号 SemanDFlag2 的数据块数量为 2。

③从数据放置集群 3 中找出服务能力最好的数据节点。图 12-10 所示的数据放置集群 3 中有 5 个数据节点，分别标有相应的服务能力。其中 Data Node[2] 的服务能力最好，为 7 个单位。

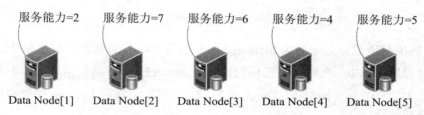

图 12-10 数据放置集群 3（带服务能力标记）

④将②找到的语意标记记号所对应的全部数据块放到③所找到的服务能力最好的数据节点中，如图 12-11 所示（假设数据节点存入 1 个数据块，其服务能力减 1，故而 Data Node[2] 在存储完语意标记为 SemanDFlag1 的所有数据块后，其服务能力降低至 3）。

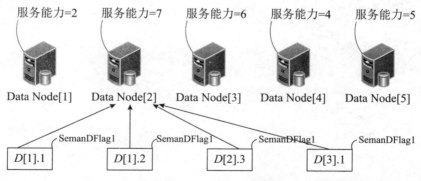

图 12-11 语意标记记号为 SemanDFlag1 的所有数据块放入放置集群 3

⑤删除②找到的语意标记记号在表 12-2 中对应的行，得到新的表如表 12-3 所示。

表 12-3 数据语意标记表

语意标记记号	数据块	数据块数量
SemanDFlag2	$D[1].5$，$D[2].2$	2

⑥重复②～⑤，指导所有的语意标记记号对应的数据块全部分配到数据放置集群 3 中，如图 12-12 所示。

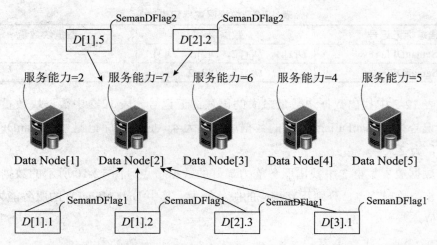

图 12-12　语意标记记号为 SemanDFlag2 的所有数据块放入放置集群 3

（6）将所有语意标记记号为 SemanDFlag0 的数据块按照数据放置策略 3 的机制放置到数据放置集群 3 中。（这些语意标记记号为 SemanDFlag0 的数据块其实不和任何其他数据块发生计算关系（如 Join、Union 及笛卡儿积等），按照 Hadoop 提供的数据放置机制进行放置即可）。

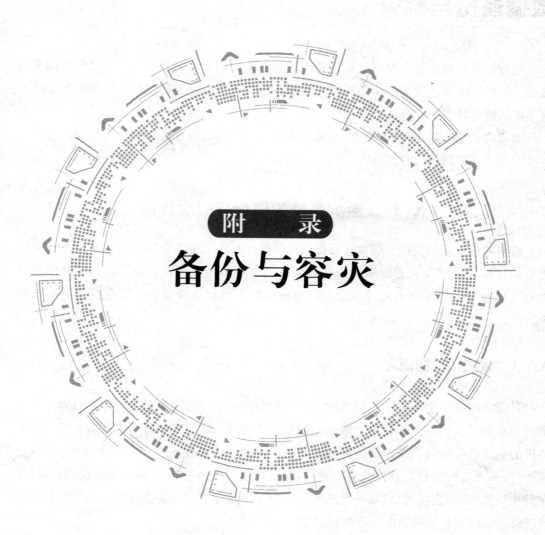

附　录

备份与容灾

附录A
数据备份与容灾

随着计算机存储信息量的不断增长，数据在人们的日常工作、生活中已变得越来越重要。硬件的故障、人为的错误操作、各种各样的计算机病毒，以及自然灾害等无时无刻不在威胁着数据的安全。

本章将介绍数据备份的概念、方案与备份系统结构，以及数据容灾的概念、容灾关键技术和典型案例等内容。

A.1　数据备份的概念及层次分析

数据备份就是给数据买保险，而且这种保险比起现实生活中仅仅给予相应金钱赔偿的方式显得更加实在，它能实实在在地还原用户备份的数据，一点不漏。如同保险之优势，只有发生意外的人才能体会到，备份亦然。数据备份是确保数据安全的唯一解决方案。

A.1.1　数据备份的概念

备份大家都不会陌生。在日常生活中，我们都在不自觉地在进行备份。例如：存折密码记在脑子里怕忘，就会写下来记在纸上；门钥匙、抽屉钥匙总要再去配一把。其实备份的概念说起来很简单，就是保留一套后备系统，这套后备系统或者是与现有系统一模一样，或者能够替代现有系统的功能。与备份对应的概念是恢复，恢复是备份的逆过程。在发生数据失效时，计算机系统无法使用，但如果保存了一套备份数据，利用恢复措施就能够很快将被损坏的数据重新恢复出来。

下面介绍一些与数据备份有关的概念。

（1）24×7系统：计算机系统必须一天24小时、一周7天运行。这样的计算机系统被称为24×7系统。

（2）备份窗口（Backup Window）：一个工作周期内留给备份系统进行备份的时间长度。如果备份窗口过小，则应努力提高备份速度，如使用磁带库。

（3）故障点（Point of Failure）：计算机系统中所有可能影响日常操作和数据的部分都被称为故障点。备份计划应覆盖尽可能多的故障点。

（4）备份服务器（Backup Server）：在备份系统中，备份服务器是指连接备份介质的备份机，一般备份软件也运行在备份服务器上。

（5）跨平台备份（Cross Plat Backup）：备份不同操作系统中系统信息和数据的备份功能。跨平台备份有利于降低备份系统成本，进行统一管理。

（6）备份代理程序（Backup Agent）：运行在异构平台上，与备份服务器通信从而实现跨平台备份的小程序。

（7）并行流处理（Para Streaming）：从备份服务器同时向多个备份介质备份的技术。在备份窗口较小的情况下可以使用并行流技术。

（8）全备份（Full Backup）：将系统中所有的数据信息全部备份。

（9）增量备份（Incremental Backup）：只备份上次备份后系统中变化过的数据信息。

（10）差分备份（Differential Backup）：只备份上次完全备份以后变化过的数据信息。

（11）备份介质轮换（Media Rotation）：轮流使用备份介质的策略，好的轮换策略能够避免备份介质被过于频繁地使用，从而提高备份介质的寿命。

A.1.2　数据备份的层次及备份手段

数据备份可分为 3 个层次：硬件级、软件级和人工级。

1. 硬件级备份

硬件级备份是指用冗余的硬件来保证系统的连续运行，如果主硬件损坏，后备硬件马上能够接替其工作。这种方式可以有效地防止硬件故障，但无法防止数据的逻辑损坏。当逻辑损坏发生时，硬件备份只会将错误复制一遍，而无法真正地保护数据。硬件备份的作用实际上是保证系统在出现故障时能够连续运行，因此更应称为硬件容错。

硬件级的备份手段主要包括：

（1）磁盘镜像：可以防止单个硬盘的物理损坏，但无法防止逻辑损坏。

（2）磁盘阵列（Disk Array）：一般采用磁盘冗余陈列（Redundant Arrays of Independent Disks，RAID）技术，可以防止多个硬盘的物理损坏，但无法防止逻辑损坏。

（3）双机容错：备用（Standby）、集群都属于双机容错的范畴。双机容错可以防止单台计算机的物理损坏，但无法防止逻辑损坏。

硬件级备份对火灾、水淹、线路故障造成的系统损坏和逻辑损坏无能为力。

2. 软件级备份

软件级备份是指将系统数据保存到其他介质上，当出现错误时可以将系统恢复到备份时的状态。由于这种备份是由软件来完成的，所以称为软件备份，当然，用这种方法备份和恢复都要花费一定时间。使用这种方法可以完全防止逻辑损坏，因为备份介质和计算机系统是分开的，错误不会重复写到介质上。这就意味着，只要保存足够长时间的历史数据，就能够恢复正确的数据。

软件级备份的手段主要为数据复制：可以防止系统的物理损坏及一定程度的逻辑损坏。

3. 人工级备份

人工级备份最为原始，也最简单和有效，但如果要用人工方式从头恢复所有数据，耗费的时间恐怕会令人难以忍受。

理想的备份系统是全方位、多层次的。一个完整的系统备份方案应包括硬件备份、软件备份、日常备份制度（Backup Routines）、灾难恢复制度（Disaster Recovery Plan，DRP）4个部分。首先，要使用硬件备份来防止硬件故障：如果由于软件故障或人为误操作造成了数据的逻辑损坏，则使用软件方式和手工方式结合的方法恢复系统；选择了备份硬件和软件后，还需要根据企业自身情况制定日常备份制度和灾难恢复措施，并由管理人员切实执行备份制度。这种结合方式构成了对系统的多级防护，不仅能够有效地防止物理损坏，还能够彻底防止逻辑损坏。

A.1.3 系统级备份

当灾难发生时，留给系统管理员的恢复时间往往相当短，但现有的备份措施没有任何一种能够使系统从大的灾难中迅速恢复过来。通常系统管理员想要恢复系统至少需要以下5个步骤：

（1）恢复硬件。

（2）重新装入操作系统。

（3）设置操作系统（驱动程序设置、系统、用户设置）。

（4）重新装入应用程序，进行系统设置。

（5）用最新的备份恢复系统数据。

即使一切顺利，这一过程也至少需要两三天，这么漫长的恢复时间对现代企业来说几乎是不可忍受的，同时也会严重损害企业信誉。但如果系统管理员采用系统备份措施，灾难恢复将变得相当简单和迅速。

系统备份与普通数据备份的不同在于，它不仅备份系统中的数据，还备份系统中安装的应用程序、数据库系统、用户设置、系统参数等信息，以便需要时迅速恢复整个系统。

与系统备份对应的概念是灾难恢复。灾难恢复同普通数据恢复的最大区别在于，在整个系统都失效时，使用灾难恢复措施能够迅速恢复系统；而使用普通数据恢复则不行，如果系统也发生了失效，则在开始数据恢复之前，必须重新装入系统。也就是说，数据恢复只能处理狭义的数据失效，而灾难恢复则可以处理广义的数据失效。

对系统数据进行安全有效的备份具有非常重要的意义，但是在对系统备份的理解方面仍然存在以下4个误区。

（1）复制＝系统备份。备份不仅只是数据的保护，其最终目的是为了在系统遇到人为或自然灾难时，能够通过备份内容对系统进行有效的灾难恢复。所以，在考虑备份选择时，应该不仅只是消除传统输入指令的复杂程序或手动备份的麻烦，更要能实现自动化及跨平台的备份，满足用户的全面需求。因此可以说，备份不等于单纯的复制，管理也是备份重要的组成部分。管理包括备份的可计划性、磁带机的自动化操作、历史记录的保存以及日志记录等。正是有了这些先进的管理功能，在恢复数据时我们才能掌握系统信息和历史记录，使备份真正实现轻松和可靠。因此，备份应该是"复制＋管理"。

（2）用双机、磁盘阵列、镜像等系统冗余替代系统备份。

双机、镜像等可实现 Server 的高可靠性和最大限度地保障业务连贯。但是双机热备绝对不等同于备份，因为普通的双机热备无法解决下面的两个问题：

- 用户误操作、软件故障导致写入错误数据、病毒攻击、人为删除破坏数据。
- Server 或存储设备丢失、各种灾害性破坏。

（3）数据库自带备份系统可以满足严格的系统备份需求，数据库系统自带的备份系统基本可实现数据库的本地和异地备份，但目前都是通过预设时间点或备份间隔等方式实现数据备份。其不能解决的问题有：

- 不能实现实时数据备份，备份间隔数据处在非保护状态。
- 备份时由于是一段时间内的数据集中复制，对 Server、网络、CPU 等压力极大，大多在备份时需要停止对外服务。

（4）已有备份软件，恢复数据没有问题。

数据备份的根本目的是恢复数据，一个无法恢复数据的备份，对任何系统来说都是毫无意义的。作为最终用户，一定要清醒地认识到，能够安全、方便而又高效地恢复数据，才是备份系统的真正生命所在。

很多人会以为，既然备份系统已经把需要的数据备份下来了，恢复应该不成什么问题。事实上，无论是行业数据中心，还是普通的桌面级系统中，备份数据无法完全恢复从而导致数据丢失的例子时有发生。

A.2　系统备份的方案选择

对数据进行备份是为了保证数据的一致性和完整性，消除系统使用者和操作者的后顾之忧。不同的应用环境要求不同的解决方案来适应。一般来说，一个完善的备份系统，对备份软件和硬件都有较高的要求。在选择备份系统之前，首先要把握备份的 3 个主要特点：

（1）备份最大的忌讳是在备份过程中因介质容量不足而更换介质，因为这会降低备份数据的可靠性。因此，存储介质的容量在备份选择中是最重要的。

（2）备份的目的是防备万一发生的意外事故，如自然灾害、病毒侵入、人为破坏等。这些意外发生的频率不是很高，从这个意义上来讲，在满足备份窗口需要的基础上，备份数据的存取速度并不是一个很重要的因素。

（3）可管理性是备份中一个很重要的因素，因为可管理性与备份的可靠性密切相关。最佳的可管理性是指能自动化备份的方案。

我们在选择备份系统时，既要做到满足系统容量不断增加的需求，又要所用的备份软件能够支持多平台系统。要做到这些，就得充分使用网络数据存储管理系统，它是在分布式网络环境下，通过专业的数据存储管理软件，结合相应的硬件和存储设备，对网络的数据备份进行集中管理，从而实现自动化的备份、文件归档、数据分级存储及灾难恢复等。

一个完整的数据备份方案，应包括备份软件、备份硬件、备份策略3个部分。

A.2.1　备份软件

在任何系统中，软件的功能和作用都是核心所在，备份系统也不例外。磁带设备等硬件提供了备份系统的基础，而具体的备份策略的制定、备份介质的管理，以及一些扩展功能的实现，则都是由备份软件来最终完成的。

一般备份软件主要分为两大类：①各个操作系统厂商在软件内附带的，如NetWare操作系统的Backup功能、Windows NT操作系统的NTBackup等；②各个专业厂商提供的全面的专业备份软件。

对于备份软件的选择，不仅要注重使用方便、自动化程度高，还要有好的扩展性和灵活性。同时，跨平台的网络数据备份软件能满足用户在数据保护、系统恢复和病毒防护方面的支持。一个专业的备份软件配合高性能的备份设备，能够使受损坏的系统迅速起死回生。

1. 系统备份对软件的要求

系统备份对软件的要求主要包括以下14个方面：

（1）安装方便、界面友好、使用灵活是系统备份软件必不可少的条件。

（2）备份软件的主要作用是为系统提供一个数据保护的方法，其本身的稳定性和可靠性是最重要的。首先，备份软件一定要与操作系统100%兼容；其次，当事故发生时，能够快速、有效地恢复数据。

（3）在复杂的计算机网络环境中，可能会包括各种操作平台，如UNIX、Netware、Windows NT、VMS等，并安装了各种应用系统，如ERP、数据库、群件系统等。选用的备份软件要支持各种操作系统、数据库和典型应用。

（4）备份软件应提供集中管理方式，用户在一台计算机上就可以备份从服务器到工作站的整个网络数据。

（5）支持快速的灾难恢复。备份软件应提供两种机制，可以使用户在灾难发生后，在非常短的时间内恢复服务器和整个网络上的系统软件和数据。

（6）能够保证备份数据的完整性。对于某些大型数据库系统，数据文件是彼此关联的，如果只备份其中的一个，所备份的数据很可能无法使用。只有保证备份数据的完整性，备份才有意义。

（7）全面保护操作系统内核数据。对操作系统的备份不仅仅是日常数据的备份，还有系统的内核数据，如 Netware 中的 NDS 信息，Windows NT 中的注册表信息等。这些数据不能以普通文件方式备份。如果备份软件不能备份这些数据，那么对系统的迅速恢复就无法实现。

（8）支持在文件和数据库正被使用时的实时备份。对于许多 24×7 系统，可能在备份期间仍然有文件和数据库被打开使用，系统应该能够备份这些文件和数据库，否则会导致数据不完整。

（9）很多系统由于工作性质，对何时备份、用多长时间备份都有明确的要求。在员工下班期间系统负荷轻，适于备份，可是这会增加系统管理员的负担，由于精神状态等原因，还会给备份安全带来潜在的隐患。因此，备份方案应能支持多种备份方式，可以定时自动备份，并利用磁带库等技术进行自动换带。除了支持常规备份方式（完全备份、增量备份、差分备份）以外，备份软件还可以设置备份启动日期和备份停止日期，且记录系统情况，实现无人值守的备份。

（10）支持多种备份介质，如磁带、光盘、硬盘阵列等。

（11）具有相应的功能进行设备管理，包括对磁带机、磁带库、磁带阵列等的管理，并且能够保存设备活动情况记录，如首次格式化日期和格式化次数等。还应提供对重要备份介质的保护，防止误删除、误格式化。

（12）对数据量大的备份，应支持高速备份及超高速备份，如网络负载自动检测、磁盘映像备份、支持磁带库备份等。

（13）支持多种校验手段和数据容错，以保证备份数据的正确性，如 CRC 校验、磁带与全部数据或部分数据的比较、RAID 容错等。

（14）支持备份的安全性，在备份时应能够设置备份的密码以防止未授权的恢复。

2. 备份软件的功能和作用

1）磁带驱动器的管理

一般磁带驱动器厂商并不提供设备的驱动程序，对磁带驱动器的管理和控制工作完全由备份软件负责。磁带的卷动、吞吐等机械动作都要靠备份软件的控制来完成。所以，备份软件和磁带机之间存在兼容性问题，两者之间必须互相支持，备份系统才能得以正常工作。

2）磁带库的管理

与磁带驱动器的一样，磁带库厂商也不提供任何驱动程序，机械动作的管理和控制也全权交由备份软件负责。磁带库与磁带驱动器的区别是，它具有更复杂的内部结构，备份软件的管理相应的也就更复杂。例如机械手的动作和位置、磁带库的槽位等。这些管理工作的复杂程度比单一磁带驱动器要高出很多，所以几乎所有的备份软件都免费地支持单一磁带机的管理，而对磁带库的管理则要收取一定的费用。

3）备份数据的管理

作为全自动的系统，备份软件必须对备份下来的数据进行统一管理和维护。在简单的情况下，备份软件只需要记住数据存放的位置就可以了，这一般是依靠建立一个索引来完成的。然而随着技术的进步，备份系统的数据保存方式也越来越复杂多变。例如，一些备份软件允许多个文件同时写入一盘磁带，这时备份数据的管理就不再像传统方式那么简单了，往往需要建立多重索引才能定位数据。

4）数据格式也是一个需要关心的问题

就像磁盘有不同的文件系统格式一样，磁带的组织也有不同的格式。一般备份软件会支持若干种磁带格式，以保证自己的开放性和兼容性，但是使用通用的磁带格式也会损失一部分性能。所以，大型备份软件一般还是偏爱某种特殊的格式。这些专用的格式一般都具有高容量、高备份性能的优势，但需要注意的是，特殊格式对恢复工作来说，是一个小小的隐患。

5）备份策略制定是一个重要部分

我们知道需要备份的数据都存在一个2/8原则，即20%的数据被更新的概率是80%。这个原则告诉我们，每次备份都完整地复制所有数据是一种非常不合理的做法。事实上，真实环境中的备份工作往往是基于一次完整备份之后的增量或差量备份。完整备份与增量备份和差量备份之间如何组合才能最有效地实现备份保护，这是备份策略所关心的问题。此外还有工作过程控制。根据预先制定的规则和策略，备份工作何时启动、对哪些数据进行备份，以及工作过程中意外情况的处理，这些都是备份软件不可推卸的责任。其中包括了与数据库应用的配合接口，也包括了一些备份软件自身的特殊功能。例如很多情况下需要对打开的文件进行备份，这就需要备份软件能够在保证数据完整性的情况下，对打开的文件进行操作。另外，由于备份工作一般都是在无人看管的环境下进行的，一旦出现意外，正常工作无法继续时，备份软件必须能够具有一定的意外处理能力。

6）数据恢复工作

数据备份的目的是为了恢复，所以这部分功能自然也是备份软件的重要部分。很多备份软件对数据恢复过程都给出了相当强大的技术支持和保证。一些中低端备份软件支持智能灾难恢复技术，即用户几乎无须干预数据恢复过程，只要利用备份数据介质，就可以迅速自动地恢复数据。而一些高端的备份软件在恢复时，支持多种恢复机制，用户可以灵活地选择恢复程度和恢复方式，极大地方便了用户。

3. 几款流行备份软件的厂商及其产品介绍

（1）备份软件厂商的头把交椅当属 Veritas 公司，这家公司经过近几年的发展和并购，在备份软件市场已经占据了 40% 左右的份额。其备份产品主要是两个系列——高端的 NetBackup 和低端的 Backup Exec。其中 NetBackup 适用于中型和大型的存储系统，可以广泛地支持各种开放平台。NetBackup 还支持复杂的网络备份方式和 LAN Free 的数据备份，其技术先进性在业界是有目共睹的。Backup Exec 是原 Seagate Soft 公司的产品，在 Windows 平台具有相当的普及率和认可度，微软公司不仅在公司内部全面采用这款产品进行数据保护，还将其简化版本打包在 Windows 操作系统中。现在在 Windows 系统中使用的"备份"功能，就是 OEM 自 Backup Exec 的简化版本。2000 年初，Veritas 收购了 Seagate Soft 之后，在原来的基础上对这个产品进一步丰富和加强，现在这款产品在低端市场的占用率已经稳稳地占据第一的位置。

（2）Legato 公司是备份领域内仅次于 Veritas 公司的主要厂商。作为专业的备份软件厂商，Legato 公司拥有着比 Veritas 公司更久的历史，这使其具有了相当的竞争优势，一些大型应用的产品中涉及备份的部分都会率先考虑与 Legato 的接口问题。而且像 Oracle 等一些数据库应用，索性内置集成了 Legato 公司的备份引擎。这些因素使得 Legato 公司成为了高端备份软件领域中的一面旗帜。在高端市场这一领域，Legato 公司与 Veritas 公司一样具有极强的技术和市场实力，两家公司在高端市场的争夺一直难分伯仲。

Legato 公司的备份软件产品以 NetWorker 系列为主线，与 NetBackup 一样，NetWorker 也是适用于大型的复杂网络环境，具有各种先进的备份技术机制，广泛地支持各种开放系统平台。值得一提的是，NetWorker 中的 Cellestra 技术第一个在产品上实现了 Serverless Backup 的思想。仅就备份技术的先进性而言，Legato 公司是有实力面对任何强大对手的。

（3）除了 Veritas 和 Legato 公司这备份领域的两大巨头之外，IBM Tivoli 也是重要角色之一。IBM Tivoli Storage Manager 产品是高端备份产品中的有力竞争者。与 Veritas 的 NetBackup 和 Legato 的 NetWorker 相比，Tivoli Storage Manager 更多地适用于 IBM 主机为主的系统平台，其强大的网络备份功能，绝对可以胜任任何大规模的海量存储系统的备份需要。

（4）CA ARC Serve（CA）公司是软件领域的一个巨无霸企业，虽然主要精力没有放在存储技术方面，但其原来的备份软件 ARCServe 仍然在低端市场具有相当广泛的影响力。近年来，随着存储市场的发展，CA 公司重新调整策略，并购了一些备份软件厂商，整合之后推出了新一代备份产品——BrightStor，这款产品的定位直指中高端市场，看来 CA 公司誓要在高端市场与 Veritas 和 Legato 一决高下。

A.2.2　备份硬件

1. 系统备份对硬件的要求

（1）备份介质应便于移动。对于每天备份的数据最好能由专人保存在安全的地方。

（2）备份介质应可以重复使用。

（3）备份介质的容量应不小于现有系统的平均数据量。现在的系统数据备份均采用 GB 级的介质。

（4）备份介质应便宜。由于逻辑故障潜伏期长，对数据的备份应长期保留。这就需要大量备份介质，选用昂贵的备份介质会使备份成本过高，故不宜选用。

（5）备份介质应可靠。不成熟的技术最好不要采用，应采用经得起实践检验的备份介质。采用新型的备份介质要小心谨慎。

（6）应使用高速度的备份设备。备份设备应支持实时数据压缩，以进一步提高备份速度。

2. 备份硬件的选择

数据备份硬件按照设备所用存储介质的不同，主要分为以下 3 种形式：

1）硬盘介质存储

硬盘介质存储主要包括两种存储技术，即内部的磁盘机制（硬盘）和外部系统（磁盘阵列等）。在速度方面，硬盘无疑是存取速度最快的，因此它是备份实时存储和快速读取数据最理想的介质。但是，与其他存储技术相比，硬盘存储所需费用是极其昂贵的。因此在大容量数据备份方面，我们所讲的备份只是作为后备数据来保存，并不需要实时数据存储，不能只考虑存取的速度而不考虑投入的成本。所以，硬盘存储更适合容量小但备份数据需读取的系统。采用硬盘作为备份的介质并不是大容量数据备份最佳的选择。

2）光学介质备份

光盘介质备份主要包括 CD、DVD 等。光学存储设备具有可持久地存储和便于携带数据等特点。与硬盘备份相比较，光盘提供了比较经济的存储解决方案，但是它们的访问时间比硬盘要长 2 ～ 6 倍（访问速度受光头重量的影响），并且容量相对较小，备份大容量数据时，所需数量极大，虽保存的持久性较长，但整体可靠性较低。所以，光学介质的存储更适合于数据的永久性归档和小容量数据的备份。采用光学材料作为备份的介质也并不是大容量数据备份最佳的选择。

3）磁带存储技术

磁带存储技术是一种安全、可靠、易使用和相对投资较小的备份方式。磁带和光盘一样是易于转移的，但单体容量却是光盘成百上千倍，在绝大多数系统下都可以使用，也允许用户在无人干涉的情况下进行备份与管理。磁带备份的容量要设计得与系统容量相匹配，自动加载磁带机设备对于扩大容量和实现磁带转换是非常有效的。在磁带读取速度没有快到像光盘和硬盘一样时，它可以在相对比较短的时间内（典型是在夜间自动备份）备份大容量的数据，并可十分简单地对原有系统进行恢复。磁带备份包括硬件介质和软件管理，目前它是用电子方法存储大容量数据最经济的方法。磁带系统提供了广泛的备份方案，并且它允许备份系统按用户数据的增长而随时扩容。因此，在大容量备份方面，磁带机所具有的优势是：容量大并可灵活配置、速度相对适中、介质保存长久、存储时间超过 30 年、成本较低、数据安全性高、可实现无人操作的自动备份等。

所以一般来说，磁带设备是大容量网络备份用户的主要选择。

遗憾的是磁带自身有明显缺陷：首先是物理特性方面，磁带会发霉，因此需要防潮；容易脱磁，所以不能接近磁性物品；放久了还有可能出现粘连，存取数据时还可能卡带，也可能因为外力造成磁带断裂；更重要的是，其速度相对于硬盘慢了许多；最后数据恢复的不稳定、复杂等问题也让部分企业"望而却步"。

通过以上对当前各种主流的存储 / 备份设备的分析介绍不难发现，这几种存储设备各自存在鲜明的特点，如果将它们独立地作为存储 / 备份设备来看，它们也存在明显的不足。在构建数据备份、容灾的相关系统中，如果单独地使用它们，总会存在一些顾虑，能否通过其他方式让它们更好地发挥自身的优势，同时又能弥补它们的弱点，从而构建更安全、高效、稳定的数据容灾系统是需要考虑的问题。

3. 虚拟磁带库

硬盘价格的日益降低和磁盘阵列技术的不断完善，使越来越多的客户采用磁盘阵列来进行数据备份保护。然而，磁盘阵列缺乏磁带库的一些特性会使备份工作不够灵活。如果使用硬盘模拟为磁带库（虚拟磁带库）进行备份即可兼具硬盘和磁带库的优点。

1）虚拟磁带库（Virtual Tape Library，VTL）的概念

虚拟带库是以磁盘作为自身存储介质，并能仿真为物理磁带库的产品。简单地说，虚拟带库是将磁盘空间虚拟为磁带空间，能够在传统的备份软件上实现和传统磁带库同样功能的产品。

真正的虚拟磁带库其使用方式与传统磁带库几乎相同，但由于采用磁盘作为存储介质，备份和恢复速度可达 100 MB/s 以上，远远高于目前最快的磁带机。同时，磁盘阵列的 RAID 保护技术使虚拟磁带库系统的可用性、可靠性均比普通磁带库高出若干量级。

虚拟磁带库的概念早在 10 余年前即已被 IBM、StorageTek 等著名存储厂商所采用。然而，受限于磁盘和虚拟磁带技术的发展，以及厂家为了保护其既有模拟磁带库市场的考量，长期以来虚拟磁带库以价格高昂著称，使其通常作为大型磁带库的前端缓存使用，且依附于特定的主机系统（封闭系统），市场认知度一直很低。而在近些年，磁盘技术快速发展，出现了多种类型磁盘（SCSI、FC、ATA、SATA），使单位容量磁盘存储的价格急剧下降，进而使磁盘阵列作为备份设备的应用也愈加广泛。

2）虚拟磁带库的性能

虚拟磁带库是磁盘备份的主流方式，但并非唯一方式。在使用磁盘介质的备份解决方案中，还有一类被称为"磁盘到磁盘（Disk to Disk）"的解决方案。

"磁盘到磁盘"的备份通常指以磁盘或磁盘阵列作为备份设备的备份数据存储方式。

物理磁带库、虚假磁带和磁盘陈列 3 种设备性能对比如表 A-1 所示。

表 A-1 数据语意标记表

特性	物理磁带库	虚拟磁带库	磁盘阵列
存储介质	磁带 (LTO、SDLT、AIT 等)	磁盘 (FC、SCSI、SATA)	磁盘 (FC、SCSI、SATA)
I/O 速度	标称 30MB/s(与主机和磁带机类型有关)	实测 60～200MB/s(与主机和磁盘阵列性能有关)	60～130MB/s
存储容量定位	2TB～几百 TB，超大容量	目前 1TB～几十 TB，中容量	目前 1TB～几十 TB，中容量
介质移动性	可移动	通过虚拟磁带导出功能，导出到物理磁带	物理磁带不能移动
主机接口	SCSI 或 FC， 小型带库需要 SCSI-FC 桥接器转换成 FC 接口	SCSI、FC、iSCSI	SCSI、FC、iSCSI
存储设备介质冗余	大型磁带库具有电源冗余	磁盘阵列控制器电源、磁盘、风扇均采用冗余配置	磁盘阵列控制器电源、磁盘、风扇均采用冗余配置
环境影响	受湿度、粉尘影响大	不受湿度、粉尘影响	不受湿度、粉尘影响
部件故障率	磁带机、机械手均为非封闭电控转动、移动机械部件，故障率高	磁盘为封闭精密部件，故障率低，磁盘阵列有 RAID 保护	磁盘为封闭精密部件，故障率低，磁盘阵列有 RAID 保护
可维护性	低，需要专业人员	高，一般 IT 人员	高，一般 IT 人员
适用范围	适合大容量数据备份、离线归档应用	适合 1000TB 以下备份应用	使用范围广泛，几百 GB～上百 TB
软件兼容性	兼容各种存储、备份管理软件	兼容各种存储、备份管理软件	兼容各种存储、备份管理软件
备份策略影响	传统备份策略	传统备份策略	磁盘备份

3）虚拟磁带库的主要实现方式

（1）纯软件虚拟磁带库方案（第 I 代 D2D）。

将磁带库模拟软件直接安装在备份服务器上，把备份服务器的某些文件系统分区模拟成磁带库，从而使备份软件以磁带库方式使用磁盘文件系统，如图 A-1 所示。

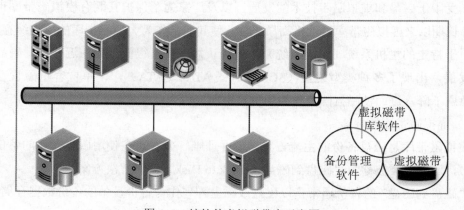

图 A-1 纯软件虚拟磁带库示意图

此类方案下的备份磁盘暴露于主机的操作系统，本质上依然"在线"。在用户看来，依然在线的数据一定是不安全的。举例来说，如果备份服务器不幸被病毒感染，则该病毒完全可能在损毁在线磁盘上数据的同时，损毁备份盘阵上的数据。

另外，此类方案占用主机资源，性能受限。

这种方案多由备份管理软件作为一个功能模块提供，价格比较低廉。但由于受制于文件系统，使其应用场合、I/O 性能及数据安全性具有一定局限性。

因此，此类方案主要用于备份缓存，也即先备份到磁盘，然后在服务器不忙时再将备份转移到物理磁带库上。

（2）专用服务器级虚拟磁带库方案（第 II 代）。

图 A-2 所示实际上是另外一种虚拟磁带库的软件实现方案：通过把虚拟磁带库管理软件安装在一台独立的专用服务器（一般是 PC 服务器）内，而将该服务器及所连接的磁盘存储设备模拟成磁带库。

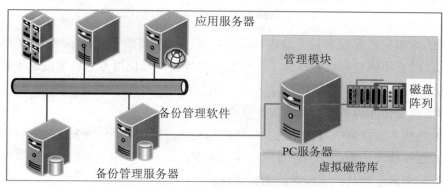

图 A-2　专用服务器级虚拟磁带库示意图

在这种方式下，备份服务器或其他应用主机通过 FC 或 SCSI 与专用的服务器连接，此时专用服务器及所连接的磁盘存储系统一起体现为虚拟磁带库。

与纯软件虚拟磁带库方案不同的是，备份服务器或应用服务器把专用服务器及其磁盘阵列当作一台磁带库设备，实现了虚拟磁带库设备与主机设备的物理和逻辑上的分离。主机对这种方案下的虚拟磁带库的读写方式是数据块级（Block-Level）读写，比纯软件方案的读写速度快，并且不会从主机方对备份数据产生误删除操作，主机上的病毒也不会影响备份数据。

此类方案下，虚拟磁带介质——磁盘逻辑卷，不再是操作系统格式化的扇区，而是和磁带一样的裸介质（Raw Disk），其上备份数据也是按顺序 Byte 存放的，在物理层上实现了磁盘读写的线性化，避免了文件系统的碎块问题，充分利用了磁盘设备的高速 I/O 性能。

这种方案的不足，是需要利用一台具有一定扩充能力的 PC 服务器作为虚拟磁带库管理器，系统优化性略低；另外控制器部分采用 PC 服务器结构，不够精简。

（3）专用控制器级集成虚拟磁带库设备方案（第III代）。

将磁带库模拟管理软件固化在特别设计的硬件设备中，就形成了专用的虚拟磁带库设备，如图 A-3 所示。这种设备需要配置一定数量和类型的主机接口和后端存储磁盘阵列接口，有的专用虚拟磁带库设备还配置了归档磁带库接口。专用的虚拟磁带库设备硬件结构不同于 PC 服务器，设计采用了精简的硬件模块和精简的操作系统内核（一般为 Linux 内核），并且充分考虑了其与主机及存储设备的连接能力。

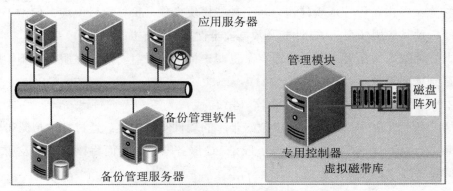

图 A-3　专用控制器级集成虚拟磁带库示意图

专用的虚拟磁带库设备标志着虚拟磁带库技术终于突破了操作系统和 PC 服务器架构的限制，使虚拟磁带库真正成为了一种独立的外设，其使用方式也更接近于普通磁带库，而其优越性能也体现得更加充分。

专用虚拟磁带库设备方案具有如下特点：

（1）性能大幅提高：可支持接近磁盘阵列极限速度的备份 / 恢复速度。

（2）免疫病毒：数据安全性等同普通磁带库。

（3）避免磁盘碎片：保障性能的持续性。

（4）兼容性好：标准 FC、SCSI 或 iSCSI 接口设备，兼容流行的主机设备和操作系统。

（5）实用性好：与现有磁带库应用方式一致，不用更改现有存储应用软件的管理策略，保护用户投资。

A.2.3　备份策略

选择了存储备份软件、存储备份硬件后，接下来需要确定数据备份的策略。备份策略指确定需备份的内容、备份时间及备份方式。各个单位要根据自己的实际情况来制定不同的备份策略。从备份策略来讲，现在的备份可分为 4 种：完全备份、增量备份、差异备份和累加备份策略。

（1）完全备份（Full Backup）指复制指定计算机或文件系统上的所有文件，而不管它是否被改变。

（2）增量备份（Incremental Backup）指只备份上一次备份后增加和改动过的部分数据。增量备份可分为多级，每一次增量都源自上一次备份后的改动部分。

（3）差异备份（Differential Backup）指只备份上一次完全备份后有变化的部分数据。如果只存在两次备份，则增量备份和差异备份内容一样。

（4）累加备份（Cumulative Backup）采用数据库的管理方式，记录累积每个时间点的变化，并把变化后的值备份到相应的数组中。这种备份方式可将数据恢复到指定的时间点。

一般在使用过程中，这4种策略常结合使用，常用的方法有：完全备份、完全备份＋增量备份、完全备份＋差异备份、完全备份＋累加备份。

1. 完全备份

每天对自己的系统进行完全备份。例如，星期一用一盘磁带对整个系统进行备份，星期二再用另一盘磁带对整个系统进行备份，依此类推。这种备份策略的好处是：当发生数据丢失时，只要用一盘磁带（即灾难发生前一天的备份磁带），就可以恢复丢失的数据。然而完全备份亦有不足之处，首先，由于每天都对整个系统进行完全备份，造成备份的数据大量重复。这些重复的数据占用了大量的磁带空间，对用户来说这就意味着增加成本。其次，由于需要备份的数据量较大，因此备份所需的时间也就较长。对于那些业务繁忙、备份时间有限的单位来说，选择这种备份策略是不明智的。最后，完全备份会产生大量数据移动，选择每天完全备份的客户经常直接把磁带介质连接到每台计算机上（避免通过网络传输数据）。这样，由于人的干预（放置磁带或填充自动装载设备），磁带驱动器很少成为自动系统的一部分。其结果是较差的经济效益和较高的人力花费。

2. 完全备份＋增量备份

完全备份＋增量备份源自完全备份，不过减少了数据移动，其思想是较少使用完全备份，如图A-4所示。例如在周六晚上进行完全备份（此时对网络和系统的使用最少）。在其他6天（周日到周五）则进行增量备份。增量备份会问这样的问题：自昨天以来，哪些文件发生了变化？这些发生变化的文件将存储在当天的增量备份磁带上。使用周日到周五的增量备份能保证只移动那些在最近24h内改变了的文件，而不是所有文件。由于只有较少的数据被移动和存储，因此增量备份减少了对磁带介质的需求。对客户来讲则可以在一个自动系统中应用更加集中的磁带库，以便允许多个客户机共享昂贵的资源。

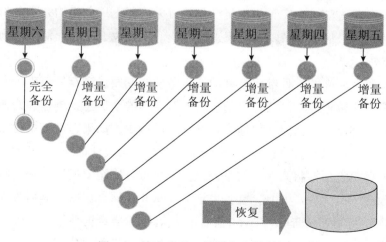

图A-4 完全备份＋增量备份示意图

完全备份 + 增量备份方法的明显不足：恢复数据较为困难。完整的恢复过程首先需要恢复上周六晚的完全备份。然后再覆盖自完全备份以来每天的增量备份。该过程最坏的情况是要设置 7 个磁带集（每天一个）。如果文件每天都改，则需要恢复 7 次才能得到最新状态。

3. 完全备份 + 差异备份

为了解决完全备份 + 增量备份方法中数据恢复困难的问题，产生了完全备份 + 差异备份方法，如图 A-5 所示。差异成为备份过程中要考虑的问题。增量备份考虑的是自昨天以来哪些文件改变了？而差异方法考虑的是自完全备份以来哪些文件发生了变化？对于完全备份后立即开始的备份过程（本例中周六），因为完全备份就在昨天，所以这两个问题的答案是相同的。但到了周一，答案不一样了。增量方法会问：昨天以后哪些文件改变了？然后备份 24h 内改变了的文件。差异方法会问：完全备份以来哪些文件改变了？然后备份 48h 内改变了的文件。到了周二，差异备份方法则备份 72h 内改变了的文件。

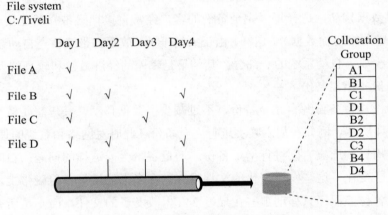

图 A-5　完全备份 + 差异备份示意图

尽管差异备份比增量备份移动和存储了更多的数据，但恢复操作却简单多了。在完全备份 + 差异备份方法下，完整的恢复操作是首先恢复上周六晚的完全备份，然后，以差异方法直接跳向最近的磁带，覆盖积累的改变。以 IBM Tivoli 存储产品为例，其备份过程如图 A-5 所示。

首次备份时，所有的文件都将被移动。当备份复制发送到存储管理器服务器时，每个文件单独存放在数据库中。文件名信息、所有者和安全信息、创建和修改时间以及复制自身都放置在存储管理器服务器连续存储分层结构中。如果客户策略要求复制到磁带上，Tivoli 存储管理器数据库将记录磁带的条形码、起始块地址和文件长度。

在初始的备份之后，将只考虑增量问题（不再进行完全复制）。每天将只移动上次备份操作后改变了的文件，并且，文件发送到 Tivoli 存储管理服务器后被单独存放在数据库中。当需要复制到磁带时，Tivoli 存储管理器服务器查询数据库，确定从前的复制在哪一个磁带上。一旦确定，将对该磁带进行再设置并把新复制附加在磁带末尾。这种对备份复制的收集都来自于同一台计算机或文件系统，于是形成了所谓的排列组。每天，改变的文件会累加到排列组中。

现在来看看恢复操作。恢复操作的目标是让文件系统或计算机回到期望的某一时间点。常见的情况是客户期望的时间点就是最近的某个时刻。在累加备份方法下，完成一个完全的恢复操作只需告诉 Tivoli 存储管理器服务器期望的时间点。利用时间点信息，Tivoli 存储管理器服务器会查询数据库中的文件集合，看它们是否在期望的时间点上。这些文件存在于同一个排列组上，通常也位于一个（或少数几个）磁带上。设置了正确的磁带后，数据库指定每个文件的长度和起始块位置。大多数现代的磁带驱动器都具有快速扫描功能，能迅速定位到期望的备份复制并执行恢复操作，这样便只移动了期望的文件。可以把该过程看作是完整系统操作中一个完整的恢复过程。该过程就像在期望的时间点做了完全备份一样，如图 A-6 所示。

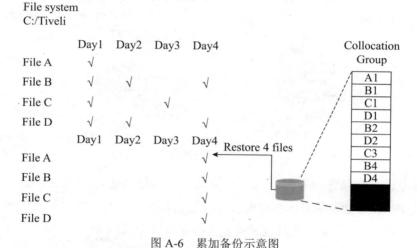

图 A-6　累加备份示意图

累加备份采用增量方式，提高了备份效率；采用排列组，提高了介质管理效率；准确地只移动期望的文件，提高了恢复效率。该方法最大的功效还在于：累加方法并不需要在一个完全备份后才能开始恢复过程，也就是说并不需要周期性地建立完全备份复制。而对完全备份＋增量备份或完全备份＋差异备份方法，无论是否改变，每周都要移动和存储大量数据。有了累加备份方法，就不需要这样做了，于是客户节省了大量的网络带宽（LAN、WAN 或 SAN）、磁带介质和时间。

A.3　当今主流存储技术

对企业而言，集中存储不仅可以节省设备成本和管理费用，而且可以强化企业对数据的控制，可以发挥数据的更大价值。就存储而言，它可以采用直接连接存储（Direct Attached Storage，DAS）、网络附加存储（Network Attached Storage，NAS）、存储区域网络（Storage Attached Network，SAN）等各种不同的技术和方法来实现。所有技术都有其自身的优势和应用范围，用户在选择直接连接存储、网络附加存储、存储区域网络时，主要目标就是尽可能发挥其所选择技术的优势，然后再考虑其他因素。

A.3.1 直接连接存储

直接连接存储主要是以数据共享为目的而直接配置的属于某一特定主机的存储。本书所提及的直接连接存储都是指单一主机系统，它们可能带有自己的内置存储设备，或者附接外部存储设备（但不是 NAS 或 SAN）。

1. 直接连接存储的概念

大多数人在听到直接连接存储一词时，所想到的往往是那些在单一主机上的外部存储设备，或称存储子系统。但对大多数的直接连接存储而言，它还应包括内置于主机内部的存储设备（如图 A-7 所示）。

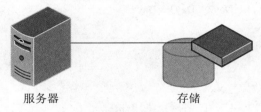

服务器　　　　　　存储

图 A-7　直接连接存储

从本质上讲，直接连接存储一词是广义的，它也包括其他类型的直接连接存储设备，如磁带设备和光盘设备等。存储设备可以通过各种不同的方式直接连接到主机上。尽管在计算机领域，人们常把直接连接存储看作是某种形式的 SCSI 子系统技术（SCSI-1 到 Ultra X SCSI），它们通过 SCSI 控制器连接到主机上，但还有许多其他技术可以用于直接连接存储，其中主要包括以下几种：串行存储结构（Serial Storage Architecture，SSA）、通用串行总线（Universal Serial Bus，USB）、IEEE 1394（火线）、高性能并行接口（High Performance Parallel Interface，HiPPI）、电子集成驱动器（Integrated Device Electronics，IDE）/ 高级技术连接（Advanced Technology Attachment，ATA）、各种版本和变体的小型计算机系统接口（SCSI）、以太网、iSCSI、光纤通道等。此外，还要考虑到某些厂商在技术实现上的某些附加特性，包括不同等级的廉价冗余磁盘阵列（RAID）以及高压差动 SCSI 技术和低压差动 SCSI 技术等。

2. 主要存储结构

1）串行存储结构（SSA）

串行存储结构是一种高性能的开放式存储接口，如图 A-8 所示是一种 SSA 拓扑结构的例子。

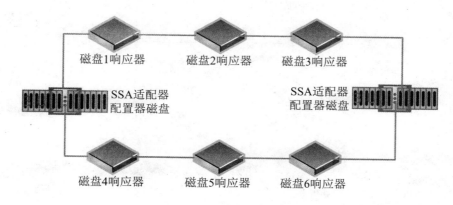

图 A-8　串行存储结构的冗余

2）通用串行总线（USB）

通用串行总线（USB）的开发始于 1996 年，它由康柏、DEC、IBM、英特尔、微软、NEC 和北电等公司发起，其目的在于实现一种更加高速和灵活的串行接口技术，以便用于多台外部设备的连接。图 A-9 是一种 4 USB 端口主机的逻辑设备配置示意图。

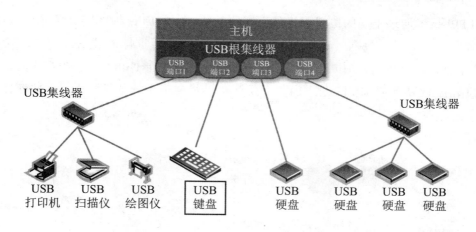

图 A-9　通用串行总线（USB）连接示意图

3）火线（Firewire）

火线（Firewire）（IEEE 1394）最早由苹果公司开发，它的目的是希望利用更快更灵活的串行技术实现多台外部设备的连接。但与 USB 不同，火线的设计主要是针对那些需要更高带宽的设备（如摄录像设备、硬盘驱动器和高速打印机等）。火线接口设备，可以在不断开计算机电源的情况下带电插拔。火线与 USB 的差别之一是火线设备之间可以实现对等通信，而 USB 设备则只能与主机进行通信。因此，火线设备可以在无须主机介入的情况下直接进行通信。火线模式采用串行总线管理层、物理层、链路层和事务层 4 个协议层来传输数据，如图 A-10 所示是配置图。

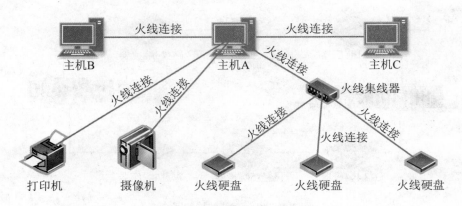

图 A-10　IEEE 1394 火线网络示意图

4）高性能并行接口 / 千兆位系统网络

高性能并行接口 / 千兆位系统网络（HiPPI/GSN）属于 ANSI X3T 9.3 标准，它主要用于高速存储设备与大型主机、超级计算机之间的连接。HiPPI 技术的价格比较昂贵，因此与其他技术相比，它的应用并不十分广泛。

HiPPI 技术通过不同的协议来提供不同的功能。HiPPI-PH 物理层协议定义了 HiPPI 的机械、电气和信号特征；HiPPI 帧协议（HiPPI-FP）用于帧的建立；HiPPI-SC 协议为交换协议；HiPPI-LE、HiPPI-FC 和 HiPPI-IPI 协议定义了 HiPPI 到其他协议的映射方法。如图 A-11 所示是 HiPPI 用于内部设备连接以及利用光纤延长器实现远地连接的应用方式。

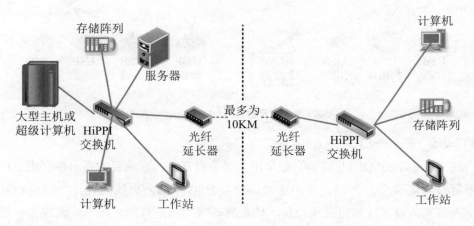

图 A-11　高性能并行接口 / 千兆位系统网络（HiPPI/GSN）的应用

5）电子集成驱动器（IDE）/ 高级技术连接（ATA）

电子集成驱动器（IDE）技术主要用于目前的大多数基于 PC 的系统。高级技术连接（ATA）是 ANSI 使用的一种正式名称，它是 IDE 总线的一种扩展。每个 IDE 控制器可以连接两个主辅配置的 IDE 设备。如图 A-12 所示是一个 4 台设备的标准 IDE 配置。

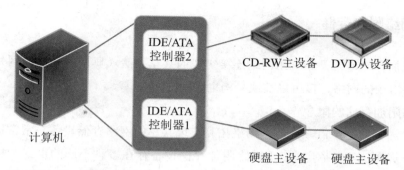

图 A-12　高级电子集成驱动器 / 高级技术连接（IDE/ATA）的应用

6）小型计算机系统接口（SCSI）

小型计算机系统接口在对多种设备的支持方面，与 USB、火线非常类似，它所支持的设备包括硬盘、扫描仪、打印机、CD-R、CD-RW 和 WORM 等。如果在一台主机上配备多个 SCSI 控制器，并配以高速硬盘驱动器，就可以构成各种实用的存储设备。如图 A-13 所示就是这种配置的一个例子。

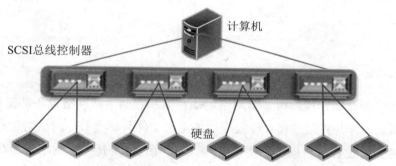

图 A-13　基于小型计算机系统接口（SCSI）控制器的存储应用

3. 直接连接存储的主要优缺点

直接连接存储在我们生活中是非常常见的，尤其是在中小企业应用中，直接连接存储是最主要的应用模式，存储系统被直连到应用的服务器中，在中小企业中，许多的数据应用是必须安装在直接连接的存储器上。直接连接存储的主要优势包括：

■　存储资源是专用的。

■　解决方案价格低廉。

■　配置简单。

直接连接存储的主要缺点包括：

■　无法与其他服务器高效共享数据。

■　非集中存储。

■　无存储整合。

■　无高可用性。

A.3.2　网络附加存储

网络附加存储通常是指利用网络连接实现的共享存储（典型的是以太网），通过采用通用文件协议的网络连接可以实现异构主机间的文件共享。

1. 网络附加存储的概念

网络附加存储的基点，是通过网络拓扑实现共享的网络存储设备，常常被称为网络存储装置，如图 A-14 所示。由于网络附加存储设备存在多种不同的形式，每个厂商的设备也具有不同的特点，这种差异以及设备实现方式的不同，导致了网络附加存储定义上的多样性。许多厂商为了竞争的需要，在网络附加存储产品上实现了许多过去只有在 SAN 环境下才具备的功能特性，这也使网络附加存储的定义变得更加模糊。

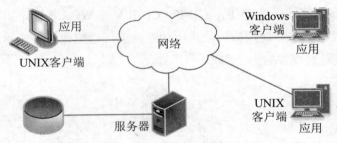

图 A-14　网络附加存储

同直接连接存储一样，大多数网络附加存储和存储区域网络设备都提供类似 RAID 的容错选项功能。与直接连接存储实现中的主机文件共享类似，网络附加存储设备带有一个类似网关的设备，它也可以实现文件共享。图 A-15 是一个网络附加存储设备，它主要由存储、操作系统和文件系统三部分组成。

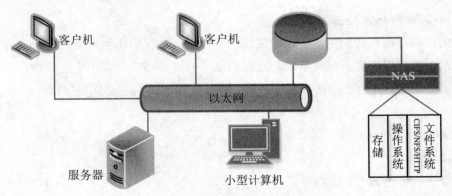

图 A-15　网络附加存储的设备构成

从本质上讲，网络附加存储设备具有很大的灵活性，尤其是在那些需要长距离通信的环境下，例如因特网环境等。但无论从功能方面还是安全角度来讲，网络附加存储并不一定适应所有的情况。由于网络附加存储设备的数据访问是基于文件的，而不是像存储区域网络那样是基于数据块的，因此，它们不适合数据库的应用。数据库应用通常要求具备多读写操作的快速并发处理能力，以适应多请求的响应速度要求。因此，在这种情况下，基于数据块的存储区域网络系统可能是一个更好的选择。

2. 网络附加存储的工作原理

1）基于 IP 通信

网络附加存储设备采用 IP 作为自己的基本通信手段，允许来自本地或远程的各种不同系统的访问。由于目前的大多数设备均采用 IP 通信方式，因此，网络附加存储设备为分布式数据环境向集中式数据网络环境转移提供了一个相对较为容易的迁移手段。

2）基于文件访问

网络附加存储的最大特点是基于文件访问，而不是基于数据块访问。如果需要一个高性能的事务数据库，就不能选择网络附加存储。如果追求系统的灵活性，要让各种不同平台的用户都可以访问数据，那么，网络附加存储就是最好的选择。大数据的网络附加存储设备至少支持 CIFS/NFS（Common Internet File Systems，CIFS）/（Network File System，NFS），有些设备还支持超级文本传输协议（HTTP）和文件传输协议（FTP）等。

3）客户机—服务器

设备访问网络附加存储的方式也与具体的网络附加存储的产品有关。某些厂商的产品支持主机，包括终端用户工作站的直接文件访问；有些厂商的产品，可能会用到类似文件服务器的前端设备；还有一些厂商的产品，可能要求所有访问网络附加存储的设备必须加载客户端软件。尽管所有这些设备均处在同一个网络中，但只有满足一定条件的设备才能直接访问，图 A-16 是不同配置类型的访问方式。

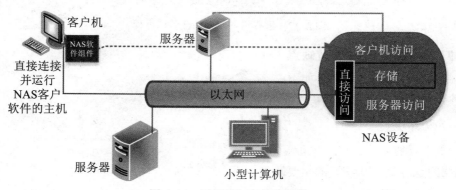

图 A-16　网络附加存储的配置

4）连接方式

网络附加存储设备的连接方式与其采用的文件访问系统有关。那些单纯依赖客户机而无须通过服务器认证所建立的连接（如本地 NFS）被视为无状态连接，此时的服务器认证以客户机为对象，服务器只是通过对客户机 ID 的比较来确定对文件的访问权限。这种连接方式只要利用一些现成的技术就很容易被突破。因此，许多网络附加存储设备除了客户端的认证之外，还设置了自己的认证机制。状态连接由于需要通过被访问设备的认证，因此被认为更安全一些。这种认证过程可能直接发生在网络附加存储设备上，或采用某些其他的认证形式，例如微软 Windows 与域控制器以及远程用户拨入认证服务（Remote Authentication Dial In User Service，RADIUS）。因此，状态连接通常可能利用两层或多层的认证，它通常包括客户机级、网络级和网络附加存储级。

5）远程用户拨入认证服务

远程用户拨入认证服务器是一种基于客户机—服务器结构的设备，它们可以提供集中的身份认证服务。根据目前的远程用户拨入认证服务设备和 NAS 设备的特性，可以允许远程用户拨入认证服务设备作为网络附加存储设备的中央认证点。远程用户拨入认证服务服务器的作用相当于网络附加存储设备的认证网关。这无疑给网络附加存储设备的使用提供了一层额外的保护。图 A-17 显示了此类认证的过程。客户机首先通过本地认证，然后再通过域控制器的认证。当需要访问网络附加存储设备时，客户机还必须首先通过远程用户拨入认证服务的认证，然后才可以访问网络附加存储设备。

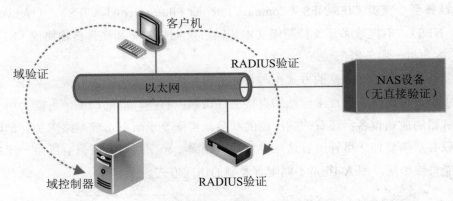

图 A-17　远程用户拨入认证验证过程

3. 网络附加存储的主要优缺点

网络附加存储的主要优势如下：

- 它用于许多用户对大量存储的低容量访问。
- 异构环境。
- 集中存储。

网络附加存储（NAS）的主要缺点如下：

- 低性能。
- 可扩展性有限。
- 备份和恢复期间的网络拥塞。
- 以太网限制。

A.3.3　存储区域网络（SAN）

存储区域网络通常是指由多台互连主机通过光纤连接实现共享的存储设施。这些主机可以直接连接到存储区域网络上，也可以通过集线器或交换机连接。存储区域网络是由存储磁盘（或存储区域网络磁带库等）组成的一种调整子网，它通常可以提供更多的存储空间给整个局域网络或广域网络共享，并且不会影响到网络服务或生产效率。

1. 存储区域网络的概念

存储区域网络是一种高速网络或子网络，提供在计算机与存储系统之间的数据传输。存储设备是指一台或多台用以存储计算机数据的磁盘设备，通常是指磁盘阵列。从对比的角度来看，直接连接存储和网络附加存储都是通过网络实现共享的存储设备，而存储区域网络则是连接主机与存储设备的高速网络。如图 A-18 所示，存储区域网络通常是与生产网络完全分开的，以保证存储网络数据传输的确定性。这种确定性的特点正是数据库这样的一些应用所要求的。

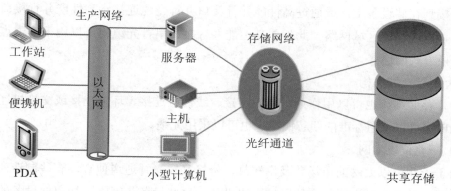

图 A-18　SAN 与生产网络的分离

存储区域网络不是设备，而是以存储共享为目的的一些相互连接并相互通信的设备的集合。与存储区域网络相连接的每一台设备都有其特定的安全需求，它们都必须纳入总体安全考虑之中。

磁盘存储并不是存储区域网络的唯一存储设备，基于存储区域网络的光盘设备以及各种备份解决方案都可以在存储区域网络中使用。

目前大多数的存储区域网络是基于光纤通道的，但也可以利用 DAS 技术来创建存储区域网络，如 SSA 和 HiPPI 等。存储区域网络的存储访问是基于数据块的，它需要通过主机来实现与其他客户机的存储共享。一个存储区域网络涉及很多设备，包括主机总线适配器（HBA）、集线器、交换机、磁盘存储设备、磁带备份设备以及光盘设备等。存储区域网络对文件系统没有规定，它由所连接主机的操作系统决定。

2. 存储区域网络拓扑结构

可以用于构建存储区域网络基础的技术形式很多，最常见的存储区域网络技术包括光纤通道、HiPPI、SSA、千兆位以太网等。

1）光纤通道

光纤通道是目前大多数厂商在存储区域网络产品设计中广泛采用的一种网络介质。

存储区域网络设备可以通过 FC 集线器、光纤通道交换机或其组合形式实现相互间的连接。当设备采取直接连接方式时，这种配置方式被称为点对点方式；当设备通过集线器连接到逻辑环路中或多台设备直接连接构成物理环路时，这种方式被称为光纤通道仲裁环路（Fibre Channel Arbitrated Loop，FC-AL）。这种环路的功能与光纤分布式数据接口（Fiber Distributed Data Interface，FDDI）环非常类似，它也会随着环路中设备的增减或设备故障进行环路本身的重构。该环路的另一个重要的特点是：随着设备数量的增加，环路的规模将不断扩大；当存储区域网络设备采用光纤通道交换机连接时，这种网络又被称为存储区域网络架构。

2）高性能并行接口

高性能并行接口是用于存储区域网络的另一种技术，它可以通过自己的并行连接器直接连接到存储设备上，或通过高性能并行接口并行光缆连接到高性能并行接口并行交换机上，构成存储区域网络。此外，高性能并行接口串行光缆也可以用于实现点对点方式或交换方式的连接。

3）串行存储结构

串行存储结构也可以用作点对点的连接、线性链连接、环路连接或交换机连接。它的连接电缆可以采用标准的四芯铜线，也可以采用光缆。

4）千兆位以太网

由于千兆位以太网的市场普及率较高，价格又较光纤通道便宜，有些制造商已经设计出了采用千兆位以太网的存储区域网络设备。这些设备与网络附加存储设备的主要差别仍体现在传输方式上。尽管它们的通信仍然是封装在 IP 中的，但它们的传输采用的是数据块方式。

3. 存储区域网络的主要优缺点

存储区域网络作为一种用于存储的高速专用网络，它和通用网络之间存在一些根本性的不同，这些不同正是存储区域网络的优点所在，主要表现在以下几个方面。

- **大容量、更好的可扩展性、高数据传输率。** 存储区域网络提供了大容量存储设备共享的解决方案。光纤通道把多个存储设备和服务器连接在一起形成一个存储区域网络。存储设备可以共同构成一个存储池。新的存储设备可以动态加入到存储池中。存储设备和服务器都可以方便地添加到网络中去。此外，通过光纤通道技术，数据的传输速度得到大幅提升。

- **高可靠性、高容错性、高安全性。** 存储区域网络的设备如服务器、磁盘阵列和磁带库，都具有更高的可靠性和性能。存储区域网络中可以进行实时备份，使用具有容错能力的磁盘阵列系统作为存储区域网络的存储设备，可以防止由于硬盘损坏、数据丢失造成的重大损失。光纤通道和交换机技术使得即使在存储区域网络中出现单点失败，也不会影响整个网络的运行。在存储区域网络中，维护或者更换设备以及对其进行配置，都不会影响整个网络。

■ 跨平台、高可用性。可以在同一种系统平台建造存储区域网络，也可以在跨系统平台建造存储区域网络，并且能共享存储区域网络中的存储设备。例如，数台 Windows Server 系统组建存储区域网络。在存储区域网络中，任意一台服务器都可以接管其他有相同存储设备和用户的服务器任务。通过存储区域网络，用户可以利用新的集群技术，通过任意一台服务器访问到需要的数据。而且数据可以自动复制到需要的任意地方。用户可以自由选择复制的级别，是磁盘 / 卷级，还是数据库 / 文件系统级。对于关键作业，数据的任何改动都可以同步，使所有的副本同时更新；对于普通数据，更新的时间也只需要几秒钟或几分钟。可以说，存储区域网络使可用性达到了一个前所未有的水平。

相对于直接连接存储和网络附加存储而言，存储区域网络的主要缺点是价格较高，对于中、小企业而言，成本太高，不建议使用，租赁存储系统可能是一种更好的解决方案。

A.4　数据备份系统的结构

容灾就像是一把保护伞，可使组织（或企业）从容应对各种灾难和意外事件。时至今日，2008 年四川汶川特大地震在很多人心中还有挥之不去的阴影，它无时无刻不在提醒我们：为了保障组织（或企业）信息系统的安全性和可用性，不仅要做好完善的本地备份工作，还要有的放矢地部署异地灾备系统，让信息系统固若金汤。

A.4.1　数据容灾与数据备份的关系

企业关键数据丢失会中断企业正常业务的运行，造成巨大经济损失，而要保护数据，就需要备份容灾系统。很多企业在搭建了备份系统之后就认为高枕无忧了，其实还需要搭建容灾系统。数据容灾与数据备份的联系主要体现在以下几个方面：

1. 系统备份对软件的要求

数据备份是数据可用性的最后一道防线，其目的是为了在系统数据崩溃时能够快速地恢复数据。虽然它也算一种容灾方案，但这种容灾能力非常有限，因为传统的备份主要是采用数据内置或外置的磁带机进行冷备份，备份磁带同时也在机房中统一管理，一旦整个机房出现了灾难，如火灾、盗窃和地震等灾难时，这些备份磁带也随之销毁，所存储的磁带备份也起不到任何容灾作用。

2. 容灾不是简单备份

真正的数据容灾就是要避免传统冷备份的先天不足，以便在灾难发生时，全面、及时地恢复整个系统。容灾按其能力的高低可分为多个层次，例如国际标准 Share78 定义的容灾系统有 7 个层次，从最简单的仅在本地进行磁带备份，到将备份的磁带存储在异地，再到建立应用系统实时切换的异地备份系统，恢复时间也可以从几天到小时级、分钟级、秒级或零数据丢失等。无论采用哪种容灾方案，数据备份都是最基础的，没有备份的数据，任何容灾方案都没有现实意义。但光有备份是不够的，容灾也必不可少。容灾对于 IT 而言，就是提供一个能防止各种灾难的计算机信息系统。

A.4.2　容灾的概念

容灾从保障的程度上一般分为 3 个级别：数据级、系统级和业务级。

数据级别容灾的关注点在于数据，即灾难发生后可以确保用户原有的数据不会丢失或者遭到破坏。数据级容灾与备份不同，它要求数据的备份保存在异地，也可以叫异地备份。初级的数据容灾是将备份的数据以人工方式保存到异地；高级的数据容灾是建立一个异地的数据中心，两个数据中心之间进行异步或同步的数据备份，减少备份数据与实际数据的差异。

数据级容灾是容灾的基本底线，因为要等主系统的恢复，所以也是恢复时间最长的一种容灾方式。

系统级容灾是在数据级容灾的基础上，再把执行应用处理能力（业务服务器区）复制一份，也就是说，在备份站点同样构建一套支撑系统。系统级容灾系统能提供不间断的应用服务，让用户应用的服务请求能够透明地继续运行，而感受不到灾难的发生，保障系统服务的完整、可靠和安全。

数据级容灾和系统级容灾都是在 IT 范畴之内，然而对于正常业务，仅有 IT 系统的保障是不够的，有些用户需要构建最高级别的业务级容灾。业务级容灾包括很多非 IT 系统，例如电话、办公地点等。当一场大的灾难发生时，用户原有的办公场所都会受到破坏，用户除了需要原有的数据。原有的应用系统，更需要工作人员在一个备份工作场所能够正常地开展业务。实际上，业务级容灾还关注业务接入网络的备份，不仅要考虑支撑系统的服务提供能力，还要考虑服务使用者的接入能力，甚至备份的工作人员。

A.4.3　容灾工程

所谓容灾工程，就是为了防范由于自然灾害、社会动乱和人为破坏造成的企事业单位信息系统数据损失的一项系统工程。

用户在建立容灾系统之前，首先要进行全面的系统分析，其中包括业务系统风险分析、容灾系统对业务系统的影响分析和投资效益分析。风险分析是检查那些可能造成数据损失或者系统瘫痪的外在和内在因素。既然是容灾，必须充分考虑业务系统所在地的自然环境，针对可能发生的灾难，准备相应的容灾对策。容灾系统肯定对业务系统的性能有一定影响，因此，对于那些高负荷运行的业务系统必须认真计算。建立容灾系统，除了需要购买必需设备外，还要考虑系统维护管理成本和使用通信线路的费用。设计容灾系统，必须提出设计指标。既然建立容灾系统是为了数据或者业务的快速恢复，容灾系统的设计指标就与业务系统的数据可恢复性密切相关。RTO（Recovery Time Objective）代表容灾系统在灾难发生后数据或者系统恢复所用的时间。RPO（Recovery Point Objective）代表灾难发生时已经备份的数据与生产中心数据的时间差。此外，设计容灾系统还需要考虑选择容灾备份中心地点。数据库容灾要保证备份数据库的一致性，最好能够对备份数据库进行对生产系统无干扰的实时检验。通常情况下，容灾系统投资较大，使用概率较低，因此，需要对总体投入成本（TEO）和投资回报率（ROI）进行认真的分析和计算。

目前，市场上有多种成熟的容灾技术可以选择，这些容灾技术最主要的差异在于数据复制的发起平台和接收平台。数据备份后的异地保存方式依靠备份介质的移动和保存。存储子系统逻辑卷之间的数据复制依靠存储子系统的数据复制软件。应用系统逻辑卷之间的数据复制依靠主机卷管理软件的远程数据复制功能。虚拟存储系统之间的数据复制依靠虚拟存储管理平台的逻辑卷复制软件。数据库服务器之间的数据库复制依靠数据库ODS功能的扩展。

企事业单位中的决策者在实施容灾系统工程时，必须制定详细的容灾计划。通过制订容灾计划帮助用户根据自己的业务模式来确定容灾系统的设计要求，根据系统分析决定容灾系统设计参数，根据业务系统的区域网络环境选择合适的容灾技术。容灾计划还应该包括制定灾难发生后的应急程序，建立启动容灾系统的管理机构和各方面的行动小组，以及一些非技术的因素（如损失评估与保险商、设备重建与供应商、社会公共关系与系统用户等）。总而言之，容灾是一项系统工程，必须通过制定详细的容灾计划来实施。

1. 容灾工程的系统分析

容灾工程的系统分析包括业务系统的风险分析（Risk Analysis）、容灾系统对业务系统的影响分析（Business Impact Analysis）及容灾系统的投入和产出分析（Cost Benefit Analysis）。

1）业务系统的风险分析

建立容灾工程的最终目的是保证在灾难造成对业务数据破坏后，业务数据的可恢复性，所以，首先要分析本地区影响业务数据安全性的灾难有哪些种类。灾难可以分为自然灾难、社会灾难和人为灾难。

自然灾难包括火灾、水灾、地震等突发自然灾害造成的业务系统的灾难，而不同地区自然灾害的发生有一定的统计概率，且自然灾害的影响范围有一定区域，因此对自然灾害的风险分析相对比较容易。在实施容灾工程时，特别要注意容灾备份中心的选择应建立在自然灾害较少的地方。在美国，一些州通过立法来规定容灾备份中心可选择的地区。

社会灾难包括区域性电力系统故障，恐怖分子制造的爆炸、战争引起定点破坏等灾难，国内外社会存在不安定因素，这些必须引起足够的忧患意识。美国"9·11"事件就是一个很好的例子，一些没有采取任何容灾措施的企业由于核心业务数据的破坏而最终破产，而另一些采用了容灾措施的企业得以生存，有些建立了备用业务系统的企业的业务能够很快恢复。

人为灾难包括 IT 系统管理人员的误操作、来自网络的恶意攻击、计算机病毒发作造成的数据灾难。近些年，人为灾难更为突出，特别是计算机病毒造成的数据损失触目惊心。例如，迅速泛滥的"冲击波"（Worm Blaster）病毒致使全球上百万台计算机中毒，部分网络服务器瘫痪，迄今已给全球商业界造成了几十亿美元的直接损失，尽管有关公司发布了软件补丁，但余波未平，"冲击波"变种仍然伺机而动。研究结果表明，下一代计算机病毒传播的速度将更快。一种名为 Flash 的病毒将在极短时间内感染所有的网络，而另一种名为 Warhol 的病毒将在 15min 之内传遍全球。采用后发制人策略的防计算机病毒系统难以保证数据的安全，因此有必要建立数据的备份机制。

2）容灾系统对业务系统的影响分析

数据复制操作的发起来自业务系统。不论其来自系统的计算层、网络层还是存储层，都会影响到业务系统的性能。对于那些要求高性能的业务系统或者已经是高负荷运行的业务系统，必须分析建立容灾系统对业务系统性能的影响。不同容灾技术对业务系统的影响不同。例如，采用同步数据复制技术的容灾解决方案中，如果容灾备份中心与业务中心的距离超过 100km，就需要考虑数据传输时延对业务系统性能造成的影响，距离越远，业务系统性能下降的速度越快。

容灾备份系统运行平稳后，需要对备份数据（数据库）的可用性进行检查。正常情况下，备份中心的数据库是不能打开使用的，只有在业务系统工作中断，或者切断容灾进程的情况下，才能对备份数据（数据库）的可用性进行检查，这样势必对业务系统的正常运行产生影响。此外，容灾系统包括传输数据的网络，当网络传输出现拥堵或者中断等情况时，数据复制同样会造成业务系统性能下降甚至业务运行的中断；而当等待传输数据溢出数据复制发起端的缓冲区时，则有可能造成数据的丢失，或者数据传输次序的混乱，破坏备份数据库的一致性，使数据库不可恢复。

3）容灾系统的投入和产出分析（CBA）

总体投入成本 TCO 和投资回报率 ROI 是衡量容灾系统投入和回报的主要指标。CBA 强调的是对投产出的分析，从业务系统发展的角度来考虑容灾系统投资的合理性。

首先，要考虑准备建设的容灾系统与正在运行的业务系统的可延续性，保护前期投资，为建立新容灾系统而对原有业务系统进行大规模改造的情况应该尽量避免。其次，要考虑业务系统扩展对容灾系统的影响，特别是对存储容量增加的影响和通信线路负荷的影响。由于单业务容灾系统使用概率很低，CBA 的结果倾向于选择专业的数据容灾中心服务方式。

2. 容灾系统的设计指标

要建设容灾工程必须提出容灾系统设计指标作为衡量和选择容灾解决方案的参数。目前，国际上通用的容灾系统评审标准为 Share 78，包括：

- 备份/恢复的范围。
- 灾难恢复计划的状态。
- 业务中心与容灾中心之间的距离。
- 业务中心与容灾中心之间如何相互连接？
- 数据是如何在两个中心之间传送的？
- 允许有多少数据被丢失？
- 怎样保证更新的数据在容灾中心被更新？
- 容灾中心可以开始容灾进程的能力。

Share 78 只是建立容灾系统的一个评审标准，在设计容灾系统时，还需要提供更加具体的设计指标。建立容灾系统的最终目的，是为了在灾难发生后能够以最快的速度恢复数据服务，所以容灾中心的设计指标主要与容灾系统的数据恢复能力有关。最常见的设计指标有 RTO 和 RPO。

恢复时间指标是指灾难发生后，从系统岩机导致业务停顿到系统恢复至可以支持各部门运作、业务恢复运营间的时间段。一般而言，RTO 时间越短，意味着要求在更短的时间内恢复至系统可使用状态。虽然从管理的角度而言，RTO 时间越短越好，但是，这同时也意味着更大成本的投入，即可能需要购买更快的存储设备或高可用性软件。对于不同行业的企业来说，其 RTO 目标一般是不相同的。即使是在同一行业，各企业因业务发展规模的不同，其 RTO 目标也会不尽相同。如前所述，RTO 目标越短，成本投入也越大。各企业都有其在该发展阶段的单位时间赢利指数，确定了此指数后，就可以计算出业务停顿随时间造成的损失大小。在企业有构建容灾系统的打算时，首先要找到对自身比较适合的 RTO 目标，即在该目标定义下，用于灾难备份的投入应不大于对应的业务损失。

恢复点指标是指灾难发生后，容灾系统把数据恢复到灾难发生前的那个时间点的数据，它是衡量企业在灾难发生后会丢失多少生产数据的指标。理想状态下，我们希望 RPO=0。RPO=0 即灾难发生对企业生产毫无影响，既不会导致生产停顿，也不会导致生产数据丢失。从当前计算机技术水平来说，我们可以为用户建设这种类型的容灾系统，其中最著名的例子当属 VISA 和 Master 的结算系统。由于这两个银行结算组织在全球银行结算业务方面占据了重要地位，因此它们的结算系统不允许发生任何停顿和数据丢失的情况，即使在"9·11"、大地震这种极端或毁灭性灾难情况下。但实现这样的容灾系统的投资巨大，它需要结合存储数据复制技术、服务器操作系统镜像技术、集群技术、数据库高可用性设计、应用系统高可用性设计、同步容灾技术、异步容灾技术、同城容灾方案、异地容灾方案，以及相应的管理流程和意外事件反应处理流程等详细规章制度和人员配备、行政保障手段（实际是双生产中心或多生产中心方案，并没有单纯的容灾中心）。但是采用这种方案时投资过于巨大，目前中国可能除了中国银联这种特殊性质的企业外，不会有太多的企业会去实现这个系统。

如果业务部门能确认 RTO/RPO 指标，那么技术部门选择合适的容灾技术及配套的管理流程就可以确定投资规模了。可以利用最优化的建设方式来实现数据的容灾保护目的。例如，如果业务部门确认，灾难发生后，3h 内恢复生产就可以满足用户需求，且营业系统数据不丢失，那么 RTO=3h，RPO=0，这就必须选择基于存储平台数据复制技术的同步容灾方案：如果业务部门确认，灾难发生后，3d 恢复经营分析系统工作，且以前的数据丢失可以忽略不计，那么 RTO=3 天，RPO 为无，此时选择低端的 ATA 磁盘实现异地备份，就能满足数据保护的要求。

值得一提的是，为百年不遇的灾难投入巨资以建设一个容灾中心，而容灾中心的设备在灾难发生前又不能给企业带来效益，这是企业决策者难以接受的一个事实。因此建议，对中小型企业数据进行容灾保护时，可以合理地分配投资资源，将容灾中心建设成为第二生产中心，与生产中心共同形成支持企业正常运行的中心，并实现互为容灾，既可以降低总体拥有成本，又可以提高技资回报率。

总之，数据容灾备份技术凭借其技术发展越来越成熟和平民化的实现形式，可以帮助不同需求、不同级别的企业用户防止突发灾难的破坏，实现重要数据的备份和保护。

A.4.4　数据容灾等级

1. 第 0 级无异地备份

这一级容灾方案仅在本地进行备份，没有异地备份，并且也没有制定灾难恢复计划。

2. 第 1 级异地冷备份

第 1 级容灾方案是将关键数据备份到本地磁带介质上，然后送往异地保存，但是异地没有可用的备份中心、备份数据处理系统和备份网络通信系统，也没有制定灾难恢复计划。灾难发生后在本地使用新的主机，利用异地数据备份介质（磁带）恢复数据。

这种方案虽然成本较低，运用的是本地备份管理软件，但可以在本地发生毁灭性灾难后，将从异地运送过来的备份数据恢复到本地，继而恢复业务；其缺点是难以管理，因为很难知道什么数据在什么地方，恢复时间长短依赖于硬件平台何时能够准备好。这一等级方案作为异地容灾的手段，以前被许多进行关键业务生产的大企业广泛采用。目前该方案在许多中小网站和中小企业用户中采用较多，而对于要求快速进行业务恢复和海量数据恢复的用户则不会采用。

3. 第 2 级异地热备份

第 2 级容灾方案是在第 1 级容灾备份的基础上异地增加热备份站点，利用备份管理软件将运送来的数据备份到站点上。它将关键数据进行备份并存放到异地，制定有相应灾难恢复计划，具有热备份站点灾难恢复能力，一旦发生灾难，利用热备份主机系统即可将数据恢复。它与第 1 级容灾方案的区别在于：异地没有一个热备份站点，该站点有主机系统，平时利用异地的备份管理软件将运送到的数据备份介质（磁带）上的数据备份到主机系统，当灾难发生时可以快速接管应用。

由于增设了热备份站点，因此用户的投资会增加，相应的管理人员也要增加。虽然这种方案在技术上实现简单，即利用异地热备份系统可在本地发生毁灭性灾难后快速进行业务恢复，但是，由于备份介质是采用交通运输方式送往异地的，异地热备份站点保存的数据是上一次备份的数据，所以可能会有几天甚至几周的数据丢失。这对于关键数据的容灾是不能接受的。

4. 第 3 级在线数据恢复

第 3 级容灾方案采用电子数据传输取代交通工具传输备份数据。它通过网络将关键数据备份并存放至异地，并制定了相应的灾难恢复计划，有备份中心，并配备部分数据处理系统及网络通信系统。该等级方案的特点是用电子数据传输来取代交通工具传输备份数据，从而提高灾难恢复的速度。利用异地的备份管理软件将通过网络传送到异地的数据备份到主机系统，一旦灾难发生，需要的关键数据通过网络即可迅速恢复。通过网络切换，关键应用恢复时间可降低到一天或小时级。这一等级方案由于备份站点要保持持续运行，对网络的要求较高，因此成本相应有所增加。

5. 第 4 级定时数据备份

第 4 级容灾方案是利用备份管理软件自动通过通信网络将部分关键数据定时备份至异地。它是在第 3 级容灾方案的基础上，利用备份管理软件自动通过网络将数据定时备份至异地，并制定相应的灾难恢复计划，一旦灾难发生，利用备份中心已有资源及备份数据即可恢复关键业务系统的运行。

这一等级方案的特点是采用自动化的备份管理软件备份数据到异地，备份中心保存的数据是定时备份的数据。根据备份策略的不同，数据的丢失与恢复时间达到天或小时级。由于对备份管理软件设备和网络设备的要求较高，因此用户的投入成本也会增加。另外，该级别的业务恢复时间和数据丢失量不能满足关键行业对数据容灾的要求。

6. 第 5 级实时数据备份

第 5 级容灾方案是数据在主中心和备份中心之间相互镜像，由远程异步提交来实现同步。该方案在前几个级别方案的基础上使用了硬件镜像技术和软件数据复制技术，也就是说，可以实现主中心与备份中心数据的实时更新。数据在两个站点之间相互镜像，由远程异步提交方式实现数据的同步。因为关键应用采用双重在线存储，所以在灾难发生时，仅有少部分数据被丢失，恢复的时间被降低到了分钟级或秒级。由于对存储系统和数据复制软件的要求较高，所以该方案所需成本会大大增加。

7. 第 6 级零数据丢失

第 6 级容灾方案是利用专用的存储网络将关键数据同步镜像至备份中心，数据不仅在本地进行确认，而且需要在异地（备份中心）进行确认。该方案是灾难恢复中最昂贵的方式，也是速度最快的恢复方式，是灾难恢复的最高级别，它利用专用的存储网络将关键数据同步镜像至备份中心。由于数据是镜像地写到两个中心，所以灾难发生时异地容灾系统保留了全部的数据，实现了零数据丢失。

这一方案利用双重在线存储和完全的网络切换技术，不仅保证了本地和远程数据的完全一致性，而且存储和网络等环境具备应用的自动切换能力，一旦发生灾难，备份站点不仅有全部的数据，而且可以自动接管应用，实现零数据丢失。通常在两个中心的光纤设备连接中还提供冗余通道，以便工作通道出现故障时及时接替其工作。当然，由于对存储系统和存储系统专用网络的要求很高，用户的投资巨大，因此采用这种容灾方式的用户主要是资金实力较为雄厚的企业或单位。在实际应用过程中，由于完全同步的方式对生产系统的运行效率会产生很大影响，所以适用于实时交易较少或非实时交易的关键数据系统。

A.5　容灾关键技术

在建立容灾备份系统时会涉及多种技术，如 SAN/NAS 技术、远程镜像技术、虚拟存储、基于 IP 的 SAN 的互连技术、快照技术等。

A.5.1　远程镜像技术

远程镜像技术在主数据中心和备份数据中心之间进行数据备份时会用到。镜像是在两个或多个磁盘或磁盘子系统上产生同一个数据的镜像视图的信息存储过程。磁盘子系统中有一个主镜像系统，其余为从镜像系统。按主从镜像存储系统所处的位置可分为本地镜像和远程镜像。本地镜像的主从镜像存储系统处于同一个 RAID 阵列内，而远程镜像的主从镜像存储系统通常分布在跨城域网或广域网的不同节点上。

远程镜像又叫远程复制，是容灾备份的核心技术，同时也是保持远程数据同步和实现灾难恢复的基础。它利用物理位置上分离的存储设备所具备的远程数据连接功能，远程维护一套数据镜像，这样一旦灾难发生，分布在异地存储器上的数据备份不会受到波及。远程镜像按请求镜像的主机是否需要远程镜像站点的确认信息，又可分为同步远程镜像和异步远程镜像。

1. 同步远程镜像

同步远程镜像（同步复制技术）是指通过远程镜像软件，将本地数据以完全同步的方式复制到异地，每一个本地的 I/O 事务均需等待远程复制的完成确认信息，方予以释放。同步镜像使远程复制总能与本地机要求复制的内容相匹配。当主站点出现故障时，用户的应用程序切换到备份的替代站点后，被镜像的远程副本可以保证业务继续执行而没有丢失数据。换言之，同步远程镜像的 RPO 值为 0（即不丢失任何数据），RTO 也以秒或分为计算单位。不过，由于往返传输会造成延时较长，而且本地系统的性能与远程备份设备直接挂钩，所以，同步远程镜像仅限于在相对较近的距离上应用，主从镜像系统之间的间隔一般不超过 60s。

2. 异步远程镜像

异步远程镜像（异步复制技术）则由本地存储系统提供给请求镜像主机的 I/O 操作完成确认信息，保证在更新远程存储视图前完成向本地存储系统输出 / 输入数据的基本操作，也就是说它的 RPO 值可能是以秒计算的，也可能是以分或小时计算的。异步远程镜像采用了"存储转发（Store And Forward）"技术，所有的 I/O 操作在后台同步进行，这使得本地系统性能受到的影响很小，大大缩短了数据处理的等待时间。异步远程镜像具有"对网络带宽要求小，传输距离长（可达到 1000km 以上）"的优点。不过，由于许多远程的从镜像系统"写"操作是没有得到确认的，所以当出于某种原因导致数据传输失败时，极有可能会破坏主从系统的数据一致性。

同步远程镜像与异步远程镜像最大的优点就在于，将因灾难引发的数据损耗风险降到最低（异步）甚至为零（同步）；其次，一旦发生灾难，恢复进程所耗费的时间比较短。这是因为建立远程数据镜像是不需要经由代理服务器的，它可以支持异构服务器和应用程序。

3. 远程镜像的实现类型

远程镜像数据复制技术的实现类型包括：

（1）基于主机。基于主机的数据复制技术，可以不考虑存储系统的同构问题，只要保持主机是相同的操作系统即可。目前支持异构主机间的数据复制软件有自由遁 NAS 的 DiskSafe Express，它不但支持远程服务器间的数据复制，还可以支持跨广域网的远程实时复制。

（2）基于存储系统。该类型利用存储系统进行数据复制，复制的数据在存储系统之间传递，和主机无关。这种方式的优势是数据复制不占用主机资源，不足之处是对灾备中心的存储系统和生产中心的存储系统有严格的兼容性要求，一般需要来自同一个厂家，这样就给用户灾备中心的存储系统的选型带来了限制。

（3）基于光纤交换机。这项技术正在发展中，即利用光纤交换机的新功能或管理软件来控制光纤交换机，对存储系统进行虚拟化，再用管理软件对虚拟存储池进行卷管理、卷复制和镜像等，来实现数据的远程复制。比较典型的产品有 Storag-age，Falcon 等。

（4）基于应用的数据复制。这项技术有一定的局限性，只针对具体的应用。它主要利用数据库自身提供的复制模块来完成，例如 Oracle Data Guard、Sybase Ep1ication 等。

4. 远程镜像技术的缺陷

远程镜像软件和相关配套设备的售价普遍偏高，而且，至少得占用两倍以上的主磁盘空间。但是，如果业务流程本身对数据的恢复点（RPO）或恢复时间（RTO）要求相对较高，则建立远程镜像将是最佳的解决之道。

除了价格昂贵之外，远程镜像技术还有一个致命的缺陷，就是它无法阻止系统失败

（rolling disaster），数据丢失、损坏和误删除等灾难的发生。如果主站的数据丢失、损坏或被误删除，备份站点上的数据也将出现连锁反应。目前市面上只有极少数的异步远程镜像产品可做到给每一个事务盖上时间戳（timestamp），一旦发生数据损坏或误删除操作，用户可以指定数据恢复到某个时间点的状态。当然，要实现该功能，并不是仅仅安装远程镜像软件就够了，用户还需要采取其他一些必要的保护手段，如延迟复制技术（本地数据复制均在后台日志区进行），在确保本地数据完好无损后再进行远程数据更新。另外，远程镜像技术还存在无法支持异构磁盘阵列和内置存储组件、支持软件种类匮乏、无法提供文件信息等诸多缺点。

A.5.2　快照技术

远程镜像技术往往同快照技术结合起来实现远程备份，即通过镜像把数据备份到远程存储系统中，再用快照技术把远程存储系统中的信息备份到远程的磁带库、光盘库中。目前，越来越多的存储设备支持快照功能，快照技术的优势包括快照数量多、占用空间小等。

1. 快照的定义与作用

SNIA（存储网络行业协会）对快照（snapshot）的定义是：关于指定数据集合的一个完全可用的复制，该复制包括相应数据在某个时间点（复制开始的时间点）的镜像。快照可以是其表示的数据的一个副本，也可以是数据的一个复制品。

从具体的技术细节来讲，快照是通过软件对要备份的磁盘子系统的数据进行快速扫描，建立一个要备份数据的快照逻辑单元号 LUN 和快照缓存区，在快速扫描时，把备份过程中即将要修改的数据块同时快速复制到快照缓存区中。快照 LUN 是一组指针，它指向快照缓存区和磁盘子系统中不变的数据块（在备份过程中）。在正常业务进行的同时，利用快照 LUN 实现对原数据的一个完全的备份。它可使用户在正常业务不受影响的情况下，实时提取当前在线业务数据。其"备份窗口"接近于零，可大大增加系统业务的连续性，为实现系统真正的 7×24h 运转提供了保证。快照以内存为缓冲区，由快照软件提供系统磁盘存储的即时数据映像，它存在缓冲区调度问题。

随着存储应用需求的提高，用户需要以在线方式进行数据保护，快照就是在线存储设备防范数据丢失的有效方法之一，越来越多的设备开始支持这项功能。

快照有 3 种基本形式：基于文件系统的、基于子系统的和基于卷管理器 / 虚拟化的，这 3 种形式之间差别很大。市场上已经出现了能够自动生成快照的实用工具，例如 NetApp 的存储设备基于文件系统实现，高中低端设备使用共同的操作系统，都能够实现快照应用；旧的 EVA、HDS 通用存储平台以及 EMC 的高端阵列基于子系统实现快照；而 Veritas 则基于卷管理器实现快照。

快照的作用主要是能够进行在线数据恢复，当存储设备发生应用故障或者文件损坏时可以及时进行数据恢复，将数据恢复成快照产生时间点的状态。快照的另一个作用是为存储用户提供了另一个数据访问通道，即当原数据进行在线应用处理时，用户可以访问快照数据，还可以利用快照进行测试等工作。

因此，所有存储系统，不论高中低端，只要应用于在线系统，那么快照就成为一个不可或缺的功能。

2. 快照的类型

目前有两大类存储快照，一种叫作即写即拷（Copy On Write）快照，另一种叫作分割镜像快照。

图 A-19 所示即写即拷快照可以在每次输入新数据或已有数据被更新时生成对存储数据改动的快照。这样可以在发生硬盘写错误、文件损坏或程序故障时迅速恢复数据。但是，如果需要对网络或存储媒介上的所有数据进行完全的存档或恢复时，所有以前的快照都必须可供使用。

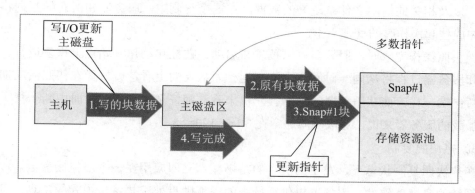

图 A-19　即写即拷快照原理示意图

即写即拷快照是表现数据外观特征的"照片"。这种方式也被称为"元数据"复制，即所有的数据并没有被真正复制到另一个位置，只是指示数据实际所处位置的指针被复制。在使用这项技术的情况下，当已经有快照时，如果有人试图改写原始 LUN 上的数据，则快照软件将首先将原始数据块复制到一个新位置（专用于复制操作的存储资源池），然后再进行写操作。以后当引用原始数据时，快照软件将指针映射到新位置，或者当引用快照时将指针映射到老位置。

分割镜像快照引用镜像硬盘组上的所有数据。每次应用运行时，都会生成整个卷的快照，而不只是新数据或更新的数据，这种方法使得离线访问数据成为可能，并且简化了恢复、复制或存储一块硬盘上所有数据的过程。但是，这种方式需要消耗较多的时间，是个较慢的过程，而且每个快照需要占用更多的存储空间。

分割镜像快照也叫作原样复制，由于它是某一 LUN 或文件系统上的数据的物理复制，有的管理员也称之为克隆、映像等。原样复制的过程可以由主机（Windows上的 MirrorSet、Veritas 的 Mirror 卷等）或在存储级上用硬件完成（Clone、BCV、

ShadowImage 等）。

3. 快照的使用方法

存储管理员使用快照有 3 种形式，即冷快照复制、暖快照复制和热快照复制。

1）冷快照复制

冷快照复制是保证系统可以被完全恢复的最安全的方式。在进行任何大的配置变化或维护前后，一般都需要进行冷复制，以保证数据完全恢复原状。

冷复制还可以与克隆技术相结合复制整个服务器系统，以实现各种目的，如扩展、制作生产系统的副本供测试 / 开发之用以及向二层存储迁移。

2）暖快照复制

暖快照复制利用了服务器的挂起功能。当执行挂起动作时，程序计数器被停止，所有的活动内存都被保存在引导硬盘所在的文件系统中的一个临时文件（.vmss 文件）中，并且暂停服务器应用。在这个时间点上，复制整个服务器（包括内存内容文件和所有的 LUN，以及相关的活动文件系统）的数据。在这个复制中，服务器和所有的数据将被冻结在完成挂起操作时的处理点上。

当快照操作完成时，服务器可以被重新启动，在挂起动作开始点上恢复运行。应用程序和服务器过程将从同一时间点上恢复运行。从表面上看，就好像在快照活动期间按下了暂停键一样，而从服务器的网络客户机来看，则好像网络服务暂时中断一样。对于适度加载的服务器来说，这段时间通常在 30 ～ 120s。

3）热快照复制

在热快照复制状态下，发生的所有的写操作都立即应用在一个虚拟硬盘上，以保持文件系统的高度一致性。服务器提供让持续的虚拟硬盘处于热备份模式的工具，以通过添加 REDO 日志文件在硬盘子系统层上的数据。

一旦 REDO 日志被激活，复制包含服务器文件系统的 LUN 的快照是安全的。在快照操作完成后，可以发出另一个命令，这个命令将 REDO 日志处理提交给下面的虚拟硬盘文件。当提交活动完成后，所有的日志项都将被应用，REDO 文件将被删除。在执行这个操作的过程中，会出现处理速度略微下降的情况，不过所有的操作将继续执行。但是，在多数情况下，快照进程几乎是瞬间完成的，REDO 的创建和提交时间非常短。

热快照操作过程从表面上看基本上察觉不到服务器速度下降。在最差情况下，它看起来就像是网络拥塞或超载的 CPU 可能造成的一般服务器速度下降。在最好的情况下，不会出现可察觉到的影响。

A.5.3　互连技术

早期的主数据中心和备份数据中心之间的数据备份主要基于 SAN 的远程复制（镜像），即通过光纤通道 FC，把两个 SAN 连接起来，进行远程镜像（复制）。当灾难发生时，由备份数据中心替代主数据中心以保证系统工作的连续性。这种远程容灾备份方式存在一些缺陷，如实现成本高、设备的互操作性差、跨越的地理距离短（10km）等，这些因素阻碍了它的进一步推广和应用。

目前出现了多种基于 IP 的 SAN 的远程数据容灾备份技术。它们是利用基于 IP 的 SAN 的互连协议，将主数据中心 SAN 中的信息通过现有的 TCP/IP 网络，远程复制到备份中心 SAN 中。当备份中心存储的数据量过大时，可利用快照技术将其备份到磁带库或光盘库中。这种基于 FC 的 SAN 的远程容灾备份，可以跨越 LAN、MAN 和 WAN，成本低，可扩展性好，具有广阔的发展前景。基于 IP 的互连协议包括 FCIP、iFCP、Infiniband 和 iSCSI 等。

A.6　数据容灾典型案例

A.6.1　EMC 容灾技术与业务连续性方案

EMC 容灾技术为远程镜像技术，适用场景为主数据中心和备份中心之间的数据备份。镜像是在两个或多个磁盘或磁盘子系统上产生同一个数据的镜像视图的信息存储过程，其余叫主镜像系统，其余叫从镜像系统。按主从镜像存储系统所处的位置可分为本地镜像和远程镜像。本地镜像的主从镜像存储系统处于同一个 RAID 阵列内，而远程镜像的主从镜像存储系统通常分布在跨城域网或广域网的不同节点上。

西南某地理信息服务机构（以下简称客户）向 EMC 公司提出建立容灾方案的想法，但容灾技术和方案的设计极其复杂，客户不能提供具体需求。了解了客户的初步设想后，EMC 公司根据以往的经验和成熟的业务连续性服务集成方法论，帮助客户从评估现有服务水平入手，定义业务需求，调研高可用性和恢复技术，设计基础架构，进行技术测试和实施，开发业务连续性技术，实施容灾测试演习，建立更新与维护制度，建立资源管理、改进考评体系，使容灾方案真正做到"养兵千日，用兵一时"。

1. 设计思路

EMC 在业务连续性服务方面有着一套完整的实施方法论，称作业务连续性服务集成方法论（Business Continuity Solution Integration，BCSI）。它是 EMC 通过对多年实施业务连续性和容灾服务所积累的经验进行总结和提炼，开发出来的业务连续性实施方法论模型。该实施方法在全球众多相关项目中广为应用并得到验证。

根据客户容灾地点的选择范围，EMC 针对生产站点和容灾站点之间的距离推荐 3 种技术方案。第 1 种是北京、拉萨，距离在 1000km 以上，EMC 推荐使用 SRDF SAR 单跳数据复制方案，该方案对于链路的带宽没有具体要求，可以满足任何链路带宽和 RPO 需求。第 2 种是西昌、绵阳、德阳等地，距离在 3h 车程以内，EMC 推荐使用 SRDF 异步数据复制方案，如果链路带宽允许的话，可以考虑对最关键的业务数据实施同步复制保护；如果链路带宽比较低，也可以考虑 SRDF SAR 单跳数据复制模式。第 3 种是同城（双流、青城山）容灾，EMC 推荐使用 SRDF 同步数据复制方案。根据灾备中心和目前生产中心之间的物理距离，建议在同城的模式下，可以采用 SRDF 同步方式，对核心业务数据采用同步保护模式。

2. 3 种方案

同城同步方案如图 A-20 所示。城域容灾方案中，根据灾备中心和目前生产中心之间的物理距离，建议对核心业务数据采用同步 / 异步保护模式。如果站点距离在 100km 之内，而且链路仍然采用光纤链路，考虑到光纤信号的时延问题，可以对部分核心业务数据采用同步数据模式，其他数据采用异步模式；如果采用基于 IP 的数据链路，则最好采用异步方式。

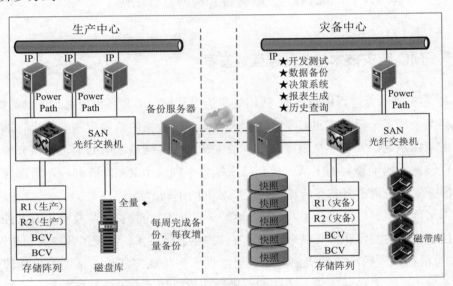

图 A-20　同城同步容灾系统架构示意图

在异地容灾方案中，考虑到异地间物理距离比较长，用户租用高带宽的链路成本很高，建议采用 EMC 特有的 Single HOP（单跳）的方式，以满足用户在超常距离且有限带宽条件下的 RPO 和 RTO 指标。

A.6.2　HDS 三数据中心容灾解决方案

1. 客户需求

中国国际电子商务中心（CIECC）在 2005 年年初开始酝酿建设一套安全、可靠、高效的容灾系统。以北京亦庄的数据中心为主生产中心，在同城的东单建立同城容灾系统，并在广州建立异地容灾系统，以此构成三数据中心容灾备份系统来实现最高级别的灾难恢复能力和业务连续性，如图 A-21 所示。

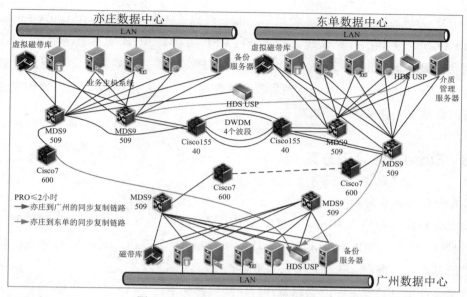

图 A-21 三数据中心系统架构示意图

经过对多家主流厂商的容灾方案进行谨慎和严格的评估，CIECC 最终于 2006 年年底选择了由日立数据系统公司（HDS）提供的采用了 Delta Resync 技术的三数据中心容灾解决方案。

2. 三地数据中心容灾模式

三地数据中心容灾其实并非全新的概念，自 2005 年起在全球范围内就已有应用，但是根据所采用技术的不同，它又包括 3 种实现方式：级联方式，是最基本的也是最早出现的方式；Multi-target，是并发方式的三地数据中心解决方案；第 3 种是多采用 Delta Resync 技术的三地数据中心解决方案。

CIECC 最终采用的是第 3 种容灾方式。在这种容灾方式下，任意两个站点之间都可以互为容灾备份，不会有数据丢失，因而实现了真正意义上的三地数据中心容灾，也是当前较高级别的容灾方案。

CIECC 决定采用 HDS 三地数据中心 Delta Resync 容灾解决方案经历了一个严谨的论证过程，是在详细分析和论证的基础上做出的慎重决定。CIECC 构建了北京亦庄、东单和广州三地数据中心存储平台，其中对亦庄至东单的同城容灾系统的 RPO 要求近似为零，而亦庄至广州以及东单至广州的异地容灾系统 RPO 也要求不超过 2h。如果采用落后的容灾方案，那么当东单灾备中心出现故障时就会影响亦庄生产系统的正常运行，而且还需要多出一份复制卷以确保数据一致性，从而导致未来系统扩展时增加成本。通过采用三地数据中心 Delta Resync 容灾方案，当东单灾备中心出现故障时完全不会影响到亦庄的生产系统，而且由于不需要付出多余容量来确保数据一致性，因此大大降低了用户的维护成本。

为了确保安全可靠和高效的容灾系统，同时也基于 CIECC 当前及未来业务发展的需要，HDS 为该容灾项目中的 3 个数据中心各提供了 1 台 TagmaStore Universal Storage Platform（USP）为核心存储系统，并为每台 USP 配置了 30TB 的容量。配合以 HDS 异步复制软件 Hitachi Universal Replicator（HUR，日立通用复制软件）、系统内复制软件 Hitachi Shadow Image 及 TrueCopy 同步复制软件等，实现了对 CIECC 现有异构存储环境的先进的数据复制和灾难保护机制。

A.6.3　StoreAge 容灾方案

1. 企业信息需求分析

企业先后投入巨资以 IBM、EMC、Veritas 等公司的技术建立其 IT 基础构架，实施知识管理（KM），ERP、CRM、OA 和门户（Portal）等系统，对其所有分支机构和客户提供信息录入、查询、管理和分析等业务。

目前企业信息系统主要面临和急待解决的问题如下：

- 设备众多，存储资源利用率低，管理十分复杂，管理成本较高。
- 数据增长迅速，存储扩容寻求更高的灵活性，避免"厂商"限制。
- 基于服务器的备份策略效率低下，寻求 Server-Free 的备份策略。
- 业务连续性，高度依赖的信息平台，需要系统进行不间断的数据远程复制实现容灾保护。

2. 容灾系统方案设计

根据以上情况和在存储集中管理数据保护方面的经验，采用虚拟化技术来实现和达到上述需求。因为存储虚拟化技术是构建一个先进可靠的基础架构的最佳选择，也是未来的发展趋势，如图 A-22 所示。

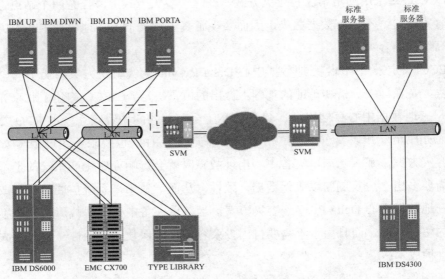

图 A-22　StoreAge 容灾方案示意图

1）构建以 SVM 为核心的虚拟化存储架构

利用 StoreAge 虚拟化产品构建存储的基础架构，它利用带外虚拟化技术在现有的 SAN 存储架构增加虚拟化管理器（SVM）来实现更高级功能的管理。

将 SVM 接入 SAN 交换机，对当前系统中来自不同品牌的存储 EMC CX700 和 DS6800 进行统一管理，将其聚合成一个或多个中央管理池，无须进行数据的物理转移，而且不会破坏系统中原有的任何数据；在各主机系统安装相应的 Agent（其中包含 MultiPath 多路径软件、UOMapping 与 SVM 通信等功能）。

2）为生产卷建立时间点的 PiT（Point in Time）

MultiView 是一项开放、兼容的基于存储网络的快照技术，它可以创建 SAN 中任何存储设备上的数据瞬间、可读/写、低容量的时间点（PiT）快照；能够部署快照在 SAN 上，而不是在每一个存储设备上。PiT 可以用来提供给任何主机访问使用，包括零窗口的数据备份、在线恢复、测试开发，同时生产数据保持在线和不受影响。

3）建立远程站点部署 MultiMirror

MultiMirror 是一个企业级的灾难恢复和数据移动解决方案，它能够在站点之间连续地镜像数据，而不用考虑使用的是何种操作系统或何种存储子系统，由一个 SVM 虚拟卷作为源，可以任意向本地或远端的一个或多个有足够存储空间的 SVM 传递并保存数据。它能够确保业务的连续性，将计划内和非计划内的停机造成的影响降到最低。

4）结合 MultiView 实现本地 Server-Free 备份

在一个融合磁带、MultiView、异步 MultiMirror 的环境中，每天的磁带备份工作依旧进行，用于归档和离线存储，业务连续性的级别、数据保护和恢复的能力大大加强。

3. 实施应用效果

（1）本地采用全冗余 SAN 存储架构，双 HBA 卡、双交换机、双 SVM，以及数据链路冗余和负载均衡功能，以避免任何的单点故障。

（2）基于存储层之上的虚拟化技术可以实现本地数据中心的时间点恢复能力，按照设定策略，在出现人为、计算机病毒等逻辑错误时可以瞬间恢复时间点的数据状态。

（3）结合 MultiView 技术可以轻松实现数据的 Server-Free 备份，将数据自存储系统在线直接通过 SAN 网络备份到磁带设备上。本地数据中心发生巨大灾难时，将按照预案直接启用远程站点的数据，将数据引入到应用中，保持业务持续的能力。

（4）使用 S2100 ES2 VTL 替代用户本地数据中心的 STK 机械磁带库，配合用户原有的 Veritas NBU 软件进行数据备份，使得整个系统的备份性能、无故障工作时间等指标获得大幅提升。

参考文献

[1] 陈宏峰，刘亿舟. 中国 IT 服务管理指南——理论篇 [M]. 2 版. 北京：北京大学出版社，2011.

[2] 程栋，刘亿舟. 中国 IT 服务管理指南实践篇 [M]. 2 版. 北京：北京大学出版社，2011.

[3] 左天祖，刘伟. ITIL 白皮书 [M]. 北京：北京大学出版社，2004.

[4] 雷万云，等. 云计算技术、平台及应用案例 [M]. 北京：清华大学出版社，2011.

[5] 虚拟化与云计算小组. 云计算宝典技术与实践 [M]. 北京：电子工业出版社，2011.

[6] 包磊，黄亮，罗兵，等. 作战数据管理 [M]. 北京：国防工业出版社，2015.

[7] 王磊. 微服务架构与实践 [M]. 北京：电子工业出版社，2015.